普通高等教育“十三五”规划教材

# 生物质能工程

黄冠华　任庆功　何　环　万民熙　编著

中国石化出版社

## 内 容 提 要

本书在简要叙述生物质能的技术分类和国内生物质能开发利用现状及相关政策的基础上，详细阐述了生物质气体燃料的制备技术及液体燃料和固体燃料的开发利用技术。

本书可作为普通高等院校相关专业的教材，也可供生物质能技术的生产操作人员、技术人员及管理人员参考使用。

**图书在版编目(CIP)数据**

生物质能工程 / 黄冠华等编著．—北京：
中国石化出版社，2020.8
ISBN 978-7-5114-5889-6

Ⅰ．①生… Ⅱ．①黄… Ⅲ．①生物能-研究 Ⅳ．
①TK61

中国版本图书馆 CIP 数据核字(2020)第 145505 号



**中国石化出版社出版发行**
地址：北京市东城区安定门外大街 58 号
邮编：100011　电话：(010)57512500
发行部电话：(010)57512575
http://www.sinopec-press.com
E-mail：press@sinopec.com
北京富泰印刷有限责任公司印刷
全国各地新华书店经销
*
787×1092 毫米 16 开本 15.75 印张 365 千字
2020 年 9 月第 1 版　2020 年 9 月第 1 次印刷
定价：49.00 元

# 前言

PREFACE

本书为普通高等院校生物工程专业《生物质能工程》本科教学教材，是在生物工程专业自编讲义《能源生物工程》的基础上，参考国内有关书籍和最新文献编写而成的。生物质能工程课程是高校生物工程专业的专业选修课程，重点在于向生物工程专业学生介绍生物质燃料的种类和制备工艺。其主要内容设置遵循“知识体系化”和“工艺技术前瞻性”，在介绍现代新生物质能源技术开发的同时，兼顾生物质能知识体系的完整性。

本书讲解了各个生产单元的工作原理和开发利用技术，将生物质能的理论知识和实际的生产场景紧密联系起来；重点阐述各种燃料制备的生物学、物理化学形成机制及其燃料成品开发利用工艺，使各个生物燃料制备技术单元独立成章，知识脉络清晰，文笔简洁，通俗易懂；可作为相关专业院校师生的教材，也可供初次接触生物质能技术的生产操作人员、技术人员及管理人员参考使用。

本书由中国矿业大学、常州大学和华东理工大学等长期从事本领域教学和研究的教师共同编写。中国矿业大学黄冠华负责第一章、第四章、第五章和第八章的编写工作，并对全书进行统稿；常州大学任庆功负责第六章和第七章的编写工作；中国矿业大学何环和华东理工大学万民熙分别负责第二章和第三章的编写工作。本书的部分CAD插图由中国矿业大学2015级生物工程专业的李成章、韩妍妍等同学绘制。

本书在编写过程中参考了大量教材书籍和国内外文献，在此表示深深的谢意！由于生物质能源技术发展迅速和广泛，编者能力有限，书中难免有不足之处，欢迎广大师生和相关领域的专家批评指正。

目
CONTENTS
录

# 第一章 绪论

## 第一节 生物质能开发利用背景

化石资源的分布具有不均衡性，其主要分布在美国、加拿大、俄罗斯和中东地区，而且，随着化石能源价格的不断上涨和对资源无节制地开采，化石能源地下资源储量迅速下降而全球其他国家由于经济的快速增长对能源的需求增大倍感能源紧缺(表 1-1)。面对能源供给的压力，世界各国都在积极寻找化石能源的替代能源，使得可再生能源越来越受到重视。

表 1-1 不可再生能源占全球能耗比例及可用年限

| 能源种类 | | 占全球能耗的比例/% | 可使用的时间/a |
|---|---|---|---|
| 化石能源 | 煤 | 25.0 | 220 |
| | 石油 | 32.0 | 40 |
| | 天然气 | 17.0 | 60 |
| 核能(裂变) | | 4.0 | 260 |
| 综合 | | 78.0 | |

自新中国成立以来，我国的能耗以年均 8.25%的速率增长，如果按照这个速度，至 2030 年可能需要 $70\times10^8$t 标准煤，根据我国最新探明可利用的煤炭总储量接近 $1900\times10^8$t，每年所耗储量为 $50\times10^8$t，$1900\times10^8$t 的储量也支撑不到 40 年。我国石油消费维持着平均每年 5.6%的增长速度，按此速度，到 2030 年石油消费将达到 $19.6\times10^8$t。而中国地质科学院《矿产资源与中国经济发展》报告曾警告：我国油气资源的现有储量将不足 10 年消费，最终可采储量勉强可维持 30 年消费。因此，我国石油消费的对外依存度大幅度提高。在化石能源日益紧缺，水电能、太阳能、风能开发利用需要付出大量成本和代价，我国经济整体实力还无法支撑大量开发利用水电能、风能、太阳能的历史背景下，选择开发利用生物质能源就成为历史的必然。

生物质能源是唯一可以储存和运输的可再生能源，它的组织结构与常规化石燃料相似，它的主要承载体是生物质，包括植物、动物以及微生物。经光合作用生成的生物质中含固定碳，全球植物因光合作用固定碳每年可达 $950\times10^8$t，相当于全球能耗的十多倍。因而其储量十分丰富，是可持续发展的再生能源的重要组成部分。在当前全球能源消耗中，生物质能约占总量的 14%，到 21 世纪后期，预计可达 40%。此外，生物质能在再生过程中，由于光合作用能释放出大量氧气，可显著改善大气和生态环境。尤其值得一提的是生物质能使用过程中产生的 $CO_2$气体与植物生长过程中需要吸收的 $CO_2$气体在数量上可保持平衡。这点在当今急需大量减排温室气体 $CO_2$的形势下显得特别重要。而且，生物质能与化石能源相比较，具有易燃烧、相对污染少等优点。生物质能源的开发利用受到许多国家的高度重视，联合国开发计划署、世界能源委员会都将其列为可再生能源的首选。

## 一、生物质的种类

通常能作为能源提供的生物质资源种类很多，主要包括农作物、油料作物和农业及林业废弃物、畜禽排泄物、农副产品加工和城市生活固液废垃圾、水生植物等。农作物和农业废弃物的来源主要是指农作物收割和处理后剩余的不能被再次直接利用的成分，通常情况下通过直接燃烧进行焚毁，对环境造成极大的污染，可通过生物转化和热解过程生成液体和气体燃料；林业废弃物的来源主要是砍伐树木和加工木材后剩余的部分，含有高木质素含量的纤维组分，可通过生物转化和热裂解等方法深度加工形成液气态燃料和多类化学品；畜禽排泄物和城市生活、工业固液废可通过厌氧发酵技术制备可燃性气体；水生植物相对于陆生植物的种类和数量更为丰富，而且水生植物比陆生植物含有更易被破坏的植物组织结构，更适合被转化成优质的液气态燃料。总之，依据生物质的生产数量和被使用的规模被划分成如下几类：

### （一）农业秸秆

农作物秸秆是籽实收获后留下的纤维含量很高的作物残留物，包括禾谷类、豆类、薯类、油料类、麻类，以及棉花、甘蔗、烟草、瓜果等多种作物的秸秆，是农作物的主要副产品，是自然界中数量极大且具有多种用途的可再生生物质资源（表 1-2）。据联合国环境规划署报道，世界上种植的农作物每年可提供各类秸秆约 $20\times10^8$t，我国农作物秸秆年产量为 $7\times10^8$t 左右，位列世界之首，折合标准煤为 $3.53\times10^8$t。

**表 1-2　我国农作物的秸秆资源组成和产量**

| 秸秆种类 | 水稻 | 玉米 | 小麦 | 油料 | 薯类 | 大豆 | 棉花 | 其他 |
|---|---|---|---|---|---|---|---|---|
| 产量/$100\times10^4$t 标准煤 | 88.9 | 85.6 | 45.1 | 22.2 | 17.8 | 15.4 | 4.9 | 42.1 |

我国农作物秸秆资源主要集中在内地的粮食产区，如华北、东北、华东和华南等地区。尽管我国农作物生物质资源丰富，在省际分布极不均匀，加之对秸秆综合利用认识不足，没有把秸秆真正作为资源来看待，缺乏统一规划，以致造成浪费和污染环境。长期以来受消费观念和生活方式的影响，我国农作物秸秆完全处于高消耗、高污染、低产出的状况，相当多的一部分农作物秸秆被弃置或者进行焚烧，没有得到合理的开发应用。据调查，目前我国秸秆利用率约为 33%，其中大部分未加处理，经过处理后利用的仅占 2.6%。但秸秆来源丰富，生长周期短，可再生性强，可提供较平稳的原料季节供应，是现实生产中最重要的生物质资源。

### （二）林业废弃物

林木生物质是指森林林木及其他木本植物，通过光合作用将太阳能转化而形成的有机物质，包括林木地上和地下部分的生物蓄积量、树皮、树叶和油料树种的果实（种子）。将林木生物质转化成的能源称为林木生物质能源，是指将储藏在林木中的生物质转化形成的能源，主要通过直接燃烧或者现代转化技术形成的可用于发电和供热的能源。从利用方式来看，林木生物质能源包括以直燃方式为主的传统林木质燃料（薪柴）和通过现代生物质技术转化生产的现代林木生物质能源。在现代生物质能转化技术下，林木生物质能源可以转化为以下高品质新型生物质能源产品：林木生物质固体燃料、林木生物质气体燃料、林木生物质发电、木质液体燃料（生物乙醇和木质纤维素）及木本生物柴油。

我国的林业生物资源非常丰富，全国森林面积已达 $1.75\times10^8$ha（公顷，$1ha=0.01km^2$），蓄积量为 $124.56\times10^8m^3$。现有林业物质中可用作工业能源原料的生物质约有 $3\times10^8$t，包括

林木加工剩余物约 $2000\times10^4$t，薪炭林约 $2270\times10^4$t，用材林约 $11790\times10^4$t，灌木林约 $3390\times10^4$t，疏林约 $270\times10^4$t 以及其他林木废弃物等。全部开发利用可替代 $2\times10^8$t 标准煤。

**（三）草本纤维植物**

纤维素类能源植物一般为禾本科多年生高大的丛生草本植物，富含纤维素和半纤维素，灰分含量低，热值高，干物质产量高，抗旱、耐瘠薄能力强，适应性广。纤维素质原料是地球上最丰富的可再生资源。富含纤维的草本植物通过生物和化学方法处理后，可以得到乙醇和沼气等高燃烧值的能源，还可以用作造纸原料。作为生物质能源资源，纤维素草本能源植物有如下优点：①生长快，产量高，一次种植，可长期(10 年以上)受益，一般每年可出 1~2 茬草，使加工设备得以充分利用；②适应性强，可利用边际土地种植，符合我国"不与人争粮，不与粮争地"的能源发展目标；③二氧化碳零排放，不污染环境，有利于形成清洁能源产业；④没有核能的危险性以及风能、潮汐能和地热能的局限性；⑤用途广泛，不仅可制备纤维素乙醇，还可以广泛应用于生物质直燃或气化发电厂、气化炉、固化成型和热解等各种生物质能源转化与利用装置；⑥多方面的生态效益和经济效益。因此，研究开发纤维素类草本能源植物对于缓解能源压力、保护环境和生态、促进各国经济社会可持续发展等具有重要意义。所以国外研究机构早期就投入了大量的资金进行草本植物能源化的研究工作(表 1-3)。

**表 1-3　国外草本植物能源化进展列表**

| 项目 \ 国家及地区 | 美国 | | 欧洲 |
|---|---|---|---|
| 年代 | 1984~1989 | 1990 | 1989 |
| 承担主体 | 美国能源部 | 美国能源部 | |
| 研究项目 | "草本能源植物研究计划"(HECP) | "生物质能给料发展计划"项目(BFDP) | "欧洲 JOULF 计划""欧洲 AIR 计划"和"欧洲 FAIR 计划" |
| 研究内容 | 研究草种的筛选 | 模式植物系统的研究，以柳枝稷作为能源植物 | 全欧范围内对芒属植物及其杂交种的生物量潜力、生殖、发育、管理实践、收获加工以及杂交育种等方面开展了系统研究 |
| 研究目的 | 检测草种的产量潜力、分析生化组成和摸索不同试点的最佳管理措施 | ①柳枝稷不同品种的田间品比试验，以示筛选新的优良品种；②进行生理学研究以便建立筛选和评价优良品种的指标体系；③开发组织培养技术以对相关植物进行生物技术改良 | |
| 研究结果 | 从 35 种草本能源植物中筛选出 18 种最适合美国种植的纤维类能源禾草 | | 得到了 17 种候选植物，并重点对芦竹(*Arundo donax* L.)和虉草(*Phalaris arundinacea* L.)展开了深入研究 |

我国作为一个资源大国，纤维素类能源植物资源非常丰富，但早期的研究主要集中在水土保持、造纸原料和动物饲料等方面，由于与作为能源植物的利用目的不同，导致了研究内容和育种目标的不同，在资源收集上也产生了极大的差异。因此，从严格意义上讲，我国在开展草本植物作为能源植物的研究工作还刚刚起步，远远落后于欧美等国家。目前的研究主

要集中在能源植物种质资源的筛选、品种选育和转化工艺等方面，并取得了一定的成绩（表1-4）。在有关科研项目指南中也设立了相应的项目，如在2012年国家重点基础研究发展计划（"973"计划）项目中设立了针对草本能源植物的项目"草本能源植物培育及化学催化剂制备先进液体燃料的基础研究"，将重点围绕草本能源植物选择性培育遗传学、生物质水热解聚、解聚产物催化转化制备先进燃料机理与选择性调控等关键科学问题开展多学科交叉与综合研究。这些项目的启动实施，对于促进生物质能源利用，缓解我国石油短缺，保障国家能源安全和促进我国新农村建设等方面具有重要意义。

**表1-4　国内纤维禾草利用研究进展**

| 序列 | 研究对象 | 研究内容 | 研究结果 | 研究者 |
|---|---|---|---|---|
| 1 | 8种高大纤维禾草 | 热值和灰分动态变化 | 芦竹的干重热值与灰分含量有显著性线性相关 | 宁祖林 |
| 2 | 几种野生禾本科草类植物 | 自然种群特征调查 | 芒和狼尾草具有高的产量，高的净光合速率和生长速度是其高产的生理生态学基础，符合能源禾草的要求 | 潘一晨，等 |
| 3 | 7种高大禾草 | 表型特性及生物质成分 | 芒和荻的干物质年产量、燃烧值、折合标准煤均是所有材料中最高的，而灰分是所有材料中最低的，并指出原产中国的芒属植物是较柳枝稷更适合我国的优良的生物质能源植物 | 宗俊勤，等 |
| 4 | 香根草 | 生长特征和生物质成分 | 具有很强的光合能力及较快的生长速率，叶片中纤维素和半纤维素含量均较高，能够适应边际性土地种植，是一种潜在的优良木质纤维素能源植物 | 周强，等 |
| 5 | 不同人工湿地植物 | 纤维素组分和热值，采用NaOH-酶解工艺研究不同人工湿地植物水解液组分 | 人工湿地植物是一种较好的生物质资源，可通过生物质固体成型燃料技术、沼气技术和燃料乙醇技术加以利用，进而建立人工湿地植物生物质资源能源化耦联利用模式 | 何明雄，等 |
| 6 | 草本芦竹 | 主要工业成分及化学组成，采用稀酸法、稀碱法、高温热水法和酸催化高温热水法预处理芦竹，比较了不同预处理方式对各种糖的产率及预处理产物纤维素酶酶解率的影响 | 为进一步利用草本芦竹作为能源牧草生产燃料乙醇提供了依据 | 余醉，等 |
| 7 | 红麻秸秆 | 研究了不同预处理方法对红麻纤维质乙醇发酵的影响 | 为红麻纤维质转化燃料乙醇提供基础依据 | 阮奇城，等 |
| 8 | 纤维类能源草 | 化学成分、生物质产量、生态适应性和热值4项指标来评价能源植物的利用价值 | 生产燃料乙醇等清洁生物质能源 | 李高扬，等 |

**（四）禽畜排泄物**

禽畜粪便也是一种重要的生物资源。除在牧区有少量的直接燃烧外，禽畜粪便主要是作为沼气的发酵原料。中国的禽畜主要是鸡、猪和牛，根据这些禽畜品种、体重、粪便排泄量等因素，可以估算出粪便资源量。根据计算，目前我国禽畜粪便资源总量约 $8.5\times10^8$t，折合 7837 多万吨标准煤，其中牛粪 $5.78\times10^8$t，可折合 $4890\times10^4$t 标准煤，猪粪 $2.59\times10^8$t，可折合 $2230\times10^4$t 标准煤，鸡粪 $0.14\times10^8$t，可折合 $717\times10^4$t 标准煤。畜禽便是很重要的沼气生产原料。据估计，全国禽畜粪便的理论沼气生产量得 $650\times10^8m^3$ 以上。我国目前只有 20% 的粪便污水得到不同程度的厌氧或耗氧处理，处理量有限，大部分都是直接排放到环境中，对环境造成了很大的污染。在粪便资源中，大中型养殖场的粪便是便于集中开发和规模化利用的，例如在大型养殖场配套建设畜禽便—沼气—发电设施。

**（五）城市生活和工业固液废**

城市固体废物主要由居民生活垃圾，商业、服务业垃圾和少量建筑业垃圾等固体废物构成。其构成比较复杂，受当地居民的平均生活水平、能源消耗结构、城镇建设、传统习惯、自然条件以及进阶变化等因素影响。随着我国城市化水平的提高，城市数量和城市规模都在不断扩大，由此造成的城镇垃圾和垃圾堆积量均在逐年增加，年增长率在 10% 左右。目前中国大城市的垃圾构成已呈现出向现代化城市过渡的趋势，表现为以下特点：一是垃圾中有机物含量接近 1/3，甚至更高；二是食品类废弃物是有机物的主要组成部分；三是易降解有机物含量高，如表 1-5 所示。

**表 1-5 我国典型城市的生活垃圾组成** %

| 城市 | 有机物 | | | | | 非有机物 |
|---|---|---|---|---|---|---|
| | 厨余垃圾 | 废纸 | 废塑料 | 废纤维 | 有机物合计 | |
| 北京 | 27 | 3 | 2.5 | 0.5 | 33 | 67 |
| 天津 | 23 | 4 | 4 | — | 31 | 69 |
| 杭州 | 25 | 3 | 3 | — | 31 | 69 |
| 重庆 | 20 | — | — | — | 20 | 80 |
| 哈尔滨 | 16 | 2 | 1.5 | 0.5 | 20 | 80 |
| 深圳 | 27.5 | 14 | 15.5 | 8.5 | 65.5 | 34.5 |
| 上海 | 71.6 | 8.6 | 8.8 | 3.9 | 92.9 | 7.1 |

工业有机废弃物可分为工业固体有机废弃物和工业有机废水两大类。在我国，工业固体有机废弃物主要来自木材加工厂、造纸厂、糖厂和粮食加工厂等。初步统计，目前全国年产有机废水 $25.2\times10^8$t，废渣 $0.7\times10^8$t 可获得沼气资源量为 $106.8\times10^8$t。我国的木材加工生产线所制成产品的合格率仅为 50% 左右，由粮食加工行业产生的谷壳量达 $4000\times10^4$t，除小部分用于酿酒、饲料和生产能源外，其余大部分沦为废弃物，成为该行业的环境负担。

## 二、生物质的理化性质

**生物质能**：就是储藏在生物质中由太阳能转化而来的化学能，能够作为能源而被利用的生物质能源。在地球上，生物质能源是很丰富的，是当今世界上仅次于煤炭、石油和天然气的第四大能源，它是含碳能源中唯一的可再生能源，也是可再生能源中唯一含碳的能源。生物质能具有以下特点：

① 可再生性。只要有太阳辐射，地球上植物的光合作用就不会停止，太阳能就会转化成生物质能储存在植物体内。

② 储量丰富，种类繁多。据统计地球上每年通过绿色植物光合作用所生成的生物质能总量约为现在全球年耗能总量的10倍。而实际使用的生物质能只占全球生物质能的1%，还有很大的开发潜力。除了能进行光合作用的绿色植物作为直接能源的储能载体外，畜禽粪便、垃圾等间接储能的生物质体也有很大的储存量。

③ 生物质能源与其他可再生能源如风能、水能、太阳能等相比，具有可存储和运输的优点，可转换成固体燃料、液体燃料和气体燃料。

④ 可替代传统的化石能源。生物质含有的碳水化合物元素和化石能源的元素种类大致相同，可通过提取和转化成为与化石燃料接近的短链烷烃液态和气态化合物，可在不必对已有工业技术做任何改进的前提下替代常规能源。

⑤ 低污染性。生物质排放的二氧化碳对环境来说是零排放，因为生物质排放二氧化碳和吸收二氧化碳的周期短，不会长期在大气中积聚成高浓度的二氧化碳而对环境造成影响。此外，生物质的氮，硫含量少，灰分含量也少，这些因素在生态环境保护方面具有很大的优越性，所以是一种清洁能源。

生物质固体燃料未经干燥处理时，水分含量很高，一般在25%~55%之间，干燥处理后，其水分通常低于10%。不同种类的生物质固体燃料，发热量差别较大，但均低于煤炭。以秸秆为例，各种秸秆的低位发热量在14~16MJ/kg之间，约为标煤发热量29.3MJ/kg的一半。其挥发分高，可达70%，其含氧量高，但含碳量及含硫量少。其挥发分在250~350℃时已大部分析出。析出燃烧后疏松的焦炭会随烟气流入烟道，其灰分烧结温度不高，一般在800~1000℃范围内。

### （一）生物质的宏观元素组成

生物质原料的宏观元素成分是生物质被加工转化成生物质能源的物质基础。表1-6对比分析了各种生物质同煤的主要元素。在这些元素分析中，C、H、O元素是跟热量密切相关的元素，C、H的含量决定了热值，O的主要作用是助燃，O含量越高越利于C、H的充分燃烧，对热值的提升有帮助。从表1-6中可以发现，生物质中的含C量普遍低于煤，而H、O的含量高于煤，所以生物质更容易充分燃烧。而生物质中含S元素最高的麦秸(0.16)也相当于煤的最低含S值(0.1)，因此生物质的燃烧所释放的硫氧化物对环境的危害远小于煤炭的燃烧。生物质燃烧后残余的灰分含量因生物质种类不同而变化很大，这是由形成灰分的矿物元素在不同的生物质中含量的差异决定的。

**表1-6　部分生物质原料和煤的宏观元素成分分析(干燥基)**　%

| 种类 | 灰 | C | H | O | N | S |
|---|---|---|---|---|---|---|
| 麦秸 | 7.2 | 45.8 | 5.96 | 40 | 0.45 | 0.16 |
| 玉米秸 | 5.1 | 46.8 | 5.74 | 41.4 | 0.66 | 0.11 |
| 稻草 | 19.1 | 38.9 | 4.74 | 35.3 | 1.37 | 0.11 |
| 稻壳 | 15.8 | 38.9 | 5.1 | 37.9 | 2.17 | 0.12 |
| 棉柴 | 17.2 | 39.5 | 5.07 | 38.1 | 1.25 | 0.02 |
| 木屑 | 0.9 | 49.2 | 5.7 | 41.3 | 2.5 | 0 |
| 树皮 | 4 | 50.3 | 5.83 | 39.6 | 0.11 | 0.07 |
| 白桦 | 0.4 | 48.7 | 6.4 | 44.5 | 0.08 | 0 |
| 煤 | 10~25 | 55~98 | 2~7 | 1~34 | 0.3~3.5 | 0.1~10 |

### （二）生物质的灰熔点

在高温情况下，灰分将变成熔融状态，形成含有多种组分的灰(具有气体、液体或固体形态)，在冷表面或炉墙内形成沉积物，即积灰或结渣。生物质固体燃料的氯含量和碱金属含量高于化石燃料，燃烧时氯和钾可直接与灰中硅酸盐反应生成低熔点灰，粘在受热面上造成过热器等结渣与腐蚀并影响传热。在燃用生物质固体燃料时，如果燃炉中燃烧温度高于灰熔点会在炉中形成易碎渣块。在循环流化床锅炉中，生物质燃料中的钠和钾元素可与床料石英砂反应形成低温共熔混合物 $K_2O\cdot 4SiO_2$ 和 $Na_2\cdot 2SiO_2$(熔点分别为 870℃和 760℃)，易形成炉内结渣。而生物质中的 Ca 和 Mg 元素通常可以提高灰熔点。生物质固体燃料灰分少，烟气中有害的氮氧化物和硫氧化物低于燃煤，但生物质中的氯与钾会形成 KCl 气溶胶，在排烟中形成污染。这些燃料特点均需在设计燃用生物质固体燃料锅炉时考虑在内。

## 三、生物质能与光合作用

**生物质：**指利用大气、水、土地等通过光合作用而产生的各种有机体，即一切有生命的有机物质。它包括植物、动物和微生物以及由这些生命体排泄和代谢的所有有机物质。

生物质能是蕴藏在生物质中的能量，是绿色植物通过叶绿素将太阳能转化为化学能而储存在生物质内部的能量。而这种从太阳能到化学能的转化过程跟光合作用是密切相关的。光合作用需要通过光反应和暗反应两阶段过程将太阳能转化成碳水化合物的形式储存在植物体内。其总反应式为

$$6CO_2+6H_2O \xrightarrow[\text{太阳能}]{\text{叶绿体}} (C_6H_{12}O_6)+6O_2 \quad (1-1)$$

**光反应阶段：**光反应阶段是在光驱动下水分子氧化释放的电子通过类似线粒体呼吸电子传递链那样的电子传递系统传递给 $NADP^+$，使它还原为 NADPH。电子传递的另一结果是基质中质子被泵送到类囊体腔中，形成的跨膜质子梯度驱动 ADP 磷酸化生成 ATP。反应式为

$$H_2O+ADP+Pi+NADP^+ \longrightarrow O_2+ATP+NADPH+H^+ \quad (1-2)$$

**暗反应阶段：**暗反应阶段是利用光反应生成 NADPH 和 ATP 进行碳的同化作用，使气体二氧化碳还原为糖。这阶段基本不依赖于光，而是依赖于 ATP 和 NADPH 的提供。反应式为

$$CO_2+ATP+NADPH+H^+ \longrightarrow (CH_2O)+ADP+Pi+NADP^+ \quad (1-3)$$

由于光合作用的原初能量是取之不尽，用之不竭的太阳能，所以利用二氧化碳和水为能量承载体提供给地球的生命类群源源不断的化学能源。地球上的植物通过光合作用每年约吸收 $7\times10^{11}$t 二氧化碳，合成 $5\times10^{11}$t 有机物，光合作用是地球上制造有机物的重要途径。

# 第二节　生物质能源技术分类和应用进展

世界上技术较为成熟、实现规模化开发利用的生物质能利用方式主要包括生物液体燃料、沼气和生物质成型燃料、生物质发电等。按照生物质能产品划分，生物质能源技术研究主要集中在固体生物燃料(生物质成型燃料、生物质炭化成型燃料)、气体生物燃料(沼气与车用甲烷、生物制氢，生物质气化燃气)、液体生物燃料(醇类燃料、生物柴油、生物质裂解油)以及替代石油基产品生物基乙烯及乙醇衍生物等(图 1-1)。已经市场化的产品主要是生物质发电/供热、沼气和车用甲烷、燃料乙醇及乙醇下游产品、生物柴油及相关化工产品等。目前，欧盟国家已经形成了从原料收集、储藏、预处理到燃料生产、配送和应用的整个

产业链的成熟技术体系和产业模式，发达国家的技术体系也日趋完善，欠发达国家仍需在关键领域进行技术攻坚。

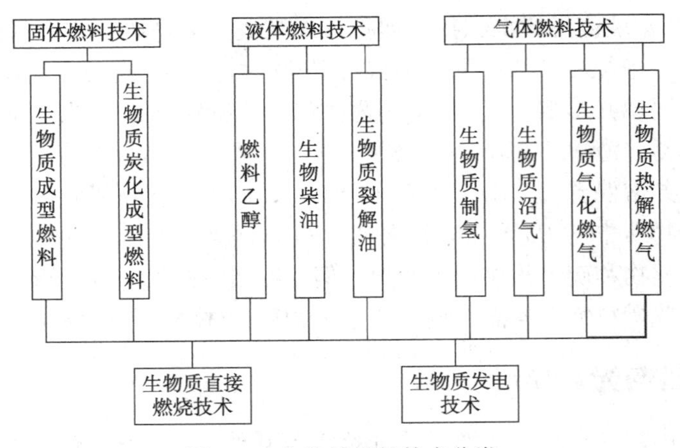


图 1-1　生物质燃料技术分类

## 一、固体燃料技术

为了便于运输、储存和改进燃烧工况（改善送风控制和稳定燃烧）可对秸秆、干草等也可压缩成捆，尺寸取决于打捆机，方捆一般边长为 50～120cm。也可利用各类压缩成型机械（如螺旋式、活塞式、油压式、水压式等成型设备）将生物质（如锯末、木屑、稻壳、秸秆等）压缩成直径为 4～20mm，长度<100mm 的颗粒燃料或尺寸为 20～120mm，长度<400mm 的块状燃料供用户燃用。这两种固体燃料的不同之处在于成型材料的密度大不相同。生物质成型燃料具有更致密的结构，更高的密度，因此具有更高的单位密度热量。将生物质中的木质素在加热条件下液化、软化，使它具有一定的黏着强度，然后使用机械方式给生物质施加一定压力，使散的生物质转变成具有一定形状、密度的燃料。

早在 20 世纪 30 年代，日本、西欧等国就开始研究成型技术。目前，欧洲国家在生物质固体燃料方面发展最快，因而总体上在固体燃料技术上的发展最成熟。瑞典全国能耗的 30%为可再生能源，木质燃料占 46. 7%。Kraft 热电工厂在世界上首先开发热、电、颗粒燃料联产技术并投入商业化生产，能效高达 86%。美国 20 世纪末已在 25 个州兴建了日产量为 250～300t 的树皮成型燃料加工厂，进行工厂化生产。70 年代初，美国又研究开发了内压滚筒式粒状成型机。日本的致密成型技术已领先世界。1948 年，日本申报了利用木屑为原料生产棒状成型燃料的第一个专利。20 世纪 50 年代初期生产出了商品化的棒状成型机，60 年代成立了木质成型燃料行业协会。亚洲除日本外，泰国、印度和菲律宾等国从 80 年代开始开展了生物质致密成型机设备及成型工艺方面的研究。现已成功开发的成型技术按成型物形状分主要有三大类：以日本为代表开发的螺旋挤压生产棒状成型技术、欧洲各国开发的活塞式挤压制得圆柱块状成型技术以及美国开发研究的内压滚筒颗粒状成型技术和设备。

我国对生物质成型技术的发展比较晚，始于 20 世纪 80 年代，经过多年的开发研究，我国生物质固体成型燃料技术已经取得了阶段性成果。2020 年《可再生能源发展“十三五”规划》中指出：加快生物天然气示范和产业化发展，到 2020 年，生物天然气年产量达到 $80\times10^8m^3$，建设 160 个生物天然气示范县。积极发展生物质能供热，到 2020 年，生物质成型燃料利用量达到 $3000\times10^4t$。到 2020 年，城镇生活垃圾焚烧发电装机达到 $750\times10^4kW$。到

2020 年，农林生物质直燃发电装机达到 $700\times10^4$kW，沼气发电达到 $50\times10^4$kW。到 2020 年，生物质发电总装机达到 $1500\times10^4$kW，年发电量超过 $900\times10^8$kWh。推进生物液体燃料产业化发展。到 2020 年，生物液体燃料年利用量达到 $600\times10^4$t 以上。

## 二、液体燃料技术

在液体生物燃料方面，存在着燃料乙醇，生物柴油和热裂解油三种类型，其中，燃料乙醇主要通过木薯、甜高粱和纤维素等发酵制备。生物柴油主要通过植物油常规碱(酸)催化技术、高压醇解技术、酶催化技术和超临界(或亚临界)等转酯化技术制备。热解油可通过木质纤维素的热裂解合成来制备。

### (一) 燃料乙醇

乙醇生产的原料根据其加工的难易，可分为三类：①糖，来自甘蔗、甜菜等；②淀粉，来自玉米、谷子等；③木质纤维，来自秸秆、蔗渣等。燃料乙醇的生产技术大致分为两类：六碳糖路线和五碳糖路线。六碳糖路线原料主要为经济农作物，分为淀粉类作物和糖类作物；五碳糖路线原料为秸秆等纤维素，经降解和发酵产生木糖，进而生产乙醇。国际上成熟的乙醇路线是六碳糖路线，但存在较为严重的原料供应瓶颈。纤维素(五碳糖)路线是燃料乙醇发展的最终路线，但目前缺乏高效五糖转化菌种以及纤维素酶高效生产工程化技术。由于纤维素是植物的木质部分，是地球数量最大的植物积累的产物，植物从太阳获取的绝大部分能量也都储存于其中。所以人类一旦掌握了释放出存储在纤维素中能量的技术，能源危机便可得到很大缓解。

#### 1. 淀粉类制乙醇燃料技术

淀粉类制乙醇燃料技术是指以玉米、小麦、薯类、高粱、甘蔗、甜菜等粮食作物为原料，利用酵母等乙醇发酵微生物，在无氧的环境下通过特定酶系分解代谢可发酵糖生成乙醇。经过发酵制得乙醇再经过蒸馏，脱水后添加变性剂，成为专门用于燃料的乙醇。乙醇以一定的比例掺入汽油可作为汽车燃料，替代部分汽油，使排放的尾气更清洁。根据燃油中酒精含量的多少，燃料酒精的市场可分为替代燃料(添加高比例乙醇的汽油醇)和燃料添加剂两种。其中，燃料酒精作添加剂可起到增氧和抗爆的作用，以替代有致癌作用的甲基叔丁基醚(MTBE)。

巴西是最早大规模使用乙醇作为替代燃料的国家，在 20 世纪 70 年代初全球石油危机后，即开始研究和开发汽车用燃料乙醇，巴西的甘蔗产量居世界首位，其很早就开始利用甘蔗生产燃料乙醇。在 80 年代燃料乙醇的应用达到了一个高峰，到 90 年代燃料乙醇已经具有与石油市场竞争的能力。2006 年以前，巴西是世界上年产燃料乙醇最多的国家，也是世界上唯一不使用纯汽油作汽车燃料的国家。目前，巴西以甘蔗为原料生产的燃料乙醇已经成功替代了 50%以上的汽油，成为世界上唯一不提供纯汽油的国家。美国及欧盟国家也在大力发展燃料乙醇工业，到 2006 年，美国燃料乙醇产量已经一跃成为世界最大的燃料乙醇生产国。其更倾向于研究生物质乙醇生产的第一代原材料和第二代原材料(分别是淀粉生物质和木头纤维生物质)，在目前的技术水平下，美国以及全球的乙醇规模生产大都是来自前者。欧洲各国、美国及我国在以粮食为原料的液体燃料技术上，都已基本发展成熟。

我国燃料乙醇虽起步较晚，但是发展迅速，已成继美国、巴西之后世界第三大燃料乙醇生产国。截至 2005 年年底，我国在 9 个省的部分地区基本实现了车用乙醇替代汽油，年产生物乙醇燃料约 $150\times10^4$t。2007 年 12 月，中粮集团投资的 $20\times10^4$t/a 的木薯燃料乙醇试点项目在广西北海投产，成为我国迄今为止最大的非粮燃料乙醇项目。目前技术发展方向为实现全年均衡生产，提高淀粉水解效率以及发酵效率，薯类乙醇建立以降黏技术为核心高效乙醇转化技术体系，通过生物炼制实现非粮原料能源化利用的循环经济模式等。农业部规划设计研究院承担的“甜高粱茎秆制取乙醇技术”课题，发展了甜高粱茎秆固体发酵工艺。清华大学开发的甜高粱秆先进固体发酵(ASSF)生产乙醇技术处于国际领先水平，在内蒙古巴彦淖尔市五原县建设的甜高粱秆发酵罐从 $5m^3$ 放大到 $127m^3$，进行了重复试验，取得成功。甜高粱茎秆制取乙醇技术成果的推广应用，不仅形成具有中国特色的燃料乙醇发展模式，还开辟了具有战略性的能源农业和生物质能源产业，对我国实现可持续发展具有重要意义。

2. 纤维草本制乙醇燃料技术

近年来，燃料乙醇作为一种替代能源得到了各国的重视和发展。最初由于乙醇生产受到粮食资源的限制，成本高，难以形成大规模生产，因而长远考虑必须寻找丰富且廉价的原料来源。由于纤维质原料非常丰富且成本较低，因此纤维素方面燃料乙醇的开发利用是以后亟须解决的重大研究课题。早在 20 世纪 80 年代，美国能源部就已开始将能源草中的柳枝稷作为生物能源进行研究与尝试了。目前，以能源草生产纤维素乙醇的研究很多，但都止步于实验室阶段。这是由于能源草复杂的结构导致乙醇生产工艺烦琐、原料利用率低、分离能耗大，致使生产成本高于采用糖和淀粉类原料。充分利用木质纤维素原料、简化生产工艺、降低生产成本、减少废水和废渣的排放，是纤维素燃料乙醇研发面临的挑战。

（1）纤维素“能源草”特点

所谓“能源草”，是指生长迅速、生物质产量高的草本植物，一般为两年或多年生植物，是可直接作用于生产生物质能源的草本植物的统称。能源草具有以下特点：①多为耐旱、耐盐碱、耐瘠薄、适应性强的草种，对土质和气候要求不高，耐寒、抗冻、生长快，产量高；②具有高的热值，其碳原子含量占主要成分的 64%；③为多年生禾本科 $C_4$ 植物，固定 $CO_2$ 的效率远远高于 $C_3$ 植物。因此，草本能源植物在很大程度上解决了生物质能源产业化的原料问题，其生物转化被认为是生物质能源产业化发展的最有效途径之一。

（2）能源草预处理

预处理是纤维素乙醇生产中的关键环节，且预处理过程所产生的费用约占纤维素乙醇生产成本的 20%。因此，世界各国都针对预处理开展了大量的研究。作为木质纤维素原料的能源草，其结构主要由纤维素、半纤维素和木质素组成。其中的木质素在纤维素周围形成保护层并与半纤维素通过共价键相连，使整个分子结构形成高度结晶聚合物。因此，高效的预处理工艺能有效改变植物细胞壁的结构和组成分布，去除细胞壁微纤维的半纤维素外鞘，暴露结晶纤维素内核，打开酶分子进入的通道，从而显著地提高其对酶作用的敏感性，同时预处理后的底物要具有高的糖回收率和低含量的降解产物。

在众多预处理过程中，由于酸、碱预处理可以将半纤维素水解和溶解，被认为是导致纤维素酶可接触面积增大的主要机制，并且稀酸预处理由于其低的酶加量和较高的木糖回收率，碱性预处理可使木质素溶解，剩余纤维素与半纤维素，提高了成分利用率，使纤维素乙醇的经济性得到改善而被广泛采用，但酸碱预处理都面临着高温下设备腐蚀和后续污水处理的问题采用率逐渐减少。

青贮也是近年来发展起来的一种针对能源草的预处理方式。根据植物生理学变化规律，草本植物在收割后，呼吸作用加强，通过微生物厌氧菌群的发酵作用将原料中部分纤维素、半纤维素转化为糖类。糖类经有机酸发酵转化为乳酸、乙酸和丙酸，并可抑制产丁酸菌和霉菌等有害微生物的繁殖，为后续的厌氧消化产甲烷提供可利用物质。青贮操作简单，预处理周期长，受季节、温度的限制，并且随着易于消化的蛋白质、可溶性糖和维生素等营养成分的水解，粗纤维素比例增加，造成剩余组成结构复杂、坚韧，对后续的加工和利用造成困难。因此，青贮并不能成为广泛应用于能源草预处理的科学方法。

蒸汽爆破预处理能源草不同于以上预处理，蒸汽爆破由于其快捷，无污染、能耗低、不添加化学品及产物中抑制剂浓度低等优点而成为目前国内外首选的能源草预处理方式（表 1-7）。蒸汽爆破预处理是将原料置于高温高压条件下，迫使高压水蒸气渗入纤维内部并骤然降压，造成气体迅速膨胀而产生闪爆，从而破坏木质纤维素的大分子结晶度，实现其化学组成和微观结构的改变。但是，采用汽爆处理纤维素会造成纤维素转化为糠醛与呋喃等毒性物质而造成原料的损失。木质纤维素原料中的半纤维素在汽爆条件为 160~220℃之间损失率为 47.6%~73.3%，葡萄糖回收率达到了 60%~80%。如何选择最优的汽爆强度系数，在降低纤维素结晶程度以保证葡萄糖得率的同时，还要尽量减少半纤维的损失及乙酸等发酵抑制剂的产生，这无疑值得国内外学者们去深入探讨和研究。

**表 1-7　不同能源草预处理方式的比较**

| 预处理 | 预处理方式 | 作用机制 | 优点 | 缺点 |
|---|---|---|---|---|
| 生物法 | 青贮 | 利用特定的微生物降解木质素 | 能耗低，对环境友好，条件不苛刻 | 水解率低，副产物多，处理时间较长，效率低 |
| 物理法 | 热水预处理 | 高压水可以水解部分纤维素，移除纤维素 | 抑制物少，压力相对较低，并且对木聚糖的破坏小 | 能耗较大，生产率不高 |
| 化学法 | 酸水解 | 降低纤维素的结晶度，部分或完全降解半纤维素，去除木质素 | 停留时间短，半纤维素转化率高 | 腐蚀设备，副产物多 |
|  | 碱处理 | 破坏木质素结构，降低纤维素的结晶性和聚合度 | 原料的降解性好 | 引起不必要的纤维素降解，碱的需求量大 |
| 物理化学法 | 氨纤维爆破 | 破坏纤维素的结晶结构，降低其聚合度 | 不需要把物料粉碎，无抑制剂产生 | 不适合纤维素含量高的生物质，成本高 |
|  | 蒸汽爆破 | 骤然降压使物料爆破，破坏纤维素的结晶性并降低聚合度 | 操作简单，无污染，无添加剂 | 破坏部分木聚糖，对木质素的破坏不完全 |

（3）能源草制取纤维素乙醇的同步发酵工艺

近几十年来对纤维素乙醇的研究不断深入，普遍认为纤维素乙醇的发酵工艺是突破纤维素乙醇产业化的关键技术。同步糖化发酵工艺由于酶水解与发酵在同一发酵罐中进行，发酵罐内的纤维素水解速度远低于葡萄糖消耗速度，为糖转化成乙醇创造了有利条件，提高了纤维素酶的效率，并且发酵时间短、减少了外部微生物污染及反应介质中可以有乙醇存在和厌氧性条件等，是目前一种主流的生产纤维素乙醇的发酵策略。通过各种预处理方式和同步发酵工艺进行的纤维素乙醇的生产如表 1-8 所示。在纤维素乙醇发酵过程中，高底物浓度是能源草制取纤维素乙醇的关键。为了能够实现较为理想的纤维素转化率，许多研究小组通常会选择在反应体系中使用较低底物浓度[ <15%（W/V），从而造成最终的乙醇发酵浓度低（<5%（W/V）]而不能真正满足工业化的需求。为此，有研究学者提出“高底物浓度发酵”。但是，由于能源草在预处理过程中不可避免地会产生多种毒性化合物如糠醛、呋喃、酚等，

随着底物浓度的提高，发酵体系中的抑制剂浓度增大。另外，高底物浓度还意味着反应体系的黏稠度增加，传质与传热性能下降等一系列问题，进而影响酶解效率以及菌种活力，造成纤维素乙醇产量的降低。为了解决这些问题，目前普遍认同将补料发酵工艺与同步糖化发酵相结合的方法。根据操作方式不同，将其分为分批发酵、连续发酵以及补料分批发酵三种类型。在能源草生产纤维素乙醇过程中，完全封闭式的分批发酵或者纯粹的连续发酵较为少见，更多见的是补料批式发酵。

**表 1-8　不同能源草经预处理和同步发酵工艺的乙醇产量**

| 名称 | 预处理方法 | 底物浓度/(kg/L) | 纤维素转化率/% | 乙醇产量/(g/L) |
| --- | --- | --- | --- | --- |
| 蓟 | 蒸汽爆破预处理 | 8 | 69. 55 | 13. 64 |
| 象草 | 稀碱和碱预处理 | 10 | 64. 49 | 24. 20 |
| 象草 | 蒸汽爆破预处理 | 4 | 41. 68 | 0. 1145 |
| 芒草 | 化学预处理 | 25 | 64. 49 | 42. 4 |
| 甜根子草 | 碱预处理 | 5 | 88 | 4. 65 |
| 使命草 | 碱和超声波预处理 | 21 | 59. 25 | 16 |
| 草庐 | 蒸汽爆破 | 10 | 35 | 20 |
| 互花米草 | 稀酸预处理 | 20 | 53 | 21. 80 |
| 象草 | 蒸汽爆破 | 4. 7 | 90. 30 | 24. 30 |
| 象草 | 碱预处理 | 20 | 66. 23 | 26. 05 |

3. 生物转化能源草联产制取乙醇和甲烷研究

为了提高能源草原料制取纤维素乙醇的利用率，尤其是全纤维素组分(纤维素+半纤维素)的生物转化率，进一步实现木质纤维素的多级利用，可以尝试将乙醇发酵与厌氧消化产甲烷这两个生物转化过程进行整合。能源草经过乙醇发酵及蒸馏后的发酵醪液被称为发酵残留物。发酵残留物含有较高的总固体含量(TS)和挥发性固体的含量(VS)，这意味着发酵残留物有较高的可利用性和挑战性。可利用性是由于含有较高的 VS 含量，这是厌氧消化微生物所能利用的；而较高的 TS 含量，造成厌氧消化体系中黏稠度增加、机械搅拌困难、微生物分布不均衡等从而造成厌氧消化性能下降。因此，国内外学者一般将发酵残留物固液进行分离，液体部分用于厌氧消化。这样利用能源草将同步糖化发酵和厌氧消化结合起来的生物统和加工过程，可以实现木质纤维素的多级利用。

以上均采用乙醇发酵残留物的上清液进行厌氧消化，这种利用发酵残留物上清液进行乙醇甲烷联产策略，虽然在一定程度上提高了生物转化效率，但是在乙醇发酵残留物的固体中也含有大量未被降解的纤维素。为了使能源草的纤维素组分尽可能的全部利用，有研究学者提出将乙醇发酵全残留物进行厌氧消化，一方面简化了操作工艺；另一方面最大限度地实现能源草的全组分利用。乙醇发酵全残留物由于固体含量高，一般的厌氧消化反应器，如 UASB 等反应器并不适合这种高悬浮固体含量。因此，选择适用的厌氧消化器对于稳定厌氧菌群、提高厌氧消化效率、提高甲烷产率具有一定影响。一般常见的用于能源草固体消化的反应器，见表 1-9。良好的设备为能源草转化为清洁能源提供了反应环境和基础。

**表 1-9　单相 CSTR 厌氧消化比较**

| 方法 | 底物 | 有机负荷/(gvs/L) | 气体产率/(mL/gvs) | 甲烷含量/% | 挥发性固体去除率/% |
|---|---|---|---|---|---|
| 单相全混式 | 牛粪和残留物 | 2.8 | 310 | 60 | 63 |
| 单相全混式 | 木薯残留物 | 3.5 | 249 | 65 | 68~81 |
| 单相厌氧流化床 | 污水和残留物上清液体 | 1.2~3.5 | 311 | 50~66 | 52~60 |
| 单相全混式 | 食物废弃物 | 3.7 | 445 | 68 | 61.8 |
| 单相全混式 1 | 食物废弃物与牛粪 | 4.36 | 388 | 69.3 | 55.6 |
| 单相全混式 2 | 食物废弃物与牛粪 | 4.19 | 385 | 66.5 | 72.1 |

注：gvs 指挥发性固体质量。

以能源草为原料，通过预处理方法，尤其是蒸汽爆破预处理方法，高效地破坏木质纤维素结晶程度，再将汽爆后的原料通过高底物批式补料同步糖化发酵和厌氧消化制取清洁能源乙醇和甲烷的方法，实现了木质纤维素原料组分的充分利用。但是，在生产过程中还存在一些问题，如目前预处理方法耗能多、化学药品用量较多对环境也有污染，并且木质素分离不完全、部分木糖被处理破坏后损失可溶性半纤维素组分使总糖化率降低。此外，在糖化发酵过程和厌氧消化过程中生物质能的转化效率不高，传质能力低，并且受多种营销因素的制约，技术单一、创新力量薄弱，均阻碍了生物能源的开发利用。

4. 基因工程纤维素能源草制取乙醇

20 世纪 90 年代中期以来，基因工程技术对全球农业产生了深刻的影响，在棉花、大豆、玉米等主要农作物上都得到了很好的应用。由于人们对自身健康的关注，植物转基因研究在以食用为目的的作物上的应用受到了一定的限制，而这却为能源植物的改良提供了新的契机。目前，人们开始尝试利用植物基因工程的方法来解决植物纤维燃料乙醇生产中的问题。首先，降低木质纤维中的木质素含量、提高纤维素含量有利于降低木质纤维的前处理成本。通过基因工程改变木质素合成途径中不同基因的表达来降低木质素的含量、提高纤维素含量已有大量报道。如在转基因杨树中，下调木质素合成途径中的一个主要酶基因 *pt4CL1* 的表达，可使其木质素的含量下降 45%，作为补偿的纤维素含量提高了 15%，使杨树的纤维素/木质素的比率升高了 1 倍，而对杨树的生长、发育和生物结构的完整性没有任何明显的影响。烟草木质素单体聚合最终一步的酶(过氧化物酶)转入菜豆，抑制菜豆中其同源酶阳离子过氧化物酶的表达，得到的反义转基因植株对照相比木质素的含量降低 40%~50%，而木质素含量的降低对植株的生长发育没有显著的影响。通过转基因技术下调木质素合成途径中的 COMT(咖啡酸-O-甲基转移酶)基因，获得了木质素含量下降的转基因柳枝稷，经稀酸预处理后，采用同步发酵工艺，转基因株系比对照的乙醇产量提高 38%，而在乙醇产量相同的情况下，转基因材料所用的纤维素酶比对照要少 3 倍或 4 倍。通过转基因植物对木质素生物合成调控的研究主要表现在两个方面：一是木质素合成总量的调节，涉及的酶类依次为 PALI(苯丙氨酸解氨酶)、C4H(肉桂酸 4-羟基化酶)、4CL(4-香豆酸辅酶 A 连接酶)、CAD(肉桂醇脱氢酶)和 CCR(香豆酰辅酶 A 还原酶)，它们表达活性的高低与木质素总量密切相关；二是与木质素单体特异合成相关酶类的调控，主要集中于 COMT(咖啡酸-O-甲基转移酶)、CCoAOMT(咖啡酰辅酶 A-O-甲基转移酶)和 F5H(阿魏酸 5 羟基化酶)，这些酶的表达对木质素含量尤其是木质素单体的特异合成影响较大，决定了各种单体在木质素总量中的比例。

其次，是在植物中过表达纤维素降解酶类。由于通过微生物发酵生产纤维素水解酶的成本昂贵，科学家们试图通过基因工程技术在植物中直接产生纤维素水解酶。但是，由于纤维素水解酶在原材料的预处理过程中极易失活。因此，在植物中过量表达异源纤维素分解酶，最好是先将纤维素酶从植物中粗提或纯化出来，然后再加入到已预处理好的原材料中进行发酵。如将内切葡聚糖酶 E1 从转基因水稻中粗提出来，冷冻 3 个月后加入到用温和方法预处理好的水稻和玉米秸秆中，水稻中约有 30%的纤维素、玉米中约有 22%的纤维素被转化为葡萄糖。以上这些研究工作对于提高能源植物的利用效率、降低生物质能的开发成本都起到了积极作用，随着植物结构基因组和功能基因组研究的深入、生物化学与分子生物学的进一步发展，对植物生长、发育、代谢的生理生化过程中相关基因功能及其调控机制不断明确，利用植物基因工程技术在分子基础上设计和优化能源植物将成为今后改良能源植物的重要研究方向。

### (二) 二甲醚

二甲醚(DME)是一种最简单的脂肪醚，又称木醚、甲醚，是一种理想的清洁燃料。未来 DME 应用的最大潜在市场是作为柴油代用燃料，也可以替代液化石油气。利用可再生的生物质转化为清洁的燃料二甲醚。由于此类技术开发的重点任务是两段及时的匹配和集成，因此在技术上不存在瓶颈。生物质气化合成二甲醚技术初步具备产业化能力，目前约 7t 生物质原料可生产二甲醚 1t，二甲醚纯度达到 99.9%，系统可实现电及蒸汽自给，能源效率达 38%以上。

### (三) 燃料甲醇

国外从 20 世纪 80 年代开始研究生物质气化合成甲醇燃料。20 世纪 90 年代，生物质气化合成甲醇系统的研究得到了广泛的发展，如美国的 HynolProcess 项目、NREL 的生物质甲醇项目、瑞典的 BAL-FuelsProject 和 Bio-Meet-Project 以及日本 MHI 的生物质气化合成甲醇系统等。日本筑波大学材料科学院的研究人员开发出一种新型催化剂，可有效地将生物质低温气化，用所得到的无焦油气体作为合成气来生产甲醇、二甲醚或液体燃料。美国国家可再生能源实验室建成了合成甲醇小型示范装置，研究生物质气化间接合成液体燃料的机理和可行性。目前，人们对生物质间接液化制备发动机燃料试验及工艺的研究还不多，但由于其清洁环保的特点，已经引起人们的重视。

### (四) 生物柴油

生物柴油的生产是指将植物油、动物油脂、废食用油以及油料作物等为原料，在以甲醇或乙醇为催化剂作用下，将温度加热到 230~250℃ 下进行酯化反应，生成生物柴油的过程。生物质柴油可作为优质石油和柴油的代用品(表 1-10)。生物柴油环保性能好，硫含量低，使得二氧化硫和硫化物的排放量低，可降低 90%的空气毒性；由于生物柴油含氧量高，使其燃烧时排烟量少，一氧化碳的排放与柴油相比减少约 10%；生物降解性高；冬天冷滤点达-20℃，具有较好的低温发动机启动性能；闪点高，对运输、储存有利，方便且安全；十六烷值高，使其燃烧性能好于石化柴油；对于传统的柴油机，无须改动便可直接添加使用生物柴油，以一定比例与石化柴油调和使用，可以降低油耗、提高动力性和降低尾气污染。

**表 1-10 生物柴油和石化柴油的性能比较**

| 项 目 | 生物柴油 | 石化柴油 |
| --- | --- | --- |
| 冷滤点(CFPP) | -10℃(夏季)、-20℃(冬季) | 0℃(夏季)、-20℃(冬季) |
| 20℃的密度/(g/mL) | 0.88 | 0.83 |
| 40℃动力黏度/($mm^2$/s) | 4~6 | 2~4 |
| 闪点/℃ | >100 | 60 |
| 可燃性/十六烷值 | >56 | >45 |
| 热值/(MJ/L) | 32 | 35 |
| 燃烧功率/% | 104 | 100 |
| 硫含量(质量分数)/% | ≤0.001 | ≤0.2 |
| 氧含量(体积分数)/% | 10 | 0 |
| 芳烃含量(质量分数)/% | 微量 | ≤25 |
| 燃烧1kg燃料按化学式计量法的最小空气消耗量/kg | 12.5 | 14.5 |

近几年来，国内外较多研究采用脂肪酶催化酯交换反应生产生物柴油，即用动植物油和低碳醇通过脂肪酶进行转酯化反应，制备相应的脂肪酸酯。日本大阪市立工业研究所成功开发使用固定化脂酶连续生产生物柴油，分段添加甲醇进行反应，反应温度为30℃，植物油转化率达95%，得到的产品可直接用作生物柴油。加拿大BIOX公司将DavidBookcock公司开发的技术(美国专利6642399和6712867)推向工业化。该工艺使转化速度和效率提高，而且采用酸催化步骤使含游离脂肪高达30%的任意原料转化为生物柴油。我国的生物柴油生产技术已经比较成熟，其工业生产上主要采用化学均相催化技术，生产方式为间歇或半连续。这种工艺较简单，但是存在三废排放量大、能耗高等问题。目前国内各研究机构针对此类技术瓶颈进行了大量研究并取得了阶段性科研成果，已开发拥有自主知识产权的酶法生物柴油生产技术以及清洁生产生物柴油新技术。

**(五)生物质裂解油**

生物质热裂解是指在中温(500~600℃)、高加热速率(可达10000℃/s)和极短的气体停留时间(约2s)的无氧或缺氧条件下生物质发生的热降解反应，生成的气体经快速冷却后获得液体生物油的过程。这种油含水率为20%~30%，pH为2~4，属中等热值燃料，高位发热量为17~25MJ/kg，并在高温环境中容易变性为两相液体。由于这些不利性质限制了生物油的可用性，因此，提高生物油的品质成为生物质热解液化技术不可回避的问题。提高生物油的方法一般通过对生物油进行提质改善其燃油性质和提高储备稳定性来完成。在生物油改良方法中，大多数采用加氢处理除去生物油中全部的氢，这样改良后的生物油能够完全符合涡轮机的要求。

芬兰国家测试中心及其处理研究室与加拿大Ensyn集团合作，对生物油柴油代用燃料进行了试验研究。比较了柴油机燃用生物油，柴油及酒精不同燃料时的运转特性。由于生物油十六烷值低，不稳定，着火性不好，为克服这一缺点，通过加入十六烷值改善剂来改善；还可以通过双喷射系统来改善生物油不易着火的缺点，利用柴油作为引燃燃料，生物油为主体燃料可使双喷射柴油机运转良好。英国的D Ormrod和A Webster公司在改装的双燃料柴油机上使用生物油乳状液可使柴油机正常运转400多小时。意大利Florence大学研究人员报道了生物原油与柴油乳状液燃料的使用不需要对柴油机进行大的改装的可行性应用研究。

## 三、气体燃料技术

现有的生物质气体燃料技术主要包括生物发酵法、高温热解法、等离子体热解法、熔融金属气化法、超临界水气化法等。

### （一）生物质制沼气技术

沼气发酵是有机物质在一定温度、湿度、酸碱度和厌氧条件下，有机物质(如作物秸秆、杂草、人畜粪便、垃圾、污泥及城市生活污水和工业有机废水等)在厌氧条件下，经多种微生物的分解与转化而产生的可燃气体，主要成分是甲烷(60%~70%)和二氧化碳(30%~40%)(体积分数)，其中还有少量其他气体，如水蒸气、硫化氢、一氧化碳和氮气等。合理利用沼气资源既有利于保护环境，又有利于提高能源利用效率。沼气发酵可生产沼气作为能源，又可处理有机废物以保护环境。沼气中所含甲烷是作用强烈的温室气体，其温室效应是二氧化碳的 27 倍。作为能源资源，沼气又是性能较好的燃料，纯燃料热值为 21.98MJ/$m^3$，属于中等热值燃料。经沼气发酵后的沼渣沼液中含有多种氨基酸、生长素、抗生素和多种维生素，沼液直接用于叶面施肥，既能增加作物产量又可提高品质，增强植物的抗逆性；沼渣能改善土壤的微生态环境，对提高土地的持续生产力具有重要作用，是非常优良的天然化肥。沼气发酵工艺示意如图 1-2 所示。

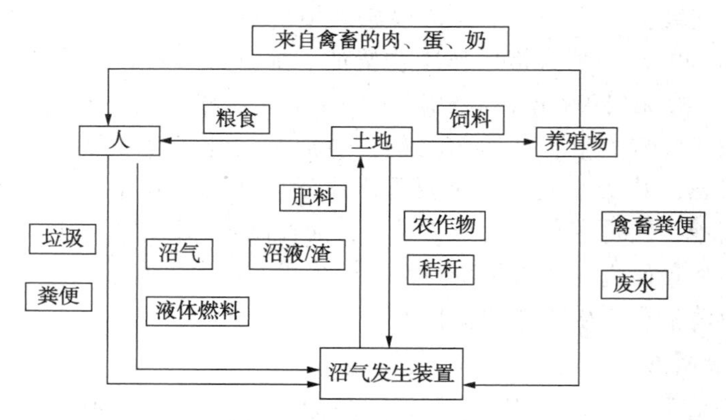


图 1-2　沼气发酵示意图

欧洲沼气发电技术以德国为典型代表。目前，德国国内沼气发电工程的数量已经由 1991 年的 120 座，到 2008 年沼气发电站 4099 座，年发电量 $89\times10^8$kW·h，占整个德国的 1.5%，并计划在 2020 年，沼气工程数量达到 40000 座，年发电量 $760\times10^8$kW·h。在瑞典，利用畜禽粪便等废弃物生产沼气是非常成功。沼气的年产量约为 1400GW·h($1.4\times10^9$kW·h)，主要来自 200 多家市政污水处理厂的污水消化池，垃圾填埋场以及工业污水处理厂和混合消化厂产生的沼气。从 2001 年开始，在瑞典提纯后的沼气可以注入当地的天然气配气管，以及专门的汽车(汽车、火车)供气站，该技术已经成熟，形成了良好的运行模式。

沼气早在我国 20 世纪 20 年代就已经开始应用。我国制定了一系列法律法规、政策规划，推动了我国沼气行业的快速发展和产业队伍的不断壮大。近年尤其是“十一五”以来，中国政府对农村沼气建设给予有力而持续的支持，在很多地方建立起了沼气工程示范村，例如在北京延庆区的阜高营村形成了鸡-沼气-农户-绿色食品的连带循环经济。在工艺方面，生物厌氧发酵机理研究、不同原料高效发酵工艺、沼气产气率、COD 除去率已居国际先进水平。目前，我国已经掌握了禽畜粪便、工业有机废水等有机废弃物的厌氧消化技术，具备了沼气大规模开发利用的技术、装备和施工能力。在配套设备方面，沼气发电机组、制罐、自动控制、脱硫脱水、固液分离等装置已经形成系列化成熟产品。我国的沼气产业已经发展成为全球规模最大、水平最高、惠及人口最多的国家之一，并且持续呈现良好有序的发展趋势。

### （二）生物质制氢技术

氢是主要的工业原料，也是最理想的未来能源，其中氢燃料电池被世界公认为是今后燃料电池的主导。工业制氢的主要方法是化学法，但都需消耗大量能量，还会对环境造成污染。氢气可以利用生物质通过微生物发酵而获得，这一过程被称为生物制氢。生物制氢过程可以在常温常压下进行，且不需要消耗很多能量。生物制氢过程不仅对环境友好，而且可以和废物回收利用过程耦合。例如，豆腐厂的废水中碳水化合物的燃烧焓为150kJ/L，而蒸发1L水至少需要2200kJ/L的能量。因此用机械方法从中回收碳水化合物是不合算的，而用光合细菌则能从中得到含185kJ/L化学能的氢气。因此，生物制氢可与有机废物或废水的处理结合起来。

对于生物制氢，氢气的纯化与储存也是一个很关键的问题。生物法制得的氢气含量通常为60%~90%(体积分数)，气体中可能混有$CO_2$、$O_2$和水蒸气等。可以用传统的化工方法来除去，如50%(质量分数)的KOH溶液、苯三酚的碱溶液和干燥器或冷却器。此外有人使反应气体通过钯-银膜，实现反应与分离的耦合。在氢气的几种储存方法(压缩、液化、金属氢化物和吸附)中，纳米材料吸附储氢是最有前景的。

### （三）生物质气化技术

典型的生物质热处理制气工艺有干馏工艺、快速热解工艺和气化工艺。其中，前两种工艺适用于木材或木屑的热解，后一种工艺适用于农作物(如玉米、棉花等)秸秆的气化。生物质气化技术是使用最广泛的热化学处理技术。该技术是以氧气(空气、富氧或纯氧)、水蒸气或氢气等作为气化剂，在高温条件下通过气化炉将生物质中可燃部分转化为小分子可燃气(主要为一氧化碳、氢气和甲烷等)。在生物质气化过程中，所用的气化剂不同，得到的气体燃料也不同。气化可将生物质转换为高品质的气态燃料，直接应用于锅炉燃料或发电，或作为合成气进行间接液化以生产甲醇、二甲醚等液体燃料、化工产品或提炼得到氢气。

生物质气化设备诞生于1883年，最早的气化发生器是以木炭为原料，气化后的燃气驱动内燃机推动早期的汽车或农业排灌机械的发展。1938年，建成了世界上第一台上吸式气化炉。1942年，美国建成了第一套石油催化裂化流化床反应器。1973年的石油危机后，各国加强了对气化技术及其设备的研发，主要设备有固定床气化器和流化床气化器。1987年，在奥地利POLS纸浆厂建成具有工业规模的循环流化床气化装置。1996年，鲁骑公司在德国柏林Rudersdorf公司建成当时世界上最大规模的循环流化床气化反应器。国外生物质气化装置一般规模较大，自动化程度较高，工艺较复杂，以发电和供热为主。

我国在生物质能制气工艺方面最早研究的是汪家鼎关于流化床褐煤低温干馏技术，20世纪80年代以后生物质气化技术又得到了较快的发展(表1-11)。我国气化炉主要集中在固定床生物质气化炉，而流化床生物质气化炉比固定床生物质气化炉具有更大的经济性，应该成为我国今后生物质气化设备研究的主要方向。

**表 1-11　我国生物质气化设备研究进展**

| 生产单位或省市 | 设备类型 | 生产规模 |
| --- | --- | --- |
| 中国农业机械化科学研究院 | ND 系列生物质气化炉 | |
| 江苏省苏州市 | 稻壳气化炉 | 功率为 160kW，达到使用阶段 |
| 中国科学院广州能源所 | GSQ 上吸式生物质气化炉 | 实验室研究 |
| 大连市环境科学设计研究院 | LZ 系列生物质干馏热解气化装置 | 1000 户农民生活用燃气 |
| 云南省 | QL-50 和 60 型户用生物质气化炉 | 在农村进行试验示范 |
| 中国林业科学院林产化学工业研究所 | 上吸式气化炉 | 气化效率达 70%以上 |
| 江苏省 | 内循环流化床气化系统 | 供乡镇居民使用 |
| 山东省能源研究所 | 下吸式气化炉 | 供农村居民集中居住使用 |

## 第三节　我国生物质能开发利用现状及对策

### 一、我国生物质能开发利用优势

#### （一）资源优势

我国是一个农业林业大国，农业耕地、林业的有林地、宜林地总面积约 $6.7\times10^8$ha（公顷），生物质能源可开发潜力巨大，完全可以承担起部分或全部替代化石能源的使命与责任。我国现有 7 亿多农民，劳动力资源充足，成本较低，这是我国与欧美发达国家相比的一个明显优势。当人类迈进种植能源新时代，需要大量农村劳动力，因为生物质能源最大的特点是劳动密集型、资金密集型和技术密集型相结合。随着我国加快城镇化建设进程，未来我国县城都将变成 30 万人口左右的中小城市，农民变为市民后的一个最大问题就是社会劳动就业和社会保障体系建设，也就是说未来我国县域经济的发展必须承担起带动城镇居民就业的责任，大力发展县域经济成为未来社会稳定的调节器与安全阀。而县域经济发展不可能重复过去的重化工产业道路，也不可能把县域变成高科技的聚集地，最佳选择就是发展低碳经济、循环经济与生态经济。

#### （二）制度优势

我国市场经济是具有中国特色的社会主义市场经济，我国制度的明显优势是只要党和国家在重大发展问题上形成共识，其推进力度就是当今世界上绝无仅有的。利用我国制度决策效率高的比较优势，一年能办完西方发达国家 3~5 年才能办完的事，即集中政策、资金、人才、物力，快办事、办大事、办成事。我国仅用 5~6 年时间在风能、太阳能制造产业领域成为世界第一大国，而发达国家花了近 20 年。因此，在生物质能源产业，在党和国家的关心扶持下，我国一定能成为世界第一大国和强国。

#### （三）技术优势

我国生物质能源产业拥有一批领军企业，经过几年的艰苦努力，牢牢抓住了自主研发与创新，生物质能源产业化的核心技术已全面覆盖。拥有从直燃式发电，利用动物粪便制沼气、淀粉及糖类制工业乙醇，利用碳纤维素制工业乙醇，到最顶端的利用木质素、半木质素和碳纤维素生产高品质、高清洁的航空煤油、汽油、柴油制品等各种商业化技术。其中，直燃发电技术已达到世界先进水平，利用碳纤维素应用酶发酵工艺技术生产工业乙醇也达到了世界先进水平，利用木质素、半木质素、碳纤维素应用化学热分解与费托合成技术生产非粮生物质燃油处于国际领先水平。更重要的是，我国企业技术开发与应用都是非粮方向，也就是发展生物质能源不会造成粮食安全问题，中国在新能源核心领域技术研发上已抢占了世界制高点。

## 二、我国生物质开发利用瓶颈

尽管近年来我国沼气生产、气化发电、液体燃料、固体成型等生物质能源产业已经取得一定发展，在优化能源结构、保护生态环境、改善农村民生方面等发挥了重要作用，但与发达国家相比，在原料收集、技术水平、用户市场，激励机制等多个方面存在较大差距，生物质能源发展过程中的许多障碍和瓶颈仍未消除。

### （一）产业遭受原料瓶颈

当前阻碍生物质能源产业大规模生产的主要瓶颈之一是高昂的成本因素，原料占发电总成本的比例在70%以上，占生物柴油生产总成本的70%~90%。我国虽然具备丰富的生物质能资源，但密度低，分散不够均匀，原料收集半径过大而且季节性强。农业生产的季节性和分散性与生物质燃料生产的连续性和集中性之间存在矛盾。原料的收集、储存、运输难度大，供给不稳定，制约着秸秆发电、固体成型以及燃料乙醇、生物柴油企业的建设规模。同时在近年来物价飞涨以及生物质能源项目密集上台的背景下，生物资源的竞争越发激烈，原料价格也一路飙升。如果不能有效调控原料的成本，尽管有一定的补贴，生物质能源也会逐渐失去目前的价格优势。

### （二）关键技术仍需突破

我国政府自2004年以来也立项支持了一些生物质能源的基础研究项目，但是，这些研究主要集中在传统的热化学转化平台上，不仅能耗高、对环境不友好，而且没有区别地破坏了生物质的半纤维素和木质素的结构，所形成的衍生物难以有效利用，难以产业化应用；部分关键技术，如高效水解酶、五碳糖与六碳糖同步高效发酵产酒精技术还停留在基础研究阶段；节能、高效的纤维类原料预处理、纤维素酶的选育、生物柴油的配套设备和关键工艺优化等方面仍需要技术突破；沼气工程与固体成型的设备有待进一步研发；同时生物质能源技术系统集成度和自动化程度低，存在系统整体效率较低、稳定性差、运行成本高等问题；气化利用焦油问题没有彻底解决，导致许多工程系统常处于维修或故障的状态，难以在生物质的高效转化上实现效率和经济性能的双重突破。

### （三）用户市场有待培养

除了农村户用沼气拥有较为成熟的应用体系外，生物柴油、固体燃料等产业都面临着销售与用户方面的难题。一方面由于生物质能源产品价格没有竞争力，沼气发电电价是目前煤电的1.0~1.6倍，气化发电是煤电的1.0~1.1倍，颗粒燃料是燃煤价格的1.0~1.3倍；另一方面是有些生产型用户尽管需求量较大，但对能源供给的稳定性要求很高，由于担心生物质能源企业生产不稳定，而对购买其能源产品采取观望态度。这样一来市场容量无法打开，同时市场狭小又会给生物能源的成本降低造成障碍，导致产业从原料收购到技术集成都不能形成规模，而无法大量稳定生产，从而形成恶性循环。

### （四）融资渠道不够通畅

生物质能源属于新兴产业，技术开发和市场推广需要大量资金的投入，目前生物质能源产业投融资渠道较为单一，主要靠政府投入，而政府经费投入毕竟有限。除农村户用沼气等部分领域外，国家及地方政府财政投入严重不足。到目前为止，我国生物质能源建设项目还没有规范地纳入各级政府财政预算和计划中，缺乏如常规能源项目建设的固定资金来源。一方面只有雄厚资金的大型项目才能得到政策支持，使得社会民间资本难以进入；另一方面，由于目前生物质能源项目激励政策不配套，大部分项目的投资风险较高，在这种情况下，社会资金不愿意进入前景不明朗的行业，逐渐形成了国有资产垄断生物质能源产业的局面，这非常不利于生物质能源产业成本的降低。而且，标准体系、销售渠道、税收优惠等一系列产业“链”的政策环境缺失也严重制约了生物燃料产业发展。

### （五）标准规范尚不完善

尽管已经制定了一些技术标准，但是这些标准目前还不足以实施到整个市场。沼气工程缺乏标准化原则，整个工程的设计、施工及运行难以保证最优状态；生物柴油的技术标准、产品检测和认证等体系不完善，市场准入门槛低；固体成型装备还没有实现标准化设计，规模偏小、集约化程度低、工艺落后。此外还缺乏产业规范，特别是在企业投产方面没有设计、施工、安装、调试、生产操作等方面的具体规定。

### （六）激励政策力度不足

国家虽已出台了一系列的政策法规，如秸秆能源化补贴、营业税与所得税的减免条例、生物质发电上网补贴等，但是其法律体系还不完善，各地执法不一；一些政策缺乏具体实施细则，可操作性差，难以落实；同时政策之间也存在着协调性差的现象，缺乏灵活多样、可操作性较强的税收优惠手段与工具。

## 三、我国生物质能源产业转型升级路径

### （一）构建分布式能源体系

我国生物质能源原料分布在广阔的农业耕地和有林地上，而生物质能源密度小，原料体积大，由于受交通运输的限制，生物质能源生产工厂最佳的原料运输半径控制在 100km 较为合适。这就决定了生物质能源是典型的分布式能源，要构建分布式能源体系。生物质能源生产企业规模不宜过大，应该依据原料的量设立生产工厂规模。生物发电厂的规模一般 30MW 较合适，生物质燃油加工厂 $10\times10^4$t/a 较合适。要把生产工厂建设好，依据资源科学规划非常关键。

### （二）推动体制机制改革

我国现行的能源市场主要靠央企的绝对垄断式经营，势必导致效率低下、效益下降，社会支付垄断的成本越来越高。在这种垄断体制下，创新风险很大，垄断企业缺乏创新动力。民营企业先天就有创新元素，但是面对垄断市场，民营企业的创新得不到市场的公平、公正待遇，很难坚持创新，根本无法形成鼓励创新的社会环境。改革已成为全社会共识，打破垄断、鼓励竞争已成为我国能源体制机制改革的必然趋势。

### （三）完善农村能源市场建设

*1. 构建农村生物质柴油市场产供销体系*

我国现在完全可以支持非粮生物燃油技术产业化，构建农村生物质柴油市场产供销体系，为自主、安全、稳定的农村能源体系建设作出贡献。现在只要拿出约相当于 $1.0\times10^8$t 标准煤的生物质原料就可以生产出 $5000\times10^4$t 非粮生物质柴油，实现对农村柴油制品的完全替代。如果再将剩余的部分原料生产生物燃气制品，则完全可以实现农民使用清洁燃气作为生活能源，再将剩余的原料用于发电，满足农村电力需求。现在来看，发电项目应该最后考虑，因为我国农村的电力供应工程各县域都已建成完善的保障体系，电的来源很多，也相对

易于供应，而我国石油、天然气资源匮乏，市场需求又很大，燃油、燃气制品属于紧张短缺的能源商品，受国际市场影响较大。因此，应抓住机遇，首先发展我国农村非粮生物质燃油产业，这涉及国家能源安全战略问题，更涉及我国经济、生态、社会可持续发展。

2. 完善相关产业政策

对可再生的新能源，国家必须有相关产业政策进行扶持和支持。通过制定政策和法规，严禁随意焚烧农林业废弃物，授予非粮生物质燃油燃气企业收集农林业废弃物的特许经营权，像国家对石油、天然气、煤炭资源一样进行专营管理，防止农林业废弃物原料收购市场混乱，确保生产非粮燃油燃气企业原料供应稳定。非粮生物质燃油、燃气生产企业生产经营的很大一部分成本是原料成本，这部分成本将利益转移给了农民，既解决了农民随意焚烧农林业废弃物造成的环境污染和生态破坏问题，又带动了农村剩余劳动力就业，帮助农民致富，这两方面的贡献是化石石油企业无法做到的。制定公平的支持生物质燃油、燃气企业发展的产业政策，是加快发展我国生物质能源产业的前提。我国现有成型原料补贴政策以及农林业废弃物替代燃煤使用的节能补贴政策，在实际操作过程中标准难掌握，容易钻空子，更易于催生腐败。因此，对非粮生物质燃油、燃气的生产和流通来说，财政资金应直接补贴到终端商品上，这样可以消除腐败，而且标准易于掌握，便于操作。

3. 加强财税激励，制定和完善政策

生物质能源产业政策，应全面包括研发投入、标准体系、销售渠道、税收减免等。完善技术和产业服务体系，创造有利的政策环境和实施氛围；保障原料来源以及产品销售，对生物质能源产品加大补贴力度；同时主管部门提供政策指导和经济杠杆调控，运用税收政策对生物质能的开发利用予以支持，对生物质能源技术研发、设备制造等给予适当的企业所得税优惠。

4. 加强生物质能产品多元化和综合利用研究

生物质资源分布特征、原料特征以及市场对能源产品需求的多样性，决定了生物质能生产需要采取产品多元化和综合利用的发展战略。燃料乙醇、生物柴油、生物燃气(热解气化燃气、生物沼气)等技术需要独立发展，一些具有更高附加值和应用潜力的产品技术，例如航空燃油、多元醇也需要发展。另外，需要根据生物质原料各组分的特征，发展转化综合的利用技术。

5. 建设生物质原料生产基地，建立收集储运体系

生物质原料短缺和稳定供给一直是制约生物质能产业健康发展的瓶颈。通过建设生物质原料生产基地，培育符合地域特色的品种，建立质与量可控的原料供应体系，形成收集储运体系，在此基础上发展和完善生物质能生产技术，带动生物质能产业发展。例如，耐盐耐旱植物菊芋，生物量产量高，地下地上部分均可以用于生产，很适合作为产业化的特色原料。

6. 加快生物质能产业链建设

生物质能源生产过程是由许多环节组成的，包括技术研发，原料生产，能源转换，销售、使用，所有这些环节形成一条完整的产业链。通过对整条产业链上各参与单位的组合、协调和整体化布局，提高产业链生产效率，实现效益最大化。通过提高生物质能源产业链上同类型企业集中度，采用打造生物质能源产业园区和生物质原料生产基地等方式扩大产业规模，降低成本。

7. 加强国际国内合作，加强科技引进

在继续坚持自主开发的基础上，有目的、有选择地引进先进的技术工艺和主要设备，站在高起点上发展我国生物质能应用技术，加强与国际组织和机构的联系与合作，提倡双边的、多边的合作研究及合作生产，加强人员、技术和信息的交流。

# 第二章　厌氧生物技术与沼气生产

厌氧生物技术(沼气生产)是一种可持续发展的方法，沼气在消纳处理有机废弃物的同时，还可以与可再生的生物燃料(沼气)生产及有价值副产品的回收有机结合，是解决当前环境、能源及卫生等问题的重要手段之一。此外，目前普遍认为，由于沼气发酵产气底物中的碳来源于有机物，而生物质在合成有机物时可在相对短的时间尺度内进行的碳捕集，因此沼气可以被看作是一种碳中和燃料，而且，厌氧生物技术生产沼气不仅仅是一项环境污染控制技术有利于二氧化碳温室气体的减排。同时还可以提供附加值产品，从生命周期观点看，厌氧消化比其他的处理方式更经济。我们可以通过图 2-1 来大致了解其生命周期中产生的经济效益。

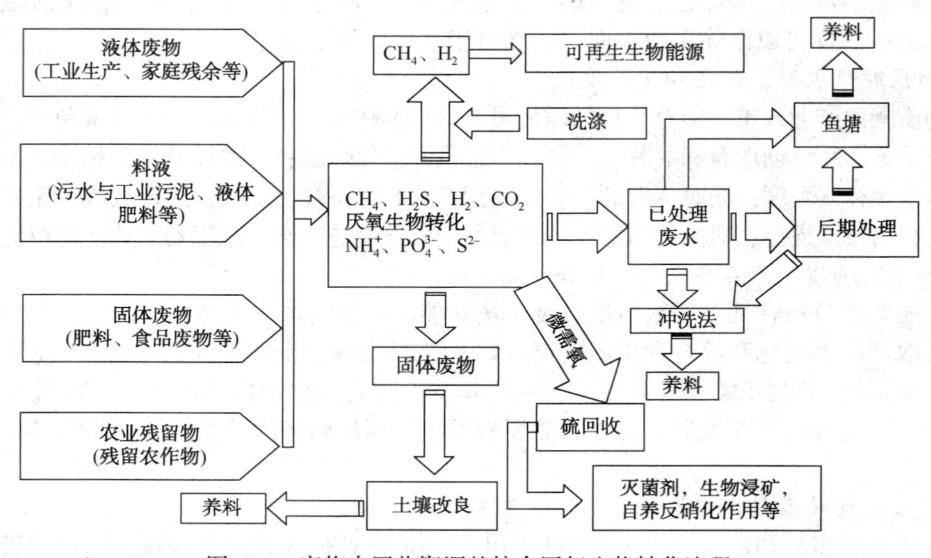


图 2-1　废物中回收资源的综合厌氧生物转化流程

来自市政、工业和农业固体和液体有机废气物的碳、氮、氢和硫被转化为附加值产品：生物燃料(氢、丁醇和甲烷)，微生物燃料电池(MFCs)产生的电，肥料(生物有机肥)和有用的化学物质(硫、有机酸等)。

## 第一节　沼气的形成过程

沼气是有机质经过复杂生化分解形成的产物，主要由 60%~70%的甲烷($CH_4$)、30%~40%的二氧化碳($CO_2$)和其他气体如氮($N_2$)、氢($H_2$)、硫化氢($H_2S$)、氨($NH_3$)以及水蒸气组成。厌氧发酵，作为一个稳定的生物化学转化过程，它由细菌和古细菌组成的共营养体系体通过厌氧消化反应过程产生。世界上第一个工业规模的厌氧发酵工艺要追溯到 20 世纪初。近几年，对有机废物的厌氧消化得到越来越多的重视。有机废物作为厌氧发酵的底物，其数量以每年 25%的速度增长。沼气厌氧发酵是一个由多种厌氧微生物共同协同作用的复杂动态生化过程。厌氧发酵技术前后有三种理论被提出，二阶段发酵、三阶段发酵、四阶段发酵理论，而目前完善后的四阶段发酵理论是布莱斯特在 1979 年提出来的三阶段发酵理论基础上所衍生出来。该过程可分为水解、酸化、乙酸生成和甲烷生成四个步骤，其中有机大分子的水解阶段是整个反应的限速步骤，反应过程如图 2-2 所示。

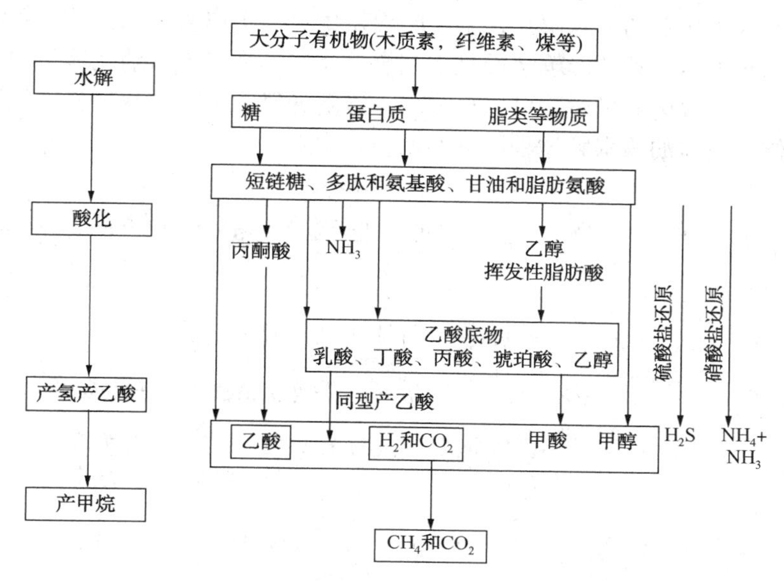


图 2-2　甲烷形成的生化反应示意图

复杂有机大分子(例如废水中存在的蛋白质，碳水化合物(多糖)和脂质)或固体废弃物中的大分子转化为最终产物(例如甲烷和二氧化碳)需要通过一系列微生物构成的代谢网络来完成。首先，通过厌氧发酵性细菌(第一和第二阶段反应)将有机废弃物中复杂的有机化合物(例如木质素、纤维素等)分解为有机酸或者醇类、酯、碳水化合物、氢气和二氧化碳，这一过程主要由厌氧和兼性厌氧的水解性细菌或发酵性细菌来完成，该步骤通常称为水解或酸化。产氢产乙酸(第三阶段反应)是指挥发性脂肪酸(Volatile fatty acid，VFA)($C>2$)与乙醇被产氢产乙酸细菌转化为乙酸、氢和二氧化碳。乙酸、氢气和二氧化碳是甲烷生成的主要底物。厌氧产气体系中的甲烷大部分来自乙酸盐的脱羧反应，仅少部分来自 $CO_2$还原。其中乙酸型产甲烷古菌可以利用乙酸合成甲烷，而甲基营养型产甲烷古菌利用 $H_2$和 $CO_2$合成甲烷(第四阶段反应)。由于产甲烷菌可利用的底物范围非常有限，多是单碳化合物，因此不能直接利用煤中的有机组分，且甲烷菌对氧极其敏感，必须依赖于与之共生的各种发酵性细菌、产氢产酸细菌对大分子化合物解聚、氧化、创造厌氧环境，才能生成甲烷。处于该环境的微生物之间存在密切关系，如非产甲烷细菌与产甲烷细菌、非产甲烷细菌之间、产甲烷细菌之间均存在相互影响关系。以上第一种关系最为重要，在厌氧处理系统中，非产甲烷细菌和产甲烷细菌相互依赖，互为对方创造良好的环境和条件，构成互生关系，同时，双方又互为制约，在厌氧生物处理系统中处于平衡状态。

## 一、水解反应

在厌氧发酵中，严格厌氧或兼性厌氧菌在暗反应条件下内部平衡的氧化还原反应，在没有外部电子受体的情况下分解有机物。在此过程中产生的产物接受有机物分解过程中释放的电子。因此，有机物既充当电子供体又充当受体。在发酵中，底物仅被部分氧化，因此，仅保留了底物中存储的少量能量。

在厌氧消化第一阶段，糖、蛋白质和脂类等水溶性化合物被分解。而有机底物中的非水溶性组分如纤维素、半纤维素和淀粉等长链碳水化合物被微生物产生的胞外水解酶分解，产生短链糖。一般碳水化合物的水解在几个小时内发生，而蛋白质和脂类的水解需要几天时间完成，木质纤维素和木质素的降解缓慢且不完全。这些酶来自厌氧消化体系的兼性和专性厌氧细菌，体系中的兼性厌氧微生物可以耗尽水中溶解的氧，从而导致严格厌氧微生物所需的低氧化还原电位。具体的酶水解过程如下所示：

蛋白质的水解：

$$\text{蛋白质} \xrightarrow{\text{蛋白酶(内肽酶)}} \text{蛋白胨} \xrightarrow{\text{蛋白酶(内肽酶)}} \text{多肽} \xrightarrow{\text{肽酶(外肽酶)}} \text{氨基酸}$$

脂肪的水解：

$$\text{脂肪} \xrightarrow{\text{脂肪酶}} \text{甘油} + \text{脂肪酸}$$

$$\text{甘油} \xrightarrow{\text{细胞内}} \text{丙酮酸} \xrightarrow{\text{厌氧}} \text{丙酸} + \text{丁酸} + \text{琥珀酸} + \text{乙醇} + \text{乳酸等}$$

$$\text{脂肪酸} \xrightarrow{\beta\text{-氧化}} \text{乙酰辅酶 A}(CH_3CO\text{-}SCoA) \longrightarrow \text{乙酸等}$$

淀粉的水解：

$$2\,(C_6H_{10}O_5)_n(\text{淀粉}) + nH_2O \xrightarrow{\text{淀粉酶}} nC_{12}H_{22}O_{11}(\text{麦芽糖})$$

$$C_{12}H_{22}O_{11}(\text{麦芽糖}) + H_2O \xrightarrow{\text{麦芽糖酶}} 2C_6H_{12}O_6(\text{葡萄糖})$$

纤维素的水解：

$$2\,(C_6H_{10}O_5)_n(\text{纤维素}) + nH_2O \xrightarrow{\text{纤维素酶}} nC_{12}H_{22}O_{11}(\text{纤维二糖})$$

$$C_{12}H_{22}O_{11}(\text{纤维二糖}) + H_2O \xrightarrow{\text{纤维素二糖酶}} 2C_6H_{12}O_6(\text{葡萄糖})$$

属于链球菌科和肠杆菌科以及拟杆菌、梭菌、丁酸杆菌、真细菌、双歧杆菌和乳杆菌属的厌氧菌最常参与此过程。芽孢杆菌科，乳杆菌科和肠杆菌科都存在于以芽孢杆菌科为主的消化污泥中。蛋白质(例如肽和氨基酸)的水解产物通过诸如梭状芽孢杆菌的发酵细菌发酵成 VFA、$CO_2$、$H_2$、$NH_4^+$和 $S^{2-}$。各种类型的底物和环境条件决定了代谢的最终产物。调节 $H_2$的存在尤其重要。仅在低氢分压下，乙酸盐、$CO_2$和 $H_2$(产甲烷菌的主要底物)的形成在热力学上是有利的。如果 $H_2$的分压很高，则会形成丙酸酯和一些其他有机酸。近年来，人们非常关注从废物流中回收增值产品。发酵细菌对有机物的不完全分解导致形成有用的副产物，包括有机酸、溶剂、乳链菌肽、氢等。例如，乳酸菌产生乳酸和乳链菌肽。产酸过程中，发酵细菌，尤其是梭状芽孢杆菌属产生氢。

## 二、酸解反应

在水解阶段形成的单体被不同的兼性和专性厌氧细菌消化吸收，并在第二阶段(酸化阶段)被降解为短链有机酸、$C_1 \sim C_5$ 分子(如丁酸、丙酸、乙酸)、醇等物质。中间产生的质子浓度会对发酵产物的种类产生影响。一般氢的分压越高，产生的还原性化合物(如醋酸盐)就越少。葡萄糖等碳水化合物被分解成丙酮酸，然后被转换了乳酸菌发酵成乳酸，酵母发酵成乙醇。在此阶段，涉及的主要菌属包括梭状芽孢杆菌属、拟杆菌属、丙酸杆菌属及乳酸杆菌属等。在该过程中，涉及的反应主要有：

$$C_6H_{12}O_6+4H_2O+2NAD^+ \longrightarrow 2CH_3COO^-+2HCO_3^-+2NADH+2H_2+6H^+$$

$$C_6H_{12}O_6+2NADH \longrightarrow 2CH_3CH_2COO^-+2H_2O+2NAD^+$$

$$C_6H_{12}O_6+2H_2O \longrightarrow CH_3CH_2CH_2COO^-+2HCO_3^-+2H_2+2H^+$$

$$C_6H_{12}O_6+2H_2O+2NADH \longrightarrow 2CH_3CH_2OH+2HCO_3^-+2NAD^++2H_2$$

$$C_6H_{12}O_6 \longrightarrow 2CH_3CHOHCOO^-+2H^+$$

## 三、产氢产乙酸反应

产酸阶段的产物作为第三阶段的底物(产氢产乙酸阶段)。在该阶段，主要依靠两类微生物，一种是同型产乙酸微生物，如，氢营养菌、伍氏醋酸杆菌、氢营养球菌，不断将 $H_2$ 和 $CO_2$ 还原为乙酸，主要微生物类群有乙酸梭菌、伍迪乙酸杆菌等；另一种是异型产乙酸微生物，将脂肪酸和醇类物质转化为乙酸，主要微生物类群有脱硫弧菌属和梭菌属等。但体系中同型产乙酸细菌的数量较少。产乙酸细菌是体系中专性的氢气生产者，它们通过氧化长链脂肪酸(例如丙酸或丁酸)形成乙酸是热力学上自发进行的反应，所以该反应只有在非常低的氢分压下进行。因为只有在该条件下产乙酸细菌才能获得其存活和生长所需的能量，另外，它们能够与产生甲烷的生物共生，因为后者只能在较高的氢分压环境中生存。在该过程中，具体反应主要有：

$$CH_3CH_2OH+H_2O \longrightarrow CH_3COO^-+H^++2H_2$$

$$CH_3CH_2COO^-+3H_2O \longrightarrow CH_3COO^-+HCO_3^-+H^++3H_2$$

$$CH_3CH_2CH_2COO^-+2H_2O \longrightarrow 2CH_3COO^-+H^++2H_2$$

$$CH_3CHOHCOO^-+2H_2O \longrightarrow CH_3COO^-+HCO_3^-+H^++2H_2$$

$$4CH_3OH+2CO_2 \longrightarrow 3CH_3COOH+2H_2O$$

## 四、甲烷的形成阶段

第四阶段甲烷的形成需要在严格的厌氧条件(碳酸盐岩呼吸)下进行。研究表明，并不是所有产甲烷微生物都能利用产氢产乙酸阶段形成的任何底物，产甲烷菌可将水解和发酵阶段产生的乙酸、甲酸、乙醇、$H_2$ 和 $CO_2$ 等转化为 $CH_4$，主要微生物有索氏产甲烷丝菌、嗜热产甲烷八叠球菌、布氏产甲烷杆菌和甲酸产甲烷杆菌等。另外，产甲烷菌是严格专性厌氧菌，对氧化还原电位要求极为严格。根据所需碳源及对底物利用的差异，可将产甲烷菌的甲烷转化过程分为四类，其底物具体利用类型见表 2-1。

**表 2-1　产甲烷微生物营养类型**

| 营养类型 | 化学反应 | $\Delta G_f$/(kJ/mol) |
|---|---|---|
| $CO_2$ 营养型 | $4H_2+HCO_3^-+H^+ \longrightarrow CH_4+3H_2O$ | -135.4 |
| $CO_2$，$HCOOH^+$ | $CO_2+4H_2 \longrightarrow CH_4+2H_2O$ | -131.0 |
| CO | $4HCOO^-+H_2O+H^+ \longrightarrow CH_4+3HCO_3^-$ | -130.4 |
| 乙酸营养型 $CH_3COO^-$ | $CH_3COO^-+H_2O \longrightarrow CH_4+HCO_3^-$ | -30.9 |
| 甲基营养型 $CH_3OH$，$CH_3NH_3$ $(CH_3)_2NH_2^+$，$CH_3SH$ | $4CH_3OH \longrightarrow 3CH_4+HCO_3^-+H^++H_2O$<br>$CH_3OH+H_2 \longrightarrow CH_4+H_2O$ | -314.3<br>-113 |
| 苯甲氧基营养型 | $4Ar-OCH_3+2H_2O \longrightarrow 4Ar-OH+3CH_4+CO_2$ | |

产甲烷菌的分类以系统发育的方法划分，包括5个大目：甲烷杆菌目、甲烷球菌目、甲烷八叠球菌目、甲烷微菌目和甲烷火菌目，每个目的产甲烷菌包含多个科属，现已命名的10科31属分属上述5个目的产甲烷菌。甲烷的生物合成有四种途径，包括以乙酸为底物，以 $H_2/CO_2$为底物，以甲基类化合物为底物，以及近期在深海褐煤层中发现的以煤中苯甲氧基为底物直接合成甲烷。研究表明，以乙酸盐为底物产生的甲烷占自然界甲烷量的67%，而以 $H_2/CO_2$转化形成的甲烷不足自然界甲烷量的33%。

## 第二节 厌氧发酵产沼气底物来源

几乎所有类型的有机质都可以用来生产沼气，因为它们都含有碳水化合物、蛋白质、脂肪、纤维素或半纤维素等成分。当前可用于生产沼气的生物质包括：农业和林业废弃物、能源作物、城市垃圾、工业废弃物等。

生物质的类型决定了沼气的组成和甲烷产率，其次消化系统和保留时间也会影响沼气的组成。理论上沼气产量随碳水化合物、蛋白质、脂肪和木质素的含量而变化。由表2-2可知，木质素含量较高的有机物质，例如木材，不合适沼气的生产，这主要是由于木质素在厌氧分解过程中速度非常缓慢。此外，实际生产过程中甲烷含量通常高于表2-2中所示的理论值，这是因为一部分 $CO_2$溶解在消化物中。

**表2-2 理论上的最大沼气产量和甲烷含量**

| 底物 | 沼气产量/($Nm^3$/t TS) | $CH_4$/% | $CO_2$/% |
|---|---|---|---|
| 碳水化合物 | 790~800 | 50 | 50 |
| 蛋白质 | 700 | 70~71 | 29~30 |
| 脂肪 | 1200~1250 | 67~68 | 32~33 |
| 木质素 | 0 | 0 | 0 |

历史上，厌氧消化生产沼气的主要原料是来自好氧废水处理过的动物粪便和污水污泥。如今，大多数农业沼气厂通过添加总底物来消化猪、牛和鸡的粪便，以增加有机物质的含量，从而实现更高的沼气产量。典型的底物是农业废弃物，例如甜菜的顶部和叶子，来自农业相关工业的有机废物，以及食物垃圾，来自家庭和能源作物的市政生物废物等(图2-3)。各个底物的沼气产量在很大程度上取决于它们的来源、有机物质含量和底物组成。脂肪可提供最高的沼气产量，但由于其生物利用度差，需要较长的保留时间；碳水化合物和蛋白质转化率较快，但沼气产量较低。此外，所有底物应不含病原体和其他生物，否则，在发酵前必须在70℃下进行巴氏灭菌或在130℃下灭菌；营养物的含量和C/N比应该很好的平衡，以避免氨积累过程中的失败；C/N比应在15~30的范围内；发酵残余物的组成应使其可用作肥料。

图2-4揭示了可用于生产沼气的有机废物和能源作物及其潜力的大小。由图可知，能源作物是最重要的、具有最高潜力的沼气原料。如果将 $200\times10^4$ha(11%的农业用地)用于农作物种植，那么超过50%的沼气生产潜力将来自能源作物。此外，能源作物与动物粪便和收获残留物都可用于沼气生产，因此，用于沼气生产的原料约有超过80%来自农业部门。生物残渣来源广泛，种类较多，主要来源于城乡固体有机废弃物，包括：作物稻秆、水草、

山青野草、枯枝落叶、草皮等植物性残体；人、畜和家禽的排泄物及饲料残屑；农产品加工业的残渣；泥炭和泥类；生活垃圾、污泥及其他废弃物等。

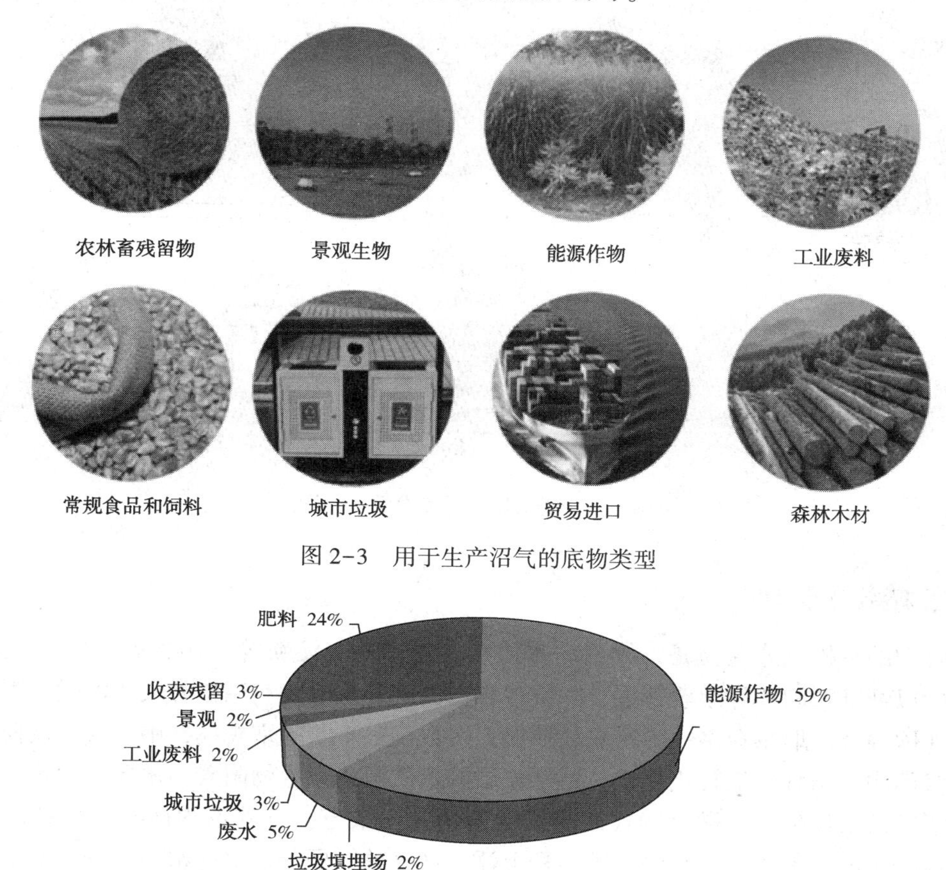


图 2-3　用于生产沼气的底物类型

图 2-4　中国可用生产沼气原料及其潜力

## 一、餐厨垃圾

餐厨垃圾主要是指人们餐后排放的食品类有机废弃物。餐厨垃圾的来源主要是大型酒店、企事业单位、高校的食堂、小型餐馆以及家庭。餐厨垃圾的主要成分为大米、面类、肉类、果蔬类和油类物质，就其化学组成而言，餐厨垃圾主要是碳水化合物、蛋白质、脂类、无机盐和水分等。根据其组成，餐厨垃圾具有以下特征：①生物质含量较高（16%～22%），具有开发利用价值；②含水量高，极易酸败腐烂，产生恶臭性气味；③脂类和盐类的含量较高，对资源化的产品品质具有较明显的影响，因此餐厨垃圾需要妥善处理，否则，极易造成环境的污染，影响人们的健康。厨余垃圾成分复杂，杂质含量高。主要以生料为主，相对盐分、油脂含量要低。厌氧消化是最为常见的厨余垃圾处理方法。厨余垃圾厌氧消化（图 2-5）的优势主要体现在以下几个方面：①厌氧后产生的沼气是清洁能源；②在有机物转变成甲烷的过程中实现了减量化和资源化；③厌氧消化产生的沼气可以进行发电或者制取天然气，减少了温室气体排放量；④餐饮垃圾含水率高，采用厌氧消化处理几乎不用调节其含水率，节省了新水消耗量；⑤油脂回收，可以经过二次加工成能源或化工原料。此外，厌氧消化还能产生沼渣，是一种含有大量营养元素的肥料。

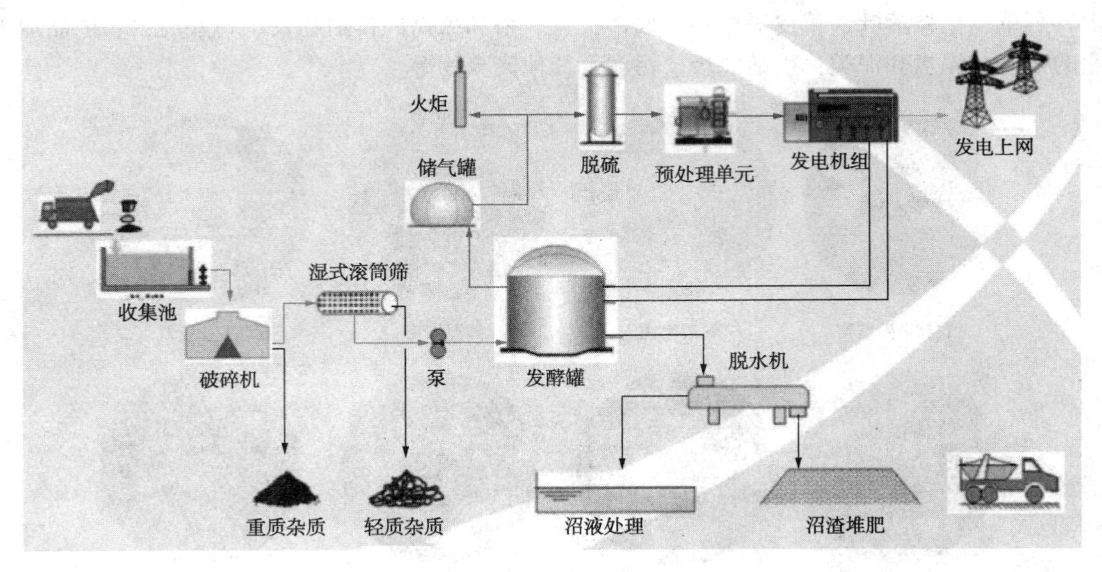


图 2-5　厨余垃圾厌氧发酵示意图

## 二、秸秆生物质

秸秆中的有机成分主要是纤维素、木质素、蛋白质、淀粉等，还含有一定数量的氨基酸，其中以纤维素和半纤维素为主，木质素和蛋白质等次之。利用秸秆厌氧消化产甲烷，虽然目前在国内外已取得众多的研究成果，但大多数仅限于实验室规模，中试及大规模应用还存在很多问题：秸秆厌氧转化率低、秸秆表层的蜡质阻碍微生物附着；木质素很难被微生物消化利用；碳氮比失调，微生物代谢必需的微量元素缺乏，营养不均衡导致秸秆产气效率低；沿用传统厌氧消化装置无法克服秸秆上浮、结壳的问题等。这些都是秸秆厌氧消化过程中出现的一系列技术性难题，如何解决这些问题是秸秆厌氧消化技术推广并稳定运行的关键。在中国，目前秸秆沼气系统科学研究发展较国外相对缓慢，工程上多采用以秸秆为主、添加畜禽粪便为辅的产气方式。随着国家经济的快速发展和社会布局的调整、优化，以点存在的养殖场粪污沼气工程会出现消化原料短缺的问题，而农作物秸秆作为优良的消化原料，以其含碳量高、含硫量低，甲烷产量高，将是规模化发展的方向，未来亟须合理利用。

## 三、畜禽粪便

随着我国规模化养殖场的大量兴建，对我国的社会效益的经济效益有所提高，除此之外集中产生了大量的畜禽粪便。畜禽粪便含有大量的有机物质，科学处理后使之变成能够利用的资源，治理环境污染的同时带来了经济效益，一举两得。家畜粪便资源化利用主要包括以下几种方式：用作肥料、用作饲料及用作燃料。厌氧发酵时在厌氧条件下，通过微生物复杂的分解代谢，最终产生沼气的过程。厌氧消化处理畜禽粪便不仅是一项清洁能源的生物质工程，而且是减轻环境污染、发展生态农业的重要纽带。畜禽粪便经厌氧消化后，碳素大量转化为 $CH_4$和 $CO_2$气体，氮、磷等元素更多地保留在沼液和沼渣中，通过农田利用的方式进行有效消纳。

## 四、农产品加工残渣

植物纤维性废弃物可以分为种植业废弃物和农业加工业废弃物，前者包括农田和果园残留物，如作物的秸秆、蔬菜的残体或果树的枝条、落叶、果实外壳等种植业废弃物，后者主要是指农副产品加工后的剩余物。我国位居世界上农业废弃物产生量首位，根据地理位置不同，农业产业分布差异，北方植物纤维性废弃物主要包括小麦、玉米、豆类、棉花、油料五类作物秸秆；南方地区植物纤维性废弃物，主要来源于水稻种植、制糖业、饮料制造业、粮油加工和淀粉生产，比较典型的有水稻秸秆、甘蔗渣、果皮残渣、菜粕和木薯渣等。厌氧消化是有机废弃物能源化利用的一种重要技术手段，可在处理有机废弃物的同时产生清洁能源，对解决环境污染问题有重要意义。

## 五、市政污泥

污泥的共同特点是水分高(一般98%)，体积庞大，不易处理，成分复杂。污泥是一种既包含植物生长所需有机质(30%~70%，干物质计)、氮(1%~8%，干物质计)、磷(1%~3%，干物质计)、钾(0.1%~0.6%，干物质计)等有益营养成分，具有明显改善土壤的物理、化学和生物学性状，提高土壤肥力，促进植物生长和提高作物产量的作用；又含有来源于污水的病原菌、寄生虫卵、重金属等环境污染物的复杂混合物。污泥中的有机污染物种类极其复杂，如苯、多环芳烃、氯苯、氯酚等。二噁英存在210种异构体，具有致癌性、生殖毒性和内分泌毒性。这些有毒有害物质不易降解，威胁着环境和人类健康。污泥中的重金属成为污泥农用的主要障碍因素。因此，污泥进行施用前应进行无害化处理。我国污泥的处理处置方式以农业利用和填埋为主，但资源化利用率低，真正达到无害化的污泥比例不到25%，污泥未经无害化处理直接暴露在环境中，不仅导致了资源的浪费，还给环境和人类健康造成威胁。

# 第三节　沼气生产工艺

尽管有机废物厌氧发酵生产甲烷的技术相对成熟，也已在国内外广泛使用。然而，通用厌氧发酵系统仍基于经验设计，并且没有对整个厌氧发酵过程的功能特性进行深入研究和精确控制。因此，它不能有效解决许多问题，例如，区域气候因素，有机底物性质的差异以及相对稳定的管理和控制策略的应用，这极大地限制了工业化和产业化的进程。主要原因是尚未完全分析整个厌氧消化机理。有必要不断优化现有流程并探索新的技术方法。例如，针对不同发酵底物的复杂预处理技术的研究，对厌氧发酵过程中微生物动力学特性的深入分析以及产生沼气的净化和提纯以提高使用效率等。近年来，厌氧发酵新技术开发的成果主要包括：①应用新型厌氧发酵装置或应用复合发酵技术；②混合底物多重技术研究；③高浓度厌氧发酵技术研究及辅助设备的研制。

## 一、沼气生产工艺种类

### (一) 单相工艺

单相厌氧发酵工艺是目前世界上最广泛的厌氧发酵工艺。这种方法的主要特点是所有生化反应都在一个系统中进行，该系统可以是连续的或半连续的，并且可以搅拌物料，可以将

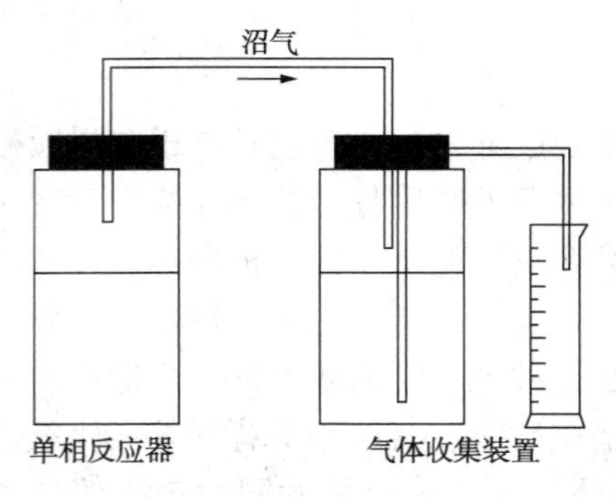

图 2-6　单相厌氧消化工艺装置图(实验室)

其与活性泥快速混合，从而使发酵底物的浓度始终保持低状态。它的优点是成本低，操作简单和均质化。它的缺点是有机负荷较低，气体产生率低，不同类型的纤维素原料易酸化，单相过程研究主要针对材料和合成气的特征(水力停留时间，有机负荷和沼气的回流比等)。

单相过程基于单相厌氧连续流系统(图 2-6)。这种类型的生物反应器的特征是有机底物进入并离开系统时带有特定的有机电荷。所有生物反应过程均在该反应器中完成。它可以承受较高的有机负荷，运行相对稳定。典型的反馈装置包括折流式厌氧反应器，上流式泥床厌氧反应器(图 2-7)和在此基础上开发的改进的内循环厌氧反应器，膨胀颗粒污泥床，内、外循环反厌氧反应器和旋流内循环厌氧反应器等。这些反应装置在设计中完全实现了流体力学，固体流态化技术及旋流技术等，从而显著提高了微生物和有机底物的作用质量和作用范围，并有利于厌氧微生物的生长。大大提高了厌氧消化系统的效率。

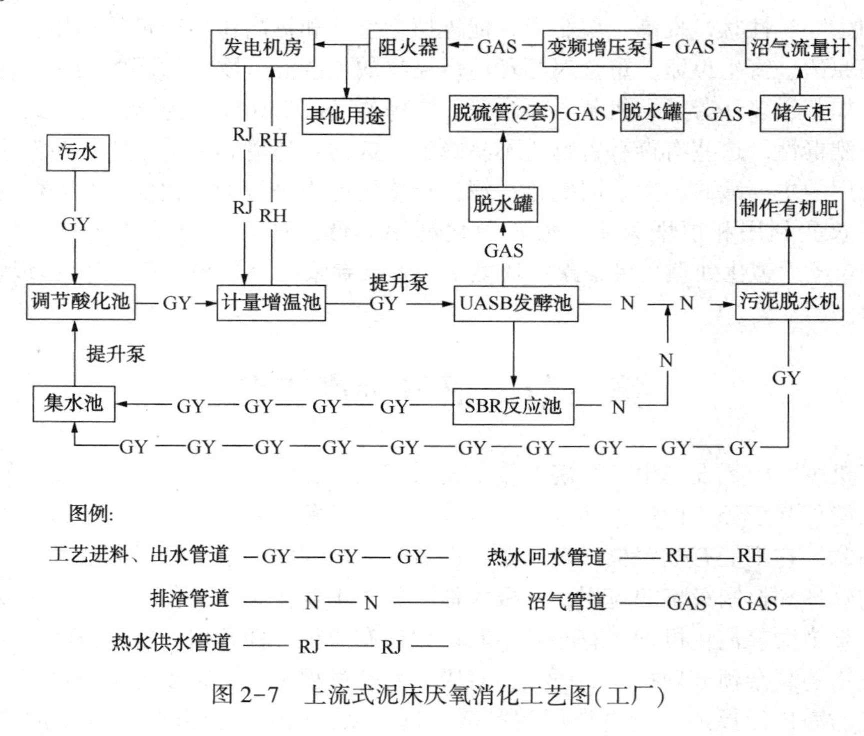

图 2-7　上流式泥床厌氧消化工艺图(工厂)

### (二) 双相工艺

在 20 世纪初期，美国基于厌氧微生物机制，开发了一种适应大规模微生物种群(产酸菌和产甲烷菌)的生理，生化和生态特征两相厌氧发酵工艺。产酸菌和产甲烷菌被分别放置在串联的两个反应器中，并提供所需的最佳条件，因此这些类型的细菌能够发挥最大活性并改善反应器的处理效率。串联的反应器称为产酸反应器和产甲烷反应器。在传统的单相工艺中，由于酸的积累，会导致反应器的“酸化”，而相分离会大大削弱这种情况。产酸菌和产甲烷细菌在最佳环境条件下生长，以避免不同生物体之间的干扰以及代谢物转化不平衡。在水质和负荷方面有很大的变化。产酸相的适应性和调节功能可以大大减少操作条件变化对产甲烷菌的影响，因此处理系统中污泥的比酸化活性和比产甲烷活性都高于单相过程，系统处理效率和功能稳定性均可以得到有效改善。

相较于单相厌氧消化过程，两相厌氧消化过程会将产酸菌和产甲烷菌置于两个反应器中（图 2-8 和图 2-9），从而为它们提供更好的生长和代谢条件，从而使它们的活性最大化。反应器的效率大大提高。两相分离后，各反应器的工作区更清晰。产酸反应器对废水进行预处理，这不仅为产甲烷反应器提供了更合适的基质，而且还可以去除或减少硫酸盐和重金属离子等有毒物质，会改变难溶有机物的结构，降低其毒性作用以及对产甲烷菌的影响，并增强系统的稳定性。为了抑制在产酸相中产甲烷菌的生长。有意识地提高了产酸相的有机负荷率和产酸相的处理能力。产酸菌具有很强的调节能力，因此，由冲击负荷引起的酸积累不会对产酸阶段产生重大影响，也不会对下一个产甲烷阶段造成损害，从而可以有效地防止在单相厌氧阶段过程中出现的酸化现象。产酸菌的生长繁殖时间比产甲烷菌短得多，产酸菌的产酸速度快于产甲烷菌降解酸的速率。在两相厌氧消化过程中，产酸反应器的体积总是小于产甲烷反应器的体积。对于不同水质的污水，其体积比是不同的。与单相厌氧消化工艺相比，对于高浓度有机废水，高浓度悬浮固体废水，工业废水和含有有毒物质且难于分解的泥浆而言，两相厌氧消化工艺具有很大的优势，可以达到满意的处理效果。

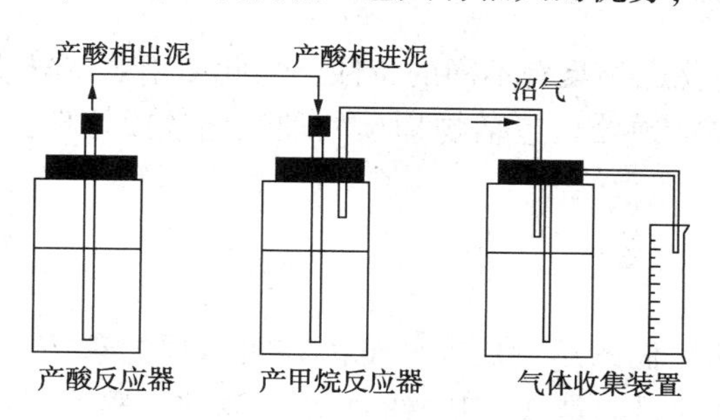

图 2-8　两相厌氧消化工艺装置图（实验室）

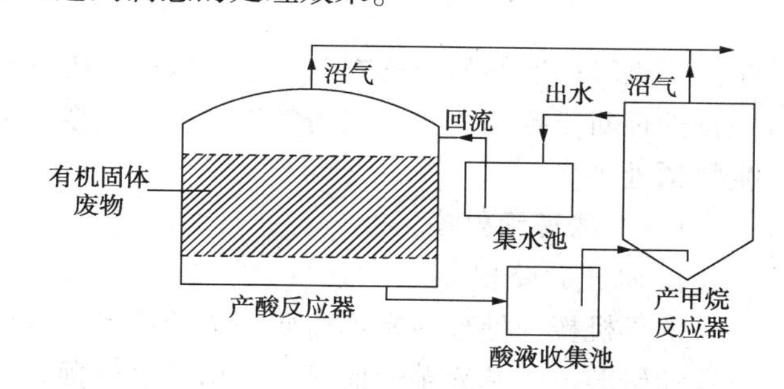

图 2-9　两相厌氧消化工艺流程图（工厂）

### （三）混合发酵

共发酵技术实际上是一种使用两种或更多种类型的废物混合发酵以提高气体生产效率的加工技术。这种有机废物的混合发酵技术促进甲烷的产生。大量研究表明，同比单一物料发酵效率，混合发酵技术可以有效地将甲烷产量提高 50%~200%（图 2-10）。与使用单一底物发酵沼气生产技术相比，混合共发酵技术生产沼气具有许多优势。例如，除了显著增加沼气产量外，更易处理难被利用的有机废物。混合发酵过程中，影响沼气生产范围增加的主要因素是操作模式和混合底物的类型。因此，针对不同类型的有机底物应有一套最佳的混合比和操作参数，避免操作过程中的抑制作用。因此，混合底物发酵的核心在于如何平衡这些不同底物的几个主要参数，例如 C/N、pH 值、可分解有机物的含量，抑制剂或有毒物质的浓度以及所含营养成分。

## 二、原料预处理

厌氧消化涉及的生化和顺序转化阶段分为水解，产乙酸，产酸和产甲烷。在这四个阶段中，总体的限速步骤是水解，尤其是在处理难降解的底物时。甲烷生成反过来限制了更多可生物降解的底物的消化速率。在实践中，厌氧消化过程通常在其理想性能以下运行，这主要

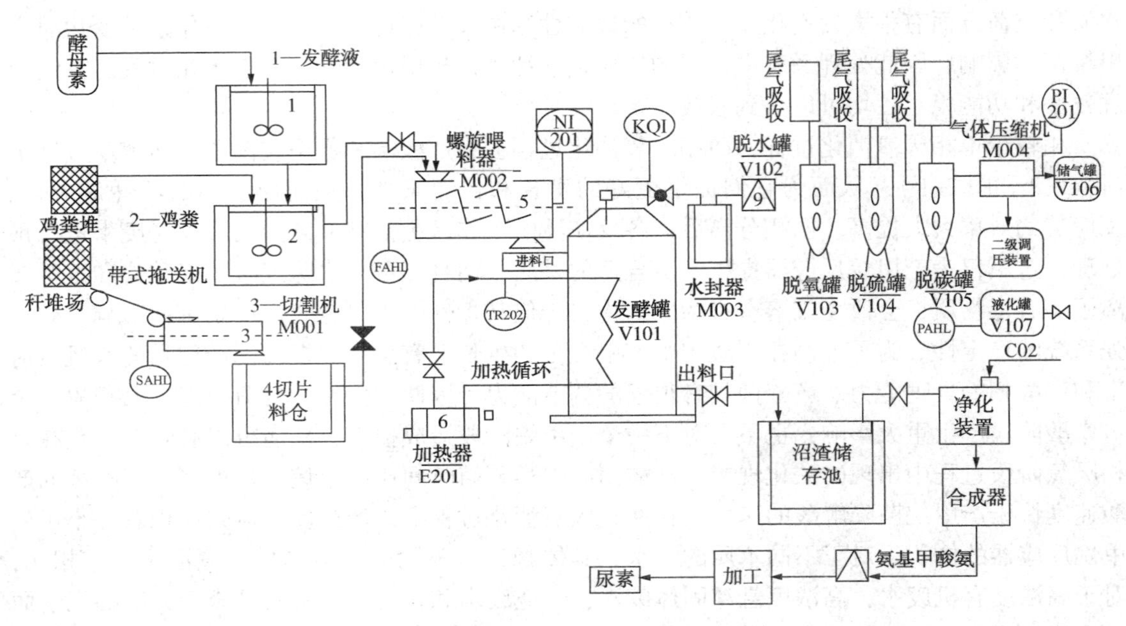


图 2-10　秸秆鸡粪混合发酵工艺流程图

是由于难降解底物的降解有限。由于可用的厌氧消化底物具有不同的特性，因此使用非特异性预处理对于提高消化率和沼气生产极为重要。原料预处理包括物理预处理，化学预处理，生物预处理。

**（一）物理预处理**

1. 机械预处理

由于机械预处理通常不需要先进的技术，因此它们的运行成本较低。在机械预处理中，过筛和研磨由于其简单性而显得突出。机械预处理的目的是减小基材的粒度。这些步骤除了避免生物消化器可能发生的操作问题(例如堵塞)之外，还增加了底物的比表面积和溶解度，以促进微生物的攻击并因此将其转化为沼气。机械预处理催化酶水解，并通过减小粒径来增加甲烷产量。此外，机械处理不会产生有毒或抑制性物质，并且不会产生难以消化的复杂分子。

研磨和铣削预处理是单一操作，目的是减小较大颗粒的尺寸。这是通过施加冲击力、压缩力和磨损力而发生的。这些预处理可以使用不同的研磨机(圆盘、刀、锤、辊、球)以及螺旋桨和颚式破碎机进行。通常在研磨或铣削的预处理之前与其他预处理组合使用，例如热、超声、酸性、碱性等预处理。这些是为了提高水解速率以最大限度地产生甲烷。研磨 0.75mm 大小的麦秸和稻草可将甲烷产量提高 38.7%。除了增加甲烷的生产量，研磨还可以减少大型反应器运行问题的发生。在实际工厂中，必须对纤维基质和/或粒度较大的基质进行研磨或研磨，以避免可能的管道阻塞。

2. 超声波

超声波预处理是基于整体空化过程，即声波会激发基板中存在的水分子，从而使它们振动并高速移动。该运动引起介质压力的降低，从而导致气泡的形成。当它们以较高的压力穿过区域时，这些气泡会爆裂，释放出可能足以剪切有机大分子的冲击波。在声波作用期间气泡的爆裂通过自由基的产生改变了化学结构。这种分解导致消化率提高，从而提高微生物活性，提高沼气产量。尽管已证明超声对沼气产量具有积极作用，但这种预处理在净能量产出方面的效率仍然很小。在超声的实际应用中，主要关注的是其高能量消耗。超声处理所需的能量和时间有关，而且超声波设备的噪声会对暴露在环境中的操作人员中引起负面症状，例如头晕、耳鸣、过度疲劳和头痛。因此，已经建议使用钢甚至玻璃框架来控制超声波污染，并使用隔音毯覆盖机器外壳以降低噪声。

3. 热预处理

应用于厌氧消化底物的热预处理包括利用热能引起强烈的分子搅拌，以促进水解并因此导致在较短时间内产甲烷量的增加。另外，还可以通过使蛋白质底物（例如动物尸体）脱水来利用热量消除抗性病原体，例如病毒。在这些情况下，必须通过增加甲烷产量来补偿来自热源的能源成本。热预处理通常使用60～180℃的温度，因为200℃以上的温度会形成难溶物质，抑制产量或形成有毒物质。极高的温度会引起美拉德反应并产生相反的作用，这种化学反应会将碳水化合物和氨基酸转化为类黑素，阻碍生物降解。热预处理还会诱导抑制产物的释放，例如高浓度的氨和可溶性惰性有机物。

**（二）化学预处理**

这组中的预处理是纯粹通过化学反应引发的，这些化学反应会改变生物质的结构。它们最常用于木质纤维素基质以提高生物质组分的生物降解性。化学预处理包括使用不同的酸，碱或氧化剂来提取或分解生物质中存在的有机化合物。大多数生物质化学预处理的主要功能是破坏刚性和/或复杂的结构。

1. 酸预处理

浓强酸常用于处理木质纤维素材料，因为它们促进纤维素水解，它们可以水解半纤维素并溶解木质素。但是，溶解的木质素会在短时间内沉淀，降低了有机物的消化率。用强酸如$H_2SO_4$、$HNO_3$、$H_3PO_4$和HCl处理会通过产生不需要的副产物如糠醛及其衍生物而抑制厌氧消化过程。尽管它们在纤维素水解中非常高效，但浓酸具有极强的腐蚀性，需要昂贵的材料来建造反应器，例如专用的非金属材料或合金。另外，它们具有剧毒和危险，对操作者构成危险。因此，更适合采用稀酸进行预处理。稀酸预处理通常与高温（>100℃）相结合。使用稀酸与高温相结合是更适合预处理木质纤维素材料的技术。

2. 碱性预处理

碱预处理的主要作用是从木质纤维素生物质中去除木质素，从而改善了其余多糖的生物降解性。该反应基于分子间酯键的皂化作用。NaOH、KOH、$Ca(OH)_2$和$NH_3$的几种碱性溶液可降解木质素并破坏木质素与碳水化合物之间的结合，从而导致结构变化。有机物的比表面也有膨胀和增加。底物变得更容易被微生物吸收，有利于厌氧消化。在碱性预处理过程中使用氢氧化钙或氢氧化钠会形成可以掺入生物质的盐。这些盐可能会破坏后续步骤，因此需要将其除去或回收。工艺条件相对温和，温度约为40℃，这些温和的条件可防止木质素缩合，从而导致该化合物的溶解度高，尤其是对于木质素含量低的生物质而言。在升高的温度下用氨水预处理生物质会降低木质素含量并去除一些半纤维素。

3. 氧化预处理

也可以通过用氧化剂（例如过氧化氢、臭氧、氧气）预处理生物质来实现脱木质素作用。可归因于氧化剂与生物质中存在的芳香环的高反应性。除对木质素的作用外，氧化处理还可攻击木质纤维素复合物的半纤维素。这种预处理与亲电取代，侧链置换烷基-芳基醚键的裂解或芳族核的氧化裂解有关。应谨慎使用氧化性化合物，因为它们对木质素没有选择性，因此半纤维素和纤维素也可能丢失，减少了挥发性固体含量，从而减少了产生的沼气的最终体积。

过氧化氢具有从生物质中去除木质素和半纤维素的能力，从而导致纤维素含量的增加。用 $H_2O_2$进行预处理应在高 pH 值(约 11.5)下进行，$H_2O_2$形成了羟基(HO·)和超氧化物(O·)自由基，它们具有极强的反应性，容易攻击木质素，从而导致低相对分子质量化合物的产生。臭氧处理可提高处理材料的消化率，而不会产生有毒残留物。通过对木质素芳香环结构的进攻和裂解而发生降解，而半纤维素和纤维素几乎不分解。它可用于降解各种木质纤维素材料的结构。该方法的缺点是需要大量的臭氧，这增加了该预处理的成本。湿法氧化在升高的温度和压力下与氧气或空气结合水一起运行。它被用作蒸汽爆炸的替代方法，蒸汽爆炸已成为使用最广泛的预处理方法之一。在工业上，用空气进行湿式氧化的方法已用于处理有机物含量高的废物。在高温(150~350℃)和高压(5~20MPa)下使用水相氧气氧化可溶性或悬浮性材料。

4. 离子液体

离子液体是指室温下呈液相的盐，他们种类繁多。它们通常由分子结构非常不均的无机阴离子和有机阳离子组成。分子结构的特点使盐离子的结合力弱到足以使其在室温下像液体一样，但是由于其极性以及独特性能，它们可以用作木质素或纤维素的选择性溶剂。这导致木质素的分离，增加了甲烷的产生。该技术避免了酸或碱溶液的使用以及抑制性化合物的形成。

**(三) 生物预处理**

在生物预处理中，微生物用于将复杂的有机链(例如蛋白质聚合物，脂质和碳水化合物)水解为较简单的分子：分别为氨基酸、长链脂肪酸和糖。木质纤维素含量高的底物仅限于直接厌氧消化，因为这种生物质中存在的木质素会阻止微生物进入纤维素和半纤维素。此外，木质素会引起酶的非特异性结合，从而降低酶的水解纤维素的活性。

1. 真菌

真菌预处理是通过木质素降解，克服木质纤维素生物质的顽固性并提高沼气产量的一种替代方法。其选择性随生物质的类型和处理时间的不同而不同，例如，无头孢子虫还是一种能够选择性降解木质素的真菌，甲烷产量的增加与其选择性具有强烈的线性相关性。因此，用真菌进行预处理是一个有前途的过程，因为它可以有效地降解木质素，并且与热预处理相比，它提供的侵蚀性产品较少。它的主要缺点是在预处理过程中存在有机物的流失。

2. 酶

研究最多的可提高沼气生产效率的酶包括纤维素酶、纤维二糖酶、内切葡聚糖酶、木聚糖酶，果胶酶和木质素分解酶，如漆酶、锰、脂肪酶和通用过氧化物酶，以及用于城市固体废物的淀粉酶和蛋白酶等。但是，在某些情况下，酶不能确保将副产物转化为沼气。例如，由于动物来源的副产物中较高的有机含量(蛋白质和脂肪)的生物降解率很高，因此很难从这些副产物中有效回收甲烷。因为脂质水解产生的蛋白质和长链脂肪酸缓慢且分解会导致氨积累，从而引起抑制作用。为克服这些局限性，已提出了一些策略，包括酶促预处理步骤以增加厌氧微生物的脂质生物利用度，或在生物消化之前去除脂质。

3. 青贮饲料和部分堆肥

生物预处理还包括青贮饲料和部分堆肥。尽管青贮饲料被用于厌氧消化之前在农业规模上存储玉米，高粱或草等生物量，但一些研究表明它可以帮助提高沼气产量。青贮过程中能量和养分的保存受酸性取决于厌氧条件的保证。青贮青草可以回收相对于最初的97%的纤维素和半纤维素。打开料仓时，暴露于空气中会触发需氧微生物的生长，这些微生物消耗了有机底物。有氧降低了青贮饲料的储存效率，导致有机物损失和甲烷产量损失。因此，为确保青贮基质生产沼气的效率，应将其保持在厌氧条件下，并优化参数，例如水分含量、粒径和添加剂(化学或酶促)的优化。部分堆肥可以用作干式厌氧消化的预处理，目的是提高底物的温度，降低厌氧消化开始时的热量需求。然而，部分堆肥会导致有机物降解，从而导致消化池性能下降。

## 三、厌氧发酵设备和工艺计算

### （一）厌氧发酵设备

沼气作为一种成本低、热效高的清洁能源，无论是发达国家还是资源短缺的发展中国家都需要研究和利用沼气，所以生产沼气的厌氧发酵的设备也是多种多样，根据发酵容量的大小可以简单分为农村用户型和大中型发酵设备。

1. 农村型厌氧发酵设备

随着我国沼气科学技术的发展和农村家用沼气的推广，根据当地使用要求和气温、地质等条件，家用沼气池有固定拱盖的水压式池、大揭盖水压式池、吊管式水压式池、曲流布料水压式池、顶返水水压式池、分离浮罩式池、半塑式池、全塑式池和罐式池。形式虽然多种多样，但是归纳起来大体由水压式沼气池、浮罩式沼气池、半塑式沼气池和罐式沼气池四种基本类型变化形成的。

(1) 水压式沼气池

与四位一体生态型大棚模式配套的沼气池一般为水压式沼气池，这种池型的池体上部气室完全封闭，随着沼气的不断产生，沼气压力相应提高。这个不断增高的气压，迫使沼气池内的一部分料液进到与池体相通的水压间内，使得水压间内的液面升高。这样一来，水压间的液面跟沼气池体内的液面就产生了一个水位差，这个水位差就叫作“水压”。用气时，沼气开关打开，沼气在水压下排出，当沼气减少时，水压间的料液又返回池体内，使得水位差不断下降，导致沼气压力也随之相应降低。这种利用部分料液来回窜动，引起水压反复变化来储存和排放沼气的池型，它具有池体结构受力性良好、成本低、适用性强、方便打扫等优点，是农村较常使用的沼气池，它也有几种不同形式。

固定拱盖水压式沼气池有圆筒形(图 2-11)、球形(图 2-12)和椭球形(图 2-13)三种池型。

变型的水压式沼气池也分为多种，主要包括中心吊管式沼气池和曲流布料水压式沼气池。中心吊管式沼气池(图 2-14)将活动盖改为钢丝网水泥进、出料吊管，使其有一管三用的功能(代替进料管、出料管和活动盖)，简化了结构，降低了建池成本，又因料液使沼气池拱盖经常处于潮湿状态，有利于其气密性能的提高。而且，出料方便，便于人工搅拌。但是，新鲜的原料常和发酵后的旧料液混在一起，原料的利用率有所下降。

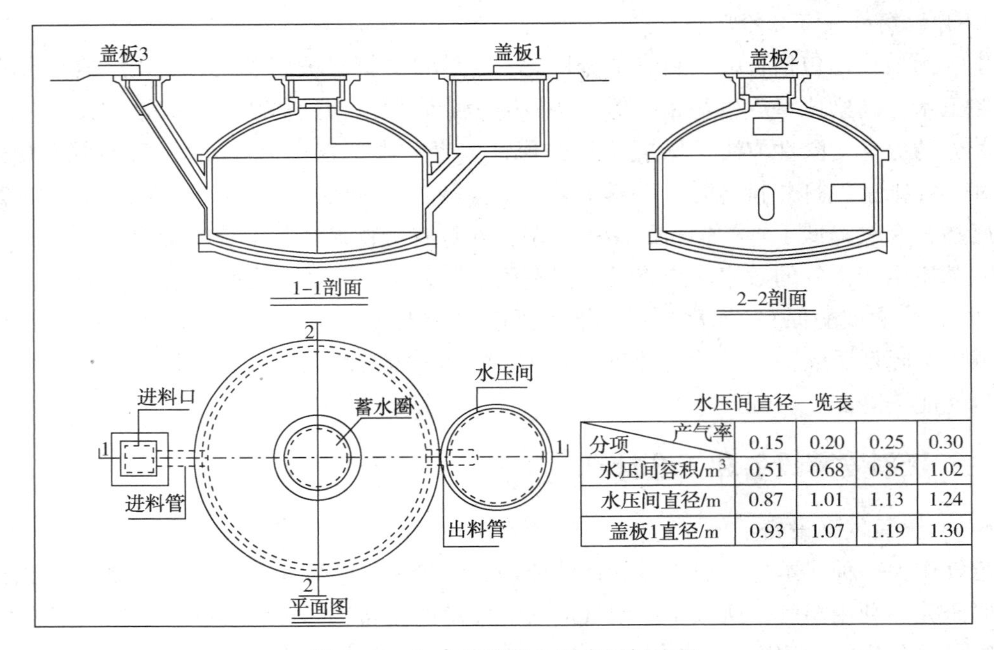


水压间直径一览表

| 分项 \ 产气率 | 0.15 | 0.20 | 0.25 | 0.30 |
|---|---|---|---|---|
| 水压间容积/m³ | 0.51 | 0.68 | 0.85 | 1.02 |
| 水压间直径/m | 0.87 | 1.01 | 1.13 | 1.24 |
| 盖板1直径/m | 0.93 | 1.07 | 1.19 | 1.30 |

图 2-11　8m³ 圆筒形水压式沼气池型

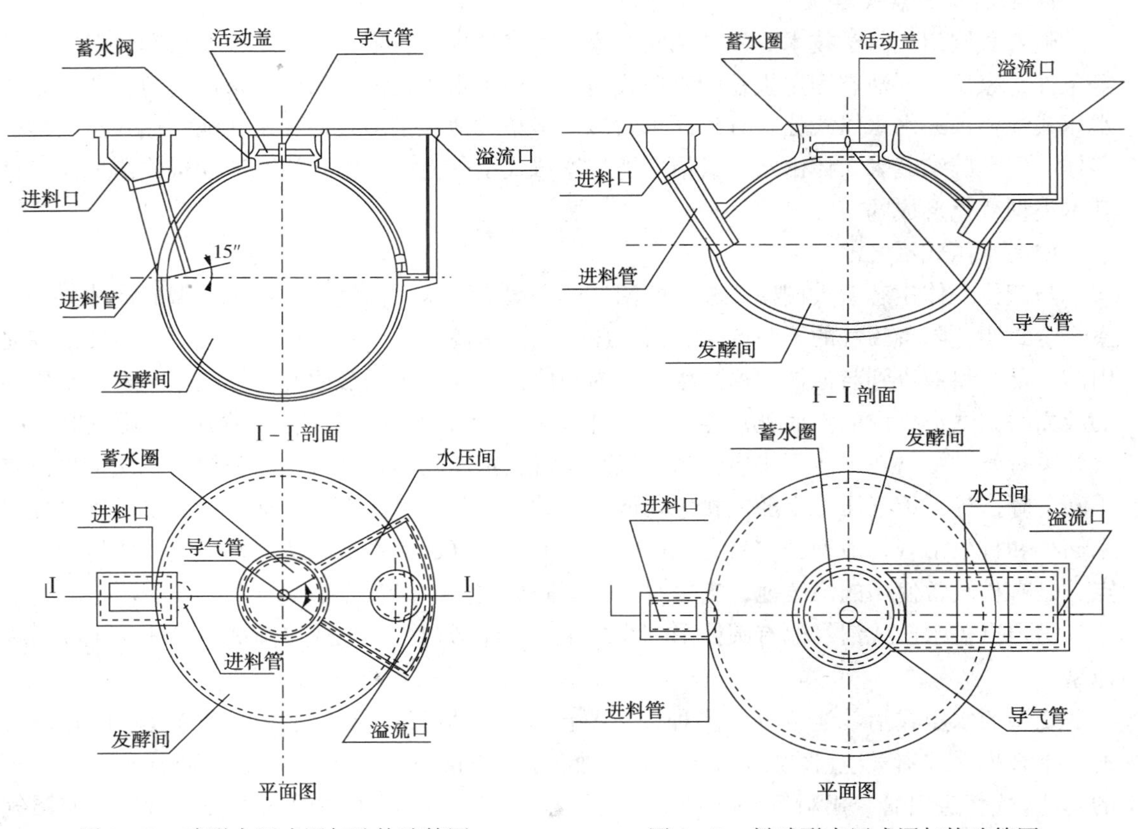


图 2-12　球形水压式沼气池构造简图

图 2-13　椭球形水压式沼气构造简图

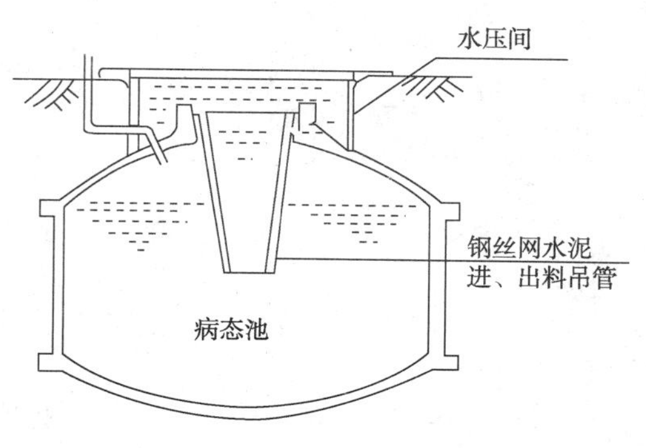


图 2-14　中心吊管式沼气池

曲流布料水压式沼气池(图 2-15~图 2-17)　该池型是由昆明市农村能源环保办公室于1984 年设计成功的一种新池型。它的发酵原料不用秸秆，全部采用人、畜、禽粪便。原料的含水量在 95%左右(不能过高)。

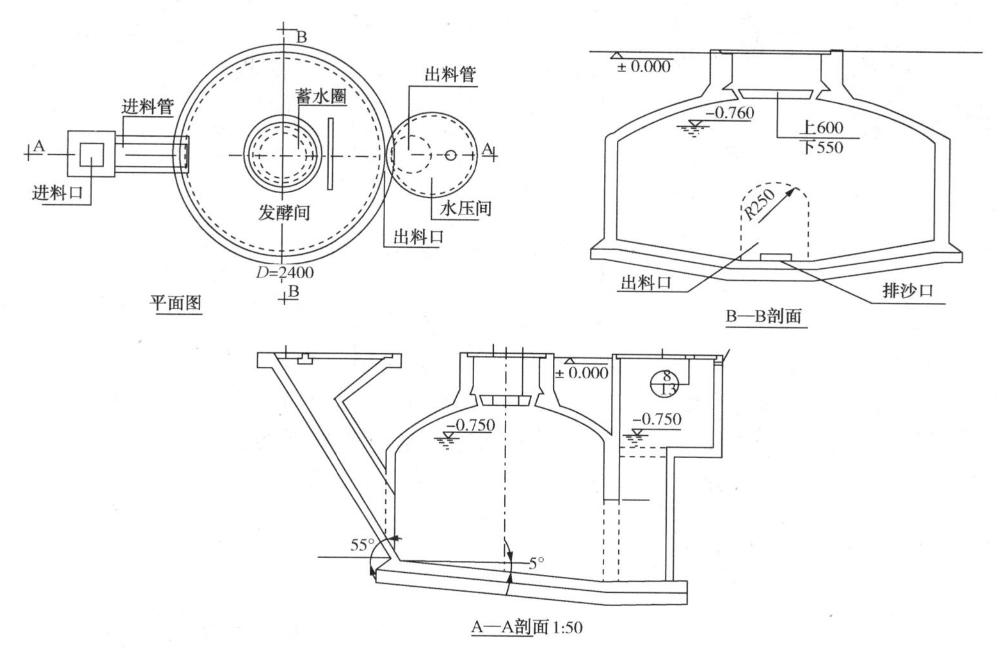


图 2-15　曲流布料式沼气池 A 型

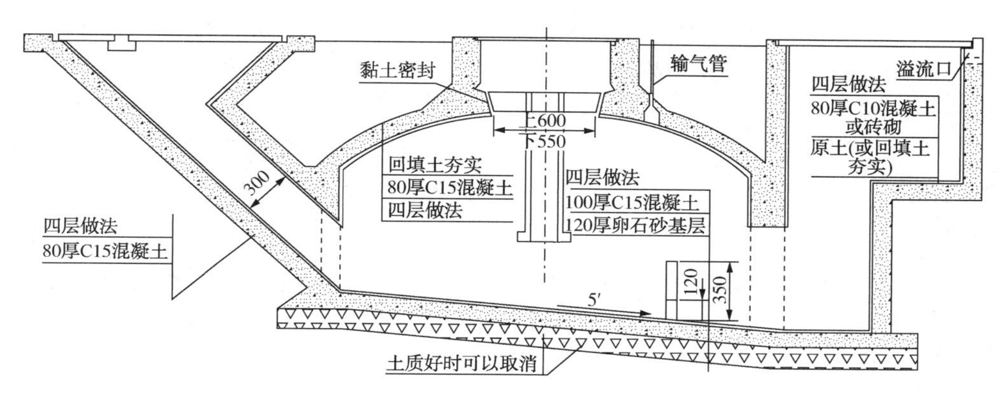


图 2-16　曲流布料式沼气池 B 型

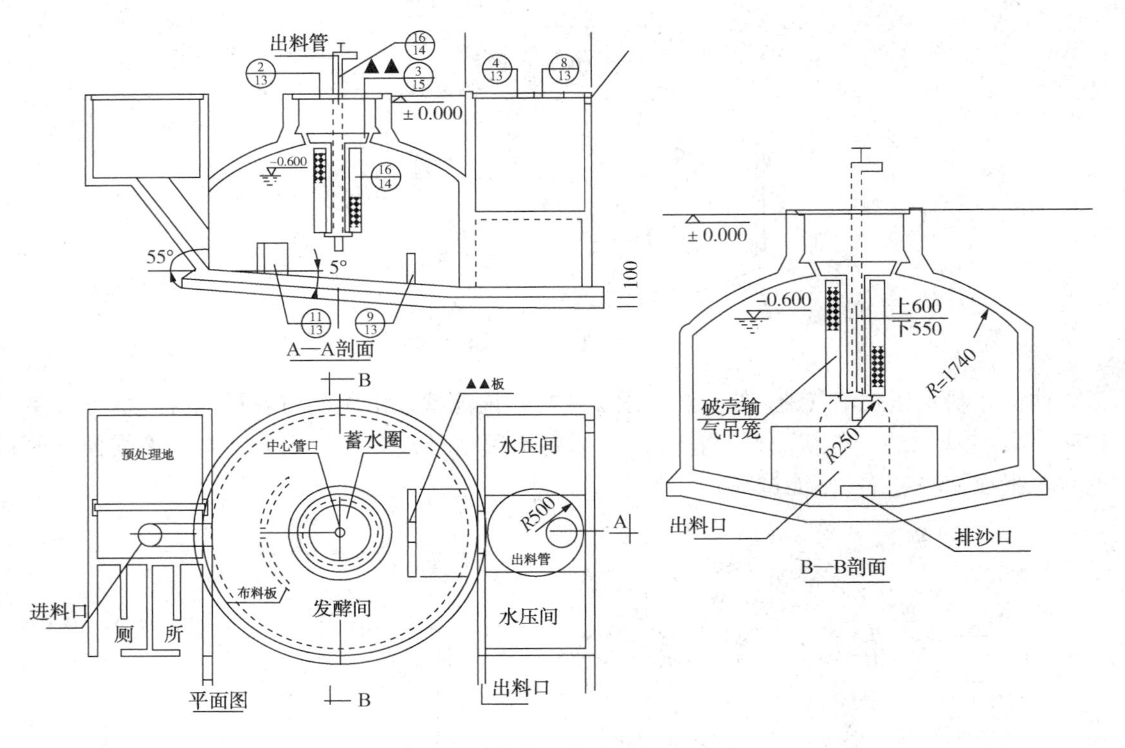


图 2-17 曲流布料式沼气池 C 型

除了上述两种主要的变形的水压式沼气池外，各地还根据各自的具体使用情况，设计了多种其他变型的水压式沼气池型。如：为了减少占地面积、节省建池造价、防止进出料液相混合、增加池拱顶气密封性能的双管顶返水水压式沼气池(图 2-18)；为了便于出料的大揭盖水压式沼气池(图 2-19)和便于底层出料的圆筒形水压式沼气池(图 2-20)；为了多利用秸草类发酵原料而采用的弧形隔板、干湿发酵水压式沼气池(图 2-21)。

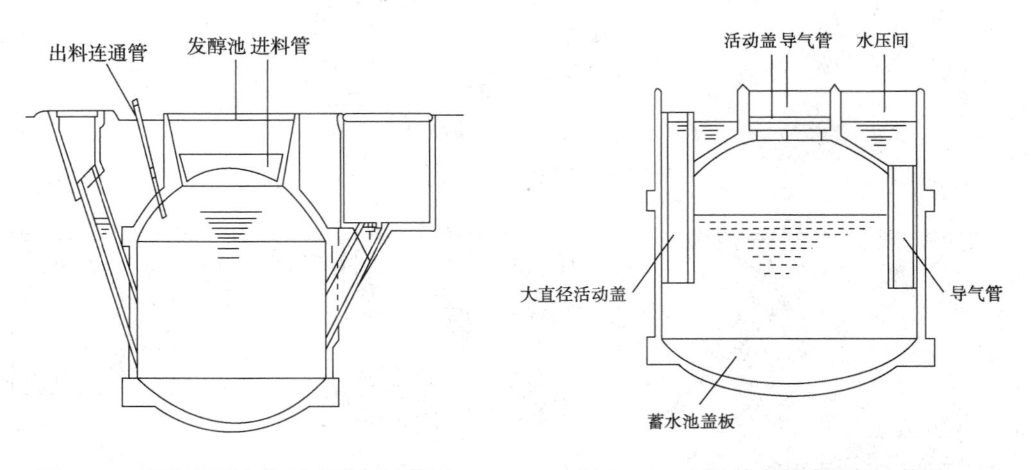


图 2-18 双管顶返水水压式沼气池简图

图 2-19 大揭盖水压式沼气池简图

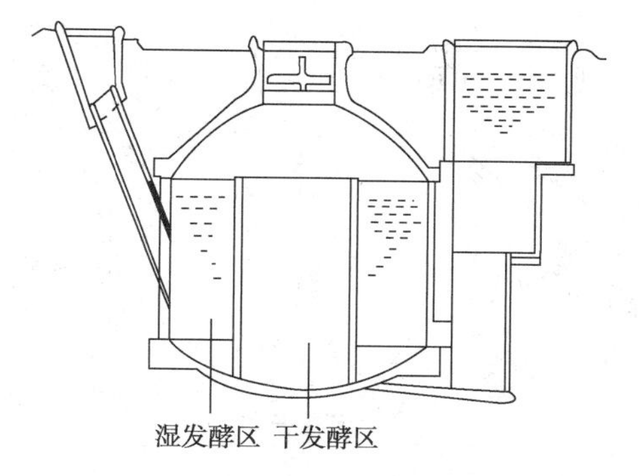


图 2-20　圆筒形水压式沼气池简图

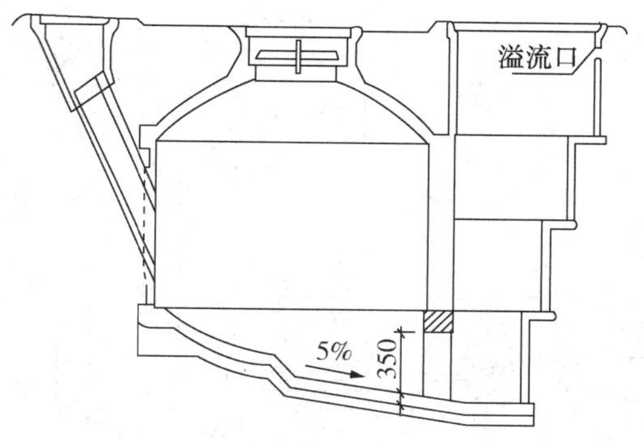


图 2-21　干、湿发酵水压式沼气池简图

无活动盖底层出料水压式沼气池(图 2-22)是一种变型的水压式沼气池。该池型为圆柱形，斜坡池底，将水压式沼气池活动盖取消，把沼气池拱盖封死，只留导气管，由发酵间、储气间、进料口、出料口、水压间、导气管等组成，加大了水压间容积，这样可避免因沼气池活动盖密封不严带来的问题，在我国北方农村，与“模式”配套新建的沼气池提倡采用这种池型。

(2) 浮罩式沼气池

浮罩式沼气池(图 2-23)为一圆柱形体，由一个专用于储气的罩(钢、水泥或塑料制)直接罩在池顶，它主要有分离浮罩式沼气池、改进型分离浮罩式沼气池和玻纤水泥浮罩式沼气池，它保持了水压式沼气池的基本特点，又有压力低且稳定、保温效果好、发酵效果更好的特点，但是它成本较高，建筑面积较大。

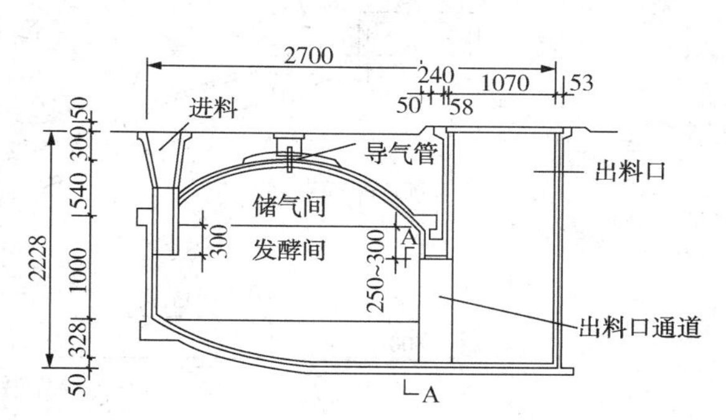


图 2-22　底层出料水压式沼气池构造

(3) 半塑式沼气池

半塑式沼气池为圆柱形，由一个红泥塑料制成的柔性罩直接扣在池顶上，四周用编织带扣紧置于水槽中而成。为了满足每日进出料的要求，在原池型上增加了进料口和出料间，它结构简单，方便施工，成本低，保温性好，管理方便。但是塑料薄膜易老化，压力较低，使用寿命短，容易造成安全事故。

(4) 罐式沼气池

罐式沼气池又称铁沼气罐，这种池采用干发酵工艺，用钢板焊制一个容积为 $2m^3$、卧式圆柱形的沼气装置。罐式沼气池制造、运输和安装都很方便，可以利用牛、马粪便和秸草等低质燃料，而且用水量少，产气量高，节省劳力，比较适用于我国内蒙古及西北各干旱、太阳能资源丰富和缺少砂石的地区。但是它产气不均匀，没有储气装置，所以沼气铁罐的焊接质量必须牢靠，且沼气管道大部分需采用水煤气管，使其投资成本增加。

2. 大中型厌氧发酵设备

大中型沼气工程除了配置厌氧消化器之外，还需要完整的原料预处理系统，沼渣沼液综合利用系统，以及沼气储存、输配和利用系统。相比于农村沼气池，前处理更加严格，整个流程更加节能环保，所产生的沼渣、沼液可以进行后期处理后再利用，并需要专人的管理。其厌氧消化器按照发酵机制可以分为常规型、污泥滞留型和附着膜型。

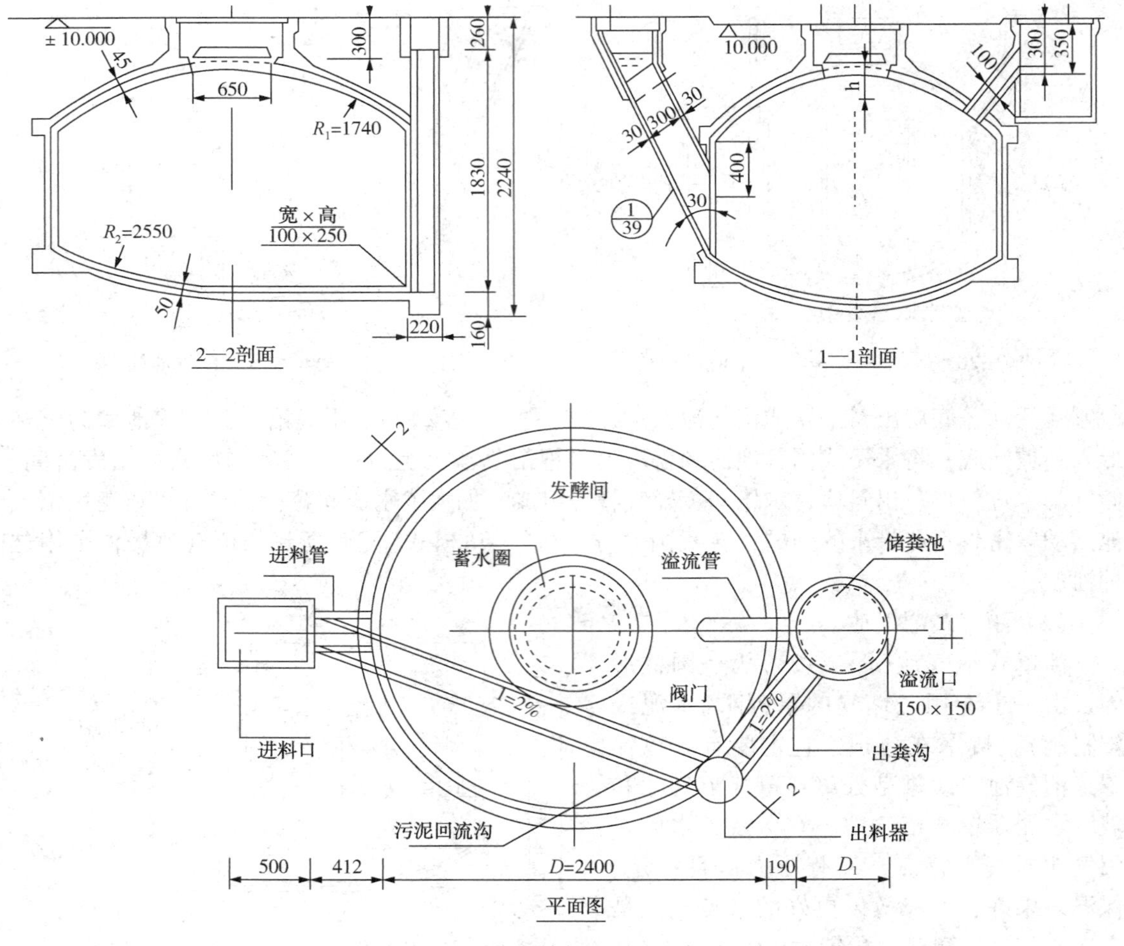

图 2-23　分离储气浮罩式沼气池

(1) 常规型厌氧消化器

其水力滞留期(Hydraulic Residence Tim, HRT)、固体滞留期(Solid Residence Time, SRT)和微生物滞留期(Microbe Residence Time, MRT)相当，即液体、固体和微生物混合在一起在出料时同时被淘汰，消化器内没有足够的微生物，并且固体物质由于滞留期较短而得不到充分消化，因而效率较低。主要包括常规消化器(图 2-24)、完全混合式消化器(图 2-25)和塞流式消化器(图 2-26)三种。

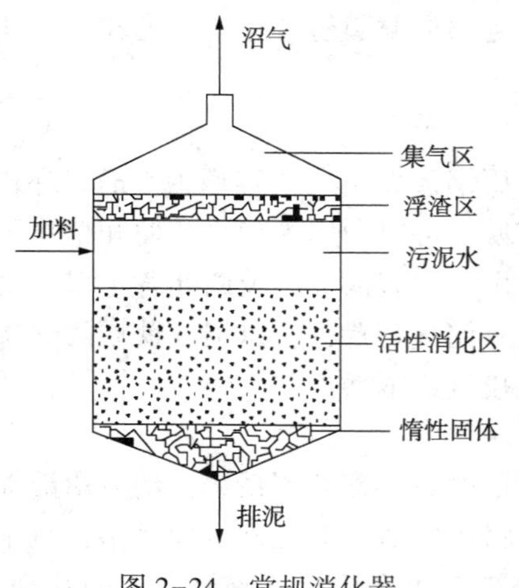

图 2-24　常规消化器

完全混合式可适应高悬浮固体物的物料，布料和温度均匀，避免短路，易于建模；但体积较大，对 HRT 要求较大，搅拌能耗大，固体物降解率低，容易导致微生物的流逝。

塞流式消化器不需要搅拌装置，结构简单，能耗低；适用于高 SS 废物的处理，尤其适用于牛粪的消化；运转方便，故障少，稳定性高。但缺点也较明显，固体物可能沉于底部，影响消化器有效体积，减小 HRT 和 SRT；需要固体物和微生物的回流作为接种；温度分布不均匀，效率较低；易产生结壳。

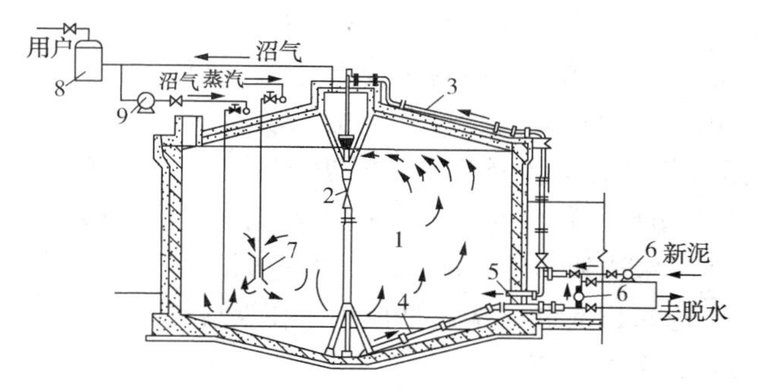

图 2-25　完全混合式消化器

1—消化池；2—水力提升器；3—进泥管；4—拍泥管；5—中位管；6—污泥泵；7—蒸汽喷射器；8—储气罐；9—压缩机

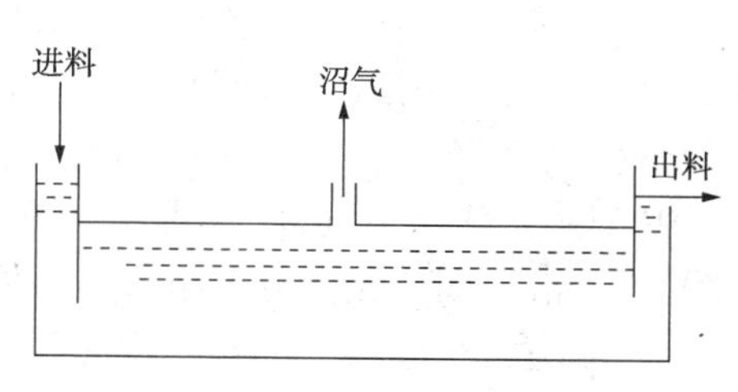

图 2-26　塞流式消化器

（2）污泥滞留型消化器

污泥滞留型消化器的特征是通过各种固液分离的方式，将 SRT、MRT 加以分离，从而使消化器有较长的 SRT、MRT 和较短的 HRT，提高了产气量并缩小了消化器体积，典型工艺有完全混合式厌氧反应器（CSTR）、升流式厌氧污泥床（UASB）、内循环厌氧反应器（IC）、升流式固体反应器（USR）和厌氧折流板反应器（ABR）等。

完全混合式厌氧反应器（Continuous Stirred Tank Reactor，SCTR）（图 2-27）通过沉淀分离增加 SRT 和 MRT，适用于工业废水，污泥浓度高，耐冲击能力强，出水水质好，流程相对复杂。是一种使发酵原料和微生物处于完全混合状态的厌氧处理技术。消化器内安装有搅拌装置，使发酵原料和微生物处于完全混合状态。投料方式采用恒温连续投料或半连续投料方式。新进入的原料由于搅拌作用很快与发酵器内的全部发酵液菌种混合，使发酵底物浓度始终保持相对较低状态，以降解废水中有机污染物，并去除悬浮液的厌氧废水。

升流式厌氧污泥床（Upflow Anaerobic Sludge Bed，UASB）（图 2-28）具有结构简单、运行费用低、处理效率高等优点，但要求废水中悬浮固体物含量低，适用于可溶性废水。UASB 由污泥反应区、气液固三相分离器（包括沉淀区）和气室三部分组成。具有良好的沉淀性能和凝聚性能的污泥在下部形成污泥层。要处理的污水从厌氧污泥床底部流入与污泥层中污泥进行混合接触，污泥中的微生物分解污水中的有机物，把它转化为沼气。沼气以微小气泡形式不断放出，微小气泡在上升过程中，不断合并，逐渐形成较大的气泡。在污泥床上部由于沼气的搅动形成一个污泥浓度较稀薄的污泥和水一起上升进入三相分离器，沼气碰到分离器下部的反射板时，折向反射板的四周，然后穿过水层进入气室。集中在气室的沼气用导管导出，固液混合物经过反射进入三相分离器的沉淀区，污水中的污泥发生絮凝，颗粒逐渐增大，沉淀至斜壁上的污泥沿着斜壁滑回厌氧反应区内，使反应区内积累大量的污泥。与污泥分离后的处理出水从沉淀区溢流堰上部溢出，然后排出污泥床。

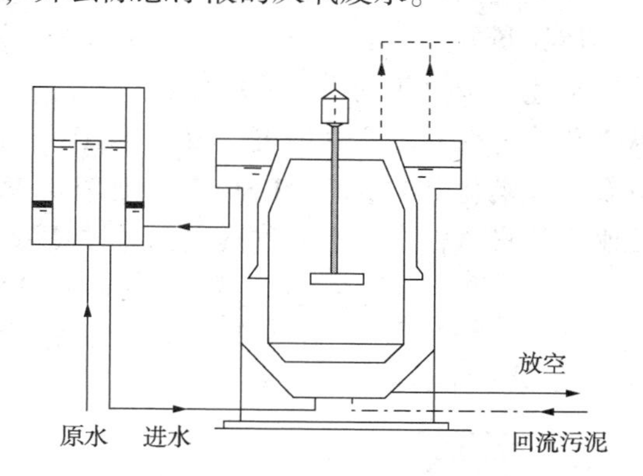

图 2-27　完全混合式厌氧反应器

内循环厌氧反应器(Internal Circulation, IC)(图 2-29)是世界上效能最高的厌氧反应器,集 UASB 和流化床反应器于一体,它的泥龄长、生物量大,容积负荷率高,可达 UASB 的 3 倍;自发内循环无须动力;抗冲击负荷能力强;具有缓冲 pH 的能力;并且出水指标好。IC 塔由 2 层 UASB 反应器串联而成,每层厌氧反应器的顶部各设一个气、固、液三相分离器。废水在反应器中自下而上流动,污染物被细菌吸附并降解,净化过的水从反应器上部流出。IC 塔由下面第一个 UASB 反应器产生的沼气作为提升的内动力,使升流管与回流管的混合液产生一个密度差,实现了下部混合液的内循环,使废水获得强化预处理。上面的第二个 UASB 对废水进行后处理(或称精处理),使出水达到预期处理要求。由底部的污泥区和中上部的气、液、固三相分离区组合为一体的,通过回流和结构设计使废水在反应区内具有较高的上升流速,反应器内部颗粒污泥处于膨胀状态。

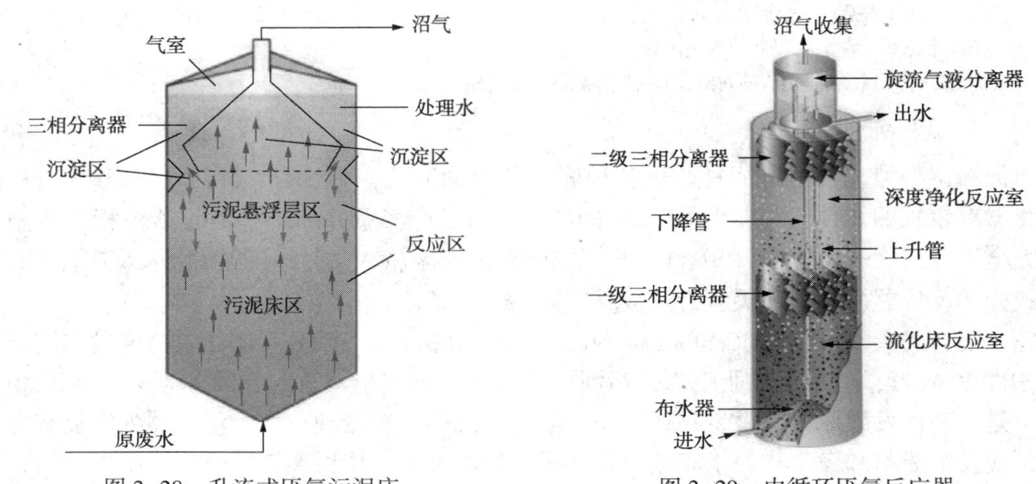


图 2-28　升流式厌氧污泥床　　　　图 2-29　内循环厌氧反应器

升流式固体反应器(Upflow Solid Reactor, USR)(图 2-30)是一种结构简单、适用于高悬浮固体原料的反应器。原料从底部进入消化器内,与消化器里的活性污泥接触,使原料得到快速消化。未消化的生物质固体颗粒和沼气发酵微生物靠自然沉降滞留于消化器内,上清液从消化器上部溢出,这样可以得到比 HRT 高得多的 SRT 和 MRT,从而提高了固体有机物的分解率和消化器的效率。USR 主要处理高有机固体(有机固体物质>5%)废液,废液由底部配水系统进入,在其上升过程中,通过高浓度厌氧微生物的固体床,使废液中的有机固体与厌氧微生物充分接触反应,有机固体被液化发酵和厌氧分解,从而达到厌氧消化目的。在当前畜禽养殖行业粪污资源化利用方面,有较多的应用。许多大中型沼气工程,均采用该工艺。

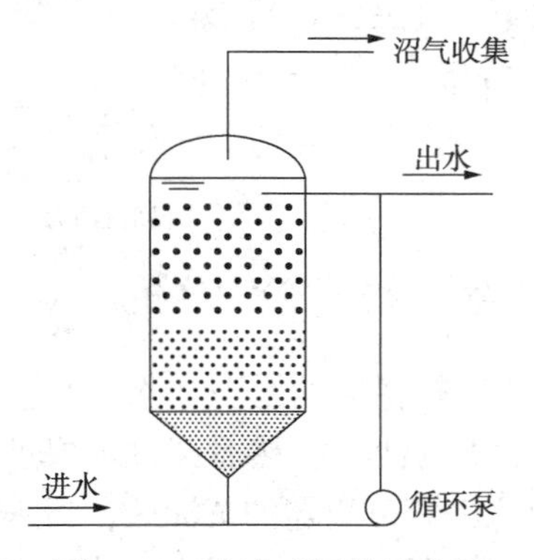


图 2-30　升流式固体反应器

厌氧折流板反应器(Anaerobic Baffled Reactor, ABR)(图 2-31)是总结了第二代厌氧反应器工艺性能的基础上,开发和研制的一种新型高效的厌氧生物处理装置。反应器内置竖向导流板,将反应器分隔成几个串联的反应室,每个反应室都是一个相对独立的上流式污泥床系统,其中的污泥以颗粒化形式或絮状形式存在。水流由导流板引导上下折流前进，逐个通过反应室内的污泥床层，进水中的底物与微生物充分接触而得以降解去除。当废水通过 ABR 时，要自下而上流动，在流动过程中与污泥多次接触，大大提高了反应器的容积利用率，可省去三相分离器。

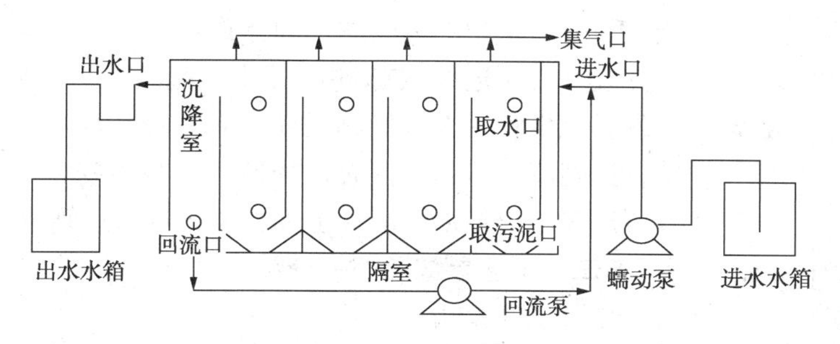


图 2-31　厌氧折流板反应器

（3）附着膜型消化器

附着膜型消化器的特征是，使微生物附着于安放在消化器内的惰性介质上，使消化器在允许原料中的液体和固体穿流而过的情况下，固定微生物于消化器内。典型的附着膜型消化器有：厌氧滤器、流化床和膨胀床等。

厌氧滤器(Anaerobic Filter，AF)(图 2-32)是在传统厌氧活性污泥法基础上发展起来的，适用于处理低浓度的污水，按水流的方向可分为升流式厌氧滤池和降流式厌氧滤池和升流式混合型。

反应器由五部分组成，即池底进水布水系统、滤料层之间的污泥层、生物填料、池面出水补水系统以及沼气收集系统。在 AF 中，厌氧污泥的保留在于两种方式完成，一是细菌在固定的填料表面形成生物膜；二是在反应器的空间内形成细菌聚集体。与其他新型厌氧生物反应器相比，厌氧生物滤池的特点是：生物固体浓度高，因此可获得较高的有机负荷；微生物固体停留时间长，可缩短水力停留时间，耐冲击负荷能力也较高；启动时间短，停止运行后再启动也较容易；产生剩余污泥量极少，无须污泥回流，无须剩余污泥处理设施，投资性高，运行管理方便；在处理水量和负荷有较大变化的情况下，其运行能保持较大的稳定性；经实际应用，在处理低浓度污水时，无须沼气处理系统。

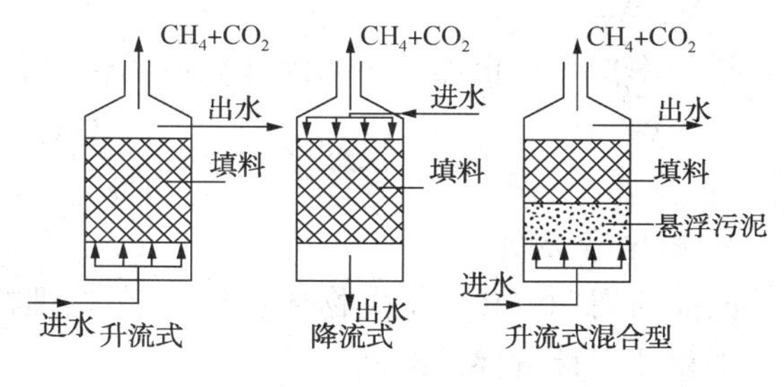


图 2-32　厌氧滤器

在 AF 中，水从反应器底部进入，经过池底布水系统均匀布置后，废水依次通过悬浮的污泥层和生物滤料层，有机物与污泥及生物膜上的微生物接触、固定，然后被消解。水再从池面的出水补水系统均匀排出，进入下一级处理器。

厌氧膨胀床与流化床反应器(Anaerobic Fluidized Bed Reactor，AFBR)(图 2-33)采用微粒状(如沙粒)作为微生物固定化的材料，厌氧微生物附着在其上形成生物膜。填料在较高的上升流速下处于流化状态，克服了厌氧滤池(AF)中易发生的堵塞，且能使厌氧污泥与废水充分混合，提高了处理效率。其特点是：包含细颗粒的填料，为微生物附着生长提供比较大的比表面积，使床内具有很高的微生物浓度，因此有机物容积负荷较高；HRT 小，耐冲击负荷能力强，运行稳定；并且载体处于膨胀状态，能防止载体堵塞；长时间停运后可快速

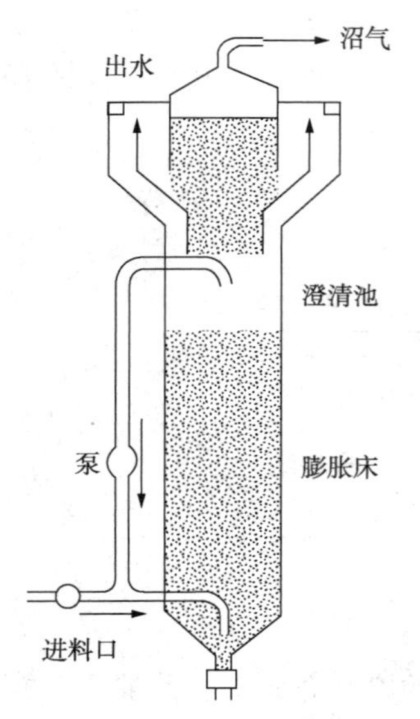

图 2-33　厌氧膨胀床与流化床反应器

启动；其中物料、温度分布均匀；能耗较大、设计成本高；支持介质可能流失，造成泵或其他设备的损坏；介质回收需要成本；不能接受高固体物含量的原料；初次启动需要时间长；可能需要分出水中的离介质和固体物。

废水用泵连续成脉冲由配水系统均匀进入反应区，与载体上的厌氧生物膜充分接触反应，同时增加反应程度、接触时间，填料达到流化状态，使有机物被厌氧微生物分解产生沼气。固、液、气三相形成混合液在上部分离，从而达到废水处理目的。

**（二）工艺参数及相关计算**

1. 水力滞留期

水力滞留期（HRT）是指待处理污水在反应器内的平均停留时间，也就是污水与生物反应器内微生物作用的平均反应时间。

$$HRT(\mathrm{d})=\frac{\text{消化器有效容积}(\mathrm{m}^3)}{\text{日进料量}(\mathrm{m}^3)} \tag{2-1}$$

在传统的活性污泥法中，水力停留时间很大程度上决定了污水的处理程度，因为它决定了污泥的停留时间；而在 MBR 法即膜生物反应器中，由于膜的分离作用，使得微生物被完全阻隔在了反应池内，实现了水力停留时间和污泥龄的完全分离。

2. 投配率

投配率指每日投加新鲜污泥体积占消化池有效容积的百分数。

$$\text{投配率}(\%)=\frac{\text{日进料量}(\mathrm{m}^3)}{\text{消化器有效容积}(\mathrm{m}^3)}\times100\% \tag{2-2}$$

3. 固体滞留期

固体滞留期（SRT）是生物体（污泥）在处理构筑物内的平均驻留时间，即污泥龄。固体物从消化器里被置换的时间。

$$SRT=\frac{TSSr(RV\times Dr)}{TSSe(EV\times De)} \tag{2-3}$$

式中　$TSSr$——消化器内总悬浮固体物的平均质量分数；

$TSSe$——消化器出水的总悬浮固体物的平均质量分数；

$RV$——反应器的有效容积；

$EV$——每天出水的体积；

$Dr$——消化器内消化液的密度；

$De$——出水的密度。

4. 微生物滞留期

微生物滞留期（MRT），微生物细胞从生成到被置换出消化器的时间。

5. 上升流速

上升流速又称表面流速或表面负荷，指反应器中向上流动的液流的流动速度。

$$u=\frac{Q}{A} \tag{2-4}$$

式中　$Q$——液流量；

$A$——反应器截面积。

6. 反应器中的污泥量

反应器中的污泥量通常以总的悬浮物(TSS)或挥发性悬浮物(VSS)的平均浓度来表示，其单位为 g/L。

$$VSS=TSS-\mathrm{Wash} \tag{2-5}$$

式中　Wash——灰分。

7. 反应器的有机负荷

反应器的有机负荷可用容积负荷[VLR，kg COD/(m³·d)]或污泥负荷(SLR，kg COD/kg TSS)来表示。

$$VLR=\frac{Q\rho_{\mathrm{w}}}{V} \tag{2-6}$$

$$SLR=\frac{Q\rho_{\mathrm{w}}}{V\rho_{\mathrm{s}}} \tag{2-7}$$

$$VLR=SLR\cdot\rho_{\mathrm{s}} \tag{2-8}$$

式中　$\rho_{\mathrm{w}}$——进料浓度，kg COD/m³；

$Q$——体积流量，m³/d；

$V$——反应器有效容积，m³；

$\rho_{\mathrm{s}}$——污泥浓度，kg TSS/m³。

8. 污泥体积指数

污泥体积指数(SVI)是表示污泥沉降性能的参数。测定：取 1000mL 污泥悬浮液，置于 1000mL 带刻度的锥形量筒中静止 30min，分层后，浊液层的体积为 $V$(mL)，质量为 $m$ (g TSS)，则

$$SVI=\frac{V}{m} \tag{2-9}$$

9. 污泥的比产甲烷活性

污泥的比产甲烷活性指单位质量污泥单位时间产生的甲烷，$CH_4$(mL)/(g VSS·d)。

10. 消化器有效容积

$$V_1=\frac{Qc_0\times HRT}{q\rho} \tag{2-10}$$

$$V_2=(8\%\sim10\%)V_1 \tag{2-11}$$

$$V=V_1+V_2 \tag{2-12}$$

式中　$V_1$——消化液体积(消化器有效容积)，m³；

$V_2$——储气容积，m³；

$V$——总体积，m³；

$Q$——每日进料量，kg/d；

$c_0$——原料中干物质含量，%；

$HRT$——水力滞留期，d；

$q$——消化液固体物含量,%;

$\rho$——消化液密度，$kg/m^3$。

11. 原料产气量估算

（1）禽畜粪便

$$G = Qc_0gv \tag{2-13}$$

式中 $G$——产气量，$m^3$;

$Q$——每日进料量，kg/d;

$g$——原料 TS 产气潜力，$m^3/kg$;

$v$——原料在某 HRT 内的产气率,%。

（2）工业废水

$$G = 0.6Q_{COD}c_i\alpha \tag{2-14}$$

式中 $G$——产气量，$m^3$;

$Q_{COD}$——每日进料 COD 总量，kg;

$c_i$——原料 COD 浓度，$kg/m^3$;

$\alpha$——消化器 COD 去除率,%(常规取 80%，UASB，AF 等取 90%)。

12. 保温设计

$$W = 24\lambda F\frac{T_2 - T_1}{\delta} \tag{2-15}$$

$$W = CQ(T_2 - T_3) \tag{2-16}$$

式中 $W$——传导热量，kJ;

$C$——料液比热容，kJ/(kg·℃);

$Q$——每日进料量，kg/d;

$T_3$——进料液温度,℃;

$T_2$——消化液温度,℃;

$T_1$——环境温度,℃;

$\lambda$——保温材料的导热率，kJ/(m·h·℃);

$F$——传热面积，$m^2$;

$\delta$——保温层厚度，m。

## 第四节　沼气产生过程优化

微生物厌氧代谢产气过程会受到多种参数的影响，如果要获得最佳发酵过程，必须对各种参数加以控制。在过去的几十年里，厌氧消化工艺在工业和农业部门的废物/废水处理和可再生能源生产方面都得到了较为全面的研究。常见的过程参数可分为三大类：物理因素、化学因素和生物因素，还可细分为：挥发性固体(VS)含量、生物(生化)需氧量(BOD)、化学需氧量(COD)、C/N 比、原料特性、厌氧微生物的生长和活动、微生物生长的温度值、pH 值、充足的养分供应(基质成分和 C/N 比)、混合强度、保留时间以及抑制剂的种类和数量等(图 2-34)。

## 一、物理因素

### （一）温度

温度是影响厌氧消化过程的一个重要参数。一般而言，厌氧消化过程可以在三个温度范围内进行：低温（10~20℃）、中温（35~40℃）和高温（55~70℃）。甲烷的生成对温度的快速变化很敏感，即使微小的变化也会导致微生物活性的大幅下降，嗜热产甲烷菌比嗜温产甲烷菌对温度更敏感，因此，温度应保持在精确的范围内（±2℃）。嗜中温产甲烷微生物的控温关键是维持在40~45℃，因为该温度条件下游离氨含量较低，降低了由氨引起的抑制作用。大多数产甲烷微生物属于中温微生物，少数是嗜热，极少数能适应低温（0.6~1.2℃）条件，例如，在永冻层的表面土壤证明有甲烷生成。此外，较低的温度可能与体系稍高的污染率相关，因为低温会引起挥发性脂肪酸（VFA）的积累和富含蛋白的胞外聚合物（EPS）的释放。

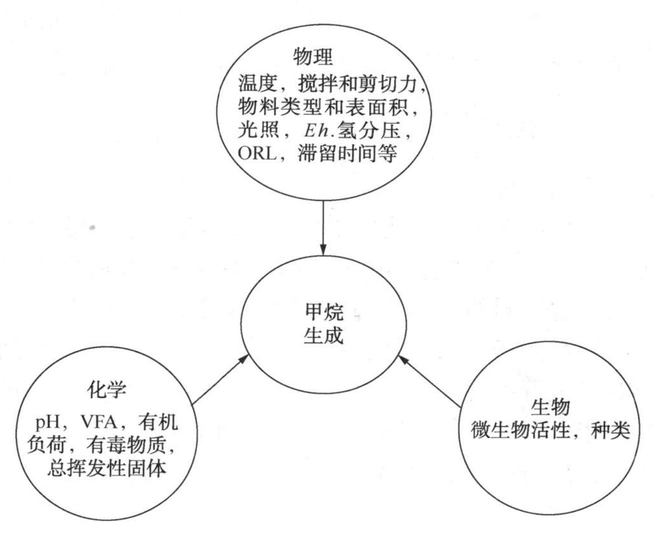


图 2-34　甲烷生成的影响因素

### （二）搅拌和剪切力

搅拌和由其引起的剪切是影响厌氧消化器传质的一个重要参数，该操作保证了基质和微生物之间的有效接触。此外，它还会影响厌氧消化反应过程中所涉及的微生物种群的形成、结构和代谢。无论采用哪种混合方式，混合方式和混合强度都直接影响沼气池的性能和产气量。应保持最佳搅拌强度，如果过高，所形成的高剪切力可能对微生物的存活造成严重威胁。

### （三）物料的表面积

厌氧消化物料的表面积通常与颗粒大小的平方成正比，表面积越大越有利于厌氧消化过程的进行，因此为了厌氧消化顺利进行，需要在发酵前对物料进行粉碎，增大物料表面积。如果物料中含有较少纤维素或木质素，它们就会很容易降解（降解率分别为95%和88%）。

### （四）光照

光照对甲烷生成物质不是致命的，但会严重抑制甲烷的生成，甲烷的形成应该在绝对黑暗的环境中进行。

### （五）氧化还原电位

生物反应器中必须维持在低氧化还原电位才能进行厌氧消化反应，如产甲烷的纯培养物的最优电位是-330~-300mV。为了维护体系较低的氧化还原电位，消化过程中需要添加少量氧化剂，如硫酸盐等。

### （六）氢分压

在产生和消耗 $H_2$ 的细菌之间需要有一定的空间共生关系。如果要发生生物反应，此反应必须是释能的。氢的浓度需要维持好平衡，一方面甲烷生成物质需要足够的氢气来生产甲烷，而另一方面，氢的分压也必须非常低，这样可以保证产乙酸细菌没有被过多的氢包围，从而抑制氢气形成。

**（七）液固滞留时间**

滞留时间实际上是进入厌氧消化器中物料完成消化所需要的时间，它与基质成分、微生物生长以及温度和有机底物上料率等一系列工艺参数直接相关。在调整滞留时间时应考虑的主要因素是基质的组成和消化温度。流体滞留时间(HRT)和固体滞留时间(SRT)是影响厌氧系统设计和过程控制的两个重要因素。

## 二、化学因素

**（一）pH**

微生物在厌氧消化器中生长时，其产气量在很大程度上依赖于 pH 值。厌氧消化过程中不同微生物群的最适 pH 值不同。由于 pH 直接显著的影响整个生物产气过程，不同的阶段可以控制不同的 pH 值。同时还需要注意的是体系 pH 值的急剧下降可能对沼气造成不可逆转的抑制。通过添加氢氧化钠来控制 pH 的方法也得到了广泛的研究，需要注意的是过量的钠离子也可以起到抑制甲烷生成过程的作用。pH 值的剧烈变化也会对一些反应器的设计和配置产生不利影响。鉴于此，推荐将酸化和甲烷生成在两个阶段分别进行。

**（二）挥发性脂肪酸**

挥发性脂肪酸(VFAs)是厌氧消化过程中水解和酸化过程中产生的重要中间体，由乙酸、丙酸、丁酸和戊酸等有机酸组成，用于甲烷生成的底物。VFAs 浓度是评价消化过程稳定性的指标，消化器环境条件的突然改变，可能会导致 VFAs 浓度增加和 pH 值降低，从而抑制甲烷生成。大量研究也表明，厌氧消化体系中有机大分子的快速生物降解是 VFA 积累和导致反应器失衡的主要原因。

**（三）总挥发性固体**

不同基质的水分和固体含量差异很大，所以分析这些参数对于确定稳定的有机加载速率、实现厌氧消化过程稳定以及连续的产气很重要。TS 代表样品中有机和无机总物质，有机物底物的 TS 和厌氧消化过程中的 TS 是选择系统类型和反应器设计的两个主要因素。废弃物的 TS 也会影响 AD 过程中微生物的活性。

**（四）有机负荷率**

有机负荷(OLR)是指每天被引入的消化器有机底物的数量，是消化器每天工作体积所含挥发性底物的量，它也是影响厌氧消化期间微生物种群、反应器性能和沼气形成的最重要参数之一。需要注意的是，OLR 应该根据底物的类型进行调整。在厌氧消化器的启动过程中，应缓慢增加 OLR，以确保有效的适应厌氧消化过程中涉及的微生物。OLR 还会对细菌群落的组成产生影响。反应器的时间条件也会影响其对有机负荷冲击的抵抗能力。

**（五）有毒物质**

有毒化合物的存在可能严重危害厌氧消化过程，导致大量的挥发性脂肪酸(VFAs)积累，这些有毒物质包括重金属、硫化物、氧气、氮氧化物等。重金属作为微量元素在低浓度下刺激细菌活性，在高浓度时可产生毒性作用。在厌氧条件下，硫酸盐还原菌(SRB)将硫还原为硫化物，硫化物对产甲烷菌有毒；另一方面，硫酸盐还原反应在热力学上比甲烷还原反应有利，会和产甲烷菌形成竞争性抑制。氧气对产甲烷菌的影响较为明显，因为其关键性酶 F420 对氧气很敏感，必须严格厌氧下才能具备活性，在封闭反应器中可以维持厌氧条件。

此外，在甲烷生成之前，硝酸盐在第一阶段进行反硝化，高浓度的硝酸盐会抑制底物转变成甲烷的过程。

### （六）碳氮比

营养物质对厌氧消化器内微生物的生长至关重要，而 C/N 比表示的是营养物质中有机物的组成。通过优化 C/N 比可以防止厌氧消化过程中出现的抑制等问题，同时也能保证微生物生长所需氮源。所以需要对体系的 C/N 进行实时监测和调控。如果营养底物 C/N 比高于或低于最优值，则体系的产甲烷率就会受到影响。厌氧消化的最佳 C/N 比一般在 20~30 之间，而 25 为最佳的经验值。

## 三、生物因素

从前面关于沼气的形成机理描述可知甲烷的形成需要四大类微生物种群协同作用才能完成，所以高活性水平的厌氧微生物群落是维持厌氧消化性能的必要因素，其群落组成的改变不仅会影响到产气率，也可以用来预测整个体系的最终产气情况。不同来源的微生物菌群由于其群落结构存在差异，对同一种底物的降解效率也会不同，同一种来源的微生物在降解不同底物时，其群落结构也会出现变化。

### （一）菌体调控方法

厌氧消化过程中当系统中的有机负荷增加时，脂肪酸的浓度会显著增加，脂肪酸的积累通常会导致甲烷产量的显著下降。当乙酸的浓度达到一定浓度值时，乙酸型产甲烷途径被抑制，产甲烷停止。当前的研究表明，向厌氧消化系统添加功能性微生物，可以修复由于中间代谢物或有毒物质在系统中积累而引起的系统故障。添加不同功能微生物对厌氧消化系统稳定性的影响是不同的。在高有机厌氧产甲烷反应器中添加厌氧产甲烷微生物可以有效地促进系统中溶解氧和脂肪酸需求的去除，修复被抑制的厌氧系统，提高甲烷产量，而不会影响体系中古菌的群落结构。

在厌氧消化过程中，不同类型养分的微生物的代谢途径的变化，以及它们之间的协同关系与发酵过程中菌群结构的演变会影响沼气发酵的稳定性和有效性。研究表明，在厌氧消化系统中添加甲烷菌，再加上与互营乙酸氧化菌耦合发展，可以缓解因体系乙酸累积而导致的产甲烷菌群和产甲烷作用被抑制的现象，提高反应器稳定性。

在典型条件下，作为厌氧消化过程中的典型中间产物，丙酸、丁酸和其他化合物的氧化与氢和甲酸的耦合需要高能量，并且反应无法自发进行。然而，当与产甲烷菌耦合时，该反应是可能的。因此，由于丙酸和丁酸不能被产甲烷菌直接降解，因此需要产氢产乙酸的细菌来转化丙酸、丁酸等为可以被产甲烷细菌直接使用的乙酸、甲酸和氢/二氧化碳。可以将丙酸、丁酸和其他高级脂肪酸转化为乙酸的微生物通常被称为 OHPA 细菌。在厌氧消化过程中，OHPA 细菌产生的乙酸和氢气占总产甲烷菌基质的 54%。

### （二）功能基因的表达

厌氧过程的初始研究中使用的分子生物学技术是基于对 16SrRNA 基因序列的比较分析，该序列在微生物生态学中得到了广泛应用，从而发现了许多新的和未被培养的微生物。但是近年来，研究人员发现基于 rRNA 的分子技术并未密切监测厌氧反应器中相关酶的催化作用，因为这种酶可能存在于许多相关的微生物中。微生物代谢过程中编码碱性酶的功能基因的分析已成为人类了解微生物化学活性的新兴研究方向。这种方法有助于我们了解厌氧发酵中对反应过程变化更敏感的点。逆转录 mRNA 后，荧光定量 PCR 可用于定量编码功能基因的转录产物。尽管由于后转录调控的存在，mRNA 转录的水平可能无法完全表征酶的活性，但是在某些条件下，荧光定量测定仍然可以提供可靠的基因表达信息。因此，该方法在厌氧发酵环境中应用，可以准确定量感兴趣的靶基因。

当前存在三种甲烷生物合成的方法最终都形成甲基辅酶 M。甲基辅酶 M 在甲基辅酶 M 还原酶(MCR)的催化下最终形成甲烷。这种酶仅存在于甲烷细菌中。所有已知的产甲烷生物都表达这种甲基辅酶 M 还原酶(MCR)，该酶催化生物甲烷生产过程的最后阶段。现在，人们普遍认为 MCR 可以具体指示产甲烷过程。所有产甲烷古菌都编码至少一个 *mcr*A 操纵子副本。*mcr*A 全酶由两个 $\alpha$(*mcr*A)、$\beta$(*mcr*B)、$\gamma$(*mcr*G)亚基组成，它催化分别来自甲基辅酶 M 和甲基辅酶 B 之间的非均相二硫化物的形成，以及随后甲烷的释放过程。该酶催化活性区的功能限制使 MCR 氨基酸序列高度保守。使用这种保守的一级结构设计 PCR 简并引物可以从各种环境样品中复制 *mcr*A 片段。所得的 *mcr*A 序列数据可以创建产甲烷菌数据库。MCR 有两种形式，MCRI 和 MCRII，其中 MCRI 复合体的 $\alpha$ 亚基由 *mcr*A 基因编码。该基因被用作使用 PCR 技术检测产甲烷菌的有效且稳定的方法。在所有已知的产甲烷菌中，MCR 参与 $CH_4$ 合成的最后阶段，在该阶段甲烷形成过程中催化与辅酶 M 相连的甲基的还原。此外，甲烷菌和甲烷球菌还携带相应的 *mrt*A 基因，该基因编码 MCR 同工酶 MCRII。*mcr*A 作为指示基因的一个重要优点是，其在产甲烷菌中的系统发育与 16SrRNA 一致。

**（三）硫酸盐还原和产甲烷菌之间协调作用**

厌氧工艺在处理和回收高强度工业废物流中的生物能源方面正变得越来越流行。但是，某些工业废水不宜进行厌氧处理，例如纸浆和造纸、糖蜜发酵、海鲜加工、马铃薯淀粉，制革厂，食用油精炼厂，制药和石化产品以及酒厂的废水。这些废物流中含有较高浓度的硫酸盐和/或硫化物。现有的硫化物，以及通过还原硫酸盐而产生的硫化物，对产甲烷菌是有毒的，由于硫化物毒性而引起的甲烷生成的失败通常会导致工艺失败。硫化氢还会产生令人讨厌的气味，引起腐蚀，对人体有毒。

当厌氧消化系统中存在硫酸盐时，硫酸盐还原菌也将参与厌氧发酵过程。一方面，硫酸盐还原菌可以直接使用产甲烷前体乙酸和 $H_2/CO_2$ 作为电子供体，将硫酸盐还原为硫化物；另一方面，硫酸盐还原菌也可以在有机发酵过程中使用中间产物，例如丙酸，低级酸和乙醇来还原硫酸盐，并产生乙酸和硫化物。此外，研究发现硫酸盐还原菌也可以直接使用糖类作为电子供体来还原硫酸盐。因此，一定量硫酸盐还原菌的存在有利于厌氧系统，并且可以促进中间发酵产物向乙酸的转化。硫酸盐还原菌可通过直接利用氨或物种间的氨迁移过程来改善丙酸的降解。这对于厌氧消化系统非常重要的，因为在不稳定的厌氧反应器中，很可能会发生丙酸累积。因此，研究发现，通过向丙酸蓄积的厌氧反应器中添加较低浓度的硫酸盐，可以促进丙酸向已酸的转化，从而提高反应器产甲烷效率。

# 第五节　沼气利用

随着沼气事业的不断发展，人们对于沼气这种清洁能源的重视程度也在不断提高，目前对沼气的利用途径也是多种多样的，主要集中在以下几个方面：通过燃烧产生的热量用于小型城镇或园区的供热；作为热电联产机组的燃料同时生产电和热；用作工业领域的热、电、蒸汽生产及制冷；通过提纯用于交通领域机动车燃料或混合进入天然气管网替代天然气；用于化工生产；作为燃料电池燃料；以及沼液和残渣的综合利用等。

## 一、沼气的前处理及提纯

沼气主要是通过农林废弃物、能源作物、城市污泥、有机垃圾、禽畜粪便等有机生物质厌氧发酵产生的一种混合气体，其组成不仅取决于发酵原料的种类及其相对含量，而且随发酵条件及发酵阶段的不同而变化。当沼气厌氧反应器处于正常稳定发酵阶段时，未经处理沼气的组成大致为：甲烷($CH_4$)50%～60%、二氧化碳($CO_2$)40%～50%以及其他微量杂质，如水和硫化氢($H_2S$)。除此之外，沼气中还含有氮气($N_2$)0～2%，少量的氧气($O_2$)、氨气($NH_3$)以及少于1%的氢气($H_2$)等其他组分。沼气的组分是沼气质量和经济价值的关键因素，并且其组分中的部分杂质会降低沼气的能量密度和热值并引起额外的环境污染问题，不同的利用方式对于沼气的组分都有一定的要求。因此，通过提纯工艺去除沼气中的$CO_2$、$H_2S$和水蒸气等是沼气利用前的必要步骤。

目前沼气提纯工艺主要有变压吸附法(PSA)、水洗法、化学吸收法、膜分离法、低温分离法等，在目前世界范围内工艺较为成熟、应用相对较多的方法是变压吸附法(PSA)、化学吸收法(胺法净化)、膜分离法。

变压吸附法(PSA)是在加压条件下，利用沼气中的$CH_4$、$CO_2$以及$N_2$在吸附剂表面被吸附的能力不同而实现分离气体成分的一种方法。组分的吸附量受压力及温度的影响，对气体来源的要求非常严格，$H_2S$的存在会导致吸附剂永久性中毒，并且变压吸附要求气体干燥，所以变压吸附前要先脱除$H_2S$和$H_2$。变压吸附法是最为常用的一种提纯工艺，可将沼气中甲烷纯度提高到97%。

化学吸收法是利用二氧化碳和吸收液之间的化学反应将二氧化碳从沼气中分离出来的方法。二氧化碳气体在常温常压的情况下极易溶于化学吸收液(贫液)中形成富液，富液在高温的情况下，二氧化碳气体又很容易被解吸出来，从而实现二氧化碳气体的分离，达到沼气净化的目的。通过该法进行的沼气净化提纯具有甲烷气体纯度高、甲烷气体损失率小等特点。

膜分离法是新兴的一种分离方法，主要是利用沼气中各气体组分在通过高分子聚合物分离膜时的溶解扩散速率不同，因而在膜两侧分压差的作用下导致其渗透通过纤维膜壁的速率不同而分离沼气中的二氧化碳，从而得到高纯度的甲烷。这种方法操作简便，能耗低，是目前主要研究的分离方法。

## 二、小规模地区供热

在一些发展中国家的农村地区，他们无法负担起化石燃料的费用，所以人们会利用一些传统的自然资源例如干柴、牛粪、煤等进行做饭和取暖等，这也造成了生态环境的破坏，造成大气污染，形成不可持续发展的局面。而小型沼气池的出现就可以很好地解决这类问题。与其他可燃气体相比，沼气具有抗爆性良好和燃烧产物清洁等特点。目前，沼气主要应用在发电、供热和炊事方面，最直接的利用方式就是这种作为气体燃料通过燃烧产生热量及一定参数的蒸汽以实现热能利用。传统的天然气燃烧装置可通过改变空气系数适于沼气燃烧，燃烧器对沼气质量和气体压力的要求相对较低，同时$H_2S$只需维持在100ppm($1ppm=10^{-6}$)以保证150℃的露点温度即可。

## 三、沼气热电联产

热电联产是沼气利用的最主要形式(图2-35)，热电联产机组在产生电力的同时也会并联产生热能。沼气可以作为热电联产机组的燃料，先通过燃烧驱动沼气发电机组发电，并充分将发电机组的余热再用于沼气生产，这样不仅解决了沼气工程中的环境问题、消耗了废弃原料、减少了温室气体的排放，还产生了巨大的经济效益，符合循环利用的环保理念。但是所面临的问题就是需要对沼气进行净化，以满足设备的要求，经过净化处理的沼气将会是一种良好的经济型燃料。鉴于热电联产可以实现能量的梯级利用，综合热效率比只发电或只供热都要高，沼气作为其燃料的利用方式占比较高，并且在内燃机、燃气轮机、微型燃气轮机、斯特灵发动机发电上均可应用，目前使用较为普遍的是小型内燃机热电联产。另一方面，纯化度更高的沼气也可以制作燃料电池，与传统的氢型燃料电池相比，更加节能、高效。

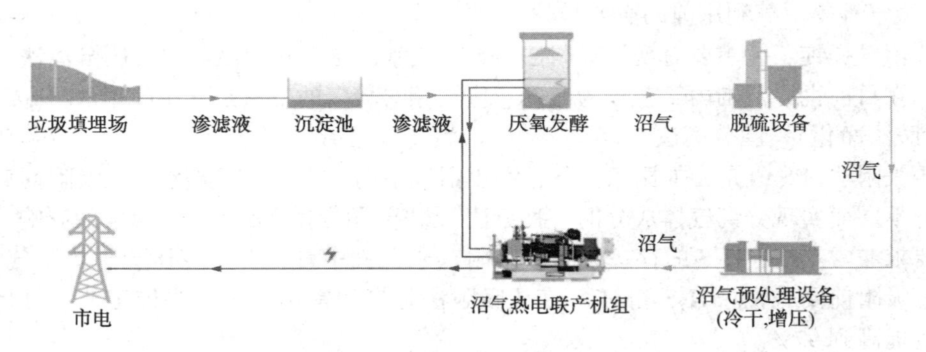


图 2-35　沼气热电联产机组流程图

除了传统的热电联产利用之外，还有沼气与太阳能综合利用的热电冷三联供系统。太阳能首先通过沼气蒸汽重整的化学反应转化为合成气的化学能，而后结合传统热电冷三联供子系统进行热、电、冷的联合生产。该系统中的太阳能和沼气的综合利用可提升年发电量 8.7%，年制冷量提升 2.57%，同时减少 8.66%的年天然气耗量。此外，该系统中的直接二氧化碳比传统系统降低 8.2%。

## 四、沼气替代天然气

沼气热电联产由于热负荷不足等因素经常会发生低效运行的情况，考虑到提纯后的沼气在组分上与天然气接近，因此近年来许多公共服务和工业领域都在探索将沼气作为天然气的替代燃料。沼气制备工艺可以显著提高沼气质量并提升其热值，并最终将其甲烷化形成生物甲烷气。生物甲烷气灵活性强、易于存储，已纯化至天然气规格，一般可以在任何使用天然气的设备中使用，所以生物甲烷气可并入当地天然气管网、转化为压缩生物天然气用于机动车燃料(CNG)、液化形成生物液化气等。在将生物甲烷气注入天然气管道过程中，需要计算总热值和沃泊指数(Wobbe Index)，使其符合天然气输配网络标准，避免意外事故的发生。

生物甲烷气并入天然气管网的优势在于可实现大规模气体到终端用户的低成本运输，而不受限于当地需求量的变化。但不同地区对于当地天然气管网进入门槛有不同的法规条例约束，且不同管网类型及管网运营商对并入的生物甲烷气的质量及其监控方法均有不同的要求。一般来讲，此种应用方式在不同国家和地区均需要在设备、产气灵活性以及整个工艺流程的工程质量等方面达到不同的具体要求。

## 五、机动车燃料

沼气提纯后再压缩为可利用的生物压缩天然气的技术已经逐渐成熟，甲烷含量大于等于97%的沼气可在 20~25MPa 下压缩为生物压缩天然气。现在的天然气汽车市场已经逐渐成熟，同样可以作为机动车燃料的生物压缩天然气在发动机表现、耗气量和效率上均具有与压缩天然气相同的特性和品质。科学家对比研究了燃用上述两种燃料的机动车在燃料经济性和排放上的表现，结论显示生物压缩天然气具有相同经济性的同时实现了更少的二氧化碳排放。所以，生物压缩天然气在以后的发展中很有可能替代传统的压缩天然气，作为一种更加环保的新型汽车燃料。

## 六、沼液和沼渣的综合利用

沼气的生产过程中，多种有机质经过厌氧发酵后会产生残留固体和液体，根据固体含量的多少可以分为沼渣和沼液。沼气的生产会产生大量的沼渣及沼液若对其进行合理的加工处理和利用，便会变废为宝，对农业发展产生巨大作用。由于沼气的残留物中含有铁、锰、铜、锌和钙等多种微量元素，并含有较多的氨基酸和水解酶，水溶性养分易被植物吸收，所以它们可以作为一种优质高效的作物肥料。一般沼液的肥效是普通化学合成肥料的十倍以上，并且使用较多的沼液，也不会像普通的化学肥料一样出现烧苗的现象。沼液和沼渣中不含有病原体和其他有害化学物质，可以有效降低农作物的病虫害发生率，对于土壤的改善、农产品产量和品质的提高都会产生无法替代的作用。

### （一）对于沼液的综合利用

沼液是沼气发酵后的残留液体，其总固体含量一般少于1%。与沼渣相比，养分的含量虽然不高，但是由于长期的浸泡，微量元素和氨基酸等多种营养物质都进入沼液当中，提高了其速效养分的含量，使其有一定的速效性，更便于植物和土壤的吸收利用。目前而言，我们对于沼液的综合利用相对成熟，主要用于施肥处理、浸种、生物防治等方面。

#### 1. 沼液的肥用

作为农作物的肥料而言，沼液可以不用进行太多的加工处理，可以直接利用或稀释之后再利用，主要的施肥方式可以分为叶面喷施和根部追肥两种。

叶面喷施是一种直接喷洒沼液的最常使用的施肥方式，需要先把沼液进行一天的好氧处理，稀释一定浓度，避免浓度过高进而导致农作物密度过密，减少产量，也要把控好喷施的时期，不同时期的农作物所用的沼液条件也不尽相同。目前而言，叶面喷施的方法已经广泛应用于瓜果蔬菜和粮食作物的耕种上，并取得了良好的成果。

沼液的根部施肥的方法一般用于果树和一些蔬菜作物当中，主要是在靠近农作物根部的地方进行挖沟处理等，主要方式有沼液灌溉，沼液穴储，沼液与无机肥配施，沼液与秸秆配施，无土栽培营养液等，需要稀释沼液后再进行灌溉。沼液的水溶性养分较多，可以让农作物快速的吸收，从而提高农作物的产量和品质。

#### 2. 沼液浸种

沼液当中还含有种子萌发和生长发育所需要的多种营养物质，所以在播种之前将种子浸泡在沼液当中，过一段时间再进行播种，相对于清水浸种而言，发芽率会有明显的提升。沼液浸种也会明显提高种子的抗冻性和抗病、抗虫性，促进种子的生长。不同的农作物也有不同的浸泡时间和浓度，一般而言，沼液浸种之后需要再清水洗净晾晒后再进行播种。

#### 3. 防治虫害

在农作物生长的过程中，会遭受较多病虫的毒害，而如果喷洒农药进行灭虫处理，会使得一部分农药残留在农作物上，吃进人体后难免会造成一定的伤害。在当今这个倡导绿色和健康的社会中，沼液作为一种无公害、天然、营养的肥料，同时也可以当作一种“农药”来防治虫害。因为沼液的氧化还原电位相对较低，与一些害虫会产生生理夺氧等反应，从而杀灭害虫。同时沼液当中还含有一些抗菌素，沼液当中的一些微生物菌种会通过拮抗等生物作用对一些有害病菌进行防治，对多种病原菌都有很好的抑制作用。

4. 饲料添加剂

沼液可以当作多种腐食动物的营养饲料添加剂，有机生物质通过微生物的分解作用将粗蛋白、粗纤维和脂肪分解为氨基酸和葡萄糖，它们都溶于沼液当中。当需要取产气 1 个月以上的沼气池中的沼液当作饲料添加剂使用时，把沼液搅拌过滤后再添加进普通饲料，用于喂食腐食动物，不但增加了营养物质，还具有防病和杀虫的功效。同时沼液也可以在放置一段时间后直接投放入鱼塘当中，繁殖鱼塘当中的浮游生物，为鱼虾增加饵料。

**（二）对于沼渣的综合利用**

沼渣是指沼气发酵后残留后的底层渣质，主要含有未分解的原料和新生的微生物菌体，固体含量一般在 20%以下，含有较多的沼液。相对于沼液而言，沼渣含有更多更全面的营养物质和有机物质，在对其综合利用的过程中兼备了沼液的功能，同时也具有沼液所不能具备的作用，具有速效和迟效两方面功能，速效性基本与沼液相同，与沼液不同的是，沼渣可以用作基肥、改良土壤、制作培养料等，也有用固体成分制造纤维板或复合材料。

1. 用作基肥

沼渣还有较多的 30%~50%的有机质，10%~20%的腐殖酸，氮、磷、钾含量都相对较高，可以直接喷洒在田面作为基肥使用，但每公顷的用量不能超过 45000kg，不光可以增加田土的营养成分，其中未分解的原料可以在田土中继续发酵，提高供肥的持久性，为农作物提供更好的营养环境。

2. 改良土壤

沼渣可以作为土壤的改良剂使用，其中的腐殖酸等有机质可以促进土壤团粒的形成，进而使土壤变得疏松多孔。另外，沼渣中的活性微生物可以提升土壤的理化性质，土壤的总体肥力和碳存储量都有明显的提升。对于一些花卉等的盆栽养殖，普通的泥土营养条件不够充足，添加沼渣的泥土可以作为营养土。

3. 饲料和培养料

沼渣的营养物质丰富，并且相对于沼液，其固体总量较高，又因为其是厌氧发酵产生，所含有害菌种较少，所以沼渣可以作为饲料和培养料使用。应用最为广泛的是结合稻草等作为种植蘑菇的培养料和作为养殖马匹的饲料，一般选用在沼气池中 3 个月以上的沼渣。同时，沼渣也可以用于养殖蚯蚓，用于培养灵芝等食用菌。

# 第三章　生物制氢及其应用

氢被认为是目前最有吸引力的替代能源之一：氢是宇宙间最简单同时也是最为丰富的元素，它的热值高达 122kJ/g；氢通过燃烧释放能量后只生成水，而不产生具有温室效应的 $CO_2$以及其他的有毒气体；氢还能够比较容易地储存在一些特殊的金属间化合物或纳米非金属材料中，并能快速释放，因此在运输和使用上比较方便；氢可以通过很多方法进行人工制备。因此，氢是一种高效、洁净的可再生能源。此外，氢除了作为优异的能源外，它还是一种工业上必不可少的原材料。

除了常规的以水为原料制氢，还可以通过生物质为原料制氢。生物质制氢实际上又分为化学法与生物法：

① 生物质化学制氢以生物质为原料，采用化学方法将其转为氢气。相比较生物质生物制氢，在技术成熟度、反应速度上，可规模化应用上都较好，生物质化学制氢较容易实现大范围的应用。

② 生物质生物制氢是指微生物通过自身的代谢作用将有机物或水转化为氢气的过程。生物制氢作为生物自身新陈代谢的结果，生成氢气的反应可以在常温、常压下进行，这种制氢方式不仅环境友好，还可以利用大量取之不尽的再生资源，因此具有广阔的应用前景。

## 第一节　化学法制氢

化学法制氢是通过热化学处理，将生物质转化为富氢可燃气，然后通过分离得到纯氢的方法。该方法可由生物质直接制氢，也可以由生物质解聚的中间产物（如甲醇、乙醇）进行制氢。化学法又分为气化制氢、热解重整法制氢、超临界水转化法制氢以及其他化学转化制氢方法。

### 一、气化制氢

#### （一）气化制氢的基本原理

气化制氢是以生物质（木屑、稻壳、秸秆等）为原料，在气化炉（固定床、流化床、气流床等）内，高温下通过气化介质（空气、氧气、水蒸气等）与生物质进行反应，使其转化为富氢燃气的过程。生物质气化制氢温度一般为 800～1000℃，该温度下生物质可以完全转化为氢气和 CO（理想状态），但实际状态下还生成了 $CO_2$、$CH_4$和其他碳氢化合物。生物质气化制氢的主要影响因素为气化温度、停留时间、压力、催化剂、物料特性等。此外，该技术存在焦油难控的问题。目前生物质气化制氢需要借助催化剂来加速中低温反应。气化制氢流程如图 3-1 所示。

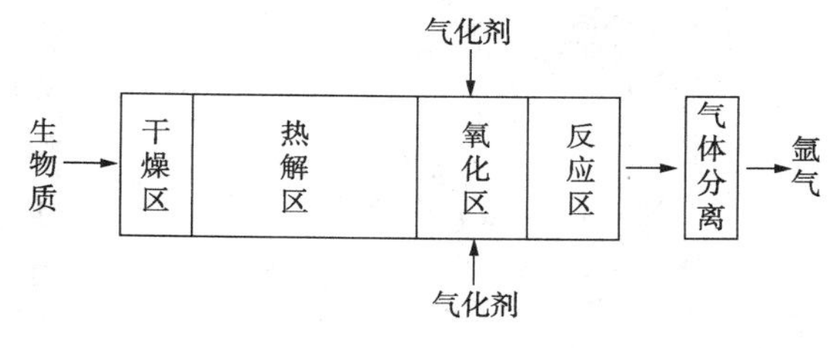

图 3-1　气化制氢流程

生物质进入气化炉受热干燥，蒸发出水分（100～200℃）。随着温度升高，物料开始分解并产生烃类气体。随后，焦炭和热解产物与通入的气化剂发生氧化反应。随着温度进一步升高(800~1000℃)，体系中氧气耗尽，产物开始被还原，主要包括鲍多尔德反应、水煤气反应、甲烷化反应等。生物质的气化剂主要有空气、水蒸气、氧气以及它们的混合气等。以氧气为气化剂时产氢量高，但制备纯氧能耗大；空气作为气化剂时虽然成本低，但存在大量难分离的氮气。在其他条件相同，采用白云石作催化剂时，以水蒸气或水蒸气、纯氧的混合气作为气化介质与以空气作为气化介质相比，前者在气化过程中产生的焦油更容易裂解。适量的水蒸气的加入可以使燃气质量提高，当水蒸气加入过量时，燃气质量开始下降。表 3-1 为不同气化剂对生物质制氢性能的影响。

**表 3-1　不同气化剂对生物质制氢性能的影响**

| 气化剂 | 产气热值/($MJ/m^3$) | 总气体得率/($kg/m^3$) | 氢气含量/% | 成本等级 |
|---|---|---|---|---|
| 水蒸气 | 12.2~13.8 | 1.30~1.60 | 38.0~56.0 | 中 |
| 空气与水蒸气混合气体 | 10.3~13.5 | 0.86~1.14 | 13.8~31.7 | 高 |
| 空气 | 3.7~8.4 | 1.24~2.45 | 5.0~16.3 | 低 |

在实验的其他参数不变的情况下，产气率随着温度的升高而增加。温度越高，反应速度加快，有利于后续的吸热反应继续进行，相应地产氢率就随着温度的升高而增加。但是从经济角度考虑，生物质气化不适合使用较高的温度，一般以 800℃为宜。

空气当量比(ER)不是独立的变量，它与运行温度相互联系，高的 ER 对应高的气化温度。在实验过程中，ER 有一个最佳值，此时产气率和产氢率都最大。

### (二) 气化制氢的反应器

该技术的核心是生物质的气化反应器，又分为固定床、流化床和气化床。固定床就是床层基本不动或者说缓慢向下移动。流化床相对固定床来说，气化剂流速更快，将床层吹起，不断上下浮动，像水沸腾一样。气化床气流速度更快，原料被喷头雾化，在被气化的过程中随气体一起流动，因此称气流床。生产能力更大，气化效率高，目前大多采用气流床。其结构的范例见图 3-2。

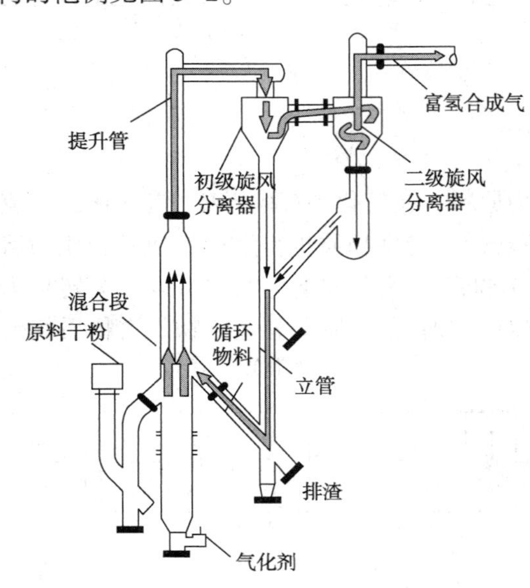

图 3-2　气流床结构图例

气化剂(空气、氧气、水蒸气或混合物)自混合段下部进入气化反应器。原料干粉(煤、生物质或其他含碳能源)通过气力输送系统送入气化反应器。原料在提升管中被高温的循环物料迅速加热、脱水、发生裂解和气化反应。离开提升管后，含灰和残碳的炉料及合成气进入初级旋风分离器，大部分固体组分与合成气在初级旋风分离器中分离，大颗粒固体进入立管。在二级旋风分离器中，较小的颗粒与气体分离，得到富氢合成气送入后续工段，较小的颗粒进入立管。立管中的部分固体排出，其余作为循环物料返回混合段。该气流床具有以下特点：

(1) 可处理高水分、高灰分、较大颗粒的含碳原料。

（2）能量转化效率高。具有气固混合良好、传热传质良好的特点。对合成气的余热采用废气流程回收。该气化技术采用干法排灰，无黑水，无须水冷。通过高效的飞灰处理装置收集合成气携带的飞灰颗粒，可有效降低下游合成气净化环节的各类公用工程消耗。

（3）操作可靠。使用特殊气力输送系统进料，取代常规喷嘴或烧嘴，因而无须频繁维护。

## 二、热解重整法制氢

### （一）生物质热解原理

生物质在隔绝氧气或只通入少量空气的条件下，受热分解的过程称为热解。热解与气化的区别在于是否加入气化剂。热解制氢经历两个步骤：①生物质热解得到气、液、固三相产物，其中气态产物包括 $H_2$、CO、$CO_2$、$CH_4$和其他气态烃，液态产物包括焦油和一些水溶性产物如醇、丙酮和乙酸等，固相成分主要是焦炭，另外还有一些惰性成分如灰分等。其中，气体中还含有和其他碳氢化合物。②利用热解产生的气体或生物油重整制氢。

根据热解温度的不同可以划分为低温慢速热解（$<500℃$），产物以木炭为主，而不用来生产氢气；中温快速热解（500~650℃），产物以生物油为主；高温闪速热解（700~1100℃），产物以可燃气体为主。生物质热解制氢是一个非常复杂的热化学转化过程，主要发生如下五步反应，这些反应易受到热解温度、压力、反应时间、催化剂等诸多因素的影响。

$$\text{生物质} \xrightarrow{\text{热能}} H_2+CO+CO_2+CH_4+C_nH_m+H_2O(g)+\text{焦炭}+\text{焦油}+\text{有机化合物}$$

$$C+2H_2O(g) \longrightarrow 2CO_2+2H_2$$

$$C+CO_2 \longrightarrow 2CO$$

$$\text{焦炭} \longrightarrow H_2+CO+CO_2+CH_4+C_nH_m$$

$$C_nH_m+2nH_2O(g) \longrightarrow \left(2n+\frac{m}{2}\right)H_2+nCO_2$$

常压下随着升温速率的升高，热解反应的起始温度降低，反应结束的温度降低，而且反应变得更激烈、更容易，反应时间变短。但随着压力提高，生物质的活化能减小，且减小的趋势减缓。加压和常压相比，加压下生物质的热解反应速率有明显的提高，反应更激烈，即在加压条件下，生物质热解有更好的经济性。

升温速率越快，温度滞后越严重，热重曲线和差热曲线的分辨力就会越低。升温速率增大会使样品分解温度明显升高，如果升温太快，会使试样来不及达到平衡，导致反应各阶段分不开。而且样品在升温过程中，往往会有吸热或放热现象，这样使温度偏离线性程序升温，从而改变了热重曲线位置，影响热解的分析结果。

### （二）重整技术及原理

蒸气重整技术是将热解后的生物质残炭移出系统，再对热解产物进行二次高温处理，在催化剂和水蒸气的共同作用下将相对分子质量较大的重烃裂解为氢气、甲烷等，增加气体中的氢气含量。再对二次裂解的气体进行催化，将其中的一氧化碳和甲烷转换为氢气；最后采用变压吸附或膜分离技术得到高纯度氢气。

水相重整是利用催化剂将热解产物在液相中转化为氢气、一氧化碳以及烷烃的过程。与蒸汽重整相比水相重整具有以下优点：①反应温度和压力易达到，适合水煤气反应的进行，且可避免碳水化合物的分解及碳化；②产物中一氧化碳体积分数低，适合做燃料电池；③不需要气化水和碳水化合物，避免能量高消耗。

自热重整是在蒸汽重整的基础上向反应体系中通入适量氧气，用来氧化吸附在催化剂表面的半焦前驱物，避免积炭结焦。可通过调整氧气与物料的配比来调节系统热量，实现无外部热量供给的自热体系。自热重整实现了放热反应和吸热反应的耦合，与蒸汽重整相比降低了能耗。目前自热重整主要集中在甲醇、乙醇和甲烷制氢中，类似的还有蒸汽二氧化碳混合重整、吸附增强重整等。

化学链重整是用金属氧化物作为氧载体代替传统过程所需的水蒸气或纯氧，将燃料直接转化为高纯度的合成气或者二氧化碳和水，被还原的金属氧化物则与水蒸气再生并直接产生氢气，实现了氢气的原位分离，是一种绿色高效的新型制氢过程。

光催化重整是利用催化剂和光照对生物质进行重整获得氢气的过程。无氧条件下光催化重整制取的氢气中，除混有少量惰性气体外无其他需要分离的气体，有望直接用作气体燃料。但该方法制氢效果欠佳，如何改进催化剂活性、提高氢气得率还有待进一步研究。

## 三、超临界水转化法制氢

当温度处于374.2℃、压力在22.1MPa以上时，水具备液态时的分子间距，同时又会像气态时分子运动剧烈，成为兼具液体溶解力与气体扩散力的新状态，称为超临界水流体。超临界水转化法是利用在超临界状态下生物质、催化剂和水在反应装置中反应得到含氢的混合气体，生物质在反应装置中进行相应的热化学反应。在装置中加入适合的催化剂可以相应提高并加快反应速率，并且提高氢的产率。

超临界水具有独特的物理化学性质，占总反应容积的85%~90%以上，在本反应中水是多用途的，不仅是溶剂，还是重要的反应物，条件合适时，有时还可以当作催化剂。它对生物质热解气化有巨大影响，还对催化剂的稳定性和催化过程有影响。在超临界的条件下，水经历了物理性质的重大变化，如介电常数、导热系数、离子积和黏度的降低，而密度只是缓慢地增加了很少。因此，超临界水作为一种高扩散率和高输运性质的非极性溶剂，能够溶解任何有机化合物和有机气体，能够与生物质反应产出氢。在这种没有界面传输性质的水、有机物混合物中，能够达到高效率的化学反应。于是，在最优条件下，生物质转化率很高(超过99%)，产气中氢气的浓度也很高(高达50%)，且反应中不生成焦油等副产品。

与传统方法相比，超临界水作为一种均匀介质能够降低异相反应中传质阻力的影响；高固体转化率，也就是少量的有机化合物和少量的固体残留，当要考虑连续反应器中残留的焦炭和焦油的影响时，这一点具有决定性的影响；再者，能够根据操作条件在热力学平衡条件下产氢，这意味着更高的转化率和气相中更高氢浓度；此外，氢直接在高压下产生，这意味着更小的反应器容积和更低的能量用来压缩气体以存储。优点可归纳为：

① 湿生物质无须干燥就可进料，因此，不用耗费能量干燥生物质；

② 在高压下产生氢气等可燃物，无须再耗费能量压缩产气；

③ 可能达到$CO_2$分离的目的，因为$CO_2$在高压高温下比$CH_4$和$H_2$更易溶于水；

④ 当生物质给料中含有碱性盐时得到的气相的CO的浓度比较低，$H_2$浓度较高，通常快速生长的生物质有足够高的灰分(含碱性盐)。

以碳水化合物为主的生物质原料在超临界水中催化气化可能进行的主要化学反应为

蒸汽重整：
$$CH_xO_y+(1-y)H_2O \longrightarrow CO+\left(\frac{x}{2}+1-y\right)H_2$$

甲烷化：$CO+3H_2 \longrightarrow CH_4+H_2O$

水汽转化：$CO+H_2O \longrightarrow CO_2+H_2$

超临界水中天然生物质气化的产氢机理是非常复杂的，不能简单地概述。热解、水解、蒸汽重整、水气转换、甲烷化和其他一些反应在气化反应中都有作用。此外，尽管生物质在这种特定介质中的活性要比常压蒸汽中要高，实际情况中并不是所有的生物质都会与超临界水反应。

不同的生物质由不同含量的纤维素、淀粉和葡萄糖及其他物质组成，所以不同生物质有不同的气化特性。纤维素相对于淀粉和葡萄糖有较高的焦炭、一氧化碳、碳氢化合物产率，而葡萄糖有最高的氢产率。木薯生物质废料的焦炭产率与淀粉相似，而氢产率则较低。

生物质超临界水气化不受压力的影响，但受温度影响却很剧烈。在 973K 几乎可以达到完全的转化率，而在 773K 时气体产率几乎变为 0。产气组分也随着温度的变化而变化，较高的温度能得到较高的氢气产率，温度在 773～823K 时能生成丙烷和丁烷；温度高于 873K 时，碳氢化合物如丙烷和丁烷重整为氢气和一氧化碳或者裂解为甲烷和乙烷。产气中的 CO 随温度的升高而减少；当温度高于 873K 时 CO 的含量降到小于 1%。气相 CO 的减少与氢气的增加可以解释为尽管热力学平衡在较高的温度下提升了 CO 生成量，然而水气转换反应速率随温度的升高变得更快。停留时间的增加能提升气体产率到一定值(与温度有关)，当停留时间比此时的值高时，气体产率不再增加。压力在 22～40MPa 间变化时对气体产物和碳转化率没有显著影响，而在 375～650℃ 和 5～120s 间温度越高、停留时间越长，气体产量、总的碳转化率和能量效率就越高。

### 四、其他化学转化制氢方法

微波热解可用于生物质制氢。在微波作用下，分子运动由原来的杂乱状态变成有序的高频振动，分子动能转变为热能，达到均匀加热的目的。微波能整体穿透有机物，使能量迅速扩散。微波对不同介质表现出不同的升温效应，该特征有利于对混合物料中的各组分进行选择性加热。

高温等离子体热解制氢是一项有别于传统的新工艺。等离子体高达上万摄氏度，含有各类高活性粒子。生物质经等离子体热解后气化为氢气和一氧化碳，不含焦油。在等离子体气化中，可通进水蒸气来调节氢气和一氧化碳的比例。由于产生高温等离子体需要的能耗很高，所以只有在特殊场合才使用该方法。

## 第二节　生物法制氢的基本原理

生物法制氢是利用微生物代谢来制取氢气的一项生物工程技术。与传统的化学方法相比，生物制氢有节能、可再生和不消耗矿物资源等优点。目前常用的生物制氢方法可归纳为四种：光解水、光发酵，以及暗发酵与光暗耦合发酵制氢。

已报道的能进行生物产氢的微生物可以归纳为五类，分别是异养厌氧菌、固氮菌、厌氧光合细菌、真核微藻和蓝藻(又名蓝细菌，属于原核微藻)，它们分别代表了五种不同类型的产氢生物(表 3-2)。

表 3-2　不同类型的产氢生物

| 微生物种类 | 产氢类型 | 产氢酶 | 对光的需求 | 抑制物 | 电子供体 |
| --- | --- | --- | --- | --- | --- |
| 异养厌氧菌 | 暗发酵制氢 | 氢酶 | 不需 | $CO_2$、$O_2$ | 有机物 |
| 固氮菌 | 暗发酵制氢 | 固氮酶 | 不需 | $O_2$、$N_2$、$NH_4^+$ | 有机物 |
| 厌氧光合细菌 | 光发酵 | 固氮酶 | 需要 | $O_2$、$N_2$、$NH_4^+$ | 有机物、硫化氢 |
| 真核藻类 | 光解水 | 氢酶 | 需要 | $CO_2$、$O_2$ | 水 |
| 蓝藻 | 光解水 | 固氮酶 | 需要 | $O_2$、$N_2$、$NH_4^+$ | 水 |

## 一、异养厌氧菌

异养型厌氧菌产氢属于暗发酵制氢。这些微生物可以在发酵过程中分解有机物产生氢气。常见的发酵产氢菌有严格厌氧发酵产氢菌和兼性厌氧发酵产氢菌。与兼性厌氧发酵产氢菌相比，严格厌氧发酵产氢菌的产氢量更大，但这类菌种对氧气十分敏感，即使是短时间地接触氧气，也可能会使菌种大量死亡，影响氢气的产量和质量。可产氢的菌种包括梭菌属(Clostridium)、脱硫弧菌属(Desulfovibrio)、埃希氏菌属(Escherichia)、丁酸芽孢杆菌属(Trdiumbutyricum)、固氮菌属(Azotobacter)、柠檬酸细菌属(Citrobacter)、克雷伯氏菌属(Klebsiella)、肠杆菌属(Enterobacter)、鱼腥蓝细菌属(Anabaena)、产水菌属(Aquifex)、醋微菌属(Acetomicrobium)、甲烷球菌属(Methanococcus)等 12 个属的 30 余个菌株。其中研究比较多的是梭菌属、脱硫弧菌属和肠杆菌属，前两个属中都有氢酶晶体结构的报道。

异养型厌氧菌不含有固氮酶，通过氢酶催化产氢。这些微生物在发酵中产生还原物的同时伴随着电子的产生，由于缺乏细胞色素和氧化磷酸化途径，使厌氧环境中的细胞面临着因产能氧化反应而造成的电子积累问题。因此需要特殊机制来调节新陈代谢中的电子流动，通过产生氢气消耗多余的电子就是调节机制中的一种。积累的电子最终被传递给氢酶。

异养厌氧菌的直接产氢过程均发生于丙酮酸脱羧作用中，可分为两种方式：梭状芽孢杆菌型和肠道杆菌型。第一种是丙酮酸首先在丙酮酸脱氢酶的作用下脱羧，形成硫胺素焦磷酸—酶的复合物，将电子转移给还原态的铁氧还蛋白(Fdred)，然后在氢酶的作用下被重新氧化成氧化态的铁氧还蛋白(Fdox)，产生分子氢(图 3-3)；第二种是通过甲酸裂解的途径产氢，丙酮酸脱羧后形成的甲酸以及厌氧环境中 $CO_2$ 和 $H^+$ 生成的甲酸，通过铁氧还蛋白和氢酶作用分解为 $CO_2$ 和氢气(图 3-4)。

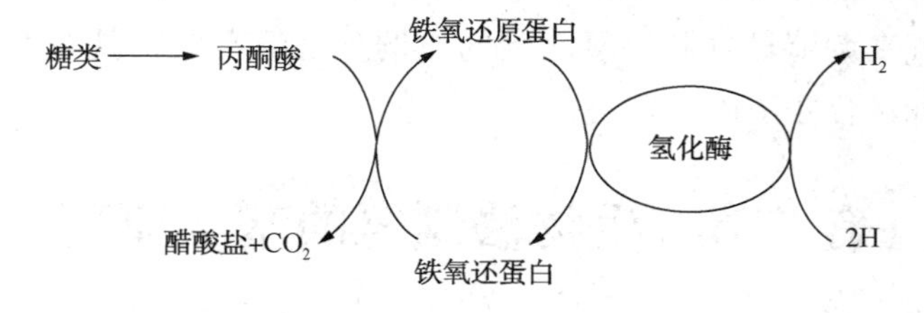

图 3-3　丙酮酸脱羧产氢途径

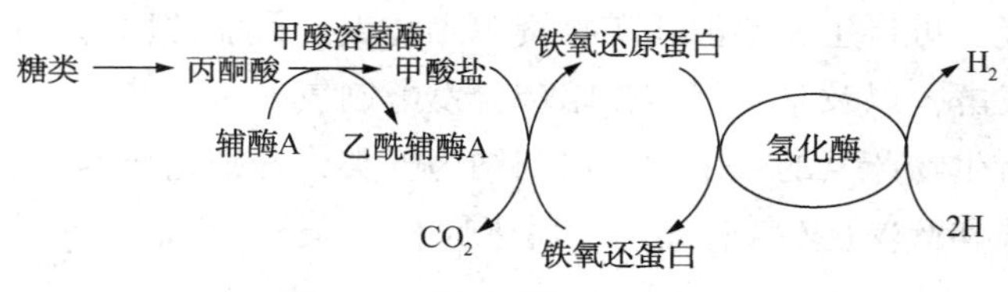

图 3-4　甲酸裂解产氢途径

除了直接产氢外，异养厌氧菌还有另一种产氢方式，通过辅酶I(NADH或$NAD^+$)的氧化还原平衡调节作用产氢，在碳水化合物发酵过程中，经EMP途径产生的NADH和$H^+$可以通过与一定比例的丙酸、丁酸、乙醇和乳酸等发酵过程相偶联而氧化为$NAD^+$，以保证代谢过程中的NADH/$NAD^+$的平衡，这样就产生了丁酸型和乙醇型发酵方式。为了避免NADH和$H^+$的积累而保证代谢的正常进行，发酵细菌可以通过释放氢气的方式将过量的NADH和$H^+$氧化，其反应式为

$$NADH+H^+ \longrightarrow NAD^+ +H_2$$

虽然在标准状况下NADH+$H^+$转化为氢气的过程不能自发进行，但在NADH-铁氧还蛋白和铁氧还蛋白氢酶作用下，该反应是能够进行的。

可溶性碳水化合物，如葡萄糖、蔗糖、乳糖、淀粉等的发酵以丁酸型发酵为主，这是一种经典的发酵产氢方式，发酵产生的末端产物主要为丁酸、乙酸、氢气、$CO_2$和少量的丙酸(图3-5)。丁酸型发酵途径主要是在梭状芽孢杆菌属(Clostridium)作用下进行的，如丁酸梭状芽孢杆菌(C. butyricum)和酪丁酸梭状芽孢杆菌(C. tyrobutyricum)等。乙醇型与传统的乙醇发酵不同，传统的乙醇发酵没有氢气产生，而乙醇型发酵产生乙醇和乙酸的同时有大量的氢气产生，主要末端发酵产物为乙醇、乙酸、氢气、$CO_2$和少量丁酸(图3-6)。

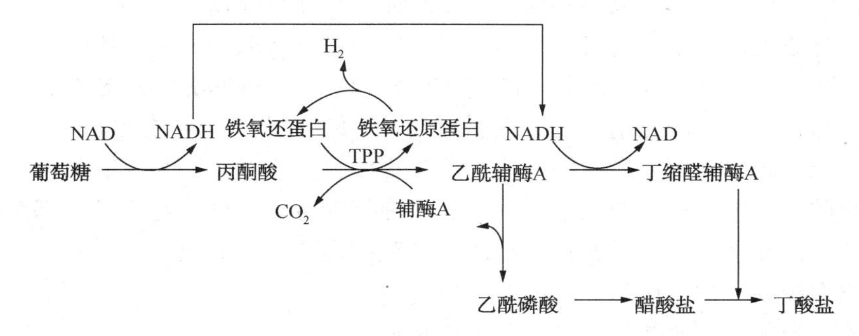


图3-5　丁酸型发酵途径图

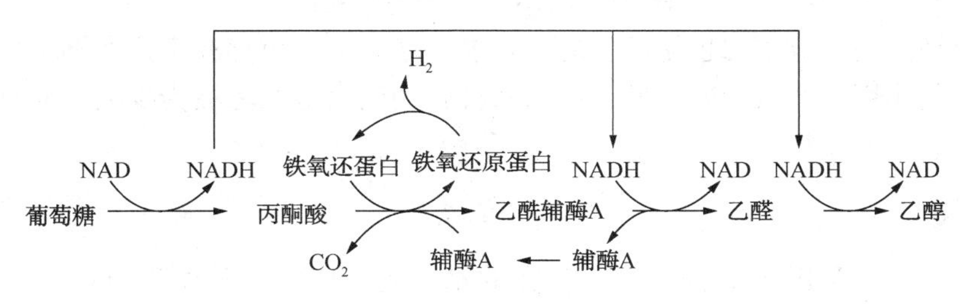


图3-6　乙醇型发酵途径

暗发酵制氢的产氢速率较快且在制氢过程中不需要有光的参与，且大多数的工业废水、农业废料中含有的大量的葡萄糖、淀粉、纤维素等碳水化合物都可以作为发酵制氢的原料。反应设备的成本较低、易于运行，更易实现大规模连续稳定生产。既可以获得大量清洁的氢气，又不会消耗太多的能源，在制氢的同时净化了废水，处理了废料。但主要缺陷是，使用该方法在工业化大规模生产氢气时，对原料的需求量很大，但各原料本身的成分存在差异，导致产氢效果不同，需针对性地调整培养工艺，提高了成本，也影响了产氢的效果。此外，暗发酵制氢虽稳定、快速，但由于挥发酸的积累会产生反馈抑制，从而限制了氢气产量。

## 二、固氮菌

固氮菌产氢属于暗发酵制氢。固氮菌是另一类异养菌，由于存在固氮酶，其产氢反应主要受固氮酶催化。尽管氢酶在这类细菌中也存在，但其作用不是在产氢的方向，而是主要在吸氢的方向。由于这类菌没有光合作用的细胞器，固氮酶催化的产氢反应所需要的 ATP 只能来源于有机化合物的氧化作用。但是产氢过程中需要氧气来氧化有机物，而氧气本身又是产氢的抑制物，并且这类细菌从有机物中氧化获得 ATP 的能力较低，因此这类菌的产氢速率通常也较低。目前未受到重视。

## 三、厌氧光合细菌

厌氧光合细菌产氢属于光发酵制氢。厌氧光合细菌产氢是地球上出现最早、自然界中普遍存在、具有原始光能合成体系的原核生物，是在厌氧条件下进行不放氧光合作用的细菌，其以光作为能源、能在厌氧光照下利用自然界中的有机物、硫化物、氨等作为供氢体兼碳源进行光合作用，广泛分布于自然界的土壤、水田、沼泽、湖泊、江海等处，主要分布于水生环境中光线能透射到的缺氧区。

厌氧光合细菌在有光照缺氧的环境中利用光能进行光合作用，利用光能同化二氧化碳或其他有机物，与绿色植物不同的是，它们的光合作用是不产氧的。由于厌氧光合细菌仅仅有光合系统 I 而没有光合系统 II，所以，它们不能像植物一样利用水作为电子供体，而是利用有机物或硫化物，光合作用的结果是产生了氢气，分解有机物，同时还能固定空气的分子氮生氨。因此，厌氧光合细菌在自身的同化代谢过程中，又完成了产氢、固氮、分解有机物三个自然界物质循环中极为重要的化学过程。这些独特的生理特性使它们在生态系统中的地位显得极为重要。光发酵制氢可以在较宽泛的光谱范围内进行，制氢过程没有氧气的生成，且培养基质转化率较高，被看作是一种很有前景的制氢方法。

以葡萄糖作为光发酵培养基质时，制氢机理如下：

$$C_6H_{12}O_6+6H_2O \xrightarrow{\text{光能}} 12H_2+6CO_2$$

厌氧光合细菌的产氢主要也是固氮酶的功能。尽管氢酶也存在于这类细菌中，但也主要在吸氢方向上起作用。产氢依赖光照，有氢酶催化的暗发酵产氢极为少见，而且相比在光反应中所得到的速率要小得多。

## 四、藻类

微藻光合产氢是利用自然界中广泛存在的水、太阳能、微藻作为原材料，是一种低能耗、可持续、无污染的理想产氢方法，也是生物制氢领域最具应用前景的研究方向之一。目前，已经报道过的可以进行产氢的藻类有 20 多种，其中大多属于蓝藻和绿藻(表 3-3)。

**表 3-3　目前发现的产氢微藻的种类**

| 门类 | 种　名 |
|---|---|
| 蓝藻 | *Anabaena azollae*, *Anabaena cylindrical*, *Anabaena siamesis*, *Anabaena sphaerica*, *Anacystis nidulans*, *Oscillatoria limnetica*, *Spirulina maxima*, *Spirulina platensis*, *Synechococcus sp.* |
| 绿藻 | *Chlamydomonas reinhardtii*, *Chlorella fusca*, *Chlorella vulgaris*, *Chlorella pyrenoidosa*, *Chlororcoccum littorale*, *Nannochloropsis occulata*, *Nephroselmis olivacea*, *Platymonas subcordiformis*, *Scenedesmus obliquus*, *Tetraselmis sp.* |
| 硅藻 | *Monoraphidium braunii* |

微藻制氢涉及绿藻和蓝藻两类光自养型微生物。两种藻类均具有与植物类同的两个光合作用系统 PSI 和 PSII(Photosystem Ⅰ 和 Photosystem Ⅱ)。PSII 吸收光能，光解水产生 $O_2$和质子、电子；PSI 则可提高经电子传递链到达的电子的电位，并产生还原剂用于 $CO_2$的固定或氢气的形成。光合产氢途径见图 3-7。

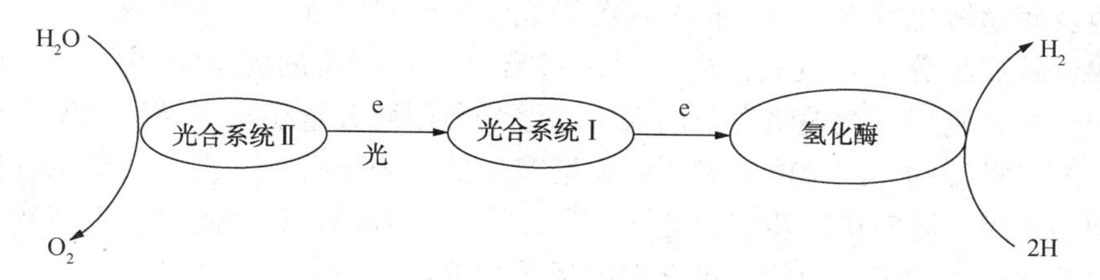


图 3-7 光合产氢途径

整个途径包括水裂解和释氧的光系统Ⅱ(PSII)和生成还原剂用来 $CO_2$还原的光系统Ⅰ(PSI)。在光合系统的第二个阶段(PSII)，氧化侧从水中获得电子并产生氧气，电子经过一系列光驱动下的生化反应，电子的能量得到升级，最终到达第一阶段(PSⅠ)的还原侧并传递给氢酶，由氢酶传递给氢离子从而产生出氢气。在这两个系统中，两个光子(每一系统一个光子)用来从水中转移一个电子生成氢气。值得注意的是，蓝藻虽然也有氢酶，也有上述产氢途径，但其主要靠固氮酶产氢，利用固氮酶把氮气转化为氨气，同时还原 $H^+$产生氢气。作为固氮反应的副反应，产氢反应速度是固氮速度的(1/3)~(1/4)。

能利用水作为电子和质子的原始供体，这也是藻类产氢的优势所在。藻类产氢的最大缺陷是在产氢的同时也附带着氧气的产生，而氧气会抑制氢酶的活性，从而影响到产氢速率。因此，藻类的产氢是不稳定的并且很容易被其副产物氧气所抑制。

真核藻类的产氢反应受氢酶催化。在这类微生物中尚未检测到固氮酶活性。真核微藻制氢的缺点在于氢酶的氧抑制现象严重，产氢持续时间较短，此外，对光生物反应器要求苛刻，成本较高。尽管微藻产氢的发现源于真核微藻绿藻的产氢现象，但蓝藻产氢的研究远比真核微藻产氢更为系统和深入。

蓝藻同时具有固氮酶和氢酶。它的产氢主要是由固氮酶介导，氢酶主要是在吸氢方向上起作用。由氢酶催化的暗发酵产氢在某些种类的蓝藻中被发现，但产氢的速率相对于光驱动产氢速率来说要低得多。蓝藻也具有光合系统Ⅰ和Ⅱ，水能被利用来作为最终的电子供体。因此，和藻类相似，蓝藻产氢所需的质子和电子也可以来源于水的光裂解作用，在进行产氢过程的同时也伴随着氧气的产生。氧气除了会和氢反应生成水外，也是固氮酶的抑制剂。但是蓝藻的许多种已经进化成一种被称作为异质体(heterocyst)的特殊构造。在异质体内，光合系统Ⅱ失去了裂解水的功能，而外界的氧气能够被挡在外面，由相邻的植物型细胞所产生的还原物则能够进入。在此过程中，正常细胞进行放氧光合作用，把合成的有机物转移到异质体细胞，异质体细胞分解有机物并为固氮酶提供电子和 ATP，实现固氮和产氢。蓝藻中还存在吸氢酶，通过重新吸收固氮酶产生的氢气回收部分的能量，避免了细胞本身的能量损失，但导致蓝藻的净产氢量不高。无论以上哪一种固氮产氢过程，目前能量利用率最高的仅仅达到 3.5%，远远低于生物制氢实用化最低 10%的要求。从理论上讲，由于大部分能量消耗于固氮反应，固氮产氢的能量利用率难以有较大提高。高能量的消耗和低的转化率限制了固氮酶产氢的应用。

### 五、混合生物

通常制氢采用的混合生物的形式，都是将厌氧光发酵制氢细菌和暗发酵制氢细菌混合培养。而利用厌氧光发酵制氢细菌和暗发酵制氢细菌的各自优势及互补特性，将二者结合以提高制氢能力及底物转化效率的新型模式被称为光暗耦合发酵制氢。暗发酵制氢细菌能够将大分子有机物分解成小分子有机酸，来获得维持自身生长所需的能量和还原力，并释放出氢气。由于产生的有机酸不能被暗发酵制氢细菌继续利用而大量积累，导致暗发酵制氢细菌制氢效率低下。光发酵制氢细菌能够利用暗发酵产生的小分子有机酸，从而消除有机酸对暗发酵制氢的抑制作用，同时进一步释放氢气。所以，将二者耦合到一起可以提高制氢效率，扩大底物利用范围。以葡萄糖为例，耦合发酵反应如下：

暗发酵阶段：　　$C_6H_{12}O_6+2H_2O \longrightarrow 4H_2+2CO_2+2CH_3COOH$

光发酵阶段：　　$2CH_3COOH+4H_2O \xrightarrow{\text{光能}} 8H_2+4CO_2$

然而，光暗耦合发酵制氢中，两类细菌在生长速率及酸耐受力方面存在巨大差异。暗发酵过程产酸速率快，使体系 pH 值降低，从而抑制光发酵制氢细菌的生长，使整体制氢效率降低。如何解除两类细菌之间的产物抑制，做到互利共生，是一项亟待解决的问题。

## 第三节　微藻光合制氢的分子机制

单细胞藻类产氢主要分为蓝藻和绿藻产氢两类。蓝藻利用固氮酶产氢，其产氢机制见图 3-8。氢酶和固氮酶是催化产氢反应的两个关键性酶，然而这两个酶均不是专一性的产氢酶。氢酶有三种不同形态，即氢酶、吸氢酶和可逆氢酶，由于这三种形态的氢酶往往同时存在，因此，氢酶除了在有足够还原力时催化产氢外，还催化作为一种能量回收机制的吸氢反应。固氮酶的主要功能是催化固氮反应，只有当缺乏基质(分子氮)的时候才催化产氢反应。这两种酶不仅在不同的微生物中具有不同的功能，即使在同一种微生物中不同的氧化还原条件下也起着不同的作用。另外，氢酶催化的产氢反应无须 ATP，而固氮酶催化的产氢则需要 ATP。

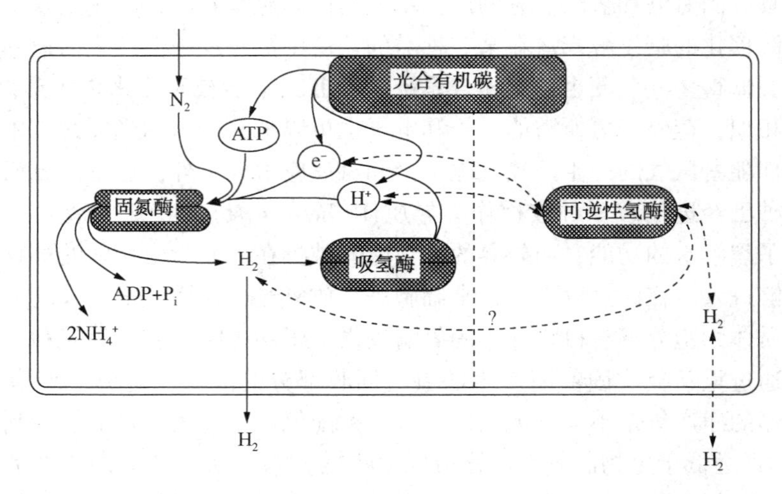


图 3-8　固氮酶产氢机制示意图

与蓝藻不同，绿藻产氢通过可逆产氢酶完成。利用氢酶产氢，虽看似简单，但绿藻产氢的实际过程却颇为复杂。图 3-9 是绿藻产氢机制示意图。在正常的光合作用下，处于绿藻叶绿体内的 PSⅡ光解水产生氧气、电子和质子。氧气透过叶绿体膜进入线粒体，被线粒体的呼吸作用消耗，并固定 $CO_2$。PSⅡ产生的高能电子进入质体醌（PQ），通过位于类囊体膜上的电子传递链进入光系统 PSⅠ。PSⅠ上的吸光色素吸收光能，再次激发电子定向传递到类囊体膜外表面的铁氧化还原蛋白 Fd，与 NADP（还原型辅酶）结合为化学能较高的 NADPH，参与固定 $CO_2$，形成淀粉等能量物质。胁迫条件下（如，厌氧）氢酶表达，电子将由 Fd 传递至基质中的氢酶，放出氢气。

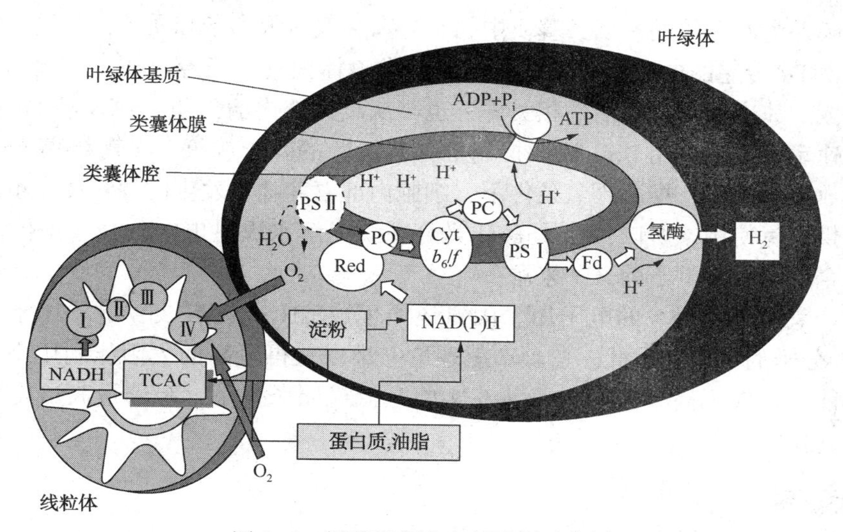


图 3-9 绿藻光解水产氢机制示意图

## 一、电子传递途径

微藻光水解制氢可以分为两个步骤：首先，利用类囊体膜表面的捕光色素吸收光能，通过 PSII 反应中心光解水，产生质子和电子，并释放氧气，机体中葡萄糖等底物的分解代谢也会产生电子供体进入类囊体；其次，电子在类囊体膜电子传递链上按一定的次序传递，经过以细胞色素 b6f 复合体和 PSI 为主的一系列电子传递体，传递给铁氧化还原蛋白（Fd）到产氢酶，还原质子产生氢气。微藻光合产氢电子传递途径见图 3-10。

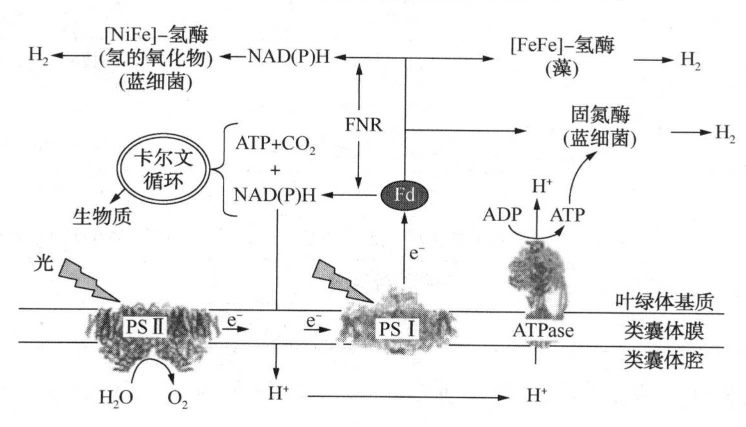


图 3-10 微藻产氢电子传递途径

微藻细胞的类囊体上存在着几大参与光合作用的蛋白复合体，如：光系统Ⅱ(PhotosystemⅡ)、光系统Ⅰ(PhotosystemⅠ)、细胞色素b6f复合体(Cytochrome b6f complex)、铁氧还原蛋白(Ferredoxin complex)等蛋白复合体。光系统Ⅱ不仅作为光合作用的引擎，也作为藻类产氢的原动力。光系统Ⅱ光解水产生的电子经过类囊体膜上的光合电子传递链进行传递。在真核微藻中，大部分电子流向氢酶进行光合产氢。在蓝藻中，其中一部分电子可以传递给固氮酶进行固氮反应，在固氮的同时会将质子还原产生氢气，而还有一部分电子可以传递到双向氢酶还原氢质子产生氢气。两个光合作用系统PSII、PSI则是光合电子传递链上最重要的结构单元。

类囊体膜外为叶绿体的基质，基质中的水电离为氢氧根离子和质子，基质中氢酶利用基质中质子和由Fd传递的电子合成氢气。同时，类囊体内的质子经过质子通道($CF_0$)进入基质。氢气生成的速率除与氢酶活性相关外，也与从类囊体内输出质子以及经Fd传递至氢酶的电子传递速率相关。利用PSII活性抑制剂抑制绿藻的光合放氧，发现绿藻光合放氢能继续进行，但放氢量减少，推测厌氧条件下，细胞内部营养物质发生的醇解反应也提供了部分电子和质子供放氢使用。所以，除了PSII光合系统光解水提供电子外，绿藻体内的糖酵解被认为是光合放氢所需电子的又一来源。

固氮酶产氢过程中75%的电子用于固氮还原生成$NH_3$，仅有25%电子用于产氢，同时还要消耗16分子的ATP。因此，蓝藻产氢理论上难以获得较高的太阳能利用率。绿藻产氢的理论太阳能转化效率高于蓝藻，目前在实验室低光照条件下，绿藻最高可将吸收光能的22%转化为氢能。

## 二、关键酶

目前认为产氢酶包括两种酶，一种是能够在缺氮的厌氧环境下催化产氢的固氮酶，另一种是在厌氧环境下催化产氢的氢化酶。

氢化酶现已发现存在于大多数具有氢代谢的原核生物和一些真核生物中，现已发现氢酶分类见表3-4。

**表3-4　氢化酶的分类**

| 分类依据 | 类　型 | 特　点 |
|---|---|---|
| 催化活性 | 吸氢酶 | 催化吸氢反应 |
| | 放氢酶 | 催化放氢反应 |
| | 可逆氢酶 | 即可催化吸氢反应也可催化反应 |
| 活性中心的金属离子 | [NiFe]氢酶 | 活性中心有Ni和Fe |
| | [NiFeSe]氢酶 | 活性中心有Ni、Fe、Se |
| | [Fe]氢酶 | 活性中心仅有Fe |
| | 不含金属离子的氢酶 | 可能含有铁离子，但没有催化活性 |
| 细胞定位 | 与膜结合氢酶 | |
| | 可溶性氢酶 | |

氢化酶在蓝藻中主要有两类，即可逆吸氢酶和吸氢酶，在真核微藻中目前只发现可逆吸氢酶。

[NiFe]氢酶和[Fe]氢酶研究得比较多，都已经有晶体结构出现。[Fe]氢酶催化产氢的活性比[NiFe]氢酶高100多倍，但对氧非常敏感。

**（一）固氮酶**

固氮酶(Nitrogenase)是一种由多个蛋白亚基构成的酶复合体，主要存在于丝状蓝藻异形胞中。固氮酶复合体包括两个蛋白：固氮酶(Dinitrogenase)和固氮酶还原酶(Dinitrogenase reductase)。蓝藻中固氮酶的功能主要是利用细胞内的氢质子和电子将空气中的$N_2$还原成氨态氮从而为细胞生长提供可以直接利用的有机氮源。其催化反应如下：

$$N_2+8H^++8e^-+16ATP \xrightarrow{\text{固氮酶}} 2NH_3+H_2+16ADP+16Pi$$

从上式可知，氢气是作为蓝藻固氮过程的副产物释放的，这也是许多固氮蓝藻，特别是具有异形胞的丝状蓝藻产氢的主要方式。分子氧对固氮酶的活性有抑制作用，但是具有异形胞的蓝藻能够通过异形胞形成微厌氧环境，从而在空间上将固氮和产氧这两个过程分开。如此便可以在没有分子氧干扰的情况下进行固氮作用，保持固氮酶的活性，同时促进了副产物氢气的产生。

但是，在固氮酶产氢过程中，由于大部分能量消耗于固氮反应，能量的利用率难以提高，因此，这种产氢技术的产业化非常困难。目前的研究主要集中于绿藻的产氢酶制氢技术。

**（二）可逆氢化酶**

氢化酶(Bidirectional hydrogenase)是一个多基因编码的多亚基构成的复合体。催化产氢的反应如下：

$$2H^++2e^- \xrightarrow{\text{氢化酶}} H_2$$

蓝藻的可逆氢化酶一般认为是[NiFe]氢酶，其活性中心由Ni离子和Fe离子构成，由Hox E、Hox F、Hox U、Hox Y、Hox H五个亚基组成，普遍存在于蓝藻的异形胞和营养细胞中。双向氢化酶一般对氧气敏感，热稳定性差，对于氢气的*Km*(米压常数)值低，表明这种酶催化主要向氢气吸收的方向。在有异形胞的蓝藻中可逆氢化酶的胞内活性在厌氧和微氧的条件下大幅度升高。此外，由于蓝藻中质子梯度是向外的，可逆氢化酶对氢气有高度的亲和能力，在外周质一侧有氧化氢气的作用。此外，还有研究报道双向氢化酶还负责分配电子到呼吸链。

真核微藻的可逆氢化酶属于[NiFe]氢酶和[Fe]氢酶。[NiFe]氢酶与[Fe]氢相比，[Fe]氢酶催化活性高出100多倍(表3-5)。

**表3-5 真核微藻的氢酶**

| 酶系 | 催化中心元素 | 抑制物 | 酶活 |
| --- | --- | --- | --- |
| [NiFe]氢酶 | Ni、Fe | CN-、CO、$O_2$ | 较高 |
| [Fe]氢酶 | Fe | CN-、CO、$O_2$ | 比上者高约100倍 |

[NiFe]氢酶主要发现于斜生栅藻中含有两个亚族，不含金属离子的氢酶在真核微藻中没有出现，且其活性较低，对它的研究很少。由于[Fe]氢酶活性显著高于其他氢酶，因此备受关注。

[NiFe]氢酶分子通常分为大小两个亚基(图3-11)。大亚基包含埋藏其内部的活性中心，由1个Fe原子和1个Ni原子构成；小亚基上则含有[Fe~S]簇，按距离活性中心的远

近称为近簇(proximalcluster)、中簇(medialcluster)和末簇(distalcluster)。大、小亚基彼此紧密结合，活性中心和较内部的[4Fe~4S]簇相互接近并位于亚基之间作用的平面上。[Fe]氢酶一般由一条肽链(如 C. pasteurianum 的氢酶 CpI)或两条肽链(如 D. desulfuricans 的氢酶 DdH)组成，通常为单体，但从晶体结构上大致也可以分成两部分(图 3-11)。较大的部分为 H 簇，被认为是[Fe]氢酶催化亚基的保守区，位于 C 端，包含由两个 Fe 原子构成的活性中心。较小的部分含有附属区，如[Fe~S]簇和[NiFe]氢酶的[Fe~S]簇一样起到传递电子的作用。

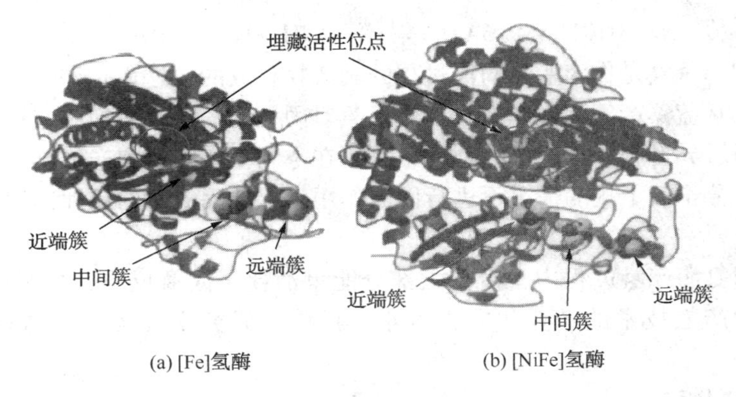


图 3-11　氢酶晶体结构示意图

虽然[NiFe]氢酶和[Fe]氢酶的结构有很大的不同，但在催化机制上基本是一致的。从结构上看，都有四部分组成：电子传递通道、质子传递通道、氢气分子传递通道和活性中心。质子和电子分别通过质子传递通道和电子传递通道传递到包藏于酶内部的活性中心，形成的氢气分子再由其传递通道释放到酶的表面。[NiFe]氢酶活性中心是由 Ni 和 Fe 组成的异双金属原子中心，以 4 个硫代半胱氨酸残基通过硫键连接在酶分子上(图 3-12)。当[NiFe]氢酶处于氧化态时，呈直角金字塔结构，Ni 原子位于塔顶，它有 4 个配体位于塔底各角，另外还通过桥连配体与 Fe 原子相连，第 6 个配体位置是空的，而 Fe 原子具有六个配体形成扭曲的八面体结构。[Fe]氢酶与[NiFe]氢酶不同之处在于其活性中心是两个 Fe 原子($Fe_1$ 和 $Fe_2$)组成的双金属中心，该活性中心通过 $Fe_1$ 上的一个硫代半胱氨酸与近端[4Fe~4S]簇相连而连接在酶分子上。$Fe_1$ 原子具有 CN—和 CO 两个双原子配体，还通过两个 S 原子与另外一个配体连接，该配体可能是—$CH_2$—CO—$CH_2$—、—$CH_2$—NH—$CH_2$—或—$CH_2$—$CH_2$—$CH_2$—，另外还通过一个桥连配体与 $Fe_2$ 相连，这样 $Fe_1$ 就具有 6 个配体而形成扭曲的八面体结构；$Fe_2$ 在 DdH 中只有 5 个配体从而带有一个空的位点，在 CpI 中则带有第 6 个配体即水分子，这个键比较弱，很容易被破坏。由此可以看出，[NiFe]氢酶和[Fe]氢酶活性中心均含有一个空的或是电位上空的位点，该位点可能同结合氢气有关，因为有研究表明，氢酶的竞争性抑制剂 CO 曾被发现结合在该位点上。

[NiFe]氢酶小亚基和 DdH 氢酶 C 端较小部分都含有 3 个[Fe~S]簇，形成接近直线排列的空间构型，可能与电子传递有关。近端的[4Fe~4S]簇能够直接从活性中心获得电子，远端的[4Fe~4S]簇调节氢酶同电子载体(如细胞色素 C)之间的电子交换。CpIN 端的 14 个 Fe 原子和 S 原子构成了 1 个[2Fe~2S]簇和 3 个[4Fe~4S]簇，被称为 F 簇，也是起到传递电子的作用。

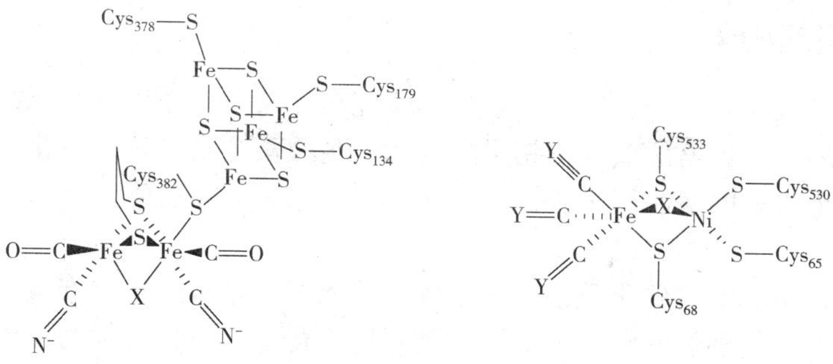

(a) [Fe]氢酶活性中心　　　　(b) [NiFe]氢酶活性中心

图 3-12　氢酶活性中心的结构

质子通道在[NiFe]氢酶大亚基中可能起始于连接在 Ni 上的硫代半胱氨酸，依次经由氢键连接着的一个非常保守的 Glu 残基、四个水分子、C 末端主链上的羧基、又一个水分子、另一个非常保守的 Glu 残基，直到接近酶蛋白分子表面的 C 端位点或是 Fe 位点的一个水分子配体联结。这个水分子配体又通过另外两个水分子的 H 键的作用与第三个保守的 Glu 残基相联结。质子可能就是经由这样的质子通道从活性中心释放到酶蛋白分子表面的。[Fe]氢酶中可能存在的质子通道起始于连接在 $Fe_2$ 上的赖氨酸，经过一个 Glu 残基、3 个水分子到达分子表面的另一个 Glu 残基。这几个氨基酸残基也是非常保守的。

氢酶结构的拓扑分析结合氙气扩散的 X-衍射研究以及分子动力学计算表明分子氢的进入是由狭窄的隧道连接而成的疏水性内部空腔介导的。网络状隧道的一端连接着活性中心的空位点，而其他几个端口则通向外部介质。孔道上的大多数残基是疏水性的，它们延伸到分子表面形成几个疏水性斑点作为气体的入口。对氢酶内部分子氢逸散的动力学研究表明气体从蛋白分子内逸出主要利用的就是这条通道，推测氧气分子作为大多数氢酶的抑制物很可能也是利用了相同的通道进入活性中心的。

[Fe]氢酶和[NiFe]氢酶对氧敏感，在氧气存在时，就会失活。2%的氧气就会抑制酶活。而氧气又是微藻光合作用不可避免的副产物，因此导致自然状态下微藻不产氢或者只产生极低的氢气，这是制约微藻氢气产量的主要瓶颈问题。氢酶失活的原因是在氧接近催化位点时，使氢不能进入通道结合，因而失活。这是由催化位点的结构及氧气接近催化位点的能力所决定的，可以通过分子工程学手段产生耐氧突变体，抑制氧接近氢化酶催化位点。可逆氢化酶在基础和生物工艺应用研究方面取得了一定的成果，但如何更有效解决其氧敏感性问题及高效利用耐氧氢化酶在各领域应用与发展有待于进一步研究。

**（三）吸氢酶**

吸氢酶(Uptake hydrogenase)存在于固氮蓝藻中，是一种[NiFe]氢酶，其作用是催化吸收固氮酶产生的氢气。吸氢酶在固氮蓝藻的异形胞中特异性表达，但在光合营养细胞中很少或几乎没有活性。蓝藻细胞吸氢酶的主要功能是吸收并再利用固氮酶固氮过程所产生的氢气，该功能是由吸氢酶大小亚基共同协同完成的，其中大亚基是吸氢反应的活性区域所在，而小亚基则是起到电子传递的作用。蓝藻中这种对自身代谢产生的氢气的再利用过程，对于其细胞本身具有以下几个益处：①吸氢酶通过再利用氢气产生一定量 ATP，为细胞代谢提供能量，减少能量的流失；②这种吸氢反应消耗氧气，从而在一定程度上保护了一些对氧敏感的酶的活性；③为细胞的其他生命活动提供部分所需的电子。

## 三、主要限制因子

在微藻光合产氢这一领域，经过一系列的研究在微藻光合作用产氢研究领域取得了一些成果，但是目前的产氢策略的氢气积累量远远达不到微藻光合产氢工业化应用的要求。主要是因为存在着两个重要的限制因子。

### （一）氧气

微藻光合产氢是其氢酶催化质子产生氢气，然而据文献报道所有产氢相关氢酶和固氮酶对氧气都十分敏感，遇到氧气即会失活。尤其可逆氢化酶，对氧气最为敏感，在氧分压大于2%时，就可以抑制 50%的光合产氢。无论是野生藻还是无细胞壁藻种，随着氧气含量的逐渐增加，微藻的光合产氢速率却会逐渐降低；在氧气含量达到 3%时，微藻光合产氢速率已经降为了零，即此时微藻不再进行光合产氢。可见，氧气极大地限制了微藻的光合产氢。此外，在微藻光合产氢过程中，PSII 光解水提供电子源的同时，还伴随着大量氧气的释放。这就使产氢体系中无法维持厌氧，因而产氢相关酶系统无法持续表达，从而大大限制了光合产氢的进展。

此外，氧气也会生成活性氧物质（ROS），主要包括过氧化氢（$H_2O_2$）、超氧阴离子（$O^{2-}$）、羟自由基（OH·）、单线态氧（$^1O_2$）等，如图 3-13 所示。除非有效清除，否则这些 ROS 会损坏细胞成分。在蓝藻细胞中，当藻于高光下会使 PSII 失活，这种现象被称为光抑制或光损伤。ROS 在细胞中累积的结果超过了细胞的 ROS 清除和损伤修复系统的能力，过度累积的 ROS 可以与不同的细胞组分发生反应，引起氧化性细胞损伤和细胞死亡。虽然负责光损伤的机制的全部细节仍不清楚，但普遍认为主要目标是光化学反应中心。假设光反应中的主要事件是对 PSII 反应中心的破坏，这引发了几种蛋白酶对 D1 蛋白的快速降解。

因此，可以通过降低微藻产氢体系中活性氧的积累来提高 PSII 的稳定性，进而增加流向氢酶的电子源，进一步促进微藻的光合制氢。例如已发现 PGR5 突变株能够在缺硫条件下增强活性氧的去除能力从而增强了缺硫下的 PSII 的稳定性，进一步增强了莱茵衣藻的光合产氢量并延长了产氢时间。

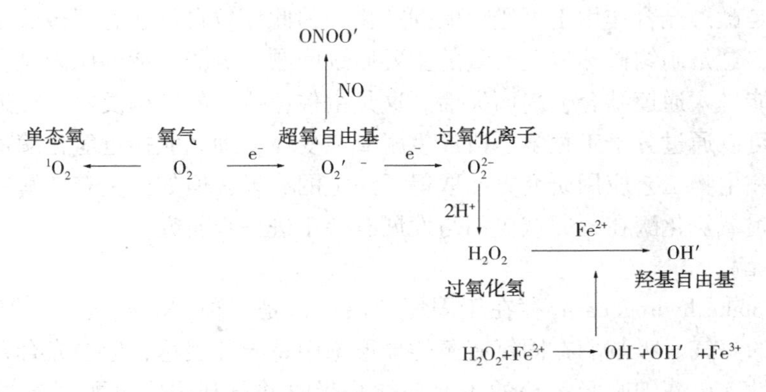


图 3-13　氧气形成的 ROS 的种类

### （二）电子

产氢量的多少，取决于流向氢化酶的电子数量，增加电子源可以明显提高产氢量。很多研究者通过降低 PSII 活性来降低氧气含量，达到提高产氢的目的，但同时却限制了产氢电子源。因此，如何降低氧气含量的同时保证充足的电子源去往氢酶，便成为限制微藻光合产氢的一个难题。而从 PSII 光解水产生的电子，要经过一系列的电子传递过程，才能流向氢酶。因此，通过循环、碳同化等产氢交替途径对电子的分流，仅有很小一部分电子最终流向氢酶进行光合产氢。

氢化酶产氢只能发生在厌氧环境中。产氢量的多少，取决于流向氢化酶的电子数量。增加电子源可以明显提高产氢量。在电子传递链中，有部分电子被用于碳同化，Rubisco 酶直接参与 $CO_2$的还原。因此，有研究报道，在 Rubisco 酶缺陷型突变株中因为氢酶减少了竞争，得到更多的电子后，产氢量增加 10~15 倍。又如，通过筛选没有循环电子传递的突变藻株，使得更多的电子流向氢化酶，产氢量提高约 9 倍。

此外，影响微藻产氢的限制因子有氧气和电子，但还有很多因素都会影响微藻的光合产氢，比如光照条件、环境温度、反应体系中的 pH 值藻液浓度等，因此，为了提高微藻的光合产氢效率，还需要对微藻产氢进行更进一步的研究。

## 四、基因改造策略

微藻光合制氢的第一阶段需要高效放氢，而野生型的藻株往往不能达到这个要求，需要对衣藻进行分子改造，使之能够达到工业化制氢的要求，其基因改造主要是围绕两个方面进行：

**氧气水平**：由于氢酶对氧气极为敏感，遇氧即会失活，而氧气又是产氢代谢过程中不可避免的副产物，通过基因工程改造提高氢酶对氧气的耐受性是提高产氢效率的重要方法之一。要从氧气水平上来提高产氢效率，最根本的还是改造氢酶，提高它对氧气的耐受性。由于氢化酶对氧敏感是由其催化位点的结构和催化位点对氧的亲和能力这两个因素决定，可以利用分子生物学技术的定位突变手段改造氢化酶的催化位点结构和氧通道结构，从而阻隔氧进入氢化酶的催化位点或者使催化位点对氧的敏感性下降。使其在有氧环境下也能表达和催化产氢气，这将大大提高氢气产量和降低培养成本。例如，氢化酶小亚基中半胱氨酸残基被丝氨酸代替增加了氢化酶的氧耐受性。为了提高氢化酶对氧气的耐受程度，在正常产氧情况下放出氢气。这种方法得到的氢气含有较多的氧气，需及时分离，否则容易爆炸，不安全。利用随机插入突变方法，筛选到一株似质子梯度调控蛋白 1（ProtonGradientRegμLation-Like1，PGRL1）缺陷衣藻藻株，在缺硫条件下，衣藻产氢量提高 4 倍。当敲除衣藻中 PGR5（Proton Gradient RegμLation 5）和 PGRL1（PGR5-Like 1）蛋白，产氢量提高了 700%。

**电子调控**：可以通过基因改造，抑制与氢酶竞争的交替电子途径，从而减少电子分流，调控更多电子去往产氢酶。此外，豆科植物根瘤细胞中的固氮酶（nitrogenase，N2ase），具有与氢化酶相似的特性，对氧气也是敏感的，但是它却可以在周围有氧气的条件下很好地发挥固氮作用，这是因为在根瘤细胞中有着大量的豆血红蛋白（leghemoglobin，Lb）存在。豆血红蛋白能与氧气可逆性结合成氧合血红蛋白，既有效降低了根瘤细胞内游离氧的分压，又保证了对氧气敏感的固氮酶的活性，同时也源源不断地供应氧化磷酸化需要的氧气，保障了固氮作用所需要的大量能量。豆血红蛋白是由脱辅基蛋白（球蛋白，globin）和血红素辅基（hemH）两部分组成的。有研究发现，将豆血红蛋白的脱辅基球蛋白 lba 基因转入莱茵衣藻的叶绿体中，获得了转基因衣藻 lba，其氢气产量比对照藻株提高了 40%~50%。

抑制编码叶绿体硫酸盐通透酶的基因 SulP，构建突变株 anti-SulP，藻细胞不能吸收硫元素，导致构成光系统 II 的 D1 蛋白修复受损，活性降低，放氧减少使细胞达到厌氧环境，诱导氢酶表达后增加产氢量。但是这种方法同样造成细胞不能进行正常的光合作用，影响了能量合成和藻类细胞繁殖。

# 第四节　微藻制氢培养条件的优化

在自然生长条件下，微藻没有产氢现象，这是由于氢酶对氧气极为敏感所造成的，因此，为了提高微藻的光合产氢，首先要解决氧气存在的问题，其次提高微藻产氢中的电子源。目前已经有一些提高微藻光合产氢的策略被报道。

## 一、营养胁迫

通过营养缺乏的方法来降低 PSII 的放氧，从而使反应体系达到厌氧条件，进而诱导氢酶表达并维持其持续产氢。

在 2000 年，Melis 等人发现通过缺硫培养可以使莱茵衣藻在光照条件下达到并维持厌氧条件，实现持续光合产氢，为微藻光合产氢的发展提供了一个里程碑的意义。缺硫培养使得 PSII 反应中心的主要蛋白 D1 蛋白的自我修复能力丧失，PSII 活性逐渐下降导致光合作用速率减弱，从而氧气含量也随之降低，而线粒体呼吸活性并未改变，细胞逐渐达到厌氧环境而产氢。此外，淀粉也会迅速积累，并能经降解提供了电子，电子通过 PQ 库进入光合电子传递链，细胞又处于厌氧环境，氢酶大量合成。电子由 Fd 传递给氢酶还原质子氢开始产氢。

在缺硫培养条件下，莱茵衣藻的多种蛋白质的含量都会下降，比如 D1 蛋白、Rubisco、PSI 和 PSII 等的含量随着培养时间的延长而降低，而其氢酶活性是先提高然后再降低。缺硫条件下会降低 PSⅡ 活性，但并不改变 PSI 活性。PSⅡ 活性会快速降低 75%左右，但是开始产氢后，PSⅡ 活性部分重新激活，可能是 HYDA1 活性导致光合电子传递链的重新氧化。通过敌草隆抑制 PSⅡ 内 QA 到 QB 电子传递，显著降低缺硫藻细胞产氢，说明 PSⅡ 是主要产氢电子供体，而且已经估算缺硫条件下，依靠 PSⅡ 传递电子产氢 60%~90%，且在厌氧条件下，PSⅡ 一直保持活性产氢。此外通过淀粉降解间接途径产氢大概 20%~30%，并伴随大量 ATP 和 NAD(P)H 的生成，而且淀粉厌氧降解时会产生甲酸、乙酸和甲醇等，这些物质可能对氢酶有毒性，或者 pH 降低影响了氢酶活性，使得产氢停止，产氢时间只能维持 4 天左右。在缺硫培养时，微藻的基因表达和细胞代谢发生变化，蛋白含量降低，如 Rubisco 酶活性和含量迅速降低，卡尔文循环降低，淀粉含量增加，细胞体积增大等。

缺硫代谢是一个复杂的至今还未研究清楚的细胞代谢过程，它主要包括异化过程、调控过程、电子传递反应，氢气的产生是这个过程中的最后一步。缺硫产氢过程主要包括四个紧密联系的生化过程：光合作用的产氧阶段、线粒体的呼吸阶段、内基质的分解代谢、铁氧化酶的电子传递过程导致的氢气产生。光合生物体缺硫之后会在基因的表达和细胞的代谢通量方面发生大量的变化，尤其是一些常见的蛋白减少，如 Rubisco 酶的活性和含量也迅速降低，缺硫的细胞中卡尔文循环活性降低，细胞内淀粉含量不正常的大量增加，增加量接近 10 倍，伴随着细胞内淀粉的积累，细胞的体积扩大了几乎 4 倍。

随着人们对微藻光合产氢研究的深入，发现除了通过缺 S 培养使细胞达到并维持厌氧，从而提高产氢之外，还可以通过缺失其他的元素，比如通过缺 N、缺 P 来降低细胞的光合活性，使氧气含量降低，提高其光合产氢。

氮胁迫也可以促进莱茵衣藻持续产氢，但产氢量比缺硫胁迫小。氮元素是蛋白质和核酸的主要组成成分，是生物体广泛存在的一类元素，去除培养基中的氮元素对微藻细胞是种非常剧烈的胁迫。微藻在缺氮之后会产生一系列的响应，主要的代谢过程和配子的形成发生变化，微藻缺氮时最主要的代谢改变是淀粉和脂类的积累，而淀粉水解是产生氢气时的重要电子来源。微藻在缺氮之后光化学活性和 psn 的活性都保持一个较高的活性，导致氢气的产生比缺硫之后推迟了两天，而且产氧量也比缺硫方法低约一半。氮胁迫也会引起 PSII 活性降低，淀粉和脂类在含有乙酸的培养基中积累。而氮胁迫引起 PSII 活性降低更慢，氧浓度降低较慢，这也是产氢的时间比缺硫更迟，产氢率更低的原因之一。当抑制光解水电子传递时，依靠 PSII 的直接途径产氢很低，但淀粉和脂类累积量比缺硫要高，可能细胞色素 b/f 复合体活性降低影响产氢。当在黑暗和低光照条件下，微藻产氢量相似，但黑暗条件下比缺硫条件显著提高，其电子来源被认为可能是蛋白降解。

磷胁迫和缺硫、缺氮相似，也引起 PSII 活性降低，消耗氧气，达到厌氧环境，氢酶表达产氢。在这个过程中也积累淀粉，但是 PSII 活性降低速度低于缺硫条件，氧气消耗也更加缓慢，可能与细胞中丰富的磷源有关。镁是组成叶绿素分子的重要成分，低浓度的镁会缩短 PSII 天线蛋白大小，降低光合活性。在缺磷过程中，PSII 活性降低 20%，淀粉积累，产氢时间比缺硫更长，且产氢累积量比缺硫大概高两倍。此外通过 DCMU 抑制实验发现大概 75%的电子供体为 PSII。

但是，通过缺 N、缺 P 来提高产氢的方法不论是细胞达到厌氧的时间、开始产氢的半时间以及最大产氢量都不及缺 S 这个方法的效率高。

## 二、酸碱度(pH)

藻液的 pH 值的稳定与微藻持续的光合产氢息息相关。有文献报道，藻液的 pH 值对于蓝藻和绿藻的光合产氢有十分重要的作用，它不仅影响了微藻光合产氢的效率，也对细胞内的有机物和代谢反应有着一定的影响。

因此，在缺硫背景下，人们研究了不同初始 pH 值对微藻的光合产氢的影响，通过优化初始 pH 值来达到通过微藻光合产氢的目的。随后的实验结果表明，不同的初始 pH 值对微藻的光合产氢有着不同程度的影响，通过筛选可以得到一个最优的 pH 值，通过它与生长 pH 值的影响产氢的不同生理参数的比较，可以找到在最优化 pH 值条件下提高微藻光合产氢的最有可能的作用靶点。

以衣藻为例，其氢酶活性的最适 pH 在 7. 2 左右。当在缺硫条件下，衣藻迅速积累淀粉，淀粉降解提供电子产氢，淀粉降解过程会产生甲酸、乙酸和乙醇等，而且蛋白在缺硫条件下降解，这些代谢产物可能影响培养体系 pH，降低产氢量。当用 pH 缓冲液培养衣藻产氢，产氢量提高 1. 3 倍，说明产氢过程的 pH 稳定有利于衣藻产氢。

## 三、光强

光照强度的大小对微藻产氢会造成不同程度的影响，主要是通过影响 PSII 的活性来影响微藻的光合产氢。光照提供了光能，被微藻利用来光解水产氢，但太高的光强会加重光损伤，更快降低 PSII 活性、减少电子、降低产氢。低光和高光不利于微藻光合产氢。在低光条件下，低的光氧化作用使得细胞无法达到并维持厌氧环境，氢酶活性的抑制使得产氢量降低；而在高光处理条件下，高的光氧化作用使得细胞已完全达到厌氧水平，但是 PSII 活性减弱即电子源不充足，从而也无法提高微藻光合产氢。因此，维持一个合适的光照强度对于提高微藻光合产氢是必要的。

以衣藻为例，当衣藻在光强 60~300μmol · $m^{-2}$ · $s^{-1}$ 连续产氢实验，发现随光强升高，产氢量越高，但在 200μmol · $m^{-2}$ · $s^{-1}$达到最高，300μmol · $m^{-2}$ · $s^{-1}$由于光损伤而抑制产氢。当减小 PSII 捕光蛋白后，突变体可在 350μmol · $m^{-2}$ · $s^{-1}$产氢，且高于野生型 6 倍。此外，用红光和远红光培养经黑暗处理达到厌氧的衣藻，发现红光可以持续光合产氢，而且调整光周期，可延长产氢时间。

## 四、温度

温度对绿藻生物量和产氢也有重要作用。温度影响细胞代谢速率，可以调控微藻代谢，特别是酶活反应、细胞透性和细胞组成。当把莱茵衣藻培养在 10℃ 和 40℃ 两个相对极端的环境下，发现细胞在高温下死亡，而低温下可以生长，虽然比适宜温度下光合活性更低，但细胞可以检测到产氢，且 PSΠ 对产氢的贡献降低，总产氢量比适宜条件下降低 4 倍。此外，温度可以影响气体（$CO_2$、$O_2$和 $H_2$）溶解度，对生物量和产氢影响比较大。

## 五、特殊化合物

1933 年，研究者发现一种特殊的化合物：3-(3,4-dichloropHenyl)-1,1-dimethylurea（DCMU），可专一性地抑制 PSII 的作用。先将莱茵衣藻放在没有光照且无氧的环境条件下，然后加入 DCMU 化合物培养一段时间，待培养液中的溶解氧被衣藻通过呼吸作用消耗完之后，再置于一定光照下继续培养，由于 PSII 受到 DCMU 的抑制，从而降低细胞内的氧气含量，所以有大量氢气产生。当加入 PSII 抑制剂后，培养基中的含硫营养物不需要再被移除，便可产生氢气。我国大连化物所也曾研究发现解偶联剂羰基氰化物间氯苯腙（Carbonyl-cyanide-m-chloropHenylhydrazone，CCCP）能够明显降低微藻光系统 II 的光合效率，从而抑制 PSII 的放氧活性，促进氢化酶表达，加速光照过程中氢气的产生。此外，产氢解偶联剂 FCCP，是一种 ATP 合成抑制剂，可以抑制 ATP 的合成，使供应氢酶的质子量增加，莱茵衣藻中加入 FCCP 可以使产氦提高 4~5 倍。

# 第五节　微藻制氢的应用技术

基于微藻产氢的基础研究方面取得的进展，目前也有一些产氢的技术被开发并优化。

## 一、直接光解水制氢

微藻通过光合作用系统将水分解成质子、电子和氧气，质子在可逆产氢酶的作用下被还原为氢气。由于该过程直接将水分解的电子与质子结合，将水裂解反应、光合作用的铁氧化还原蛋白还原反应与氢酶直接耦合起来，因此称为直接光解水制氢。此时系统产生的氢气、氧气同时存在，而可逆产氢酶对氧气极为敏感，当气相环境中氧气浓度接近 1.5%时，可逆产氢酶迅速失活，产氢反应立即停止。因此要实现光解水产氢的连续操作，就必须维持系统的低氧环境。目前的方法，可以采用氧气吸附剂、还原剂消耗掉氧气，或者利用连续通入氩气等惰性气体的方法在产氢过程中实现氧气的原位、快速分离。但这些方法处理成本较高，尤其是后一种方法获得的氢气浓度很低，造成氢气的分离回收困难，生产成本很高。而且，由于体系中的氢氧共存，也使得系统安全性降低。

## 二、一步法间接光解水制氢

间接光水解制氢可以实现氧气和氢气的产生在时间上或空间上分离。绿藻在不含硫的培养基中，光合作用放氧能力逐渐降低到小于呼吸作用的耗氧能力，使藻液保持厌氧状态，产氢酶表达水平高，放氢时间延长，产氢量显著提高。一步法间接光水解产氢工艺就是将藻细胞悬浮在无硫的培养液中，在厌氧条件下 3h 以诱导可逆产氢酶的表达，然后光照下绿藻细胞为了维持自身的生命活动，消耗体内营养物质，产生的电子通过电子传递链传到可逆产氢酶还原质子产氢，得到的气体含有氢气、氧气和二氧化碳，证明此过程与细胞体代谢有关，不能使氢气、氧气的产生完全分离。

## 三、二步法间接光水解制氢

缺硫培养条件下，电子是限制微藻光合产氢的主要限制因子。微藻在同化 $CO_2$转化为淀粉时，放出氧气。前者有利于酵解提供电子产氢，后者则抑制氢酶活性不利于产氢。因此，产氢可以采用二步法来生产，将氧气的产生和氢气的产生在时间上分开，使得产氧效率大大提高，并通过调控使之成为一个可持续几天的过程。第一步在完全培养基中培养微藻，积累光合同化产物淀粉。第二步离心收集藻细胞，将培养基中的含硫成分用氯化物代替，藻细胞在缺硫的培养基中不能合成功能完全的光系统Ⅱ，因为光合系统 PSII 中的 D1 蛋白氨基酸成分发生了改变，L159 亮氨酸被异亮氨酸代替，N230 天冬氨酸被酪氨酸代替。光系统Ⅱ不能够正常分解水，减少了氧气的产生。而另一方面藻细胞呼吸消耗氧气，因此产生了厌氧的环境，氢酶在这种条件下被激活，催化底物产生氢气，大幅度提高了产氢量。这种“两步法”也被应用到缺氮元素的方法中增加光合产氢。但这类方法的缺点是损害了光合系统，藻细胞的后续生长受到抑制，并且由“光合电子传递链”传递产生的电子源也就缺少了。其流程示意图见图 3-14。

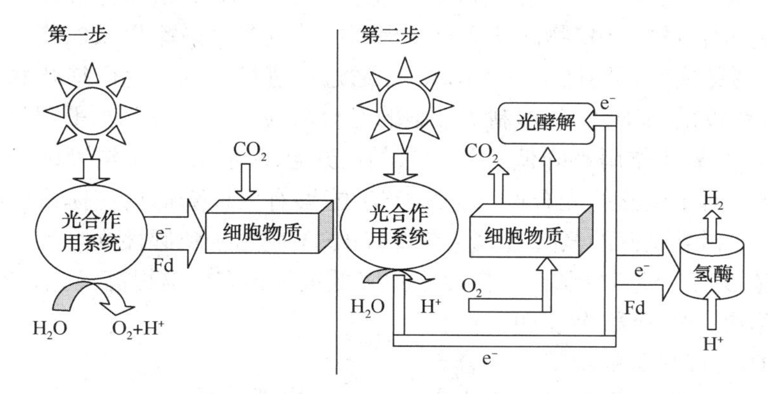


图 3-14　间接光解水制氢示意图

硫是绿藻光合作用、呼吸作用和光照产氢之间动力学转化的关键。筛选和改造获得高产氢藻种，对这一动力学内涵的详细研究以及进一步优化工艺路线，有可能获得更高浓度的氢气和更高的氢气产量。其显著特点是在时、空上分离产氢和产氧的过程，避免了氧对可逆产氢酶产氢的抑制、氢氧的分离纯化等困难。虽然操作复杂，但是产氢效率高、下游处理工艺简单等优点使其极具吸引力。因此，微藻可逆产氢酶两步法间接光水解制氢是当前微藻光生物水解制氢技术研究的热点。

## 四、细胞聚集法

反应体系中的微藻的细胞浓度会对其光合产氢明显地产生了影响。以小球藻为实验材料，通过添加高分子聚合物，利用硅胶将藻细胞包埋成团块，形成直径大小不一的细胞聚集体。研究发现，在将它们置于空气的环境下进行光合产氢，直径大小为 100nm 的复合体产氢速率最快。细胞聚集法提高微藻光合产氢的作用机理很可能是：在包埋的团块核心内部，光照强度大大的减少，小球藻的光合放氧速率有很大程度的降低，而小球藻的呼吸作用不受到影响，这就导致了小球藻的光合放氧速率低于其呼吸耗氧速率，在包埋团的内部形成了一个局部的厌氧环境(图 3-15)。氢化酶被激活后，将 PSII 中产生的电子经过光合电子传递途径，经过 PQ、Cyt6/、PC、PSI 到达 Fd，再由 Fd 传递给 HydA 进行光合产氢。在包埋的团块的外部，小球藻只进行光合作用，而没有光合产氢的现象。产氢量达到每升藻液 17mL 氢气，产氢量对于应用来说还需要进一步提高。利用细胞聚集法提高微藻光合产氢这种方法是在微藻光合产氢工业化应用上具有可行性，但也导致只有表面的藻细胞能被光线充分照射，产生光解水形成电子源，而内部的藻细胞因为缺少光照电子源不足，影响了产氢效率。步骤也比较烦琐，操作起来不够方便，产氢量对于应用来说还需要进一步提高。

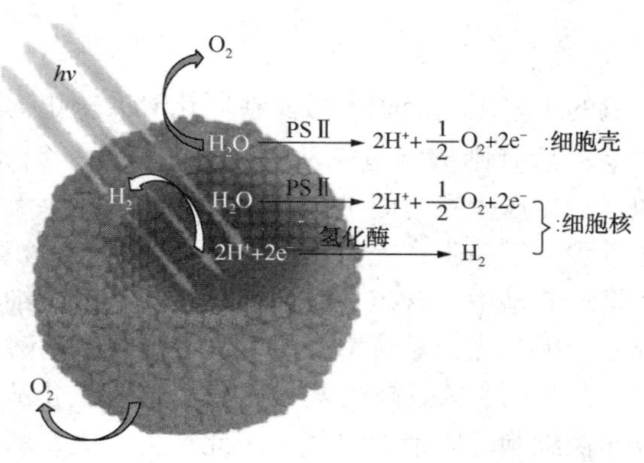


图 3-15 细胞聚集法产氢原理示意图

## 五、亚硫酸氢钠处理法

20 世纪 70 年代，中科院院士沈允钢等研究发现 $NaHSO_3$对植物光合作用有影响，用低浓度 $NaHSO_3$的水溶液喷施于植物的叶面可以提高叶片的光合效率以及农作物产量，并能维持较长时间。随后的实验证明低浓度 $NaHSO_3$是通过促进植物的光合磷酸化水平来提高其光合作用。然而高浓度的 $NaHSO_3$却抑制了细胞的光合活性，光合放氧水平明显下降，实验证明 $NaHSO_3$是通过光氧化作用来降低氧气含量的，并且随着 $NaHSO_3$浓度的增加，光氧化的作用也逐渐增强。对于微藻的光合产氢，$NaHSO_3$能够有效地降低反应体系中细胞内的氧气含量，进而极大地提高微藻的氢酶活性。在将 $NaHSO_3$应用于鱼腥藻光合产氢中，在优化了 $NaHSO_3$的作用浓度后，使其能够最大限度上地降低氧气，有效地提高其光合产氢 10 倍。应用于藻莱茵衣藻中，实验结果表明，优化浓度下的 $NaHSO_3$可以显著的提高其光合产氢高达 200 多倍。与缺硫营养胁迫造成产氢相比，$NaHSO_3$法产氢积累量更高，其最大产氢速率、光能利用率以及达到最大产氢量所用的半时间等参数都比“缺硫法”更加优越。$NaHSO_3$法提高微藻光合产氢的作用机理是 $NaHSO_3$能够吸收光合系统 Ⅰ 受体侧的超氧阴离子来降低反应体系中的氧气含量(图 3-16)，从而激活了氢酶，实现了微藻的持续性产氢；而在用 $NaHSO_3$处理后，PSII 的活性会有很大程度的下降，经研究发现限制其光合产氢的靶点是光合系统Ⅱ。

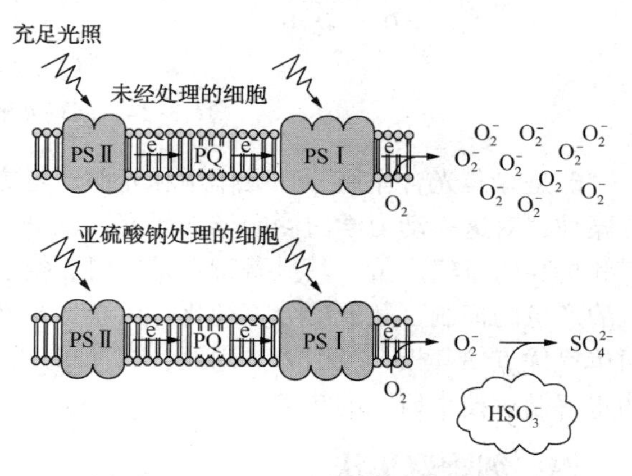


图 3-16 亚硫酸盐在高光下移除氧气的作用机理示意图

在高光条件下，亚硫酸氢根离子($HSO_3^-$)能够与PSI处的超氧阴离子($O^{2-}$)发生反应，生成硫酸根离子。这一反应间接地降低了细胞内$O_2$水平、建立了厌氧环境，从而激活了氢化酶和诱导了光合放氢。$NaHSO_3$促进微藻光合产氢是一种新型、高效、快速节能的产氢方法。这一方法简便易操作，且产氢迅速，但存在一定缺陷，$NaHSO_3$作为一种强还原剂，对藻细胞的PSII造成了一定的氧化还原损伤，一定程度上限制了微藻光合制氢的电子来源。

### 六、菌藻共培养促进产氢

微藻在生长过程中会产生氨基酸、酶、有机酸、维生素等，这些物质可以被细菌利用，而且细菌也会分泌一些对微藻有利或有害的物质，其中星杆藻和假单胞菌可分别分泌物质促进对方生长，存在互利共生关系。一些藻无法自身合成维生素B12，需要从环境中摄取，而一些细菌可以分泌大量维生素B12，促进藻类的正常生长。特别是，与微藻共栖的异养细菌有保护微藻的作用。细菌也可以降低微藻水环境中的溶氧，降低微藻因氧含量过高引起的光呼吸抑制光合作用，为藻提供适宜的还原性生长环境。衣藻与细菌共培养时，细菌可消耗培养体系氧气提高衣藻产氢量。

大豆慢生根瘤菌(Bradyrhizobiumjaponicum)有丰富的豆血红蛋白，对氧气有高亲和力，携带氧气进行呼吸代谢，可保护对氧敏感的固氮酶活性，当与衣藻共培养时或在衣藻中表达血红蛋白时，可增加呼吸代谢，快速降低培养体系氧气产氢，氢气产量可提高14倍。

### 七、制氢的生物反应器

流体动力学直接影响产氢过程中生物量和热传导。由于在微藻产氢过程中，流体动力学处理气体和液体在流动、混合和充气影响。气体改变对微藻影响较大，这是由于两个光合作用中的基础代谢。一是关于$CO_2$，其是以气体存在的无机碳源，可转化成有机碳；二是氧气来自水的光解，在光照条件下，$O_2$能形成活性氧(Reactive oxygenspecies，ROS)，会对细胞蛋白、脂质，甚至DNA水平造成损伤。因此，有效的方法是将多余氧气排出光反应器。很多微藻在液体培养时有鞭毛，而液体在流动会形成漩涡，有的甚至比细胞都小，会损伤细胞，大的漩涡则会造成对流。此外，由于在产氢过程中，氢气的过量累积会转向细胞其他代谢，导致氢气累积量降低，因此及时除去密闭光反应器积累的氢气对微藻产氢至关重要。

藻类细胞产氢反应器对提高产氢量和能量利用率有着重要的作用。但是藻光解水产氢研究还处于刚刚起步的阶段，因此微藻产氢反应器的报道很少。可放大规模的产氢反应器还在研究之中。考虑到生物产氢的经济性，特别是大量培养微藻产氢。一般而言，大范围培养微藻，需要开放的环境，但为了收集氢气，培养体系必须是密封的，而且需要透光，目前光生物反应器(Photobioreactors，PBRs)有螺旋管型、平行管型、栅栏管型、竖直平板型、气升型、折叠型、搅拌罐型和鼓泡塔形等。用于产氢的光生物反应器目前主要是竖直扁平板型、搅拌釜型和管道型。

## 第六节　生物质制氢的主要问题与发展前景

### 一、热化学转化制氢

生物质热解制氢技术具有工艺简单、能源利用效率高等优点，在使用催化剂的条件下，热解气中氢气的体积分数一般在30%~50%，由于载气（$N_2$、He等）的加入使得热解气的热值降低，限制了它的进一步利用。热解过程还会有焦油的产生，焦油不仅腐蚀和堵塞管道，还会造成环境污染等问题。自热重整技术有两种，相比较而言，绝热反应器的长度短，预热时间短，但反应较迟缓；换热反应器转化率高，催化剂需要量少，但体积大，布局庞大，启动慢。液相催化重整制氢以生物质解聚为前提，具有解聚产物易于集中、运输的优势，更适合大规模制氢，但技术更复杂，需加大研发力度。液相产物催化重整制氢工艺因其不同的反应特点有不同的研究方向，并且近年来对此的研究逐渐增多，逐渐成为一个制氢技术的新热点。

超临界转化法适合水分含量高的生物质，不用进行干燥处理，气化效率在低温条件下就可以达到一定高度，一直反应条件下含氢气体产物产量高，含氢量高，但工艺投资大，操作复杂，反应条件苛刻。国内外许多学者已经对超临界气化制氢的化学机理做了大量研究，对盐类、蛋白质和木质素在模型系统里的基本反应机理和影响已有充分理解。不过，生物质和模型化合物不同，组成是非常复杂的，还有很多问题需要研究。超临界气化制氢工艺还需要进一步优化。一是要用热交换器回收热量以提高系统能量效率；二是，要达到高加热速率。在实际应用中，观察到超临界气化实验中的腐蚀现象，腐蚀会影响反应器材料的稳定性。另外超临界中使用固体催化剂时由盐类造成的堵塞也是一个重要问题，盐类是有效的添加剂并且存在于生物质中，但它们会造成堵塞，因为盐类在超临界条件下的溶解度比较低。生物质给料方式也需要改善，生物质由泵提升获得所需的压力，因此，生物质必须转化成可用泵提升的浆液或水溶性物质。因此，该工艺操作稳定性和实用性需要进一步的验证。按当前发展趋势来看，超临界转化工艺日渐成熟，其中的不足之处正在被一一改善，估计其未来的应用会相当广泛。

为提高氢气得率，可将多种技术联合，先对生物质进行热化学转化，再对产物进行合理分配，将其中商业利用价值不高的产物提取重整，对商业价值高的产物进行提取利用。如进一步降低生产成本，不仅可以缓解能源危机，而且对社会的可持续发展具有重要意义，生物质制氢将会是未来的发展趋势。

## 二、微藻制氢

微藻制氢是一种清洁产氢的方式，其直接利用太阳能和水产氢。虽然微藻可逆产氢酶光水解制氢的研究近来有所突破，但离实用化还有相当大的距离。国际能源署的评估报告指出，微藻光水解制氢的光能利用率必须接近10%才有实际应用意义。当前，大部分微藻只能捕获3%~4%的太阳能。低光能转化效率及氧气抑制氢酶阻碍了微藻产氢的工业化。

目前主要从细胞的培养技术、高效培养和产氢光生物反应器的构建、藻种筛选与基因改造等方面来提高光能转化效率。在培养技术方面，利用固定化方法可以超过1%的光能转化效率。利用光生物反应器理论上可提高到12%~14%，但目前实验中还只能达到3%左右。

在两步法间接光水解制氢过程中，高效廉价的光生物反应器的开发是微藻可逆产氢酶光水解制氢实用化的另一关键课题，包括光生物反应器的设计、优化、构建和操作等内容。光生物反应器的“自屏蔽问题”一直困扰着光生物水解制氢的发展。应着手研究光强度、光波长变换、细胞固定化、光生物反应器结构等课题，以构建可稳定持续产氢的光生物反应器。针对微藻制氢的特点，一般采用具有一定斜度的平行塑料管组成的管式反应器，同时还应装备内部气体交换和外部水沫制冷配件。这种设计并不能增加光反应器的生产效率，但能降低固定资产投资和运行费用。从实用角度看，微藻光水解制氢的反应器系统应该包括微藻的高密度培养、产氢酶的暗诱导和光照产氢三个部分。微藻的高密度培养研究相对比较成熟，可以采用大规模培养的室外管式光生物反应器。目前实验室研究微藻间接光水解制氢可以用一个反应器，暗诱导和光照产氢在不同的时间内完成，为下一步的连续制氢研究提供工艺参数。要使微藻光水解制氢投入实际应用，必须实现连续大规模制氢。

在藻种方面，优质的产氢藻种既要求产氢效率高，还要求耐受高的氧气浓度。多年来，科学家在藻种的筛选方面做了许多工作，但目前还未获得满意的产氢藻种。随着微藻生物制氢的化学和生物学机制的阐明，可通过分子生物学技术进行基因改造，以获得易于高密度培养、产氢效率高、抗氧能力强的基因工程藻，同时还可通过减小藻类集光色素尺寸，增加光在藻液中的穿透深度，使光合作用效率和产氢效率提高。目前对产氢藻种的筛选和改造也是这方面研究的基础和核心。

微藻可逆产氢酶光水解制氢是由产氢和产氧两个相互矛盾的反应步骤组成的，其速度限制因素可能是光系统的光化学还原、质体醌的氧化还原、类囊体跨膜质子梯度以及细胞氧化还原状态等。由于氧气强烈抑制可逆产氢酶的活性，系统中存在反馈抑制。实验研究表明，氧气一旦生成，只有被消耗掉或被移走，才能使产氢继续进行，否则产氢停止。因此，直接光解水制氢需要复杂的工程设备，即整个太阳光捕获区需要密闭在光反应器中，以高效地捕获、积累和储存能量。所以，在大规模生产中，直接光解制氢的技术可靠性较差，难以达到经济开发的目的。间接光解水制氢以二氧化碳为媒介，使用代谢转换开关，可以分隔产氢、产氧这两个反应，有望解决可逆产氢酶遇氧失活的难题。特别是，两步法间接光水解制氢可以在开放式的培养池中固定二氧化碳和释放氧气，在体积较小的密闭光生物反应器中产氢，以降低设备造价和操作费用。因此无论从制氢原理还是工程实用化看，可逆产氢酶两步法间接光水解制氢是微藻光生物水解制氢研究最有发展前景的方向之一。

总之，影响微藻产氢的因素很多，但各因素之间的相互作用和产氢机理还有待进一步探索。目前的研究尚处于实验室阶段，要想使其实现工业化、产业化存在许多需要解决的问题。从新能源的研发与环境需求考虑，生物制氢无疑是最为理想的制氢技术。然而生物制氢的成本及价格目前还难以达到能源氢的需求，要达到这一效率还需要较为漫长的路程。

## 三、发酵制氢

目前采用暗发酵、光发酵以及二者的联用发酵制氢，都存在着原料来源虽广，但能够高效产氢的可用原料并不多，而且使用的微生物的量品稀少的问题。大规模生产氢气时，对原料的需求量很大，但各原料本身的成分存在差异，导致产氢效果不同，需针对性地调整培养工艺，提高了成本，也影响了产氢的效果。此外，暗发酵制氢虽稳定、快速，但由于挥发酸的积累会产生反馈抑制，从而限制了氢气产量。需要采取不同实验，得到各物料的含糖量、含氢量、适于的微生物种类、最佳匹配比例值、适合的最佳 pH 值。需要制备适合微生物发育的工业环境，通过剥离、投入、导氢、除废、再量化投入物料，循环制氢，减少微生物的单方面培养，缩短产氢的时间段数。

利用微生物降解糖料作物制取氢气，反应设备的成本较低、易于运行，更易实现大规模连续稳定生产。既可以获得大量清洁的氢气，又不会消耗太多的能源，在制氢的同时净化了废水，处理了废料，安全环保，产氢剩余废料可投入田地进行二次回田，增加土地的肥沃程度，因此发酵制氢也是非常有潜力的产氢方式。

# 第四章 生物质气化技术

## 第一节 生物质气化技术概述

### 一、生物质气化概念

生物质气化原理指在一定热力学条件下，借助空气、水蒸气的作用，使生物质高聚物发生热解、氧化还原、重整反应；而热解伴生的焦油进一步热裂化或催化裂化为小分子碳氢化合物，获得含 $CO$、$H_2$和 $CH_4$、$C_mH_n$等烷烃类碳氢化合物的燃气。生物质气化技术是一种热化学转换利用技术，是将低品质生物质通过反应器转化成高品质清洁燃气的过程。

生物质气化过程根据反应温度和产物不同，可以分为四个阶段：干燥阶段、热解阶段、氧化阶段和还原阶段。

#### （一）干燥阶段

湿物料的水分脱除过程，物料化学组成几乎不变。当生物质原料加入反应器后，首先被加热，析出生物质中所含水分。

#### （二）热解阶段

生物质被加热到 200~250℃时，生物质组分开始发生热分解，大分子的烃类化合物长链被打断生成热解气体(主要是碳氢气体、氢气、焦油、水蒸气、一氧化碳、二氧化碳)、固体碳和灰分。热解是高分子有机物在高温下吸热所发生的不可逆裂解反应。

#### （三）氧化阶段

也称燃烧过程。在有氧(或空气)参与的气化过程中，氧气与热解气中的可燃性气体和固体碳发生燃烧反应，释放出热量来维持热解过程和还原所需能量。

#### （四）还原阶段

燃烧后的水蒸气和二氧化碳与固体碳通过还原反应，碳进一步转化为一氧化碳和甲烷等可燃气体。还原反应是吸热反应，温度越高越有利于还原反应进行。

制备可燃性小分子气体可通过热解技术(干馏)和气化技术两种方法制备。两者之间的区别在于，热解技术(干馏)是密闭环境的裂解反应，而气化技术是需要气化剂参与的裂解反应，气化反应产物燃气热值比较低，一般为 4~6MJ/$m^3$，而热解则不需要气化剂，其产物是液、气、炭三种产品，一般为 10~15MJ/$m^3$的中高热值燃气。气化和热解通常是相互依存的，一般认为热解是气化的第一步，生物质通过首次热解生成挥发性气体、大分子有机烃等芳香化合物以及固态炭；而后续的气化过程是利用气化介质将固态炭通过化学转化生成可燃性气体的过程(图 4-1)。

生物质气化的最终目的是得到洁净的燃气，但是一些大分子有机物由于没有充分的热解气化而成为大分子烃类有机物(焦油)，焦油同燃气混在一起逃逸出气化炉。由于焦油遇冷凝固造成燃气使用过程中的污染和管道的堵塞，因此在热解气化过程中常要采用催化剂来抑制、转化或消除热解气化反应过程中产生的焦油。

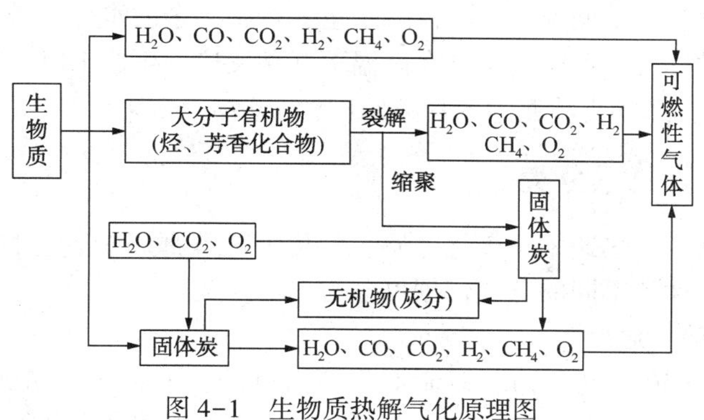


图 4-1　生物质热解气化原理图

## 二、气化的生物质种类

通常来说，作为气化发电原料的生物质主要划分为如下四类。

### （一）木材残余物

燃料木材、木炭、废弃木材和森林的残余物等作为原料，在流化床反应器中，气化得到低热值 6. 49~15. 48MJ/kg 的合成气。阿拉伯胶树为原料在开心式气化炉中气化，合成气热值可达 4. 39MJ/$m^3$。桃树剪枝为原料通过下吸式固定床中气化，在不同入料粒度下，合成气低位热值达到 4. 40~4. 70MJ/$m^3$。固定床气化反应器中使用两级下吸式空气给入，以木片为原料生产的合成气最大低位热值达到 5. 28MJ/$m^3$。气化得到的木炭有较高热值，达到 30. 63kJ/kg，可用来制作型炭和速燃炭等燃料。木质素气化研究已经成为热点之一，制浆造纸工业中每年产生约 5000 万吨的木质素副产物，也可作为生物质气化的原料。木质素气化主要反应产物为 5-羟基苯乙醛和十二烷基苯酚。在 3-乙酰基苯酚和水的后续反应中，主要产物为 CO、苯酚和甲醛等。

### （二）农业废弃物

通过秸秆气化得到的合成气，热值一般在 4. 20~7. 56MJ/$m^3$之间，属低热值可燃气，且合成气中焦油含量高，容易造成管路堵塞，设备使用寿命缩短。畜禽粪便气化可得到固体粪便炭、提取液和可燃气等产品，其合成气热值在 6. 60~11. 50MJ/$m^3$。畜禽粪便气化与其他原料相比较，气化产品多，且均能做资源化利用，固体产品畜禽粪便炭具有一定的孔隙结构和比表面积，可以用于土壤改良剂以及缓释肥，也可以用于低热值燃料。

### （三）能源作物

在流化床气化炉中对棕榈果壳进行气化，其合成气热值达到 14. 37MJ/$m^3$。棕榈果渣在流化床中的气化过程，最优条件下，合成气热值达到 15. 26MJ/$m^3$。棕榈壳和废弃聚乙烯为原料在流化床中使用水蒸气催化气化，最优条件下，合成气产率达 422. 40g/kg，其中 $H_2$产率达到 135. 27g/kg。木薯加工过程中也会产生大量的固体废渣，占原料的 15%左右，木薯渣在不同氛围下的热解气化过程，当使用空气-水蒸气作气化剂时，合成气热值达 6. 88MJ/$m^3$。

### （四）城市固体垃圾

与上述原料相比，城市生活垃圾的热值较低，组成复杂，主要包含餐厨、废塑料、废纸、果皮、废弃木料和杂草等。城市垃圾进行气化，其合成气低位热值在 1. 88~10. 21MJ/kg 之间浮动。目前城市固体垃圾气化面临的困境是，气化原料的水含量一般要低于 35%，而餐厨水分含量高，气化前须干燥预热、降低含水量，否则多余的水分会带走热量，造成能量损失。废塑料在气化过程中，不同的组分在高温下互相反应，生成 HCl、溴化物等有害物；城市垃圾的 N、S 元素，经气化转变为 $SO_2$和 $NO_x$等污染物。

## 三、生物质气化技术分类

生物质气化温度、加热速率、气化介质、气化工艺等都影响着生物质热解过程和产物。气化热解根据反应条件和不同的分类依据可分为如下几类：

### （一）按热气化最终温度

可分为低温气化（500～700℃），以制取焦油为目的；中温气化（700～1000℃），以生产中热值气为主；高温气化（1000～1200℃），即炼焦过程，生产高强度的冶金焦；超高温气化（>1200℃）。

### （二）按加热速率

可分为慢速热解气化（1℃/s）、中速热解气化（5～100℃/s）、快速热解气化（500～100℃/s）和闪速热解气化（>100℃/s）。

### （三）按气化介质类型

可分为空气、氧气、空气-水蒸气、氧气-水蒸气、氢气气化等主要类型。

### （四）按气化的机制

分为直接热解气化和催化热解气化。直接热解气化的产气率和气体热值均较低，而且燃气中的焦油含量较高；催化裂解气化是指对燃气进行二次催化裂解反应，旨在降低气化反应活化能，分解气化副产物焦油使其成为小分子的可燃气体，增加产量，改善燃气品质。

### （五）按气化工艺模式

分为单床和多床热解气化。双床热解气化是热解气化的典型形式，它将热解气及挥发物与焦炭分离，焦炭在另一燃烧床中被燃烧并加热中间介质，空气只在燃烧床中出现，热分解气化产物也不会被 $N_2$所稀释，在气化和燃烧床中分别使用水蒸气和空气气化剂，用这种方法可以既不用氧气也不用外加热源就可获得 10.7MJ/$m^3$的中热值气体。

## 四、气化热解技术

使用气化介质的生物质气化是一种复杂的非均相与均相反应过程，其主要发生的反应是：①生物质碳与合成气之间的非均相反应；②合成气之间的均相反应。按气化剂的种类划分为如下气化过程：空气气化、氧气气化、水蒸气气化、$CO_2$气化、空气-水蒸气气化、氧气-水蒸气气化、热解气化、氢气气化和空气加氢气化等。使用不同的气化介质可以得到气体组分和含量有很大差别的混合气体。

### （一）空气气化

空气气化是以空气为气化剂的反应过程。生物质的可燃成分与空气中的氧气通过氧化反应，放出热量为气化反应的其他过程如热分解和还原过程提供反应的热量，因此生物质整个气化过程是一个自供热系统。由于空气可以任意获取，气化反应又不需要额外热源，所以空气气化是目前最简单经济且易实现的气化形式，应用非常普遍。其缺点是空气中含有 79%氮气，它不参加反应，却稀释了燃气的浓度，降低了燃气热值，但在近距离燃烧和发电时，空气气化仍是最佳选择。典型的气体成分（体积分数）为：$N_2$ 45%～55%、$H_2$ 3%～8%、$CO_2$ 10%～16%、CO 15%～25%、$CH_4$ 4%～8%、$C_nH_m$ 1%～2%，为低热值气体，热量在 5000kJ/$m^3$左右。

空气流量是气化炉长周期经济稳定运行的重要影响因素，过小会造成生物质燃烧的过度缺氧，反应温度过低且不完全，有效成分总量减少，生物质焦油总量增多，堵塞后续二次设备管道，影响实验结果。流量过大，导致气化反应速度过快，燃气产量虽高，但容易造成过氧燃烧，使可燃成分含量减少，同时还引起气流速度快，将反应残余的炭粒和生物质灰带到随后的反应装置中，既造成能源浪费，又增加了后续处理设备负担。空气当量比(ER)，是指可燃混合气中理论上可完全燃烧的实际含有的燃料量与空气量之比。ER>1，表示可燃混合气中所含试剂空气量少于所必需的理论空气量，即空气不足；ER<1，则表示可燃混合气中所含实际空气量超过所必需的理论空气量，ER 对生物质气化有着极其重要的影响。随着当量比的增加，气化炉反应温度升高，氧化层、还原层持续稳定在 1000℃ 和 900℃ 左右，$H_2$、$CH_4$、CO 气体含量减小，焦油含量降低，但同时也使燃气热值降低，产率近似呈线性增加，最佳 ER 为 0.25~0.26。

生物质气化领域内提出了一种高温空气气化技术(HTAG)，主要采用高温空气对生物质进行高温气化，获得的燃气具有热值较高、焦油和酚类的含量极低、对外界的污染很小等特点。为了将 HTAG 技术应用于煤、垃圾衍生物以及其他固体废弃物等燃料，提出了多段焓提取技术(MEET)，并设计出 MEET 高温空气预热器，见图 4-2。燃气及助燃空气进入 B 面燃烧室燃烧放热，高温燃烧烟气经过蜂窝陶瓷蓄热室进行热交换降温至 150℃后被排出。与此同时，常温空气经过 A 面高温的蓄热室被加热至 1000℃以上，被加热后的高温空气一部分被排出，另一部分进入燃烧室用于助燃燃气。经一段时间后进行对 A、B 两面进行切换，由 A 转换为 B。如此循环，便能持续不断提供高温空气。将高温空气气化技术引入生物质处理，将高温空气气化多段焓提取技术与整体煤气化联合循环技术(IGCC)相结合形成 MEET-IGCC 系统，结果发现，该系统具有灵活机动、适应性高、燃料适用性广的特点，同时空气过剩系数可以大大减少，合成燃气热值也能得到较大提高，系统热效率可达 40%以上。

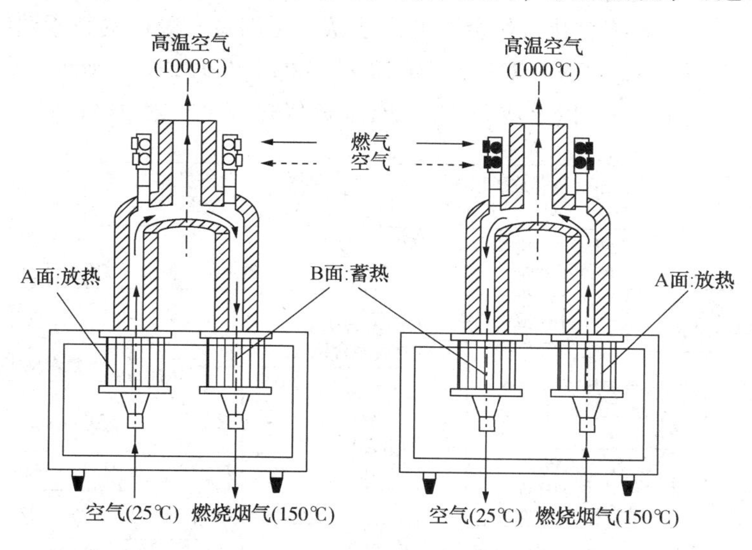


图 4-2　多段焓提取高温空气预热原理图

## (二) 氧气气化

氧气气化是一种利用富氧与生物质的部分燃烧为热解还原反应提供所需的热量和产生燃气的过程，其反应实质和空气气化相同，但没有 $N_2$ 这种惰性气体稀释反应介质，减少加热

$N_2$所需的热量，在与空气气化相同的当量比下，气化反应温度显著提高；速率明显加快；反应器容积减少；气化热效率提高；气化气热值提高1倍以上；在相同气化温度下，耗氧量降低；当量比减小；氧气气化产生的气体热值与城市煤气相当，因而也提高气体质量。在该反应中应控制氧气供给量，既保证生物质全部反应所需要的热量，又不使生物质同过量的氧反应生成过多的二氧化碳。但仍存在缺点，如需要昂贵的制氧设备；额外动力消耗；成本高；总经济效益不高。燃气中CO、$H_2$含量较高，$CH_4$含量较低。氧气气化生成的可燃气体的主要成分为一氧化碳、氢气及甲烷等，典型的气体成分(体积分数)为：$H_2$ 9%~12%、$CO_2$ 20%~25%、CO 49%~53%、$CH_4$ 9%~11%、$C_nH_m$ 1%~2%，其热值可达12000~15000kJ/$m^3$，为中热值气体。

**(三) 水蒸气气化**

水蒸气气化是以高温水蒸气作为气化剂，需提供外热源才能维持的吸热反应过程。它不仅包括水蒸气-碳的还原反应，尚有水蒸气-CO的变换反应等各种甲烷化反应以及热分解反应。相比于空气、氧气-水蒸气等气化方式，水蒸气气化产氢率高，燃气质量好，热值高。由于气化反应主要为吸热反应，高温蒸汽的输入不仅均匀炉内温度场；而且促使生物质燃料的热传递，提高燃料内部结构快速裂解；更重要的是水蒸气气化相比空气气化具有更高的气化相变焓和较高活化能，促进蒸汽还原反应和重整反应进行，进而提高了气化气的产氢率。在高温水蒸气气氛下的生物质中的纤维素、半纤维素和木质素转变的活化体发生裂解、脱羧基及羟基的反应，在此时碳环的开环反应也变得利于进行，之后随着反应的进一步进行，蒸汽与碳氢化合物发生重整反应促使气化气中氢气含量较高，以及生物质碳向小分子气体转化。由图4-3可知，采用生物质高温水蒸气气化技术可以有效抑制焦炭和焦油产生，提高了碳的转化率和气化效率(虚线方向表示高加热速率和高温条件下反应较易进行的方向，实线方向表示中温及中加热速率条件下较易进行的方向)。同时，使用催化剂能促进焦油催化裂解，提高反应速率，改善气化气组分，此方法认为是高效、经济的技术路线。典型的水蒸气气化气体积分数为：$H_2$ 20%~26%、CO 28%~42%、$CO_2$ 23%~16%、$CH_4$ 20%~10%、$C_2H_2$ 4%~2%、$C_2H_6$ 1%、$C_3$以上成分3%~2%，燃气热值17~21MJ/$m^3$。

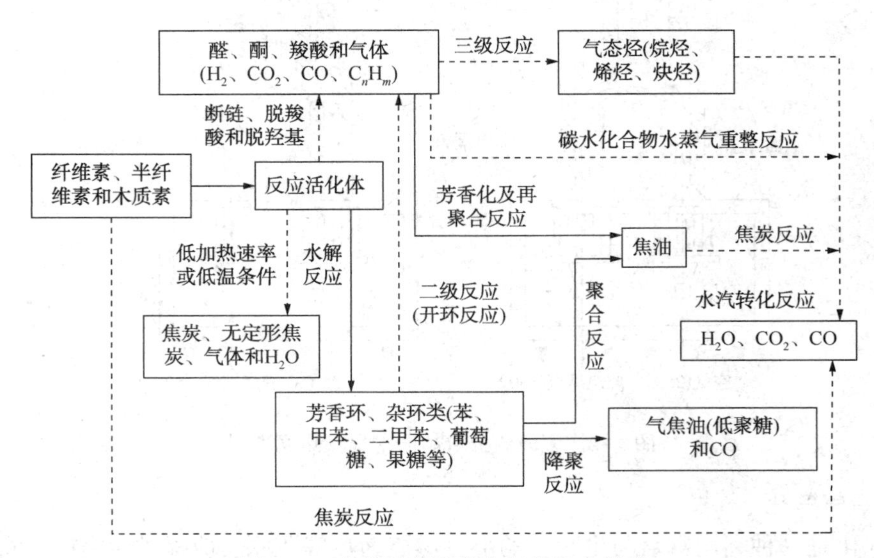


图4-3 生物质高温蒸汽气化反应机理

由于高温过热水蒸气的制备存在很多困难，在现有的报道中，水蒸气气化技术大多是利用低温饱和水蒸气通过反应炉的炉温、反应放热或电加热的方式对水蒸气进行加热，但这种方式会造成反应热量的减少，降低反应效率，从而影响气化制氢反应的进行。由于高温水蒸气的制备非常困难，传统的换热方式不能达到要求，这就需要探索高温水蒸气制取的新方法。利用高温蒸汽气化（High temperature steam gasification，HTSG）技术，将蒸汽温度提高到600℃以上对不同生物质进行气化的研究结果表明，高温蒸汽气化所得气化气中 $H_2$ 含量可达40%~60%，较传统蒸汽气化所得 $H_2$ 含量（20%~26%）有了较大幅度的提高。但由于普通反应炉主要以钢为材料，而钢管在大于600℃时存在韧性下降，易破裂，易腐蚀等问题，会限制高温水蒸气的生产。所以在研究高温蒸汽的制备技术过程中也要考虑开发合适的耐高温蒸汽的设备和工艺条件。

**（四）空气（氧气）-水蒸气气化**

空气-水蒸气气化是以空气和水蒸气同时作为气化介质的气化过程。空气气化相对于氧气投资少，可行性强，在工业应用中较多，但氢气体积分数只占8%~14%。水蒸气气化产物中 $H_2$、$CH_4$ 居多，$CO_2$、CO 等含量较少，而只有当水蒸气的温度达700℃以上，焦炭与水蒸气的反应才能达到理想的效果，因此反应时需外加热源。而空气-水蒸气气化综合了空气气化和水蒸气气化的特点，既实现了自供热，又可减少氧气消耗量。

由表4-1可见，空气-水蒸气气化更有利于提高燃料气中 $H_2$ 的体积分数。其发生的主要反应为

$$C+O_2 = CO_2 \qquad 2C+O_2 = 2CO \qquad C+CO_2 = 2CO$$

$$C+H_2O = CO+H_2 \qquad C+2H_2O = CO_2+2H_2 \qquad C+2H_2 = CH_4$$

$$CH_4+2O_2 = CO_2+2H_2O \qquad 2CO+O_2 = 2CO_2 \qquad CO+H_2O = CO_2+H_2$$

**表4-1 四种气化方式所得气体体积分数** %

| 气体 | 空气 | 氧气 | 水蒸气 | 空气-水蒸气 |
|---|---|---|---|---|
| $H_2$ | 12.0 | 25.0 | 20.0 | 30.0 |
| $O_2$ | 2.0 | 0.5 | 0.3 | 0.5 |
| $N_2$ | 40.0 | 2.0 | 1.0 | 30.0 |
| CO | 23 | 30.0 | 27.0 | 10.0 |
| $CO_2$ | 18.0 | 26.0 | 24.0 | 20.0 |
| $CH_4$ | 3.0 | 13.0 | 20.0 | 2.0 |
| $C_nH_m$ | 2.0 | 4.0 | 8.0 | 7.5 |

**（五）氢气气化**

氢气气化是使氢气同碳及水发生反应生成大量的甲烷的过程，其反应条件苛刻，需在高温高压具有氢源的条件下进行。其气化气热值可达22260~26040kJ/m$^3$，属高热值气化气，反应需在高温高压且具有氢源的条件下进行，条件苛刻，此类气化不常使用。

**（六）热解气化**

热解气化是将农作物秸秆在热解炉中进行隔绝空气干馏，获得以 $CH_4$、$H_2$ 为主的中热值可燃气，同时获得木炭和木焦油等产品。这种方法既不用氧气也不用外加热源，气体热值可达10.9MJ/m$^3$以上。

## 五、生物质气化工艺的影响因素

生物质气化过程中受很多因素影响，如生物质种类及其预处理、生物质进料与气化剂供给速率，反应器内温度压力等。这里仅详细讨论反应温度、气化介质、催化剂、当量比、表观速度、含水率、化学成分对气化工艺的影响。

### （一）反应温度的影响

温度是生物质气化过程中重要的工艺参数，对产出气的种类及组成分布、热解速率及反应的热量变化有很大影响。随温度升高，气体产率增加，反应速率增大，而对产品气组成影响则随实验条件的不同而不同。例如，流化床制氢的实验中得出高温利于合成气生产和焦油分解，温度由 720℃升至 920℃过程中，CO 含量显著增加，820℃时 $H_2$产率和碳气化率有最大值。温度升高，$H_2$和 CO 的产率曲线都呈上升趋势。

### （二）气化介质的影响

目前生物质气化技术中采用的气化介质有空气气化、富氧气化、空气–水蒸气气化和水蒸气气化。纯水蒸气作为气化介质，对反应容器压强有更高要求，而且后期的维护修理困难，花销大。空气气化介质操作及维护都较方便，较为常用，但是空气中富含大量的 $N_2$，降低了氧浓度，使得产出气品质降低。在空气–水蒸气中气化可获得高热值的合成气，运行生产成本低。当温度升高，增加水蒸气量可明显提高气化效率，碳转化率高达 91%以上。选择富氧气体(或含水蒸气)避免了 $N_2$对氧的稀释，降低了热解平衡温度，加快气化反应，提高了碳转化率和合成气产率，优化了产品组成。

### （三）催化剂的影响

生物质热解气化过程中产生大量焦油，在高温气化阶段尽管有部分焦油二次裂解，但一段时间后焦油还是会积累在管壁上形成厚厚的油层，堵塞管道影响气体的输送，加速设备老化，对于热解气化过程以及相关的设备都有不利的影响，因此使用催化剂加快对焦油的催化裂解，解决设备清洁安全问题，保证正常的热解气化过程是很有必要的。例如，当使用铁镍、高铝砖、白云石、石灰石为催化剂时，明显提高了焦油的转化率。在低于 800℃的区间石灰石催化效率最好，大于 800℃的高温区，白云石的催化效果超过石灰石。白云石和石灰石共催化下合成气体积分数更大，高铝砖的催化效果对合成气量的贡献随反应温度升高而增大。

### （四）当量比的影响

然而随着当量比的增加，原料消耗量越大，产气量也越大，在达到最佳当量比值之前，可燃气中的 $H_2$和 CO 含量不断增加，随之热值也不断上升；一旦超过最佳当量比值，$H_2$和 CO 的含量不断减少，$O_2$和 $CO_2$含量增加，随之热值也不断减少，且带入 $N_2$的量也越多，$N_2$作为一种热载体，跟随可燃气被抽出后，也将带走越来越多的热量，使得氧化区的温度逐渐下降。。

### （五）表观速度的影响

表观速度(SV)是指可燃气通过气化炉横截面上最窄部位的速度(m/s)，之所以称为表观速度是由于气流必须通过炉内的炭床层和高温喉区，造成其流速比实际气流速度小，实际气流速度一般为表观速度的 3~6 倍。研究表明，表观速度会显著影响气体产率、气体热值、原料消耗量以及炭和焦油的产量。当 SV 为 0.4Nm/s 时，气化效果最佳，不仅气化炉效率高，而且可燃气中焦油含量低。SV 过低时，炉内热解气化速度减慢，炭和焦油的产率显著增加；相反，SV 过高，炉内热解气化速度加快，炭产率下降，氧化区可燃气温度上升。SV 过高还会导致气体在炉内的停留时间减少，使得可燃气热值下降，燃气中焦油裂解不充分。而且随着 SV 的增加，将带入更多的氧气，使得原料燃烧加剧。燃烧释放的更多能量还加剧了干燥和热解过程。因此，在燃烧、干燥和热解过程加剧的共同作用下，生物质消耗率增加。

**（六）含水率的影响**

生物质进入气化炉后，生物质中自由水和结合水会在干燥区蒸发，这个过程需要消耗大量的热量。若生物质含水量过高，必将使气化炉内反应温度降低，导致各反应区反应不充分，降低可燃气质量和产量，影响气化效果。有研究发现随着物料含水量的上升，不仅使得原料消耗率降低，还会造成原料热解不充分、可燃气质量下降。因此，对于下吸式气化炉，原料的含水率要低于40%（干燥基），大部分的生物质都需要经过干燥预处理后才能进入气化炉。但是适量的含水量有利于可燃气中 $H_2$ 含量的增加。

**（七）化学成分的影响**

气化过程都是围绕生物质中碳、氢、氧三种主要元素展开的，生物质中这三种元素及其构成的化合物之间的化学反应构成了气化过程的主要反应。C 是生物质中的主要可燃元素，可与氧发生氧化反应为其他吸热的气化反应提供热量，也是可燃气中 CO 和 $CH_4$ 的 C 元素的直接来源。H 是生物质中仅次于 C 的可燃元素，是可燃气中 $H_2$ 和 $CH_4$ 的 H 元素的直接来源。O 元素在热解过程中被释放出来满足燃烧过程对氧的需求。

## 第二节　生物质气化设备类型及操作参数

生物质气化设备主要分为固定床气化反应炉、流化床气化反应炉和气流床气化反应炉三种气化炉。固定床气化炉气化的优点是原料不需要预处理、设备结构简单、布置紧凑、燃气中灰分含量较低，但固定床气化炉的致命缺点气化强度和碳转化率较低，再加上加料和排灰问题，导致不能连续运行的方式、不便于放大。生物质流化床气化的研究比固定床晚许多，借助流态化原理，其中物料颗粒、热载体和气化介质充分接触，气化反应速度相对较快，停留时间太短，导致排出的灰和飞灰中碳含量较高，同样造成整个碳转化率较低。气流床气化技术原理是借助原料与气化剂同时通过喷嘴产生高速射流送入气化炉，在射流作用下，实现物流间诸如热解、燃烧、气化等一系列复杂过程。其优点具有气化温度高（可达 1100～1300℃），碳转化率高（可达 100%）的优点，并且气化气中焦油含量很少。

目前商业运行的装置中，75%采用下吸式气化炉，20%采用流化床，2.5%采用上吸式气化炉，剩余 2.5%采用其他形式汽化装置。图 4-4 中所示的是气化器的分类结构图。

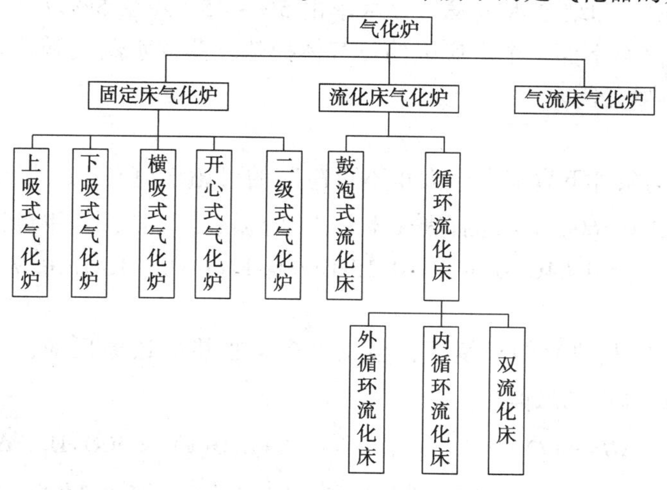


图 4-4　生物质气化炉分类

## 一、固定床气化炉

固定床又称填充床反应器，装填有固体催化剂或固体反应物用以实现多相反应过程的一种反应器。反应物通常呈颗粒状，粒径2~15mm，内设有格栅。反应物在格栅上堆积成一定高度(或厚度)的床层。在固定床气化炉中，物料床层相对稳定，会依次进行干燥、热解、氧化以及还原等反应，最后转化为合成气。根据气化剂和合成气进出方向的差异，气化反应器能划分为下吸式气化炉、上吸式气化炉、横吸式气化炉、开心式和二级式气化炉。

固定床气化炉的优点是结构简单、操作稳定性好、气体产物中焦油含量较少；其缺点包括：处理量小、气化效率较低、气体中灰分较多、难以精确控制气体产物的成分等。

### (一) 下吸式气化炉

下吸式气化炉是物料从顶部加入，作为气化剂的空气也由顶部加入，物料依靠重力形成自由下落。经过干燥区使水分蒸发，再进行热解反应，氧化还原反应等，其工作原理图如图4-5所示。下吸式固定床气化过程从上至下主要分为4个反应区：干燥区、热解区、氧化区和还原区。

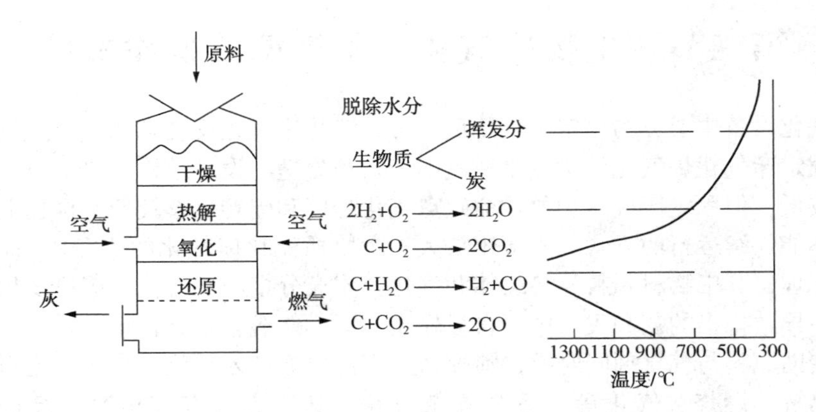


图4-5 下吸式固定床气化炉及其热解特性

1. 干燥区

生物质中的自由水和结合水蒸发，含水率由5%~35%降至5%以下，干燥区的温度为30~200℃。湿料同来自下面三个反应区的热气体换热，蒸发水蒸气随着热气流上升排出气化炉，干物料落入热解区。

2. 热解区

生物质在缺氧的条件下裂解产生大量不可冷凝的可燃气($CO$、$H_2$、$CH_4$等)和可冷凝的焦油，温度范围为200~600℃。此后热气体上升到干燥区，而炭则下降到还原区。

$$CH_{1.4}O_{0.6}=0.64C+0.44H_2+0.15H_2O+0.17CO+0.13CO_2+0.005CH_4$$

3. 还原区

在800~1000℃以及缺氧的环境下，会发生多个吸热的还原反应，增加可燃气中$CO$、$H_2$、$CH_4$的含量，提高产气热值。

$C+CO_2 \longrightarrow 2CO$；$\Delta H=+172.47kJ$　　$C+H_2O(g) \longrightarrow CO+H_2$；$\Delta H=+131.30kJ$

$C+2H_2O(g) \longrightarrow CO_2+2H_2$；$\Delta H=+90.17kJ$　　$C+2H_2 \longrightarrow CH_4$；$\Delta H=-74.81kJ$

$CO+3H_2 \longrightarrow CH_4+H_2O(g)$；$\Delta H=-206.11kJ$　　$CO_2+4H_2 \longrightarrow CH_4+2H_2O(g)$；$\Delta H=-164.94kJ$

$2C+2H_2O \longrightarrow CH_4+CO_2(g)$；$\Delta H=-15.32kJ$　　$CO+H_2O(g \longrightarrow CO_2+H_2$；$\Delta H=+41.17kJ$

4. 氧化区

气化剂在这个部位送入气化炉，生物质炭与供给的氧气燃烧产生 $CO_2$，部分裂解产生的 $H_2$ 也会与氧气反应生成水，这两个氧化反应会产生大量的热量，若氧气的供应量不足以使炭完全转化为 $CO_2$，那么炭也会因部分氧化产生 CO，温度为 800~1200℃。由于焦油随着可燃气往下移动，必须经过高温氧化区，因此焦油会发生二次裂解。

$C+O_2 \longrightarrow CO_2$；$\Delta H=-408.8kJ$　　$2C+O_2 \longrightarrow 2CO$；$\Delta H=-246.44kJ$

整个气化过程主要反应见表 4-2。

**表 4-2　下吸式固定床气化反应区及其主要反应**

| 反应区 | 温度范围/℃ | 物理化学反应 | $\Delta H$/(kJ/mol) |
|---|---|---|---|
| 干燥区 | 30~200 | 物料中自由水和结合水的蒸发 | |
| 热解区 | 200~600 | 生物质⟶炭+焦油+可燃气($CO$、$H_2$、$CH_4$、$C_nH_m$、$CO_2$、$H_2O$) | |
| 还原区 | 800~1200 | $C+CO_2 = 2CO$ | +172.47 |
| | | $C+H_2O(g) = CO_2+H_2$ | +131.30 |
| | | $C+2H_2O(g) = CO_2+2H_2$ | +90.17 |
| | | $C+2H_2 = CH_4$ | -74.81 |
| | | $CO+3H_2 = CH_4+H_2O(g)$ | -206.11 |
| | | $CO_2+4H_2 = CH_4+2H_2O(g)$ | -164.94 |
| | | $2C+2H_2O = CH_4+CO_2(g)$ | -15.32 |
| | | $CO+H_2O = CO_2+H_2$ | +41.17 |
| 氧化区 | 800~1200 | $C+O_2 = CO_2$ | -408.8 |
| | | $2C+O_2 = 2CO$ | -246.44 |

下吸式固定床气化炉以空气为气化剂时，产出的可燃气成分一般为：15%~20% $H_2$、15%~20% CO、0.5%~2% $CH_4$、10%~15% $CO_2$，其余为 $N_2$ 和极少量的 $O_2$、$C_nH_m$，其中可燃成分一般占总体积的 35%~50%，可燃气热值为 4~6MJ/$Nm^3$($Nm^3$：指在 0℃1 个标准大气压下的气体体积)。

### (二) 单级下吸式气化炉

由于内燃机(ICE)对可燃气中焦油含量(<50mg/$Nm^3$)要求较高，因此要降低可燃气中焦油的含量，一种方法是通过气化炉下游的气体净化系统来实现，但是最根本的方法是通过改变气化炉内部的结构尽量降低粗燃气中焦油含量。下吸式气化炉因其内部的结构优势，所产可燃气中焦油含量较低，因此，研究人员开发出了多种形式的下吸式固定床气化炉。在此，将只有单个反应器(气化炉)或只有一步进气的固定床气化炉称为单段式气化炉；将有两个反应器或者两步进气的固定床气化炉称为两段式气化炉。

单段下吸式气化炉主要分为带有喉区的喉式气化炉[图 4-6(c)]和不带喉区的直筒式气化炉[图 4-9(b)]。喉式下吸式气化炉在中部偏下位置有一个逐渐变窄的高温喉区或者“V”形区域(800~1200℃)，气化剂从喉区中部偏上位置喷入，有助于可燃气中焦油的进一步裂解，产生的可燃气中焦油含量较低。因此喉式气化炉是下吸式气化炉中研究最多、应用最广泛的。用于喉式气化炉的生物质原料必须进行烘干、切碎、筛选等预处理，使其含水率小于20%，原料的种类一般为阔叶材切碎的木片，而且木片的形态必须为大小一致的块状(长、宽≥2cm)，否则气化后的炭将很难顺利通过喉区，造成架桥和烧穿现象，影响气化效果。喉式气化炉的启动时间介于横吸式气化炉(最快)和上吸式气化炉(最慢)之间。为了改善喉式气化炉对原料尺寸和形态要求比较严苛的缺点，一些研究人员开发了直筒式气化炉。直筒式气化炉的圆柱形结构使其制造更加简便，降低了架桥和烧穿现象发生的可能，便于产能的扩大设计；另外更易于测量炉内各个床层的温度和成分，制成床层的数学模型，对生物质气化工艺参数进行优化设计。直筒式气化炉中的开心式气化炉[图 4-6(a)]，空气在顶部被吸入，均匀的通过气化炉，不仅可以提高炉内热化学反应的效率，而且可防止床层局部过热。

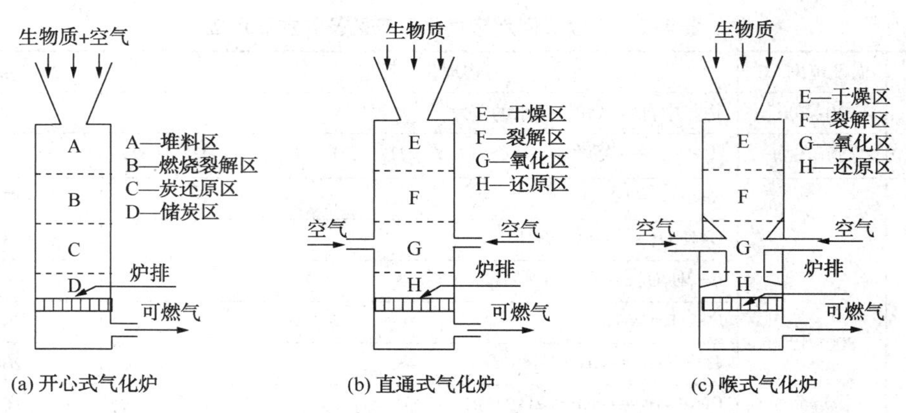


图 4-6　单段下吸式固定床气化炉结构

单段式下吸式气化炉性能主要根据可燃气的成分、热值和产量，可燃气中焦油含量，气化炉的产能、碳转化率和冷气效率等方面来判断，其性能主要受当量比(ER)、表观速度(SV)、物料特性[化学组成、含水率、形态(粒径)]、气化剂种类等因素的影响。从下吸式固定床气化炉的国内外研究现状来看，以下问题还需进一步研究：①通过改进气化剂种类，提高下吸式固定床燃气热值，热值由低等级提高至中高等级。②在降低焦油含量的基础上，提高对气化副产物焦油和焦炭的综合利用技术研究，避免出现二次污染，提高气化项目整体经济效益。③设计出结构上便于扩大规模的下吸式气化炉，提高气化炉的单台产能，减少气化燃气单位成本。

**(三) 两段下吸式气化炉**

相对于热解和气化在一个反应室的气化炉，二级式气化炉把热解和气化分为两个部分。该型气化炉有两个方向上的进气口，主进气口在气化炉顶部，第二进气口在气化炉中间。由于空气补充，在第二段的高温减少了焦油含量，极大提升了控制反应过程温度的能力和系统总效率，合成气中的焦油含量约为 $0.05g/m^3$，是一段式气化炉气化气中焦油含量的 1/40 左右。当在内燃机中使用时，为了避免焦油凝结，合成气中焦油含量应低至 $0.03 \sim 0.05g/m^3$。

在直筒式气化炉的基础上，为了进一步降低粗燃气中焦油含量，减少气体净化系统成本，提高内燃机的使用寿命，一些科研机构开发了两段式下吸式气化炉，分为两步进气气化炉和 Viking 气化炉(图 4-7)。

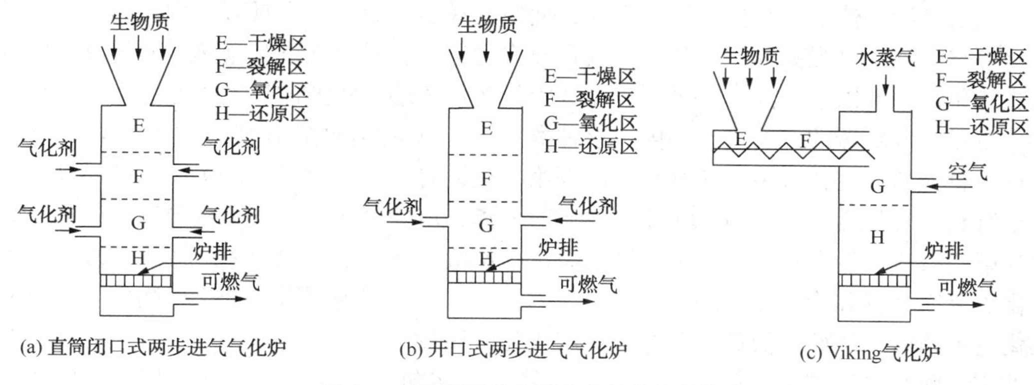


图 4-7　两段下吸式固定床气化炉结构

两步进气下吸式气化炉是闭口式的，一步进气位置在气化炉干燥或裂解区，另一步进气位置在气化炉氧化区[图 4-7(a)]。在相同的气化条件下，两步进气气化炉可燃气中焦油含量比单段式气化炉少 40 倍(为 50mg/Nm$^3$)。随后，一系列的研究结果也表明，两段式气化炉可燃气中焦油含量仅为 58mg/Nm$^3$，但是当可燃气再通过充满木炭的气化炉时，焦油含量还会降低至 19mg/Nm$^3$。如果把二次进气由空气改为空气和可燃气的混合气。与传统的单段式和两段式气化炉(两步进空气)相比，产出的可燃气的热值分别提高了 42%和 19%，达到 6.47MJ/Nm$^3$，可燃气中焦油含量分别降低了近 30 倍和 2 倍(为 43.2mg/Nm$^3$)。

开口式两步进气气化炉[图 4-7(b)]的一步进气位置跟物料进入气化炉的位置一样，都在气化炉的顶部(同物料进口方向)，而二步进气位置是在气化炉的氧化区。以空气-水蒸气为气化剂的两步进气气化炉，发现其燃气中焦油含量比单段下吸式固定床气化炉的平均焦油含量低，但是比以空气为气化剂的两步进气气化炉高，原因是加入水蒸气降低了气化炉内温度。但是燃气中 $H_2$的产量(30.04g/kg 干燥基生物质)比只以空气为气化剂时增加了 41.62%。

Viking 的两段式下吸式气化炉[图 4-7(c)]，其有两个反应器，分别为热解和气化反应器，以空气和水蒸气混合作为气化剂，能产出高热值和低焦油含量的可燃气。这种两段式的结构便于控制气化各阶段的温度，能产生极低焦油含量的可燃气。通过使用空气和水蒸气混合作为气化剂，研究了 100kW 的 Viking 气化炉可燃气中焦油含量和颗粒的特性，发现这种结构能够显著降低可燃气中焦油含量，可以获得焦油含量低于 15mg/Nm$^3$ 的可燃气。

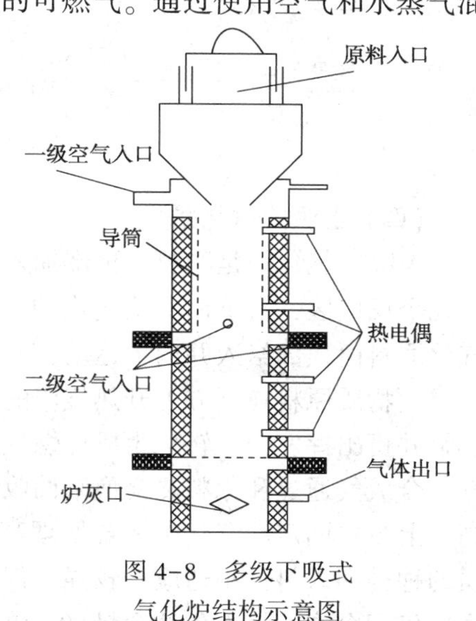


图 4-8　多级下吸式气化炉结构示意图

综上所述，两段式气化炉产生粗燃气中焦油含量一般都少于 50mg/Nm$^3$，只需简单的净化处理，即能满足发电机的要求，且气化效率可提升至 90%以上，在空气气化剂中添加部分水蒸气或可燃气，可使可燃气热值在 6MJ/Nm$^3$以上。

在上述两级下吸式气化炉的基础上，又对气化炉的内部结构进行了创新与改进，开发了一种带两级空气预热的新型气化炉(图 4-8)。通过在第一级炉体内引入一个导筒，以改善气体与未反应固体物的分离，强化气化效果；对气体进入炉内的方式进行了改进：

让第一级空气沿炉体的切线方向旋转进入，使空气在第一级炉体内具有更均匀的分布；借鉴煤气化中空气预热可提高挥发分产率和气化效率的经验，对空气进行预热。通过改进的两级下吸式气化炉具有以下特点：①第一级空气沿气化炉体的切线方向进入，通过一个带缩口的碟状分布器，以旋转的方式进入炉内。这种类似于旋风分离器的结构使进入炉体的空气与生物质具有更强烈的混合效果。②气化炉内部第一级设有一个壁面开有许多小孔的导筒。导筒的存在有利于气化后的气体与未转化生物质的分离，可使气化后的气体从导筒的壁面小孔排出，与第二级空气混合均匀后再进入第二级进行反应，提高了气化效率。③第二级空气沿着与气化炉壁面垂直并均匀分布的多个入口进入。第二级空气的引入有利于生物质原料进一步被氧化达到高温，从而降低焦油含量，提高气化气质量。

整个试验装置工艺流程如图 4-9 所示，主要由风机、空气预热器、气化炉、旋风分离器、换热器、燃气过滤系统和燃气检测系统等组成。试验以空气作为气化介质，空气由鼓风机引入。试验时生物质原料从气化炉顶部加入，加满后盖上盖子，启动风机，将空气送入。空气先经预热器(电加热器)预热至所需温度，然后再进入气化炉。当空气进入气化炉后，用点火器点燃物料，使生物质在气化炉中燃烧与气化。由于控制引入的空气量，故生物质在气化炉中仅发生不完全燃烧(或氧化)反应，并伴随着一系列复杂的气化反应过程。产生的气化气经旋风分离器除去固体颗粒和灰尘后，进入循环水冷却系统和气-液分离器，析出冷凝液和残存的焦油。最后，气化气经过滤器滤掉微小液滴后排出，即成为高品质的燃气。

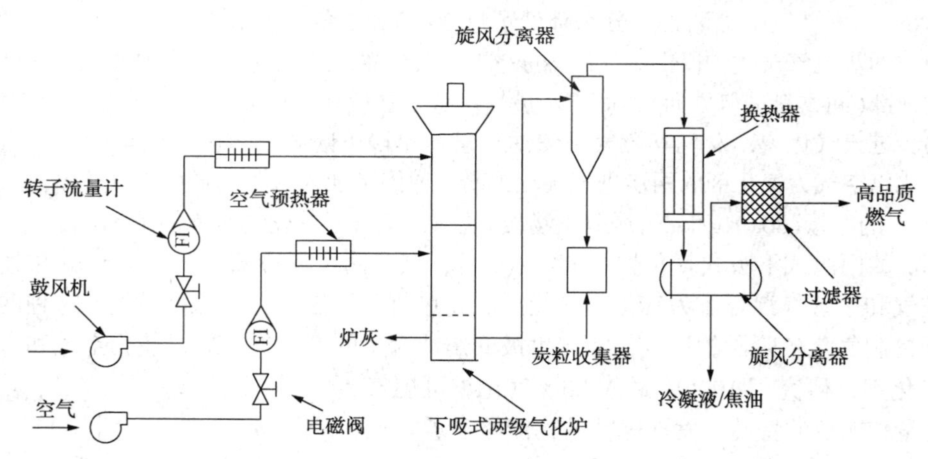


图 4-9　两级空气预热式气化炉试验装置工艺流程

### (四) 上吸式气化炉

上吸式气化炉是物料从顶部加入，气化剂由炉底部进入气化炉，产出的燃气经过气化炉的几个反应区，自下而上从气化炉上部排除，其工作原理如图 4-10 所示。在重力作用下，气化原料由顶部给入并向下运动，而气化剂由底部给入，与原料逆向运动，又称逆流式气化炉。生物质原料在下方上升热气流的作用下，脱除水分，当温度升高到 250℃以上，会发生热解并析出挥发分，转化生成可燃气和炭，残留的木炭与气化剂发生氧化还原反应生成合成气。合成气通过和原料热交换来回收气体热量。同时，物料得到干燥和部分热解，热效率较高。上吸式固定床气化炉适合处理高灰(≤15%)、水含量较高(≤50%)的生物质，对生物质的种类和入料大小适应性较强。但是合成气中含有较高的焦油含量(50~100g/m$^3$)，高于内燃机所允许的最大焦油含量(0.10g/m$^3$)，因此上吸式气化炉的合成气不适合内燃机。

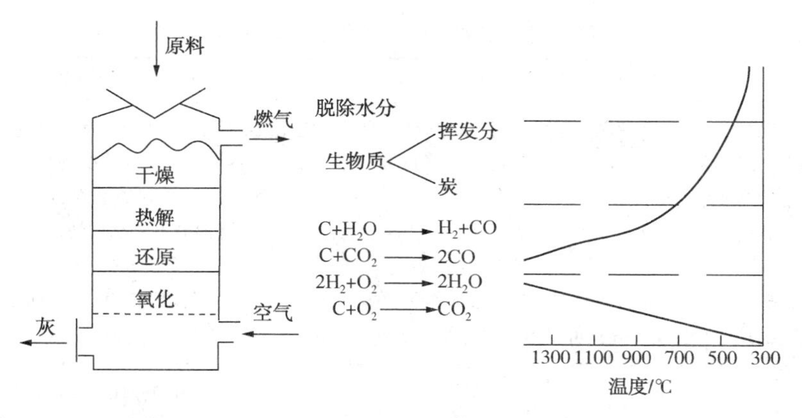


图 4-10 上吸式固定床气化炉及其热解特性

1. 干燥区

从反应器底部上升的热气流到干燥层烘干物料后降温到 300℃以下排出。

2. 热解区

热解层物料被热气流加热热解，析出挥发分，固体炭下落。

$$CH_{1.4}O_{0.6}=0.64C+0.44H_2+0.15H_2O+0.17CO+0.13CO_2+0.005CH_4$$

3. 还原区

$CO_2$、水等上升到还原层遇到下行的高温碳发生还原反应形成燃气，温度降低至 700~900℃。

$C+CO_2 \longrightarrow 2CO$；$\Delta H=+172.47kJ$　　$C+H_2O(g) \longrightarrow CO+H_2$；$\Delta H=+132kJ$

$C+2H_2O(g) \longrightarrow CO_2+2H_2$；$\Delta H=+90kJ$　　$C+2H_2 \longrightarrow CH_4$；$\Delta H=-75kJ$

$CO+H_2O \longrightarrow CO_2+H_2$；$\Delta H=+41kJ$

4. 氧化区

空气经灰室加热后与高温碳燃料产热，氧化层在 1000℃以上。

$C+O_2 \longrightarrow CO_2$；$\Delta H=-408.8kJ$　　$2C+O_2 \longrightarrow 2CO$；$\Delta H=-246.44kJ$

整个气化过程主要反应见表 4-3。上吸式和下吸式气化炉是使用较为广泛的两类气化炉，他们在操作过程中有各自的特点，如表 4-4 所示。

**表 4-3 上吸式固定床气化反应区及其主要反应**

| 反应区 | 温度范围/℃ | 物理化学反应 | $\Delta H$/(kJ/mol) |
|---|---|---|---|
| 干燥区 | <300 | 物料中自由水和结合水的蒸发 | |
| 热解区 | 200~600 | 生物质⟶炭+焦油+可燃气($CO$、$H_2$、$CH_4$、$C_nH_m$、$CO_2$、$H_2O$) | |
| 还原区 | 700~900 | $C+CO_2=2CO$ | +172.47 |
| | | $C+H_2O(g)=CO+H_2$ | +132 |
| | | $C+2H_2O(g)=CO_2+2H_2$ | +90 |
| | | $C+2H_2=CH_4$ | -75 |
| | | $CO+H_2O=CO_2+H_2$ | +41 |
| 氧化区 | >1000 | $C+O_2=CO_2$ | -408.8 |
| | | $2C+O_2=2CO$ | -246.44 |

表 4-4　上吸式气化炉和下吸式气化炉在操作过程中的特点

| | 上吸式气化炉 | 下吸式气化炉 |
|---|---|---|
| 优点 | (1)上吸式气化炉在热解区和干燥区时，将其携带的热量传递给物料，用于物料的热解和干燥，同时可降低自身热量，提高炉子的热效率。<br>(2)安装容易，什么燃料只要干燥都可以燃烧，比较实用，火力大小可随时进行调节，可以较长时间不用加料。<br>(3)热解区和干燥区对可燃气有一定的过滤作用，所以出炉的可燃气中只含有少量灰分，可以不用过滤器，制造成本低。 | (1)焦油相对上吸式较少，点火比较快且较容易，因为气体中的焦油在通过下部高温区时，一部分被裂解成小分子永久性气体(再降温时不凝结成液体)，所以出炉的可燃气中焦油含量较少。<br>(2)工作比较稳定，随时可以开盖进行添加燃料 |
| 缺点 | (1)但焦油比较多，点火时间相对久些。焦油冷凝在相对低温的原料上或与合成气一起从反应器中离开，使得合成气中依旧含有高达10%~20%(质量)的焦油。<br>(2)中途加料比较困难，燃烧时需要加盖 | (1)由于炉内的气体流向是自上而下的，而热流的方向是自下而上的，致使引风机从炉栅下抽出可燃气要耗费较大的功率，所以要用较大功率的风机，造价较高。<br>(2)下吸式气化炉结构比较简单，但安装困难，燃料要求严格。<br>(3)需要过滤器和冷却装置，占地面积大，管道容易堵塞 |

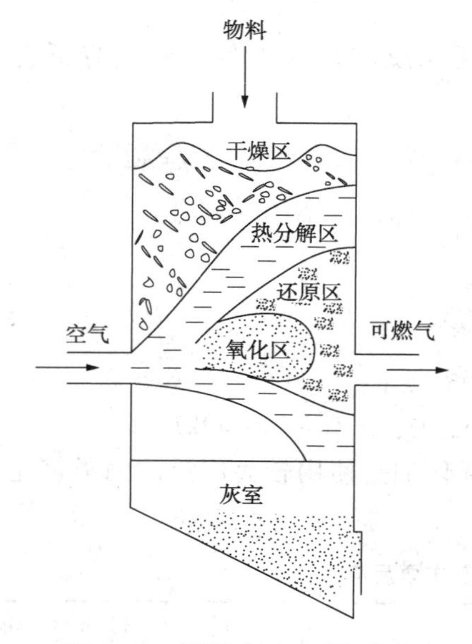

图 4-11　横吸式固定式气化炉

## (五)横吸式气化炉

横吸式气化炉(图 4-11)类似于上吸式气化炉都是物料从顶部加料口加入，不同的是气化剂由炉子的一侧进入，产生的可燃气由炉子的另一侧出来，此类炉子所用的原料多为木炭，反应温度很高。在炉内，物料朝下运动，灰分落入下部的灰室，而空气在炉壁一侧引入，反应后，合成气从同一水平的对面炉壁排出。气流横向通过氧化区，在氧化区及还原区进行热化学反应。其优点是能对负载快速反应、启动时间短、设计高度低。但是，氧化区和还原区总效率很低、$CO_2$还原能力差、反应温度很高、容易使灰渣熔化，造成结渣。焦油的裂解能力有较大的局限性，合成气中焦油含量高，导致该气化炉只适合处理含焦油低的原料，且不适合处理细颗粒物料。

横吸式气化炉的主要特点是有一个高温燃烧区，它是通过一个单管进风喷嘴的高速、集中鼓风实现的。进风管需要用水或少量的风冷却。在高温燃烧区，温度可达2000℃以上，高温区的大小由进风喷嘴的形状和进气速度决定，不宜太大或太小。横吸式气化炉对火焰长度和气体滞留时间非常敏感，火焰长度与进风喷嘴至燃气出口的距离有关，气体滞留时间与火焰长度和喷嘴风速有关。在气体热值达到最大值后尽管继续增加大火焰的长度，但是气体的热值反而降低，这是因为燃烧反应太多而减少了还原反应。

## (六)开心式气化炉

开心式气化炉(图 4-12)类似于下吸式气化炉，不同的是它在炉栅中间向上隆起，这类炉子主要以稻壳为原料，反应产生的飞灰较多，在炉栅中间隆起的部分形成绕中心垂直轴做水平的回转运动，用于防止炉栅堵塞，保证气化的连续进行。它以转动炉珊代替了高温喉管区，主要反应在炉珊上部的气化区进行，该炉结构简单，氧化还原区小，反应温度较低。开心式固定气化炉是由我国研制出的，主要用于稻壳气化。

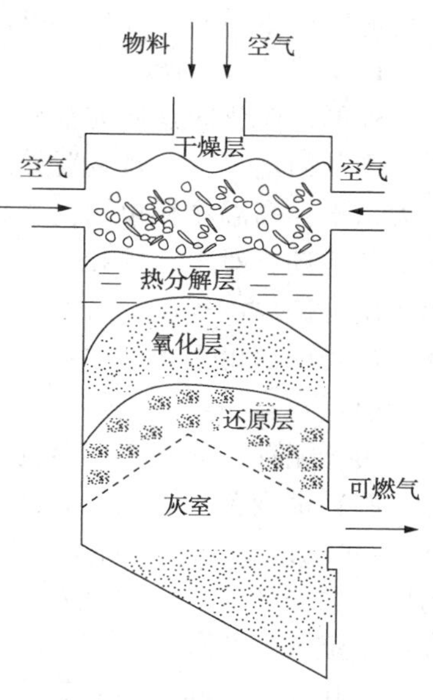

图 4-12 开心式固定床气化炉

## 二、流化床气化炉

传统的固定床气化方法气化效率低、生产强度较小，不适宜较大的工业化生产。而流化床气化炉，特别是循环流化床气化炉基本可以克服以上不足，气化强度高，入炉燃料量及风量可以严格控制，适合大型的工业供气系统，且燃气的热值可在一定的范围内调整。

与固定床气化炉相比，流化床气化炉由燃烧室和布风板等组成，没有炉栅部件。气化剂由布风板给入流化床气化炉，典型的流化床气化炉中，原料和气化介质从底部进入。原料和介质的逆向混合使炉内温度分布均匀。按气固流动特性不同，可以分为鼓泡流化床气化炉和循环流化床气化炉。前者气流速率相对较低，适合颗粒较大的原料，一般需增加热载体。后者气化炉中气流速率相对较高，从流化床中携带出的大量固体颗粒，通过旋风分离器收集后重新送入炉内进行气化反应。

流化床具有以下特点：生物质物料密度较细和剧烈的气固混合流动，床层内传热传质制效果较好；气化效率和气化强度都比较高，气化强度要比固定床气化高 2~3 倍；由于床层温度不是很高且比较均匀，灰分熔融结渣的可能性大大减弱；但是，由于气体出口温度较高，产出气体的显热损失较大；流化速度较高，物料颗粒细，产出气体的固体带出物较多；流化床要求床内物料、压降和温度分布均匀，因而启动控制较为复杂。

### （一）鼓泡流化床

流化床气化炉通常有一个热砂床，生物质的燃烧和气化反应都在热砂床上进行，在吹入的气化剂作用下，物料颗粒、床料(砂子)和气化剂充分接触，受热均匀，在炉内呈“沸腾”状态，气化反应速度快，产气率高，气化反应在恒温床上进行(图 4-13)。当气速超过临界流化气速后，固体开始流化，床层出现气泡，并明显地出现两个区，即粒子聚集的浓相区和气泡为主的稀相区，此时的床层称为鼓泡流化床。反应温度一般控制在 800℃ 左右。但流化床流化速度较慢，比较适合较大的生物质原料，而且一般情况下必须增加热载体，即流化介质。总的来说鼓泡式流化床由于存在这飞灰和夹带炭颗粒严重，运行费用较大等问题，不适合于小型气化系统，只适合于大中型气化系统。

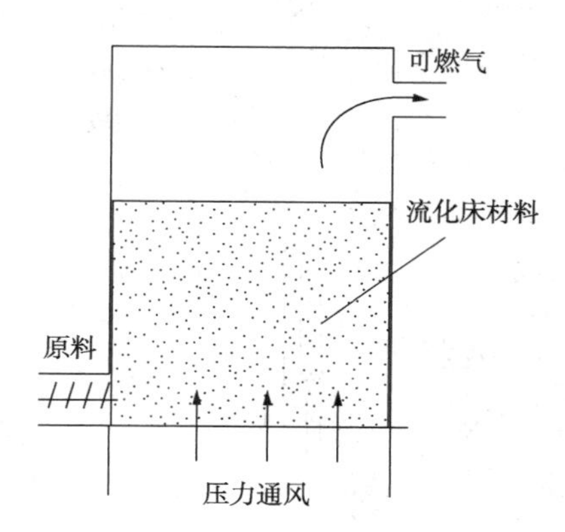

图 4-13 鼓泡流化床气化炉

### （二）循环流化床

循环流化床生物质气化炉相比固定床生物质气化炉有许多优点，更适用于工业化生产，目前在生物质气化领域应用的循环流化床主要有外循环流化床，内循环流化床和双流化床。各种新形式的循环流化床气化装置对原料适应性更强，产气热值更高，生产能力和强度更大，调节范围更广。

1. 外循环流化床

外循环流化床是最为常见的生物质气化装置。其循环回路主要包括炉膛，循环灰分分离器和飞灰回送装置。其装置如图 4-14 所示。外循环流化床原料和气化剂送入炉膛后，迅速被大量惰性高温物料包围，着火燃烧，同时进行脱硫等反应，并在上升产气流的作用下向炉膛上部运动，对水冷壁和炉内布置的其他受热面放热。粗大粒子进入悬浮区域后在重力及外力作用下偏离主气流，从而贴壁下流。气固混合物离开炉膛后进入高温旋风分离器，大量固体颗粒被分离出来回送炉膛，进行循环燃烧。未被分离出来的细粒子随烟气进入尾部烟道，以加热过热器、空气预热器，经除尘器排至大气。

由于循环流化床燃烧温度水平比较低，而床层温度在 850~900℃之间，因此外部需要添加一些辅助设备。总之，外循环流化床有如下特点：①燃烬度很高，其燃烧效率往往可达到 98%~99%以上。结构简单、循环率较大、气化强度较高，是目前生物质气化工业应用中最为广泛的循环流化床类型；②外循环流化床通过外置返料器很好地解决了气体串混问题；③由于烟气的稀释，其产气的纯度较双流化床低，燃气热值在 5000kJ/m$^3$左右，床内温度通常在 700~850℃间，因此需要外部添加一定量的辅助燃料，否则无法达到理想的产气温度；④正常操作条件下不易发生结焦，产品气中的焦油含量普遍高于双流化床及内循环流化床的产气；⑤回料系统控制较难，容易发生下料的困难，返料量较低时容易变成低速携带床，这也是双流化床运行中最主要的问题。

2. 内循环流化床

内循环流化床是一种较新型式的流化设备。近年来在生物质气化领域被逐渐采用，其主要通过“非均匀布风”来实现床内颗粒的大尺度内部循环，增强了物料横向混合，延长了颗粒物料在床内的停留时间，不用外部装置进行循环，并且有利于燃料在床内稳定、快速的燃烧，从而使床料的燃烧过程更稳定、充分。床内温度一般在 600~800℃，不易产生结焦，产气热值和氢含量比外循环流化床稍高。稳定性和产气量较好，且不用考虑返料问题。

锥形内循环流化床结构较为简单，物料在提升管内进行反应后，进入放大段，由于气速降低，曳力大大减弱，加上挡板的碰撞和拦截作用使其发生转向和回落，从而沿壁回流至塔底浓相区，并再次被气流裹挟向上运动，实现大部分颗粒的内循环。其气化装置如图 4-15 所示。

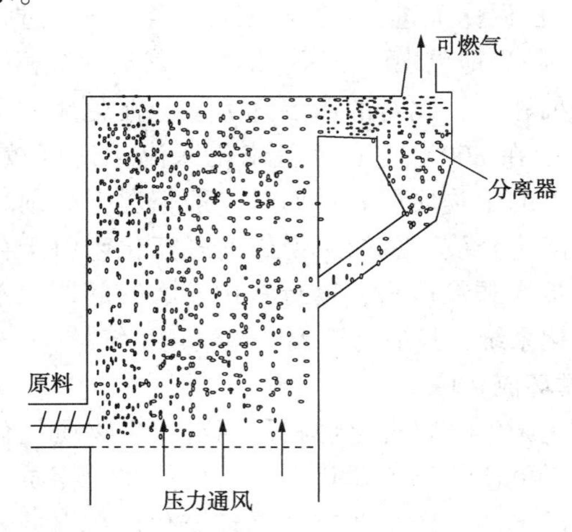


图 4-14　外循环流化床气化炉

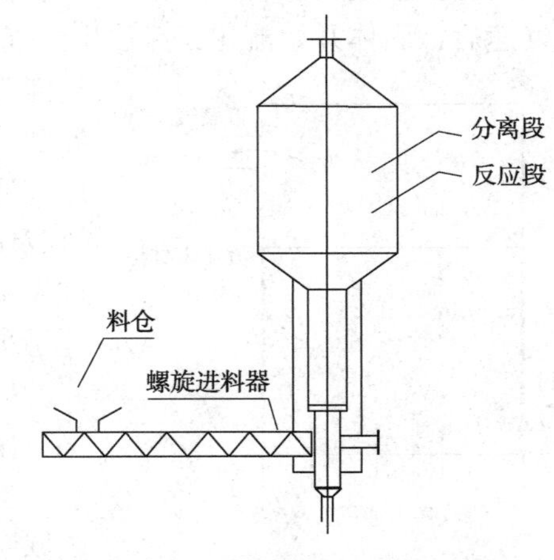


图 4-15　内循环锥形流化床气化炉

内循环流化床有如下特点：①通过非均匀布风，其内部流化工况中的横向混合要强于其他循环床，结构也更为简单；②床内温度一般在600~800℃之间，不易结焦，产气的热值和氢气含量稍高于外循环流化床；③难以避免气化室和燃烧室之间的气体串混问题；④通过研究报道，内循环流化床的稳定性和产气质量均优于外循环流化床，且不需要担心返料装置的控制问题，是目前国内外研究的热门课题。

3. 循环流化床的工艺特点

由于循环流化床采用了较高的操作气速，在处理生物质原料时具有燃料适应性广、气化强度大、气化效率高等优点；但与此同时，较高的操作气速也带来了飞灰损失增加的问题。因此，返料装置是将飞灰中分离出来的炭粒回送至流化床中继续进行反应，从而提高系统的效率。如图4-16所示，生物质循环流化床气化系统的返料装置由立管和回料阀组成。生物质原料在主流化床内经过复杂的热化学反应后转换成生物质燃气，气流中携带的未反应完全的炭粒经旋风分离后沿立管下落至回料阀，再返回主流化床继续参与反应。回料阀与主流化床、旋风分离器、立管等组成一个循环回路。

立管的主要作用是防止气体反窜，形成足够的压差来克服分离器与炉膛之间的负压差。固体物料循环回路中沿着回路的压降之和应为零，即 $\Delta P_z+\Delta P_f+\Delta P_l+\Delta P_h=0$（$\Delta P_z$：主流化床的压降；$\Delta P_f$：分离器的压降；$\Delta P_l$：立管的压降；$\Delta P_h$：回料阀的压降）。循环回路中，旋风分离器下端出口处为低压区，主流化床底部为高压区，立管起着重要的压力平衡作用，它可以使固体颗粒由低压区送至高压区。随着颗粒循环量的增加，主流化床内的压降增加，立管内的压降也相应增加，以达到回路的压力平衡。立管在结构设计过程中，直径尺寸的选取首先要满足物料下落顺畅的要求，避免出现架桥现象；其次要满足循环倍率对输送量的要求。

在各种类型的返料装置中，立管的差别不是很大，主要差别是在回料阀的部分。阀起着调节和开闭的作用，阀一般分为机械阀和非机械阀。流动密封阀结构如图4-17所示，回送风经布风板均匀布风后进入回料阀的主体空间。经一级旋风分离器捕集的固体颗粒沿立管在重力作用下落至布风板上，又在回送风的作用下处于流化状态，从溢流口经回料管回送至主床底部。

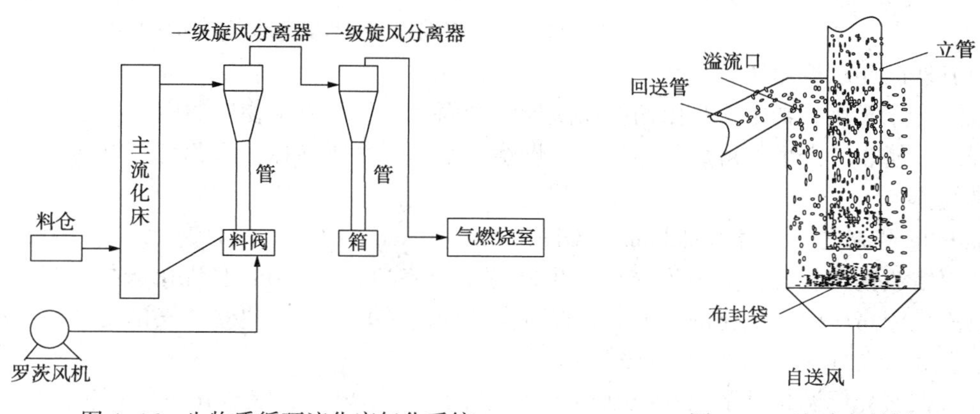


图4-16　生物质循环流化床气化系统

图4-17　流动密封阀

与立管内物料形成的压力区相比，回料阀内及主流化床底部的压降稍低，所以80%左右的回送风量用来流化回料阀内的物料，其余回送风用于松动立管内的物料。这样既可以使立管内的物料得到松动而下落畅通，又可以避免空气大量反窜至旋风分离器降低分离效率。事实上，回料阀在工作时是一个小型流化床装置。若回送风量不能满足流化所需条件时，物料颗粒仍处于堆积状态；当回送风量达到临界流化风量时，一部分粒径较小的颗粒物料流化起来，膨胀至溢流口，在自身重力和气压的双重作用下流回主床；继续增加回送风量会使回送的物料量增加，但如果阀内的物料处于完全流化状态后，回送料量就不再受回送风量控制而取决于整个回路的压力平衡关系。

综上所述：①在生物质循环流化床气化系统循环回路中，立管把固体颗粒由低压区送至高压区，起着重要的压力平衡作用；②立管内循环颗粒形成一定高度的料柱和回送风量使回料阀内物料达到完全流化状态是返料装置正常工作的两个必要条件；③返料装置的运行使得主流化床内密相区温度变化较为稳定，且沿床高方向温度分布较为均匀，这对加快床内气化反应速度、提高气化效率及降低生物质燃气中焦油含量都是有益的；④返料后，主流化床内的压降明显增加，物料的流化性能明显改善。

4. 双流化床

双流化床结构相对比较复杂，其产气纯度、氢气含量、热值等可达最高。床内温度通常在850~1100℃，产气的焦油量较少，由于燃烧段能提供大量的能量给整个循环过程，因此该系统可以不需要太多的辅助料。

一般形式的双流化床气化炉包括两个互相连通的流化床：一个吸热的气化室和一个放热的燃烧室，将生物质的干燥、热解、气化与燃烧过程进行解耦。气化室主要是以水蒸气为流化介质的鼓泡床，燃烧室一般是以空气或纯氧为流化介质的快速床。气化室产生的生物质残碳随物料循环进入燃烧室，燃烧所释放的热量则随着物料循环进入吸热的气化室，实现装置自供热，提高了碳的转化率和装置热效率。两床之间依靠热载体床料的循环进行热量交换，其碳转化率较高。双流化床气化过程的基本原理如图 4-18 所示。按照物料循环系统的不同将双流化床气化炉分为和外循环双流化床气化炉和内循环双流化床气化炉两大类。

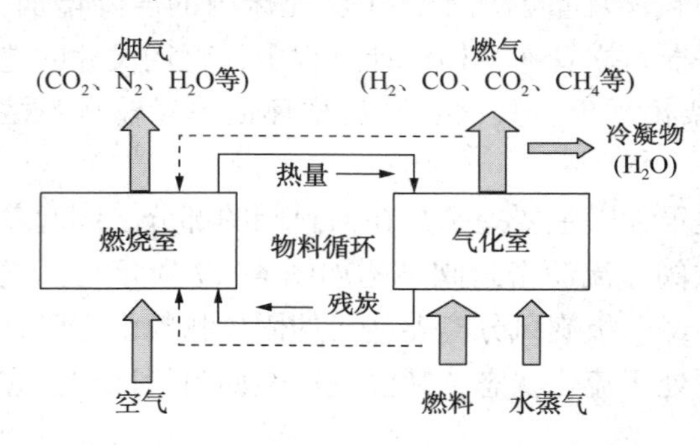

图 4-18　双流化床气化过程的基本原理图

(1) 外循环双流化床

双流化床气化装置主要是由两级反应器组合而成，从而将生物质的燃烧和气化过程相对分离开来，使热解产生的可燃气体不会被燃烧产生的烟气所稀释，因此可以得到纯净度更高的可燃气体。

Battelle 型流化床是美国 Columbus OHrBattelle Memorial Institute 研究中心于 1992 年开发的多种固体流化床装置，美国国家可再生能源实验室应用 Battelle 双流化床技术进行了煤-生物质流化床高压联合气化的研究，并在佛蒙特州的柏林顿电站建立了气化发电技术示范厂且运行良好。其气化装置如图 4-19 所示。

有人在研究低温条件下煤/生物质共气化过程中，提出了三级流化床气化炉。气化炉包括 3 个反应器：提升管燃烧室、煤焦气化的鼓泡流化床和将挥发分进行热解和重整的下行床。与一般双流化床气化炉从鼓泡流化床给料不同，三级流化床气化炉的燃料是从下行床给入的。下行床的存在将快速热解产生的挥发分与下行床中碳的接触时间延长至几十秒钟，而挥发分与碳的相互作用对焦油裂解有促进作用，降低了产品气中的焦油含量，将化学能损失降到了10%以下。其气化装置如图4-20所示。

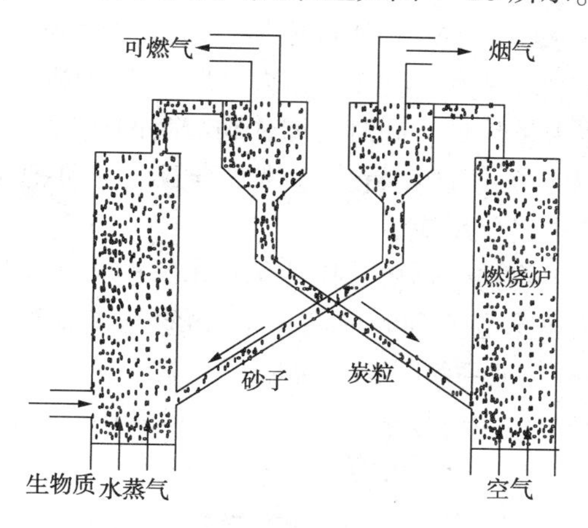


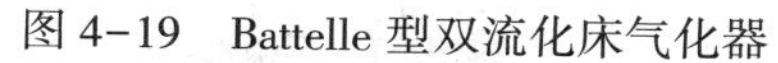

图4-19　Battelle型双流化床气化器

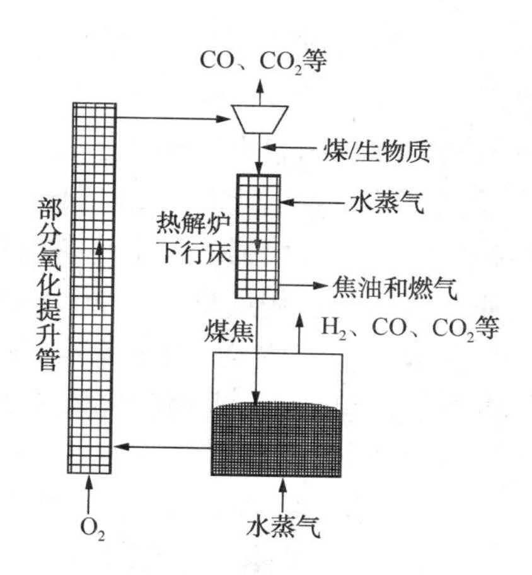


图4-20　三级流化床气化炉

（2）内循环双流化床

内循环双流化床装置设计理念是通过上下开孔的隔板将气化炉分为气化室和燃烧室，通过两室的不均匀布风造成的压力差实现两室之间的物料循环。重点研究了两室隔板上返料孔大小和布置等对物料循环系统的影响。内循环双流化床没有外置返料器，结构简单紧凑，运行比较稳定，但是难以避免气化室和燃烧室之间的气体串混对燃气品质的影响。其气化装置如图4-21所示。

日本群马大学设计的内循环双流化床气化炉分为燃烧室（Ⅰ）、气化室（Ⅱ）和返料室（Ⅲ）三部分，燃烧室和气化室之间通过返料室连接并实现物料循环。相对于一般内循环双流化床而言，返料室的存在在一定程度上降低了燃烧室和气化室之间气体串混对燃气品质的影响。其气化装置如图4-22所示。

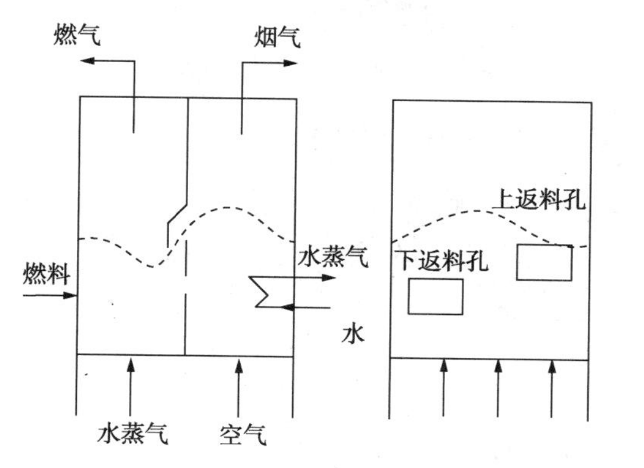


图4-21　内循环双流化床气化炉

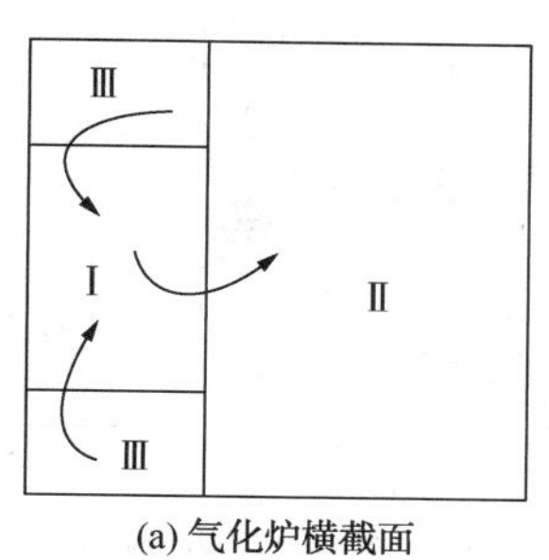


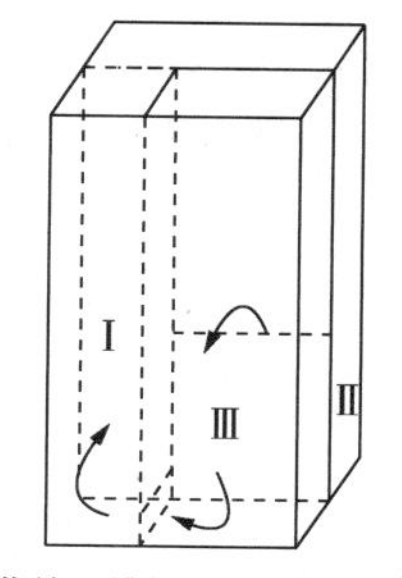


图4-22　日本群马大学设计的内循环双流化床气化炉

此内循环双流化床有如下特点：①双流化床结构比另外两种循环流化床复杂；②产气纯度高、氢气含量高、热值高（通常为12~15MJ/$m^3$）；③床内温度通常在850~1100℃间，操作不当情况下易发生结焦，产气焦油量较少；④燃烧室和气化室之间存在气体串混、气化室停留时间过短等问题；⑤由于燃烧段可为气化段提供大量的能量，因此该系统需要辅助燃料的量小于外循环流化床；⑥高温运行不易达到稳定状态。

## 三、气流床气化炉

气流床又称携带床，是气化剂(如氧气和水蒸气)夹带燃料颗粒，通过喷嘴喷入炉膛。细颗粒燃料(200目以下)分散悬浮于高速气流中，并被气流夹带出去，形成气流床。高温下细颗粒燃料与氧气瞬间着火、迅速燃烧，产生大量热量。同时，固体颗粒瞬间热解、气化转化生成合成气及熔渣。气流床分级气化过程中，裂解产物首先分离出合成气，再把焦炭气化，最后把裂解的合成气通入反应室进行第二次气化反应。

生物质气流床的运用最早始于20世纪80年代初生物质直接液化技术，即生物质气流床闪速热裂解制取生物油技术，比较著名的液化技术是比利时Egemin生物质气流床热解制油系统(图4-23)和美国Gtri生物质气流床热裂解制油系统(图4-24)。

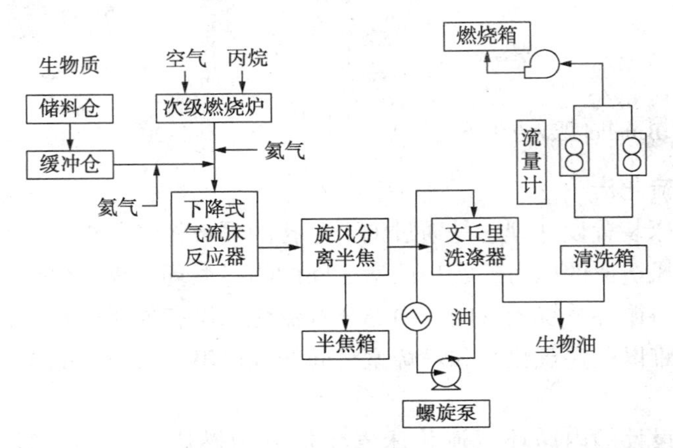


图4-23　比利时Egemin生物质气流床闪速热解中式系统装置

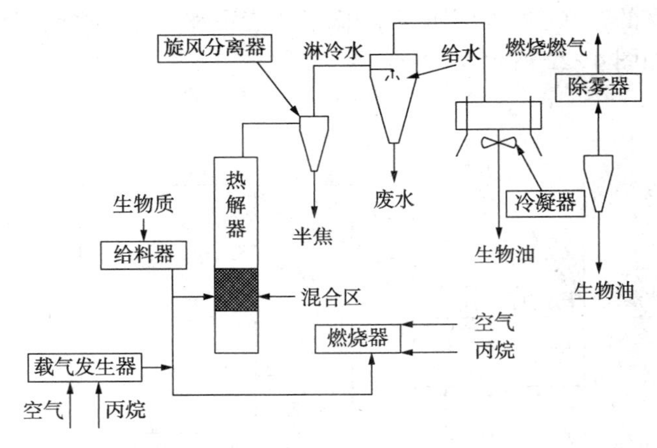


图4-24　美国Gtri生物质气流床热裂解制油系统装置

气流床气化技术有如下特点：①进入气流床的物质必须是小颗粒。小颗粒气化的目的是想通过增大物质的比表面积来提高气化反应速率。由于使用颗粒很小的物质及使用纯氧在加压下气化，大大加快了气化反应速率，使气化强度高、碳转化率高。②气体与固体在炉内的停留时间都比较短，停留时间一般在1~10s。③气化过程反应温度高，其反应温度通常是1400℃左右。产物气中不含焦油、酚类物质。④高温会降低气化炉寿命，制作材料昂贵。⑤生成的炉渣可渗入反应器壁，改变材料微观结构及其性质，最终导致材料耗损。⑥需设置磨粉、显热回收及除尘等较庞大的辅助装置，热交换器复杂。

通过研究国内外生物质气化设备的发展状况，可以看出，固定床已经发展为较为成熟的技术，被大量应用在农村和工业化生产中，但由于焦油含量高很容易造成管路堵塞，因此解决焦油问题成为以后研究的重点。目前，有些学者已经将固定床应用于炭化技术的研究。外循环流化床燃烧率较高且能被循环利用，因此在工业等领域被广泛应用，且取得良好的效果，但返料系统还应继续研究和完善。对于内循环流化床和双流化床目前还处于较为不成熟阶段，还有较大的研究和发展空间。通过对固定床和不同形式流化床的比较可以看出，各有其参数和优缺点(表4-5和表4-6)，相比较而言，流化床相比于固定床更适合生物质气化。在以后的研究过程中，应不断完善和改进外循环流化床生物质气化技术，同时进一步研究内循环流化床和双流化床生物质气化技术，使其适应工业化生产。

**表4-5　各类气化器各项参数对比**

| 参数 | 上吸式固定床 | 下吸式固定床 | 鼓泡床 | 循环床 | 气流床 |
|---|---|---|---|---|---|
| 反应温度/℃ | 1300(浆式进料)<br>1500~1800(干法进料) | 800~900 | 800~1000 | 900~1200 | 700~1500 |
| 入料粒度/mm | 2~50 | 10~300 | <5 | <10 | <0.1 |
| 首选入料类型 | 任何生物质 | 低水分生物质 | 任何生物质 | 任何生物质 | 任何生物质 |
| 停留时间/s | 900~1800 | 900~1800 | 10~100 | 10~50 | 1~5 |
| 最大燃料水分/% | 60 | 20 | <55 | <55 | <15 |
| 需氧量/($m^3$/kg) | 0.64 | 0.64 | 0.37 | 0.37 | 0.37 |
| 产品气LHV/(MJ/$m^3$) | 5~6 | 4~5 | 3~8 | 2~10 | 4~10 |
| 焦油/(g/$m^3$) | 50~200 | 0.02~0.3 | 3~40 | 4~20 | <0.01 |
| 能量输出/MW | <20 | <10 | 10~100 | 10~100 | >100 |
| 碳转化率/% | 100 | 93~96 | 70~100 | 80~90 | 90~100 |

**表4-6　不同气化床的优缺点**

| 气化器 | 优　点 | 缺　点 |
|---|---|---|
| 上吸式固定床 | ①气体离开反应器时可以加热入料；<br>②原料广泛；<br>③更高的焦油含量增加了气体热值；<br>④更高的焦油含量增加了气体热值；<br>⑤更高的温度可以破坏一些有毒物质和金属熔渣；<br>⑥技术成熟；工艺简单；成本低 | ①蒸汽需要量较高；<br>②入料粒径有限制；<br>③合成气里含有较高的焦油和酚类物质；<br>④气体热值低；<br>⑤入料中的细粒物料耗损较大；<br>⑥规模有限 |
| 下吸式固定床 | ①原料广泛；<br>②气化后的物质以积炭或灰的形式存在；<br>③产品中的焦油和固体颗粒含量低；<br>④减少了旋风分离器的使用；<br>⑤形成的焦油有99.9%被消耗，对于发动机很适用；<br>⑥技术成熟；工艺简单；成本低 | ①加热效率低导致了内热交换不充足，也导致合成气热值很低；<br>②需要入料水分低于20%；<br>③入料粒径有限制；<br>④相对于上吸式，合成气含有更高的灰分；<br>⑤气体热值低；<br>⑥合成气离开气化炉时温度较高，使用之前需冷却；<br>⑦规模有限 |

续表

| 气化器 | 优　点 | 缺　点 |
| --- | --- | --- |
| 鼓泡床 | ①反应器内温度分布很平均；<br>②在惰性材料、燃料和气体之间提供很高的换热效率；<br>③原料广泛；<br>④合成气成分均匀，含有少量焦油和未转换的炭；<br>⑤高转换率；<br>⑥技术成熟，成本适中 | ①大气泡尺寸会导致气体绕过反应床；<br>②合成气中灰分含量较高 |
| 循环床 | ①因为床料的热容量高，导致换热效率高；<br>②对于快速反应很适合；<br>③含有少量焦油和未转换的炭；<br>④高转换率；<br>⑤技术成熟，成本适中 | ①固体流动方向上会出现温度梯度；<br>②相对于鼓泡流化床，热传递效率低；<br>③入料粒度范围很窄；<br>④因为物料颗粒高流速，导致反应器出现磨损 |
| 气流床 | ①原料广泛；<br>②合成气里不含焦油和酚类化合物；<br>③较高的产量和较好品质；<br>④原位硫脱除；<br>⑤碳的转化率接近100%；<br>⑥合成气中焦油含量少 | ①因为燃料的高效利用以及高温操作，能量需要回收；<br>②对于木质气化工艺，需要原料预处理；<br>③需要使用昂贵的设备材料，以及高温热交换器来冷却合成气；<br>④对物料预处理要求较高，必须粉碎成细小颗粒，以保证物料可以在短暂的停留时间内反应完全 |

# 第三节　生物质燃气的净化处理过程

## 一、焦油产生的危害

焦油是气化过程中的必然产物，成分十分复杂，大部分是苯的衍生物。生物质气化炉出来的气化气中，焦油尘约10~200g/m$^3$(城市燃气中焦油和灰尘含量标准规定焦油含量要小于10mg/m$^3$)。在生物质气化过程中，焦油的产生影响着气化炉后续设备和工艺，输气管道堵塞、危害燃气设备等，使供气和发电无法正常运行；还会带来二次污染，危害人来健康；降低气化效率，浪费能源。具体来说。焦油产生对生产和环境产生如下的危害：

### （一）浪费能量，降低气化效率

在气化气中的一级焦油、二级焦油等产物的能量一般占生物质总能量的5%~15%。当温度降到200℃以下时，这部分焦油的能量难与气化气一起被利用，降低资源利用效率。

### （二）影响气化设备的稳定与安全运行

随着气化气温度降低而形成的焦油雾含有大量直径小于1μm的液滴，对燃气管道和用气设备产生腐蚀；液态焦油易与水、焦炭和灰尘等黏结，冷凝而形成黏稠的液体物质，附着于管道及燃气设备的壁面上，严重时将造成管道堵塞，使气化设备运行发生困难。

### （三）对燃气设备易造成危害

焦油在高温时呈气态，与气化气能完全混合，而在低温时(<200℃)凝结为细小液滴，不易燃尽，燃烧时容易产生炭黑等颗粒，对气化气燃烧设备(如内燃机、燃气轮机等)损害

严重，影响安全运行，降低了气化气的利用价值。如表 4-7 所示，不同的燃气装置对焦油的含量有不同的要求以满足长期正常的运转，所以应考虑使用不同的净化工艺来达到焦油排放的标准。

**表 4-7　气化燃气工业化应用的焦油含量要求**

| 燃气应用装置 | 焦油含量要求 | 燃气应用装置 | 焦油含量要求 |
|---|---|---|---|
| 火力发电站 | 不重要，但必须避免冷凝 | 熔融碳酸盐燃料电池(MCFC) | <2000μL/L |
| 内燃机 | $<100mg/m^3$ | 质子交换膜燃料电池(PEMFC) | <100μL/L |
| 燃气轮机 | $<50mg/m^3$ | 费托合成(F-T) | <1μL/L |

### (四) 焦油中的有毒物质威胁人类健康及环境

焦油成分中含量很高的一些 PAH(多环芳烃)物质具有较高的毒性；凝结为细小液滴的焦油不完全燃烧会引起多环芳香烃和焦炭的产生，多环芳香烃具有致癌的危险性；对焦油净化处理时产生的焦油废水含有酚及酚类化合物、苯系物、杂环和芳香族化合物等有机物，COD 的浓度一般为 2000ml/L，可达 5000~10000mg/L，散发出强烈的刺激性气味，对环境造成污染，危害人类健康。

## 二、生物质气化焦油产生的过程

焦油生成于气化过程中的热解阶段。当生物质被加热到 200℃以上时，组成生物质的纤维素、木质素和半纤维素等成分的分子键将会断裂，发生明显热分解，产生 CO、$CO_2$、$H_2O$ 和 $CH_4$等小的气态分子，而较大的分子为焦炭、木醋酸和焦油等。此时的焦油称为一级焦油(初级焦油)，其主要成分为左旋葡聚糖，其经验分子式为 $C_5H_8O_2$，被认为是由纤维素 $C(C_6H_{10}O_5)$在急骤热解过程中失去 $CO_2$和 $H_2O$ 形成的，反应过程为

$$\text{干燥的生物质固体} \xrightarrow{\text{热量}} CO+CO_2+H_2O+CH_4+C_2H_4+\text{木醋酸}+\text{焦油}+\text{焦炭}$$

一级焦油一般都是原始生物质原料结构中的一些片断。其主要成分是左旋葡聚糖、羟基乙醛、糠醛等纤维素裂解产物、半纤维素裂解产物和木质素裂解产物甲氧基酚等。在气化温度条件下，一级焦油并不稳定，当热解气化温度在 600℃以上时，会进一步分解反应(包括裂化、重整和聚合等反应)成为二级焦油，二级焦油的黏度比一次焦油的大得多，其成分也比一级焦油复杂，二级焦油主要成分是酚类和烯烃类；如果温度进一步升高，一部分焦油还会向三级焦油转化，三级焦油主要为芳香类物质的甲基衍生物(如甲基苊、甲基萘、甲苯和茚等)与浓缩的无取代基的 PAH 物质(如苯、萘、苊、蒽、芘和菲等)。各级焦油在燃烧、黏度、密度和酸碱性等方面也都存在很大差异。

焦油形成的变化路径可表示为

初级焦油(400℃)→酚乙醚(500℃)→烷基酚类(600℃)→异环醚(700℃)→
PAH(800℃)→更大的 PAH(900℃)

在生物质气化技术中，一般把 500℃作为操作的典型温度，在 500℃左右产生的焦油产物最多，高于或低于这一温度时焦油都相应减少。焦油在高温时呈气态，与可燃气体完全混合，而在低温时(一般 200℃以下)凝结为液态，容易和水、焦炭等结合在一起，堵塞输气管道，使气化设备运行发生困难。另外焦油在燃烧时易产生炭黑等颗粒。对燃气利用设备，如燃气轮机等损害相当严重，大大降低了气化燃气的利用价值。所以尽量减少和控制气化过程产生的焦油含量，对发展和推广生物质气化技术具有决定性的意义。

## 三、生物质气化焦油理化特点及其形成影响因素

### （一）焦油成分复杂性

焦油含有成千上万种不同类型、性质的化合物，其中主要是多核芳香族成分，大部分是苯的衍生物，有苯、萘、甲苯、二甲苯、酚等，目前可分析出的成分有100多种，另外还有很多成分难以确定，而主要的成分不少于20种，大部分是苯的衍生物及多环芳烃，其中质量分数大于5%的大约有7种，他们是苯、萘、甲苯、二甲苯、苯乙烯、酚和茚，其他一般小于5%，而在高温下很多成分会被分解。所以随着温度的升高，焦油含量中的成分的数量越来越少。因而在不同条件下（温度、停留时间、催化剂、加热速率）焦油的数量和各种成分的含量都是变化的，任何分析结果只能针对特定的条件而言。例如，采用气相色谱-质谱（GC-Ms）和负离子电喷雾傅里叶变换离子回旋共振质谱ESI FT-ICR MS鉴定了神木低温煤焦油酸性组分、中性组分中含氧化合物的组成与分布。结果表明，神木低温煤焦油酸性组分中含氧化合物主要包括苯酚、茚满酚、萘酚、联苯酚、芴酚、菲酚类化合物；中性组分中含氧化合物主要包括$C_{10}$~$C_{29}$脂肪酮和少量芳香酮。神木低温煤焦油中含氧化合物主要有$O_1$、$O_2$、$O_3$、$O_4$、$O_5$、$O_6$类化合物，其中$O_2$类化合物相对丰度最高。

### （二）焦油形成的影响因素

焦油产量和组成是生物质原料（种类、大小和湿度）、气化条件（温度、压力和停留时间）、气化反应器（类型、结构与运营状况）、添加剂（种类、添加量和添加方式）等因素综合作用的结果，对生物质气化焦油的分析要依据具体工况条件。通常反应温度在500~550℃时焦油产量最高。延长气化气体在高温区的滞留时间，焦油因裂解充分，其数量也随之减少。炉内焦油裂解反应的影响因素分析如下：

1. 炉内温度

炉内裂解技术可充分利用气化炉内显热。气化炉出口粗燃气温度与炉型有关，固定床出口一般为300℃左右，而流化床气化炉出口可达到700℃左右，故流化床气化炉更适合采用炉内裂解技术。

2. 接触时间

炉内催化裂解除温度要求以外，焦油与催化剂的接触时间是影响催化效果的另一重要因素。催化转换的效率也与炉型有关，流化床气化炉由于气固换热和反应充分，要求的气相停留时间比固定床炉型要短，催化转化效果较好。

3. 气化剂成分

如气化剂采用水蒸气，对焦油的炉内催化裂解有明显改善作用。对于大部分焦油成分，水蒸气均能与其发生反应。例如，萘与水蒸气发生催化裂解反应后，生成CO和$H_2$等气体，既可减少炭黑的产生、有利于燃气净化，又可提高可燃气产量和热值。

4. 催化剂

具有高活性、高选择性、高稳定性的催化剂在气化过程中起关键作用。通过对焦油催化裂解机理的研究，掌握每种催化剂的性能，合理搭配使用催化剂，可以有效地控制燃气成分。通过进一步深入探索研究催化剂的活性、抗积炭性、活性组分迁移烧结等方面的难题和加快开发研究催化剂使用的新工艺，有利于提高催化剂活性，减少焦油的产生和提高生物气化产量。

## 四、生物质气化焦油的处理方法

### （一）物理（机械）净化方法

生物质气化焦油的物理转化方法是对已经生成的气化气焦油从气相向冷凝相进行转移、脱离，进而达到与气化气分离、减少气化气中焦油含量的目的。物理方法是利用包括洗涤器、过滤器、旋风分离器和静电除尘器从产品气体中捕获焦油。大量的实验结果证明了机械/物理方法能相当有效地去除焦油，产气中大约 40%～99%焦油能够去除。设备简单，成本低廉，操作方便，适用于中、小型气化设备气化气的初级净化。然而，这些方法只是从产品气体中去除或捕获焦油，而焦油中能源丢失，且会造成二次环境污染。

1. 旋风分离法

旋风分离法采用旋风分离器来脱除气化气中的焦油，其原理是气化气沿切线方向进入旋风分离器而产生旋转运动。气化气中，液体颗粒在离心力作用下被抛向器壁，与器壁碰撞和摩擦而失去动能，在重力作用下沉降下来。旋风分离器的运行条件是分离效果的重要影响因素。旋风分离法一般用于捕集密度和粒径大的颗粒，对于粒径为 100μm 左右的颗粒分离效率为 60%～70%。

2. 湿式净化法

湿式净化法又称为水洗法，其净化焦油的机理主要是慢碰撞，用水将气化气中部分焦油带走。湿法除焦主要用冷却洗涤塔、文丘里洗涤塔、除雾器和湿静电除尘器等设备。冷却洗涤塔能将重质焦油冷凝下来，液滴在 500～1000μm 时，除焦油效率最高。文丘里洗涤塔通常连接在冷却洗涤塔后面，将气化气中较重焦油物质除去。除雾器是根据离心分离原理从气流中除去烟雾液滴，能有效地去除经文丘里洗涤塔处理后气化气中的焦油和水。湿静电除尘器首先对气化气进行冷却，使气化气中的焦油微粒形成液体颗粒，然后利用高压电场使气化气中液体颗粒带负电，通过一个带有正电极性板将带负电颗粒从气化气中除去。

3. 干式净化法

干式净化法又称过滤法，其除焦油机理是将吸附性强的材料（如活性炭等）装在容器中，当气化气穿过吸附材料或者穿过装有滤纸或陶瓷芯的过滤器时，依靠惯性碰撞、拦截、扩散以及静电力、重力等作用，使悬浮于流体中的焦油颗粒沉积于多孔体表面或容纳于多孔体中，将气化气中的焦油过滤出来。

4. 静电除尘器

静电除尘器是利用高压电场使烟气发生电离，气流中的粉尘荷电在电场作用下与气流分离。通过高压直流电，维持一个足以使气体电离的电场，气体电离后所产生的阴离子和阳离子吸附在通过电场的粉尘上，使粉尘获得电荷。荷电极性不同的粉尘在电场力的作用下，分别向不同极性的电极运动，沉积在电极上，而达到粉尘和气体分离的目的。静电除尘器可以高效率收集颗粒，尤其对 0.01～1μm 焦油、灰尘和颗粒有较高的分离效率，且兼备阻力损失小、气化处理量大的优点。但是该方法设备造价和运行费用高，对操作管理的要求也高。

一般来说，单一的物理净化方法并不能很好地脱除气化中的焦油，将两种或多种方法串联后使用将起到较好的脱焦效果。

### （二）化学净化方法

生物质气化重整净化方法是指对生物质气化过程中产生的燃气以及燃气中的焦油成分进行二次反应，使得燃气组分发生改变，焦油成分减少，热值增加，品质得到改善。

目前，生物质气化重整技术中最常用的有催化气化重整法和高温介质气化法。高温介质气化法在1100℃以上才能得到较高转换效率，而生物质气化炉内气化温度一般不超过900℃，所以要在气化炉依靠高温介质气化法使焦油裂解转化是比较困难的。但如果借助催化剂作用，焦油裂解的温度可下降到750~900℃，并具有较高的催化裂解效率，所以催化裂解法在生物质燃气焦油净化方面具有良好的技术发展前景。在实验室规模中，催化气化重整法的焦油去除效果较好。催化气化重整法是在气化炉中添加催化剂，以促进重整反应的进行，增强焦油的去除率，提高燃气品质。但是，由于在工业规模中气化气中焦油、灰分含量较大，很容易对催化剂表面形成覆盖层，造成催化剂种类对气化过程的影响。所以，除了所使用的催化剂必须能有效去除焦油，还必须有一定的失活耐性、耐结焦性，且具有坚固、不易破碎、可再生和价格低的优点。

目前用于生物质气化重整的催化剂主要有天然矿石类催化剂、合成类催化剂和贵金属催化剂三大类。其中一般常用的有天然矿石类，因为其来源广，价格低廉；而合成类催化剂虽然价格昂贵，增加成本，但催化效果好，有各自成分的作用效果，深受研究者青睐。

1. 天然矿石催化剂

天然矿石催化剂具有来源广、价格便宜的优点，能被大量应用于工业生物质气化转化。天然矿石催化剂主要包括石灰石、白云石以及橄榄石等。应用最早的天然催化剂是石灰石，而研究最多、应用最广泛的是白云石。

石灰石催化剂的主要成分是$CaCO_3$，目前被大量用作建筑材料、工业原料。由于石灰石价格低廉、易获得、污染小且催化效果好，能够大幅减少燃气中的焦油含量，也被用作生物质气化的催化剂。石灰石在高温条件下会分解为CaO和$CO_2$，CaO是石灰石的主要催化活性组分。不同温度条件下经煅烧后的石灰石对稻壳气化重整过程中，煅烧石灰石促进了焦油类重质烃的分解，使大量轻质烃类产生，随着温度升高，轻质烃类和水蒸气发生反应，生成了CO、$CO_2$和$H_2$，温度为950℃时，$H_2$产率可达57.9g/kg。另外，当产气中$CO_2$的分压较高时，$CO_2$会在水蒸气的作用下和CaO快速反应生成$CaCO_3$，而在反应后期，$CO_2$分压降低，$CaCO_3$又会分解成CaO和$CO_2$，使得降低的$CO_2$含量升高，$H_2$产量趋于稳定。

白云石催化剂白云石是一种钙镁矿，分子式为$MgCO_3 \cdot CaCO_3$。白云石的理论成分是30%的CaO、21%的MgO和45%的$CO_2$，另外还包含微量的$SiO_2$、$Fe_2O_3$和$Al_2O_3$。和石灰石一样，经高温煅烧后白云石中的$MgCO_3 \cdot CaCO_3$分解释放出$CO_2$，而生成CaO-MgO配合物，这将显著提高白云石的催化效果。白云石可显著减少焦油产量。在对松树锯屑催化气化时白云石对去除焦油的催化性能发现，以白云石作为催化剂时，750℃恒温条件下焦油转化率相比于不添加催化剂平均提高了21%，白云石中的铁离子能促进焦油的转化。白云石中CaO和MgO的含量是影响白云石催化性能的主要因素。另外，白云石的表面性质(比表面积、孔体积、孔径分布)也能对白云石的催化性能产生影响，比表面积和平均孔径越大，催化性能越好。

2. 合成类催化剂

(1) 镍基催化剂

镍基催化剂由镍、载体和助剂三部分构成，其催化活性与镍的含量、载体及助剂的种类与含量有关。金属镍是催化剂的活性位，研究表明，焦油转化率和气体产率随Ni负载量的增加而增加，当Ni负载量的质量分数为15%时达到最大值；继续增大负载量，催化活性开始下降，这主要是由于金属烧结的缘故。载体的作用是给予催化剂足够的保护和强度支持，防止金属镍在高温条件下长大。助剂的作用是稳定镍的晶粒尺寸或中和载体表面的酸度以及减少催化剂表面的积炭。

镍基催化剂的主要特点是：催化活性高，在900℃可获得100%的焦油转化率，并能提高CO和$H_2$的含量；在相同条件下镍基催化剂的催化活性比煅烧白云石高出8~10倍。然而它最大的缺点是裂解重整过程中易发生催化失活；此外，镍基催化剂价格也比较昂贵。

(2) 非镍金属催化剂

铁基材料在金属状态下拥有比氧化状态下更大的裂解焦油能力。金属状态下催化剂总焦油裂解能力超过60%，而氧化状态下只有18%。结果还表明，即使一个催化剂可以减少总焦油浓度，但它可能导致产气中苯含量增加。五种铁基催化剂材料(F、S、SDM、H、D)中，F、S和SDM的焦油去除能力能达到60%。铁/橄榄石材料在焦油裂解方面有着双重功效。一方面，它们作为催化剂转换焦油和烃；另一方面，它们可以作为氧载体，将氧气从燃烧室输送到气化室进行燃烧。

(3) 碱金属催化剂

碱金属氧化物CaO、$Na_2CO_3$、$K_2CO_3$等对焦油有显著的裂解效果。这三种催化剂对焦油的裂解性能大小为$CaO>Na_2CO_3>K_2CO_3$，其中使用CaO催化剂得到焦油含量为60mg/m$^3$的气化气。在800℃下纯净的CaO和MgO对焦油的催化裂解效率，可分别高达96%和97%。不同催化剂对裂解焦油具有不同的催化作用机制及功能，如表4-8所示。

**表4-8 催化剂及其催化作用**

| 催化剂 | 功能及作用 | 催化剂 | 功能及作用 |
|---|---|---|---|
| 碱金属和碱土金属 | 提高催化剂表面吸附水的能力；减少积炭 | Co | 提高催化剂的选择性和活性 |
| Pt | 提高碳开环的选择性 | Mo | 提高催化剂的活性，减少积炭 |
| Fe | 提高催化剂的稳定性；防止活性组分的迁移 | Ru | 提高活性组分的分布 |
| Cr | 提高镍催化剂的表面活性 | La | 减少积炭，促进碳表面的催化气化 |

3. 催化剂载体的选择

单纯以活性物质为催化剂并不理性，由于催化剂的可重复使用性、机械强度适应性及经济应用性依旧存在许多问题，所以合适的催化剂的开发需要克服其不足，一般在催化剂上负载至一定载体，可以提高其机械强度，并添加一定助剂可以提高其活性。载体作为催化剂的不可缺少组成部分，其类别、物理和化学性质对催化剂的选择性、使用寿命、催化剂活性和效率影响较大。近年来，常用的催化剂载体有$\gamma-Al_2O_3$、活性炭、二氧化钛等。$\gamma-Al_2O_3$是最常用的催化剂载体。负载Ni的载体，其中包括$Al_2O_3$、$ZrO_2$、$TiO_2$和MOR1(新开发的催化剂)，不同载体负载Ni的催化活性顺序为：$Ni/MgO>Ni/\gamma-Al_2O_3>Ni/\alpha-Al_2O_3>Ni/ZrO_2>Ni/SiO_2$；在较高的温度下，氧化铝表面会发生脱羟基作用失去水分子从而导致氧化铝的表面积减少，此外由碳沉积而造成催化剂表面积的减少，也是其失活的一个主要原因。

膨润土作为载体具有较强的粘连性和可塑性，且耐高温，物理化学性质稳定，尤其是能够吸附一定气体、液体、有机物等。其主要成分为$SiO_2$、$Al_2O_3$、过渡金属和碱及碱土金属等。$K_2CO_3$、石膏为活性组分加载至膨润土上，并对煤炭进行催化气化实验，10次循环测试后发现气化气含量逐渐升至91.15%。该催化剂循环10次后其颗粒粒径方面仍保持稳定，而在其表面出现许多孔穴使其活性位点增加，进而表现出气化气含量上升。基于此，近一两年廉价的膨润土在煤化工行业受到了广泛关注。

**（三）高温介质气化法净化方法**

催化剂老化和失活，影响催化剂使用寿命，难以大规模地长期使用。对于这种情况，生物质高温介质气化技术应运而生。生物质高温介质气化技术是将生物质转化为再生能源的另一种热化学处理方法。气化介质本身带有的热量以及反应放热就可以满足反应热量需求，可最大程度提高气化效率。使用高温气体（>600℃）作为气化剂，在1000～1200℃温度下，有时加入水蒸气和其他一些氧化性物质，使焦油中 $C_nH_x$ 等较大分子化合物通过断键脱氢、脱烷基等进行裂解、干转化、积炭和蒸气转化等反应，发生深度裂化而转变为 $C_mH_y$、CO、$H_2$、$CH_4$ 等气态分子和焦炭等其他产物。高温水蒸气气化技术是高温介质气化法中比较常用的一种。生物质高温水蒸气气化技术利用高温蒸汽的气化相变焓和较高活化能，通过直接与生物质反应提高气化反应强度和效率，降低焦油含量，并提高气化气中氢气含量。所以生物质高温水蒸气气化技术制取富氢气化气是极有产业发展潜力和商业价值。

综上所述，如表4-9所示，物理净化和化学净化处理焦油各尤其优缺点和应用场景。物理净化方式保持了焦油原来有的分子形态，使生物质能量损失，造成设备和环境的二次污染；化学净化方式通过热解尽可能获得燃气，但是能耗、生产成本、设备要求高。

**表4-9　焦油处理方法的优缺点比较及在工程中的应用**

| 焦油处理 | | 优点 | 缺点 | 工程应用 |
|---|---|---|---|---|
| 物理净化 | 旋风分离 | 设备简单，操作方便，成本低廉 | 气化气速要求严格，只有对粒径较大的焦油颗粒有效 | 用于中小型气化设备气化气的初级净化 |
| | 湿式净化 | 结构简单，操作方便，成本低廉 | 液体回收及循环设备庞大；焦油废水造成二次污染；大量焦油不能利用，造成能源损失；焦油粒子直径要求严格，气化效率低 | 采用多级湿法联合除焦油，是目前国内气化工程多采用方法，多用于气化气的初级净化 |
| | 干式净化 | 无二次污染；分离净化效果好且稳定，对0.1～1μm微粒有效捕集 | 气化气流速不能过高，焦油沉积严重，黏附焦油的滤料难以处理；存在一定的能源损失 | 采用多级过滤，与其他净化装置联合使用，用于气化气终极处理 |
| 化学转化 | 高温介质气化热解 | 充分利用焦油所含能量，提高气化效率；无二次污染 | 热解温度高（1000～1200℃）对气化设备要求较高 | 有发展潜力的焦油脱除方法，工程中加入水蒸气进行氧化，降低焦油含量 |
| | 催化热解 | 降低裂解温度（750～900℃）提高气化效率，充分利用焦油所含能量，无二次污染 | 催化剂的使用增加气化气成本；催化剂的添加温度控制严格，气化工艺要求高 | 目前最有效、最先进的方法在大中型气化炉中逐渐被采用 |

## 五、生物质焦油的处理工艺及展望

生物质气化过程中增设裂解工艺，设法将焦油高温裂解为可燃气，既能提高气化效率，又可降低燃气中焦油含量，是燃气焦油净化的有效技术手段，显示了比湿法或干法处理焦油更优越的性能。炉外净化技术是指炉外设置催化裂解装置能够有效降低焦油含量，调变生物质燃气组分，也是目前国内外生物质焦油净化技术研究的热点之一。但该技术的缺点是：需要添加辅助裂解设备，消耗大量额外能量，造成系统复杂、投资增大和应用成本高等问题，所以目前仍处于试验研究阶段。目前生物质焦油的处理更倾向于利用炉内净化技术。炉内净化技术是指炉内发展一种使生物质气化与焦油的裂解复合为一体的气化炉，焦油在炉内裂解挥发成小分子气体，是目前生物质焦油净化技术的研究热点和发展方向。

采用炉内催化裂解技术，可以通过一种复合气化装置即复合气化炉来实现，其技术方案如图 4-25 所示。为实现炉内焦油的催化裂解，该复合气化炉主体采用流化床炉型，其炉内中下部由热解区和焦炭气化区组成，上部结构采用气流床。热解区的加料口加入催化剂，生物质在炉内热解后生成固态焦炭，大颗粒焦炭随后向下流入焦炭气化区发生气化反应生成的可燃气体，与热解区夹带了细焦炭颗粒的反应气体及催化剂混合，高速向上流动，进入上部重组分气化区，由于二次气化剂作用，发生部分氧化反应。其中，焦油重组分依靠高温和催化剂作用，热裂解和催化裂解反应同时发生并转化为轻质可燃气体。未反应的焦炭以及夹带在气体中的催化剂细颗粒通过上部出气管进入旋风分离器进行气固分离，固体颗粒从旋风分离器下部被送回气化炉内。该技术方案的特点是：采用流化床和气流床耦合方式，将热解、气化、焦油炉内催化裂解复合在同一反应装置内，以减少燃气中焦油的含量。

如图 4-26 所示的炉内裂解方案，是在燃料气从流化床流出以后高速通过耦合的气流床，实现焦油重组分的裂解反应，故在炉内高温区的停留时间很短。该流化床气化炉的特点是炉内专设一裂解室，炉内裂解室位于气化炉内悬浮段的上方，炉内裂解室布置有网状支撑垫，以增加燃气通过炉内裂解室的停留时间。其上方还有保护网，两者之间放置催化剂，控制催化剂在裂解室内的自然堆积高度，以保证气化炉工作时催化剂处于流化状态。炉内 850~950℃温度和催化剂的存在下使燃气中夹带的焦油经炉内裂解室充分反应，然后从气化炉顶部汇集后进入旋风分离器，气固分离出的生物质残余物可从下部排出后再送入气化炉内反应。燃料气从旋风分离器上部出口管流入一圆柱形焦油净化器。燃气流经净化器时，冷凝的焦油滴和水被分离，由净化器底部的焦油回收管收集后送入气化炉内。为便于炉内裂解室催化剂的装入与更换，设有密封盖。

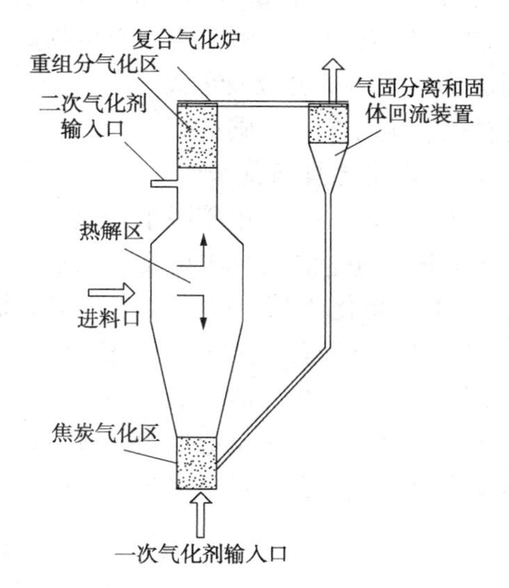


图 4-25　生物质复合气化装置

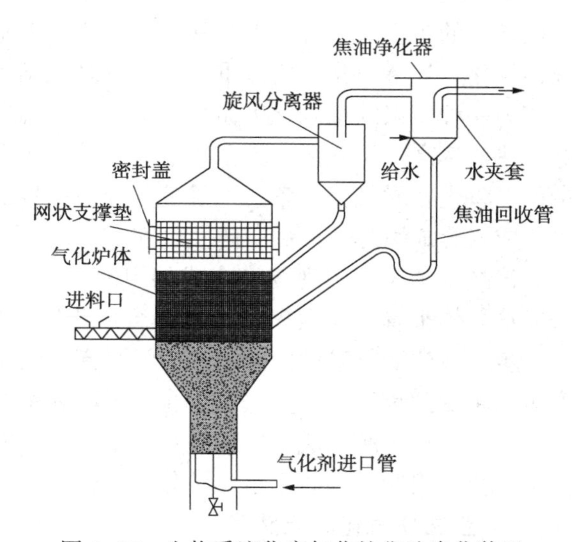


图 4-26　生物质流化床气化炉焦油净化装置

该流化床气化炉内焦油净化方法的主要特点如下：

① 流化床炉内设裂解室可充分利用悬浮段内 850℃以上的显热，不需消耗额外能量；与

炉外净化的湿法相比，不会造成二次污染，而且装置简单，焦油回收与裂解转化的效率高。

② 与图 4-25 气流床耦合的复合气化炉相比，可增加停留时间。炉内裂解室网状支撑垫使燃气流过流向变化，燃气流速低于气流床流速，可增加气相停留时间和燃气与催化剂接触时间。在炉内裂解室温度已满足催化裂解要求的前提下，增加接触时间对提高裂解效果将更有效。

③ 提高催化剂利用率。图 4-25 方案中催化剂添入是在热解区的进料口加入，也即随原料一起按比例加入，催化剂与反应气体向上流经重组分气化区时以快速通过，消耗量较大，利用率较低。该方案催化剂布置在炉内裂解室内并且要定期补充或更换，利用率相对较高。

④ 气化炉外设置的焦油净化器为气化炉提供的自产水蒸气可作为气化剂，这对于提升炉内裂解室催化转化效果有益。

⑤ 燃气中经降温冷凝分离的焦油液滴导入气化炉内裂解，可提高气化系统热效率。经测算，该气化炉可燃气焦油裂解率可达 95%以上，燃气热值可提高 20%以上。

## 第四节　生物质气化技术的应用场景

### 一、生物质气化生成化学品技术

#### （一）生物质气化合成制备液体燃料

利用生物质气化制备合成气，进而合成醇、醚和各种烃类燃料，是生物能源利用的新途径，有利于缓解传统化石能源危机，在这几种气化技术中具有更好的应用前景。通过生物质气化得到的合成气主要是利用费-托合成的方法合成甲醇、乙醇、二甲醚、液化石油气（LPG）等化工制品和液体燃料。由此得到的燃料是理想的碳中性绿色燃料，可以代替传统的煤、石油等用作城市交通和民用燃料。

在世界范围内，对生物质气化合成液体燃料的研究主要集中在合成甲醇和二甲醚两个方面。从技术的角度看，合成甲醇和二甲醚的技术路线和工艺系统基本一致，主要有生物质预处理、气化、气体净化、气体重整、$H_2$/CO 调值、甲醇和二甲醚的合成及分离等。

作为一种新兴的基础化工原料，由于二甲醚自身含氧、组分单一、碳链短，因此燃烧性能好、热效率高，无残渣、无黑烟、燃烧安全和甲醇燃料相比更具备优势。从工艺步骤分类，可以将生物质气化制备二甲醚工艺分为一步法和两步法两种。两步甲醇脱水合成二甲醚先由合成气合成甲醇，然后甲醇蒸气在 150℃和常压条件下，固体催化剂均相反应脱水制二甲醚。该技术主要利用现场已合成的甲醇，因此流程简单，转化步骤单一，技术也最为成熟。但从总体来看，必须先经过甲醇合成步骤，投资成本高，已有逐渐被一步法取代的趋势。一步合成法因打破甲醇合成热力学平衡的限制，流程短，投资少，能耗低较高的单程转化率越来越受到重视。一步法是将合成甲醇和甲醇脱水两个反应在一个反应器内完成，通过对水煤气变换、甲醇合成和甲醇脱水三个可逆、放热反应协同进行，避免了多步反应受化学热力学平衡的限制，提高了单步转化率。

#### （二）生物质气化制天然气

生物质经过气化技术制备得到的天然气被称为生物质合成天然气（bio-synthetic natural gas，Bio-SNG），也叫代用天然气，可混入现有天然气管网运输使用，也可用作车用燃料，被认为是“第二代生物燃料”技术。该技术对生物质原料适用范围较大，气化过程中碳转化率高、产气较快，适合进行大规模利用。生物质气化合成 Bio-SNG 是一个相对较新的技术，目前仅有奥地利、荷兰等国家进行了实验室与中试规模装置的验证，商业化规模装置正在建设之中，丹麦、智利、加拿大、美国、德国等国也对本国发展 Bio-SNG 技术的可行性进行了分析。

生物质通过热化学转化方式制备合成 Bio-SNG 技术流程见图 4-27，包括气化、净化与调整、甲烷化、提质等工艺过程，其中生物质气化、甲烷化是核心技术。

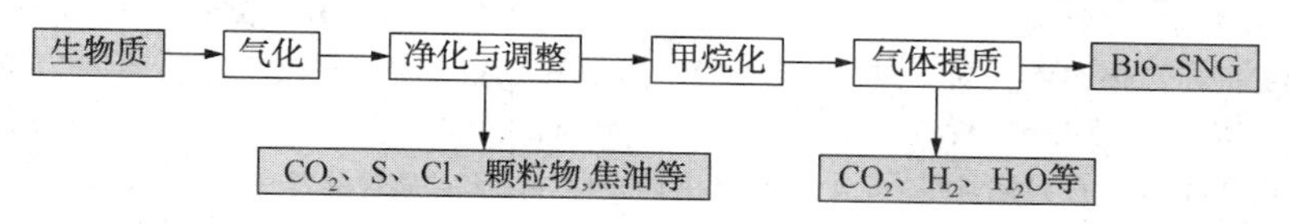


图 4-27　生物质通过热化学转化方式制备合成 Bio-SNG 技术流程

1. 气化

生物质通过气化反应转化为主要成分为 $H_2$、CO、$CO_2$、$CH_4$的粗合成气，其组成受反应器、气化介质、操作参数等的影响。从合成气中分离 $N_2$比较困难且成本高，以制备 Bio-SNG 为目的的气化介质中应不含 $N_2$，因此利用部分生物质燃烧给气化过程直接供热的气化器需要采用纯氧作气化剂。目前气化反应器主要有固定床、流化床及气流床，以生物质原料制备 Bio-SNG 为目标的气化反应器特征见表 4-10。其中适合制备 Bio-SNG 的气化反应器为双流化床，其优势在于可直接采用空气进入燃烧炉为气化供热，气化温度较低，粗合成气中含有一定量的 $CH_4$，降低了后续甲烷化反应放热对反应器及催化剂的压力，整体合成效率高。

**表 4-10　制备 Bio-SNG 的生物质气化反应器特征**

| 项目类型 | 固定床 | 气流床 | 流化床 | |
|---|---|---|---|---|
| | 上吸式、下吸式、开心式 | 粉状进料、液体进料 | 循环流化床 | 双流化床 |
| 反应温度/℃ | 750~900 | 1200~1400 | 800~1000 | 800~1000 |
| 反应压力 | 常压 | 加压 | 常压、加压 | 常压、加压 |
| 气化剂 | 氧气+水蒸气 | 氧气+水蒸气 | 氧气+水蒸气 | 空气+水蒸气 |
| 供热方式 | 部分生物质燃烧，直接燃烧 | 部分生物质燃烧，直接燃烧 | 部分生物质燃烧，直接燃烧 | 生物质燃烧加热循环床料，间接共热 |
| 合成气主要成分 | $H_2$、CO、$CO_2$、$CH_4$、焦油 | $H_2$、CO、$CO_2$ | $H_2$、CO、$CO_2$、$CH_4$焦油 | $H_2$、CO、$CO_2$、$CH_4$焦油 |
| 床型示意图 | 生物质 干燥 热解 氧化 还原 合成气 | | | 气化器 燃烧器 |

续表

| 项目类型 | 固定床 | 气流床 | 流化床 | |
| --- | --- | --- | --- | --- |
| | 上吸式、下吸式、开心式 | 粉状进料、液体进料 | 循环流化床 | 双流化床 |
| 特点 | 成本低，操作简单，技术成熟。间歇进料；碳转化率较低；氧气分离成本高；纯氧进气易引起固定床内沟流及局部过热、熔融等现象；生物质不适于在固定床中大规模利用 | 碳转化率高，合成气不含焦油，$H_2$/CO 比较高。进料系统复杂，生物质粉碎成本高且气动进料比较困难，如预先干燥或热解，能耗较高；氧气分离成本高；$CH_4$全部来源于后续合成 | 碳转化率较高，合成气中含 $CH_4$，烯烃、炔烃类物质可直接转化为 $CH_4$，能量效率高。氧气分离成本高；合成气中焦油及杂质含量高，净化过程复杂 | 碳转化率较高；合成气中含有 $CH_4$；燃烧器可进空气，减少纯氧制备成本；合成气中烯烃、炔烃类物质可直接转化为 $CH_4$，能量效率高。合成气中焦油及杂质含量高，净化过程复杂；$N_2$容易泄露至气化器 |

2. 净化与调整

（1）气体净化

生物质气化粗合成气中含有焦油、颗粒物、硫化物、氮化物、卤素、重金属、碱金属等多种污染物质，会导致后续工艺中多种操作问题，尤其是容易引起催化剂失活。合成气在进入甲烷化装置前需进行净化，包括合成气调整前的初净化以及调整后的深度净化。合成气中颗粒物可通过离心、过滤等方式去除。焦油可通过热化学法(如热裂解和催化裂解)或物理法(如湿式洗涤技术)去除。酸性气体可通过叔醇吸收法、Selexol 法或 Rectisol 法等方法去除。因后续工艺中甲烷化催化剂对气体中污染物尤其是硫化物高度敏感，在气体调整后进入甲烷化反应器前需进行深度净化。一般采用 ZnO 或 CuO 床层去除残余硫化物，ZnO 吸收 $H_2S$ 原理见式(4-1)，反应后的 ZnS 可被 $O_2$氧化为 ZnO，S 转化为 $SO_2$可以硫酸钙的形式回收。通过 ZnO 床层后气体中的硫化物可以降低至 0.1mg/m$^3$以下，气体继续通过活性氧化铝防护床或活性炭床层去除其他残留杂质。

$$ZnO+H_2S \xlongequal{\quad} ZnS+H_2O \tag{4-1}$$

（2）合成气调整

生物质气化粗合成气中 $H_2$/CO 比一般在 0.3~2，在进入甲烷化装置前需将其提高至 3，以满足甲烷化反应要求。提高合成气 $H_2$/CO 一般通过一步或多步水汽变换反应(WGS)来实现，见式(4-2)。考虑到在上游工艺中硫化物不能完全去除，水汽变换反应一般采用酸性耐硫催化剂。

$$CO+H_2O \xlongequal{\quad} CO_2+H_2 \tag{4-2}$$

除水汽变换反应外，气体调整单元中还存在水汽重整反应，见式(4-3)，不饱和烃如烯烃、炔烃及微量芳烃转化为小分子气体，但该反应容易加剧积炭形成。气体调整单元温度不能太高，高温下甲烷也会发生重整反应分解。

$$C_xH_y+xH_2O \rightleftharpoons xCO+\left(x+\frac{y}{2}\right)H_2 \tag{4-3}$$

甲烷化催化剂对水汽变换反应也具有一定的活性，有工艺将气体调整与甲烷化过程合并到同一反应器中，其目的在于使 WGS 反应为甲烷化反应提供合适比例 $H_2$和 CO 的同时，甲烷化反应为 WGS 反应提供 $H_2O$。但甲烷化催化剂对硫化物更敏感，将二者合并到一个反应器中极易导致其中毒失活，需在两个过程之间对气体进行深度净化。调整比例并深度净化后的合成气经过单级或多级压缩即可进入甲烷化反应器。

3. 甲烷化

甲烷化是将合成气在一定压力下及催化剂作用下转化为甲烷的过程，镍基催化剂因选择性活性高、价格低廉而被广泛使用。甲烷化过程中主要反应见式(4-4)和式(4-5)。

$$CO+3H_2 \rightleftharpoons CH_4+H_2O \qquad \Delta H_{298}^{\ominus}=-217kJ/mol \tag{4-4}$$

$$CO_2+4H_2 \rightleftharpoons CH_4+2H_2O \qquad \Delta H_{298}^{\ominus}=-175kJ/mol \tag{4-5}$$

甲烷化反应是强放热过程，据估计该过程放出的热量占入口气体能量的20%，每1%CO转变成$CH_4$反应器绝热升温60~70℃，为防止催化剂烧结，必须将这部分热量及时移除，因此对催化剂的耐热性以及反应器换热要求比较高。目前甲烷化反应器有固定床和流化床两种。固定床甲烷化技术比较成熟，已被商业化应用于煤甲烷化工业中，但过程温度较难控制，一般采取多个反应器，采用中间冷却或气体循环的方式控制反应温度。流化床甲烷化反应器中热量和质量传导率较高，反应过程保持在恒温状态，但是存在催化剂磨损和夹带问题，技术复杂度较高，目前仍处于研发阶段。反应温度和压力影响合成气甲烷化效率，低温高压有利于甲烷的生成，但受限于反应器传热效率、催化剂活性温度以及碳沉积问题，甲烷化反应温度一般都在300℃以上。合成气中残留的烃类化合物也可转变为甲烷，其转化效率要高于CO和$H_2$向$CH_4$的合成效率。甲烷化过程必须解决碳沉积问题，向反应器中加入水蒸气可延长催化剂的使用寿命，水蒸气加入量受到压力、温度影响，温度越低、压力越高所需水量越多。

4. 气体提质

甲烷化反应后的气体中含有饱和水蒸气、$CO_2$及未反应的$H_2$和少量$N_2$，气体提质即去除杂质并压缩的过程，使其满足不同用途的纯度与压力要求。水蒸气可通过闪蒸、冷凝、吸附或膜分离等方式去除；商业化$CO_2$去除技术有变压吸附脱碳技术(PSA)、物理吸附法、气体膜分离技术(UOPseparate membrane)，采取的技术与气体压力有关系；$H_2$、$N_2$可通过膜分离技术去除。将Bio-SNG压缩至适当压力可注入管道，或压缩至250bar($1bar=10^5Pa$，下同)形成压缩天然气(Bio-CNG)即可被用作车用燃料。

从社会经济发展要及环境友好角度而言，生物质气化制备天然气是适合未来发展需要的一个新技术，生物质能通过气化、净化与调整、甲烷化、提质等过程得到可直接注入天然气管网的清洁燃气，但目前技术发展仍不成熟，我国尚没有生物质气化合成制备Bio-SNG的报道。发展适合制备Bio-SNG的生物质气化与净化技术以及高温甲烷化催化剂及反应器都是今后的重要的研究方向。

## 二、生物质气化发电技术

生物质气化发电技术世界上比较典型的生物质气化发电模式有IGCC(整体气化联合循环)发电系统和Battelle生物质气化发电系统。生物质气化发电技术是生物质能利用的一种重要形式。它是基于热化学转换原理将固态生物质气化生成合成气，再通过外燃机或内燃机做功发电，是一种高效清洁的现代化生物质能利用方式。生物质气化发电设备紧凑、污染少，可以解决生物质燃料的能量密度低和资源分散等缺点。生物质气化发电对改善我国以煤炭发电为主的电力生产结构，特别是对广大农村偏远地区提供清洁电力具有十分重要的意义。

### (一) 热、电联产

生物质气化发电的基本原理是把生物质转化为可燃气，再利用可燃气推动燃气发电设备进行发电。气化发电过程有三方面的内容：一是生物质气化；二是气体净化；三是燃气发电(图 4-28)。其中，第三的方面是降低成本、提高发电效率的关键过程。

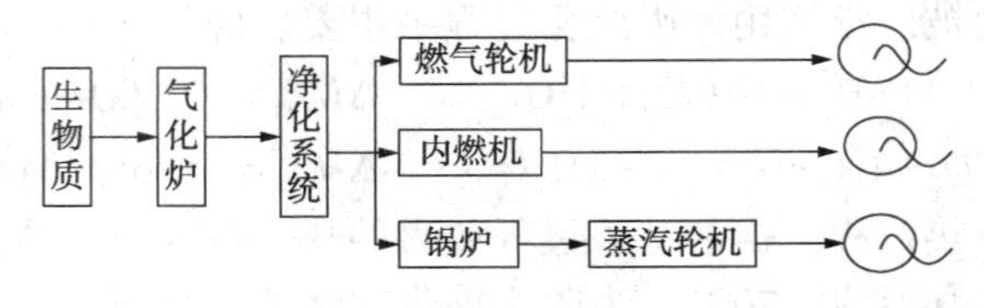


图 4-28　生物质气化发电技术

生物质气化发电规模分为小型、中型和大型三种。小型发电功率不大于 200kW，特别适宜缺电地区作为分布式电站使用；中型发电功率一般在 500～3000kW，是当前生物质气化发电的主要方式，可作为大中型企业的自备电站或小型上网电站；大型发电系统发电功率一般在 5000kW 以上，从长期的发展需求和经济环境压力作用下，将是今后替代化石燃料发电的主要方式之一。

生物质气化按发电类型分为三种基本类型：一是内燃机/发电机组；二是蒸汽轮机/发电机组；三是燃气轮机/发电机组。可将前两者联合使用，即先利用内燃机发电，再利用系统的余热产生蒸汽，推动蒸汽轮机做功发电。也可以将后两者联合使用，即用燃气轮机发电系统的余热生产蒸汽，推动蒸汽轮机做功发电。不管是燃气内燃机，还是燃气轮机，发电后排放的尾气温度偏高，一般为 500～600℃，这部分尾气仍含有大量的可回收利用的能量。除此之外，气化炉出口的燃气温度也很高(可达 700～800℃)所以在燃气发电设备后增加余热回收装置(如余热锅炉等)，利用余热过热器产生蒸汽，再利用蒸汽轮机进行发电是大部分燃气发电系统提高系统效率的有效途径。

所以一般来说，燃气-蒸汽联合循环的生物质气化发电系统称为生物质整体气化联合循环(B/IGCC)。它是燃气涡轮机与蒸汽涡轮机组合以产生电力。一般系统效率可以达到 40%以上。自 20 世纪 90 年代中期 IGCC 工艺已被用于煤的气化，200～300MW 的电厂具有高达 46%的电力效率。生物质 IGCC 工艺已应用于瑞典 18MWth 示范工厂。该厂具有 32%的净电效率和 83%总的净效率。

总之，在大规模发电系统中采用燃气轮机具有明显优势(10～20kW)，小规模发电系统中采用内燃机(5～10kW)更好，因为使用内燃机可以大大降低对燃气焦油杂质的要求，减少技术难度；避免了调控相当复杂的燃气轮机系统，大大降低成本。对于更大规模发电系统(大于 20kW)除了要使用内燃机外还必须进行高压气化才能保持 IGCC 具有较高的效率。所以，在 IGCC 工艺上必须具备两个条件：①燃气进入燃气轮机之前不能降温；②燃气必须是高压的。这就要求系统必须采用生物质高压气化和燃气高温净化两种技术才能使 IGCC 的总体效率达到较高水平，否则，如果采用一般的常压气化和燃气降温净化，由于气化效率和带压缩的燃气轮机效率都较低，气体的整体效率一般都低于 35%。

2002 年意大利 TEF BIGCC 示范电厂，该系统发电容量 16MW，发电效率 31.7%。系统流程见图 4-29。电厂采用常压 CFB 气化炉和常温湿法烟气净化系统。原料在微负压环境下，利用锅炉废弃余热进行干燥，空气经压缩和预热后由气化炉底部布风板进入。产气通过空气预热器和烟气冷却器进行冷却，再通过二次旋风分离和布袋除尘，然后再水洗塔内彻底清除焦油和其他污染物。除尘器捕集的飞灰与灰渣一起排放，水洗塔排水经处理后排放。

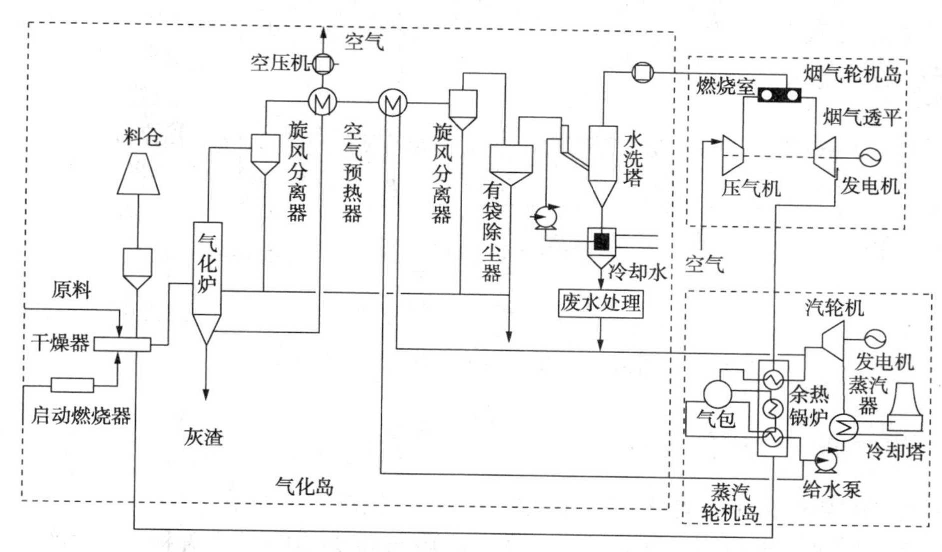


图 4-29 意大利生物质整体气化联合循环发电系统(TEF IGCC)

### (二)合成天然气、液体燃料制备与发电技术联产

生物质在高温条件下气化产生合成天然气和发电技术联产，在过去的 10 年中已经获得越来越多的关注，一些研究群体已对其进行了研究。生物质/煤气化费-托合成联合发电系统是比较典型的生物质/煤气化制备合成气的发电系统。如图 4-30 所示，空气装置产生的氧气作为气化剂，产生的富 CO 合成气中，分流一部分进入水煤气单元。调整 $H_2$/CO 比例以适合费-托合成单元，调整比例后的合成气进入低温费托浆态床合成单元，尾气经空分单元产生的氮气稀释后，进入燃气透平发电。

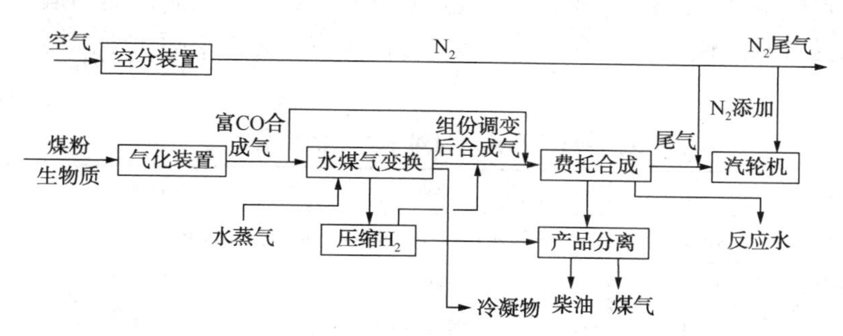


图 4-30 生物质/煤气化费托合成联产发电系统

液体生物燃料热电联产具有高工艺灵活性，且工艺效率高达约 90%。生物燃料、热电合成联产比生物燃料单机生产减排温室气体效果更好。生物燃料如柴油、二甲醚和甲醇，是一种可再生的清洁燃料，可以在发电和供热方面替代化石燃料。与合成天然气相比，液体生物燃料相对容易输送。二甲醚(DME)是可通过生物质气化合成的一种洁净燃料。除了在生物质气化工艺流程中制备二甲醚，还可以将气化过程中残余的可燃烧尾气再次用于发电。内燃机可单独使用低热值燃气，也可以燃气、油两用，他的特点是设备紧凑，系统简单、技术成熟、可靠。但是，燃气机轮对燃气质量要求较高，如果采用低热值燃气轮机，燃气需增压，否则发电效率较低。并且还需要较高的自动化控制水平。由于生物质合成气氢碳比较低且焦油等杂质成分含量高导致催化剂活性低，易失活。为了降低二甲醚的生产成本，寻找选

择性高、稳定性良好的双功能催化剂是生物质合成气一步法制二甲醚研究的关键。如图4-31所示。

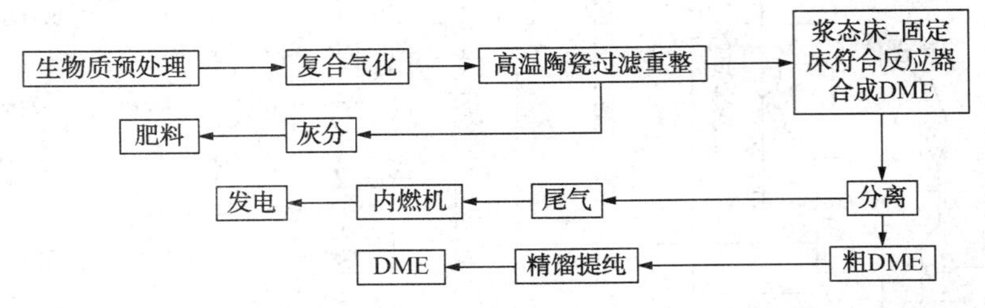


图4-31　生物质气化制备二甲醚联产发电的工艺流程

## 三、生物质气化供热技术

生物质气化供热是指生物质经过气化炉气化后，生成的生物质燃气送入下一级燃烧器中燃烧，为终端用户提供热能。图4-32中是生物质气化供热的工艺流程图。体统包括气化炉、过滤装置、燃烧器、混合换热器及终端装置，该系统的特点是经过气化炉产生的可燃性气可在下一级燃气锅炉等燃烧器中直接燃烧，因而通常不需要高质量的气体净化和冷却装置，系统相对简单，热利用率高。

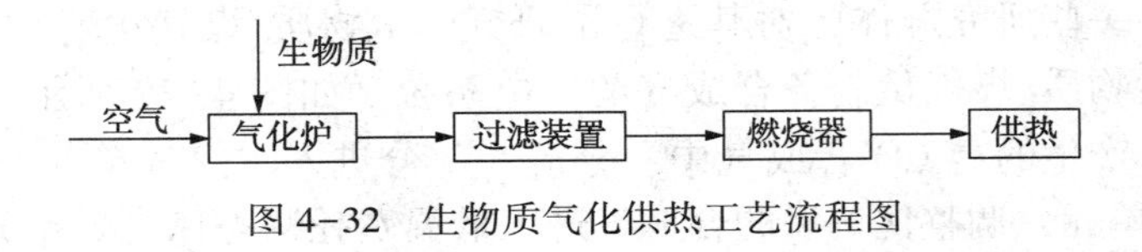


图4-32　生物质气化供热工艺流程图

生物质气化供热技术广泛应用于区域供热和木材、谷物等农副产品的烘干。与常规木材烘干技术相比具有升温快、活力强、干燥质量好的优点，并能缩短烘干周期，降低生产成本（表4-11）。

**表4-11　几种木材烘干方法的效益对比**

| 项　目 | 火炕烘干 | 蒸汽烘干 | 电力烘干 | 气化炉烘干 |
|---|---|---|---|---|
| 单位能耗/$m^3$ | 30~40kg木材 | 300~500kg煤；30~40kW·h | 100~150kW·h | 0.5kW·h |
| 烘干成本/(元/$m^3$) | 20~40 | 80~100 | 80~100 | 10~20 |
| 烘干周期/d | 12~15 | 7~10 | 5~8 | 5~10 |
| 烘干质量 | 差 | 好 | 好 | 好 |
| 设备投资 | 少 | 大 | 大 | 少 |

# 第五节　生物质气化多联产技术

生物质气化作为生物质能源的一种主要形式，近几十年来得到了国内外的广泛关注和研究。但是由于传统技术燃气中焦油含量高、气化产物单一致使经济效益不佳、存在一定的环境污染及设备系统不够完善等难题，极大地阻碍了生物质气化技术的发展以及实现工业化规模的步伐。生物质气化(能源)多联产技术拓展了新的发展思路，并进行了相应的技术研究与产业化应用。根据生物质资源特性不同，研究开发了适合农作物秸秆类的流化床气化多联产炉、果壳类下吸式气化多联产炉和木质类上吸式气化多联产炉，并针对不同的生物质气化产物研发了相应的产品利用路线(图 4-33)。其中气相产物(可燃气)用于发电、供气或者热燃气(未经气液分离)直接烧锅炉供热或带动蒸汽轮机发电，该技术解决了燃气净化和焦油的两大难题；液相产物(生物质提取液)制备液体肥料；固相产物(生物质炭)根据生物质原料的不同可分别用于制备炭基有机-无机复混肥(秸秆类原料)、高附加值活性炭(果壳类和木片类)以及工业用还原剂和民用燃料(木质类)。生物质气化多联产技术新理念的提出以及相关核心技术设备的开发与应用也为生物质利用探索出了一条符合绿色、环保和循环、可持续产业发展的良好路径，生物质能源的发展只有与环境保护(空气、水、土壤及食品安全)相结合才是最根本的出路。从研究、应用与发展的角度阐述了传统气化技术的根本问题并提出了解决方法，实现了"生物质气化多联产技术"的先进性、经济性、环保性并使生物质的利用完全符合绿色、循环的可持续发展目标。

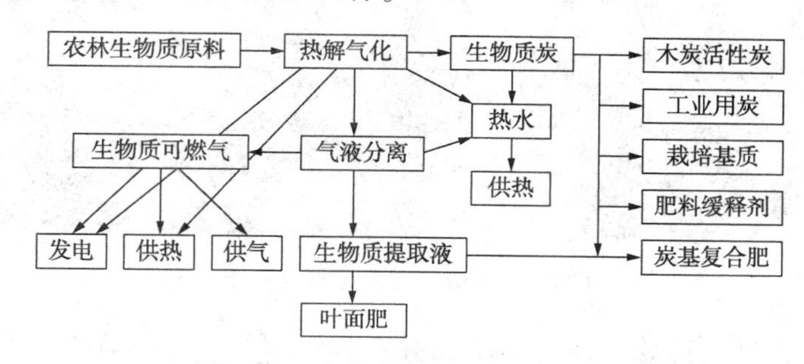


图 4-33　生物质多联产路线示意图

利用生物质气化多联产新思路可以分级、分相处理生物质，把生物质的开发利用达到一个新的高度。它具有以下的工艺和产品特点：

(1) 气化副产物利用效率和经济效益高

传统的生物质气化过程中除了得到可燃气外还会产生灰渣(占生物质原料的 10%~20%)、废水、焦油等。它们的资源化利用难度较大，应用前景不佳。若弃置，不仅降低了生物质气化转化效率，还会造成一定的环境污染。而生物质气化多联产技术在产生可燃气的同时，又能得到生物质炭及大量经水洗净化处理后的提取液(循环喷淋后浓度逐渐增加)。其中气相产物(可燃气)用于发电、供气或替代煤烧锅炉；液相产物(生物质提取液)可制备液体肥料；固相产物(生物质炭)则根据原料的不同可分别制备炭基有机-无机复混肥(秸秆类原料)、高附加值活性炭(果壳类和木片类)以及工业用还原剂或民用燃料。因此，生物质气化多联产技术既解决了传统气化技术产品单一的问题，也提升了气化副产物的经济附加值。

(2) 环境效应好

传统的生物质气化技术是指生物质完全气化，将生物质中的硫、氮及碳元素全部转化为 $SO_2$、$NO_2$ 和 $CO_2$ 排放到大气中。而多联产技术是在生物质气化的同时得到生物质炭(占生物质的 15%~30%)，生物质中的大部分硫、氮和碳元素保留在生物质炭中，相对于传统气化技术减少了有害气体的排放，从而提高了生物质气化技术的环境效应。

## 一、生物质炭产品的利用

生物质炭主要由碳、氢、氧、氮和灰分组成，其中灰分的含量和生物炭的原料来源与种类有直接关系，秸秆类炭具有高灰分的特点(每千克水稻秸秆炭中含钾 53g、氮 4.3g、磷

2.6g、镁 3.52g、微量元素铜 0.015g、铁 0.58g、锌 0.11g，比表面积 171$m^2$/g）一般气化秸秆类炭可用于制备炭基肥料（图 4-34）。结果表明，生物质炭还田以后主要有如下优势：①生物质炭含有大量植物所需的营养元素，同时生物炭来自作物，由于作物的同源性，其各种营养元素更有利于作物吸收，因此有利于提高农作物的产量和质量；②生物质炭一般呈弱碱性（pH=8~10），同时生物质炭具有丰富的表面官能团，有助于调节土壤 pH；③生物质炭孔隙结构发达，比表面积大，吸附能力强，外观黑色，形状主要有粉状和颗粒状（图 4-35）；④生物炭还田，具有提高地温（1~3℃）和保温的作用，有利于作物的生长并使作物提早出苗和成熟（3~7 天）；⑤生物炭（含碳量 50%~90%）还田可以起到良好的固定 $CO_2$ 的作用，是真正的节能减排。

图 4-34　炭基有机无机复混肥

将生物质炭还田后马铃薯增产约 30%，并在马铃薯花期进行调查，施用炭基肥可以促进马铃薯早熟，提前一个物候期，同时平均株高增加 7.8cm，展幅增加 8.8cm。生物质炭还田也能使水稻增产 13%，大米中重金属降低 50%以上并具有良好的抗倒伏作用。

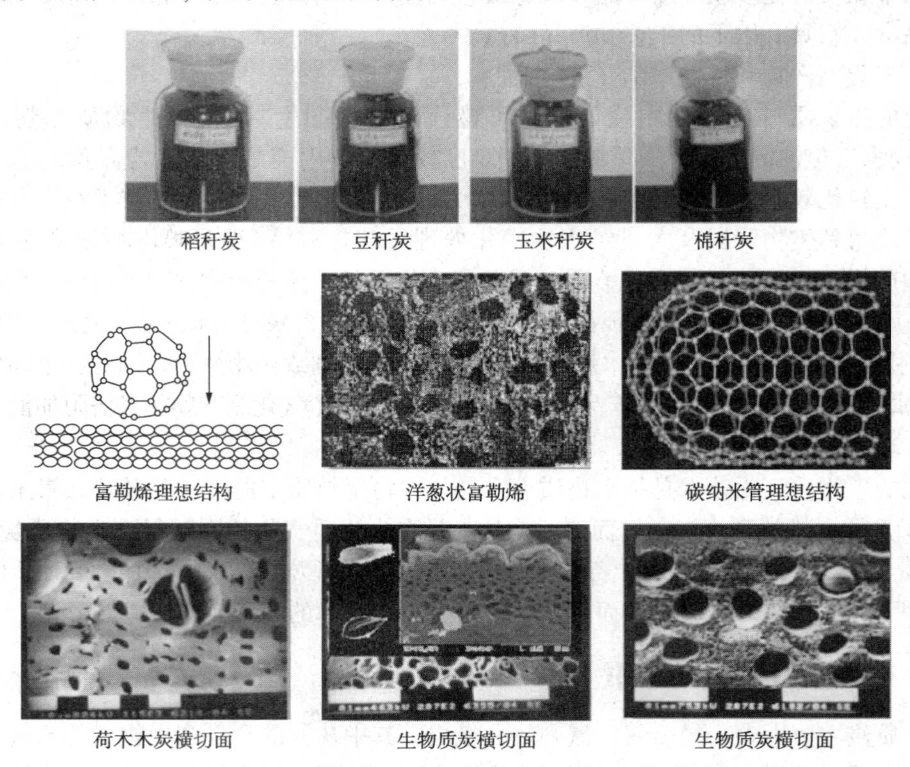


图 4-35　生物质活性炭

## 二、生物质提取液的利用

生物质提取液即生物质气化的气液混合物经过水洗和冷凝过程后所形成的液体产物，其主要成分为酸类、醇类、醛类、酮类、酚类等100多种弱酸性有机物。生物质提取液可精制用于家畜饲养的消毒、杀菌液、除臭剂或用于农药、助剂、促进作物生长的叶面肥。经证明，生物质提取液具有以下功能：①促进农林作物的营养生长，促根壮苗、健壮植株，增加了作物的抗逆、抗旱、抗寒能力；②抑菌、杀菌、忌避害虫；③提高农林作物抗病、防病能力，显著减少病虫害的发生；④促进有益菌群的繁殖；⑤改善农林产品的内在质量和外观品质，显著提高农作物的产量和农产品的质量安全性。

宁夏林科所将生物质提取液应用在李子树上，可使果实成熟可提前3~5天、果实增大、外形发亮、无斑点、口味好。经测定，产量可增加约15%，维生素、糖分含量可增加3%~5%。以稻壳活性提取液为原料(表4-12)，以白色念珠菌、黑曲霉菌、大肠杆菌及金黄色葡萄球菌为供试菌种，按抑菌试验方法进行抑菌试验，结果如表所示，生物质稻壳活性提取液对白色念珠菌、大肠杆菌有很强的抑菌、杀菌效果，抑菌率都在90%以上；对金黄色葡萄球菌、黑曲霉菌有一定的抑菌作用。

**表4-12　生物质提取液的抑菌性能试验**

| 样　品 | 抑菌率/% | | | |
|---|---|---|---|---|
| | 白色念珠菌 | 黑曲霉菌 | 大肠杆菌 | 金黄色葡萄球菌 |
| 稻壳粗提取液 | 93.61 | 80.70 | 100 | 48.50 |
| 稻壳精提取液 | 94.80 | 82.32 | 100 | 52.43 |
| 无菌水 | 0 | 0 | 0 | 0 |

# 第五章　生物质热裂解技术

## 第一节　生物质的热解技术概述

生物质热解是指生物质在隔绝氧或缺氧条件下吸收热能，生物质中有机物质发生分解反应，转化为固体焦炭、可燃气体和液态生物质油的过程。在高温下，构成生物质的大分子有机化合物化学键断开，裂解成为较小分子的挥发物质，从固体中释放出来。热解开始温度为200～250℃，随着温度的升高，更多的挥发物释放出来。而挥发物质也被进一步裂解，最后残留下由碳和灰分组成的固体产物。挥发物质中含有常温下不可凝结的简单气体，如 $H_2$、CO、$CO_2$、$CH_4$等，也含有常温下凝结为液体的物质，如水、酸、烃类化合物和含氧化合物等。因此，生物质热解同时得到固体、液体和气体三种形态的产物。三种产物的得率取决于热解温度、升温速率、气相停留时间和生物质特性等工艺参数。

生物质组成成分主要包括纤维素、半纤维素、木质素、抽提物和灰分。其中，除了灰分外，其余 4 种组成物在加热过程中都可以发生热分解反应。在低温加热条件下，纤维素经过吸热反应转化为脱水纤维素，再生成焦炭；当生物质温度高于 280℃时，纤维素将发生热解反应，脱除挥发分，同时纤维素热解生成焦油与脱水纤维素，脱水纤维素发生热解生成焦炭（图 5-1）。在之后的研究中，Bradury 等在低压、259～341℃环境下，对纤维素进行批量等温试验，发现在失重初始阶段有一加速过程，提出纤维素在热解反应初期有活化能从"非活化态"向"活化态"转变的反应过程，由此将"Broido-Nelson"模型改进为"Broido-Shafizadeh"模型（图 5-2）。Varhegyi 等对纤维素在热重分析仪上进行加盖与不加盖的试验研究，发现二者焦炭产率差异较大，说明焦炭不仅是由纤维素一次热解单独得到，具有挥发性的焦油二次热解也会生成焦炭。发生二次热解的条件应具备高的反应温度，长的气相停留时间。二次裂解过程中包含一系列复杂的化学键断裂、重组的过程。二次反应降低了反应物质的分子量，试验产物经检测为小分子气体（图 5-3）。按照热解产物的不同分为热解炭化、热解液化、热解气化三种。按照热解的工艺条件不同可分为快速热解（加热速率约 500K/s）、闪速（加热速率大于 1000K/s）和慢速热解（干馏）。

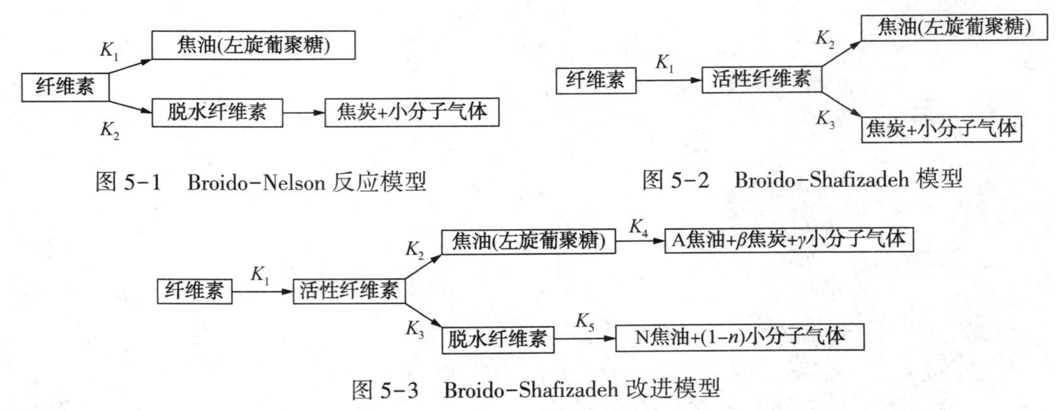


图 5-1　Broido-Nelson 反应模型

图 5-2　Broido-Shafizadeh 模型

图 5-3　Broido-Shafizadeh 改进模型

## 一、生物质热裂解技术的分类

### （一）生物质热解炭化技术

生物质热解炭化即热解产物以焦炭为主，主要利用炭化设备将生物质在慢速升温速率下热解，并进一步加工处理成为蜂窝煤状、棒状、颗粒状等形状的固体成型燃料。能够将生物质由低品位能源转化为无污染、易储运的高品质“生物煤”能源。在这一过程中，原料中的非碳物质被除去，产生以固定碳为基础的孔洞结构，反应相对复杂。一般来说，生物质原料进入炭化装置中，先后经历干燥、预炭化、炭化和燃烧4个阶段，最终生成生物炭。干燥阶段是生物质炭化的准备阶段，当温度达到120~150℃时，生物质中所蕴含的水分受热率先析出，变成“干生物质”。预炭化阶段是生物质炭化的起始阶段，当温度达到150~275℃时，“干生物质”受热，其中不稳定成分(如半纤维素)发生分解，析出少量挥发分。炭化阶段是生物质炭化的主要阶段，当温度达到275~450℃时，半纤维素和纤维素发生剧烈的热分解，产生大量的挥发分，放出大量反应热，剩余固态产物即为“初步生物炭”。燃烧阶段是生物质炭化的结尾阶段，当温度达到450~500℃时，利用炭化阶段放出的大量热，对初步生物炭进行煅烧，排除残留在木炭中的挥发性物质，提高木炭中固定碳含量，获得最终的生物炭。

1. 干燥阶段

生物质成型燃料在40~150℃温度区间出现小的失重，此过程中生物质成型燃料受热升温，伴随试样内部水分挥发，试样失重率约为7.5%，与试样工业分析中水分的含量大致相同。此阶段表现在*DTG-T*曲线上为一个小的失重峰。

2. 预炭化阶段

紧接着在150~275℃温度区间，水分蒸发后，试样平稳升温。这个阶段*TG*曲线变化平缓，试样发生微量失重，约为1%。同时伴随着生物质成型燃料颗粒解聚及“玻璃化”转变这一缓慢过程。其中在200~260℃时半纤维素首先热解，开始放热的反应温度约为220℃。

3. 炭化阶段

随着温度的继续升高，在275~450℃温度区间，生物质成型燃料开始热解，大量挥发分析出。从*TG*曲线可以看出试样失重明显，失重率达60%。纤维素在240~350℃时热解，约在275℃开始放热反应，分解剧烈；木质素在250~500℃热解，310℃左右开始放热反应。*DTG*曲线出现明显的失重峰，失重变化率很大。

4. 燃烧阶段

试样温度升至450~500℃以后，热解反应已基本完成，残留物缓慢分解，最后生成焦炭和灰分。试样质量变化微小。试样最后质量约为总重的20%，与工业分析中固定碳与灰分的质量一致。

### （二）生物质热解液化技术

生物质热解液化，主要采取快速热解或者闪速热解制备50%以上的液体油。生物质热解液化技术可将生物质转化为液体产品，具有工艺简单、操作方便(常压、中温)、装置容易工业化、液体产品便于存储和运输等特点。生物油作为热解液化的主要产品具有水分高、热值低、酸性较强、稳定性较差、燃料品质较低，使其无法直接应用于内燃机等高端燃烧设备。同时，由于生物油的成分复杂，也使其作为化工原料应用造成很大限制。生物质快速热解得到的生物质原油，常温下为黑褐色的液体，稍显黏稠，有刺鼻的烟熏气味，pH=2~4，密度约为1.2g/mL，低位热值15~16MJ/kg(表5-1)。生物质原油化学成分较为复杂，主要以酸、酚、酮、醛、醇、糖、芳香烃等形式存在，其水分含量 15%～30%，氧含量 35%以上，随原料不同，成分有所差异。由于其热值低、化学成分复杂、酸性强、氧含量高、物理化学性质不稳定等因素影响，其应用受到一定限制。为此，需对生物油进行提质改善其燃油性质和提高储备稳定性。

**表 5-1　某生物质原油物理特性分析**

| 项目 | pH | 密度(15℃)/(kg/L) | 高位热值/(MJ/kg) | 低热位值/(MJ/kg) | 固含量质量分数/% | 倾点/℃ | 闪点/℃ |
|---|---|---|---|---|---|---|---|
| 平均值 | 2.6 | 1.201 | 17.67 | 15.80 | 0.10 | -27.6 | 52.4 |
| 元素名称 | C | H | O | S | N | Cl | |
| 指标 | 46.27 | 6.81 | 46.95 | <0.01 | <0.01 | 0.012 | |

1. 生物油的理化性质

生物油是氧含量极高的复杂有机成分的混合物，这些混合物主要是一些分子量大的有机物，其化合物种类有数百种之多，几乎包括所有种类的含氧有机物如：醚、酯、醛、酚、有机酸、醇等。生物油组分的复杂性使其具有很大的利用潜力，但也使利用存在了很大的难度。目前还没有一个明确的生物油质量评定标准，因为这样一个复杂的混合体系，使得生物油具有独特的理化性质。

① 含水率大。生物油的含水率(质量分数)最大可达到 30%～45%，油品中的水分主要来自物料所携带的表面水和热裂解过程中的脱水反应。水分有利于降低油的黏度，提高油的稳定性，但降低了油的热值。

② 生物油的 pH 较低。主要是因为生物质中携带的有机酸，如蚁酸、醋酸进入油品造成的，因而油的收集储存装置最好是抗酸腐蚀的材料。由于中性的环境有利于多酚成分的聚合，所以酸性环境对于油的稳定是有益的。

③ 生物密度油的密度比水的密度大，大约为 $1.2\times10^3$kg/m$^3$。

④ 高位热值。25%含水率的生物油具有 17MJ/kg 的热值，相当于 40%同等质量的汽油或柴油的热值。由于生物油的密度高，所以 1.5L 的生物油与 1L 化石燃油能量相当。

⑤ 黏度变化大。生物油的黏度可在很大的范围内变化。室温下，最低为 10cP，若是长期存放于不好的条件下，可以达到 10000cP。水分、热裂解反应操作条件、物料情况和油品储存的环境及时间对其有着极大的影响。

⑥ 固体杂质粒径小。在高的加热速率下，热裂解液化的物料粒径一般很小，因而热裂解生成的生物质炭不容易被分离器沉降下来。因此可采用热过滤液体和气体产物的方法来分离固体杂质。

⑦ 不稳定。生物油暴露在空气中是不稳定的，阳光中的紫外线可加剧多酚类物质的聚合，导致油品黏度的上升，所以应当密封于容器内。

2. 生物热解油的应用研究

生物热解油有以下几个方面的应用：一是直接作为燃料，可用于燃油锅炉、涡轮机与发动机；二是通过精制改进得到稳定的生物油、汽油与柴油等高品位燃料；三是通过提取转换得到化工原料，如胶黏剂、化肥、燃料强化剂原料、香料、精细化工原料等。热解生物油在许多方面可以替代化石燃料，实现能源的可持续利用和降低污染物的排放。总之，生物热解油作为燃料替代品有以下几个开发利用途径：

（1）燃料油替代

燃料油是原油加工过程中的一种成品油，低位热值 40MJ/kg 以上，常用作电厂、船舶、冶金、工业锅炉、窑炉等的燃料。生物质原油直燃技术开发的重点主要在燃烧器烧嘴材质的选择、烧嘴的适应性优化设计、精确控制以及生物质原油质量的稳定性改进等。目前，生物质原油直燃与控制技术已比较成熟，已能够满足工业应用的需要，但还需在使用寿命、生物质原油稳定性处理等方面进一步提高。生物质原油替代燃料油仅是其初级应用，从经济性来看，竞争力不强。生物质原油的盈利销售价格为 1200~1300 元/t，按可比热值计，折算为燃料油售价为 3000~3250 元/t。根据近 10 年的原油-燃料油价格相关联数据测算，对应石油原油价格为 80~86 美元/桶。亦即，当原油价格低于 80 美元/桶时，生物质原油当作燃料油使用，经济性并不好。

（2）生物油气化生产合成气

生物质原油组成复杂，分离、处理难度大。但其主要含 C、H、O 三种元素，因此通过高温气化的方式制取合成气，进而通过费-托工艺合成化学品或燃料，也是生物质原油有效利用的重要途径之一。经研究证明，生物质原油气化生产合成气技术上是可行的，但与煤气化相比，由于生物质原油的价格较高，在当前能源结构形式下，经济性尚无竞争优势。从当前研究进展来看，生物质原油气化生产合成气技术路线总体上尚处于开发阶段，未得到工业化装置规模的验证，但借助于重油、渣油的成熟气化技术，生物质原油的气化在技术发展上是有前途的，关键是要解决好设备材质与腐蚀问题。

（3）催化加氢

催化加氢是生物质原油精制加工研究的主要方向，即在催化剂存在下，高压（7~20MPa）和有氢气或存在供氢溶剂的条件下，对生物油进行加氢处理，其中氧元素以 $H_2O$ 或 $CO_2$ 的形式脱除。目前催化剂多采用 $Co-Mo/Al_2O_3$、$Ni-Mo/Al_2O_3$、Ru/C、Pt/C 等。与普通的金属催化剂相比，贵金属催化剂的活性更高。

由于生物质原油热稳定性较差，经两步加氢来实现。加氢法精制生物油主要有两段：第一段主要是甘油三酸酯的加氢饱和反应和二甘酯、单甘酯及羧酸等中间产物的加氢脱羧基、脱羰基和脱氧反应，主要生成高碳数的正构烷烃；第二段主要是正构烷烃的选择性裂化/异构化反应，最终产物是高支链的烷烃，该反应过程主要是改善油品的物理性能，加氢脱氧催化剂和加氢裂化/异构化催化剂是其中的关键因素。这也一定程度上增加了反应的难度。即首先在较低反应温度下对生物油进行温和的催化加氢处理，然后采用常规的加氢条件对温和加氢产物进行深度脱氧。与传统的催化加氢工艺相比，两段催化加氢工艺具有更好的效果，但该工艺依然存在产物收率较低、运行费用过高和过程不能连续等问题。因此，有学者提出了温和加氢，即在较低的温度和较短的停留时间下，只用较少的氢使那些活泼的非饱和脂肪烃达到饱和，这样得到的生物油稳定性有所提高，但初始黏度却大幅增加，这与传统催化加氢工艺中遇到的问题相同，因此，开发反应条件温和的高活性催化剂是发展生物油催化加氢技术的关键。

（4）催化裂解

催化裂解是将生物质原油或经催化加氢后的大分子组分在催化剂的作用下裂解成小分子物质的过程，其中氧元素以 $H_2O$、CO、$CO_2$ 的形式除去，在生物油催化裂解过程中一般不需加入氢气，反应压力为常压或低压。一些科研人员正在尝试一种新的处理思路，即在高压、中温条件下，对生物质原油催化裂解，脱除部分氧的同时，使 C、H、O 进行选择性重组，从而提高有机相价值，这对催化剂提出了更高的要求。重组后的有机相期望可与化石原油实现混炼。

与催化热解工艺不同，催化裂解工艺必须在生物油的再次升温后进行，因此与催化裂解工艺相比，催化热解工艺可避免热解气冷凝和生物油升温过程中的能量损失；也避免了生物油升温过程中热效应所导致的催化剂结焦问题；且热解气的平均相对分子质量较小，更适合催化反应过程的进行。因而，对生物质直接进行催化热解更具优势。但两者的核心技术都是催化剂的选择。

(5) 催化酯化工艺

催化酯化工艺是在固体酸或固体碱的作用下，使生物油中的羧基与醇类溶剂进行酯化反应，以达到降低生物油酸性、提高生物油稳定性的目的。催化酯化过程一方面降低了生物油的酸性，使其腐蚀性下降；另一方面羧基与羟基反应生成大量的水。因此，催化酯化工艺的难点在于开发合适的催化剂，并选择合适的反应条件以加快酯化反应速率，且能实现多余水分和有机相的自行分离。目前有研究者使用多功能催化剂，使加氢过程和酯化反应同时进行，取得了良好的效果。

(6) 乳化工艺

鉴于生物原油的不稳定性和与烃类物质的不混溶性，其储存与使用受到了很大制约，因此对初级提质技术的探索一直伴随着热解技术的发展而发展。乳化处理工艺较简单，但储存稳定性及乳化液性能尚需进一步提高，作为燃料使用仍受到一定限制。现阶段改善生物质油性质可借助表面活性剂的乳化作用使生物油与其他液体燃料混溶后直接使用。采用各种阳离子、阴离子、两性离子和非离子表面活性剂，研究者成功配制出含有不同比例生物油的稳定乳化液。将乳化生物油替代部分柴油应用于内燃机是现阶段拓展生物油应用途径的一个有效手段。该技术目前存在的主要问题是：①乳化液成本过高，主要来自表面活性剂的成本和乳化过程中的能量输入；②乳化液不能长期放置；③乳化液黏度过大，不能满足部分内燃机的要求。

## 二、生物质热解特点

在生物质的三种主要化学成分中，半纤维素最易热解，纤维素次之，木质素最难热解，且持续时间最长，半纤维素、纤维素分解后主要生成挥发物，木质素热解后主要生成碳。对生物质热解的热重分析可以发现，生物质热解过程主要分三个阶段：加热、剧烈失重和缓慢失重。剧烈失重阶段发生了纤维素和半纤维素的大量分解，以及木质素的软化和分解，因此在该温度区域，热解速率很快；而在缓慢失重阶段，主要以木质素热解为主，其分解过程非常缓慢，热失重曲线及热解速率曲线趋于平缓。

在生物质热解中，原料的特性对热解过程和产物有很重要的影响。我国生物质能源主要来自：①农业废弃物；②林业废弃物；③禽畜粪便；④城市垃圾和工业有机废弃物。其中适合做热解原料的生物质种类主要是农业废弃物和林业废弃物。这两大类生物质资源的特性不同，其中农业废弃物秸秆类生物质资源与林业废弃物木屑类生物质资源相比具有“三高三低”的特点，即：①挥发分含量高，炭化程度低；②气化或燃烧产物“油汽”含量高，热反应温度低；③水分含量(大气环境水与结晶水)及空气煤气中惰性气体(氮)含量高，气化煤气热值低。这主要是由两者的结构组成含量及发热量不同造成的。

# 第二节　生物质热解技术工艺及设备

## 一、生物质热解工艺流程

生物质由于有区别于传统化石燃料的独特理化性质，例如：水分含量高、密度低、碱金属含量高。当作为热解原料时，不能同煤一样直接被用于热解反应过程，而需要预先对其加工和处理后才能适合于传统热解工艺和设备。

### （一）原料预处理

作为最简易的预处理方式，破碎和干燥虽能提高生物质原料的传热性能，降低其含水率并改善其热解特性，但经此简单预处理的生物质原料依然存在水含量高、体积密度小和破碎能耗高等不足，而原料中过多的水分会导致生物油的含水率过高，这不仅降低了其热值，而且影响生物油的稳定性，不利于生物油的储存，较小的体积密度则会给生物质原料的运输和储存带来困难。为了进一步提高热解原料的品质，目前国内外关于生物质预处理的研究主要集中在干燥、烘焙、压缩成型和酸洗等方面。

1. 干燥

生物质原料中水分含量较高，若直接热解，水分最终会进入热解产品生物油中，从而会降低生物油的热值及品质。此外，水分的蒸发阻碍了热解反应的发生，降低传热速率，因此原料的预干燥是不可缺少的步骤。干燥预处理主要包括热风干燥和微波干燥两种方式。这两种干燥方式都会改变生物质的表面结构，促进原料在热解过程中热量的传递和挥发分的析出，有利于生物质的热解。但相对于热风干燥，微波干燥具有高效和均匀的优点。微波干燥速率是热风干燥速率的5倍以上，且经微波干燥预处理的原料在热解过程中生物油收率更高，这主要是因为微波干燥能够促进纤维素和半纤维素这两种主要产油组分的裂解，同时又能有效抑制生物油蒸气的二次裂解。

2. 烘焙

烘焙是一种在常压、惰性气体氛围下，反应温度介于200~300℃之间的慢速热解过程，烘焙预处理可以有效控制生物质中的水分，降低快速热解得到生物油的氧及乙酸含量，增加了生物油的热值，烘焙预处理可以提高生物油品质，为快速热解制取生物油提供工艺的优化。这种适度的热处理不仅能破坏生物质的纤维结构、提高生物质的破碎性能、改善粉体物料的流动性，而且能部分除去生物质中的氧元素，提高生物质的能量密度，这也是烘焙预处理比干燥预处理更为优越的地方。但由于烘焙过程温度较高，部分半纤维素的裂解导致烘焙后的生物质质量收率和能量收率有不同程度的降低，同时造成烘焙过程的能耗升高，但这部分能耗可由破碎过程节省的能量予以弥补，保证了烘焙过程的经济可行性。

3. 压缩成型

根据压缩目的的不同，生物质压缩可分为两种类型：一种是为制备成型燃料；另一种是为对松散的生物质原料进行压缩预处理，从而达到节约生物质运输和储存费用的目的。前者主要以机械强度为衡量指标，后者则以松弛密度为衡量指标。由于秸秆类生物质堆积密度小、分布零散，限制了其大规模利用的经济性和可行性，而经压缩预处理后，其松弛密度可达600~950kg/m$^3$，比压缩前提高了3~5倍，这可极大地降低生物质的储运难度，为生物质的大规模利用提供新的契机。

4. 酸洗

生物质组成元素除 C、H、O、N、S 等非金属元素外，还含有少量的 Ca、K、Na、Cl、Mg 等金属元素，它们一般以氧化物或盐的形式存在于生物质灰分中，在其热解过程中起催化作用，对裂解产物的分布、生物油的成分、生物质裂解温度以及裂解机理等产生影响。由于灰分存在的形式具有多样性，使得研究各金属元素对生物质热解的影响变得复杂。为了解金属元素的具体作用机理，需对生物质进行酸洗脱灰预处理或添加金属盐预处理。目前的研究结果表明：①脱灰预处理可提高生物油的收率；②$K^+$和 $Ca^{2+}$等离子的脱除有利于单键、高分子物质的产生；③增加金属元素含量可降低主要热解区间的温度和最大热解速率。

## （二）热解过程

生物质快速热解液化技术是热化学转化方法中的一种，是生物质在完全缺氧或在少量氧存在的情况下受热分解为液体、气体和固体产物的过程。与传统热裂解技术相比较，生物质快速热解液化具有加热速率高、停留时间短、热解温度较低等特点。使生物油收率最大化的反应条件为：加热速率 $10^3 \sim 10^4$℃/s、热解温度 500℃、气相滞留时间不超过 2s、淬冷热解高温气体。生物质经过快速热解，生物质中的有机长链被打断，分解生成生物质原油、半焦、气化气（主要含 $CH_4$、CO、$CO_2$等）三类产品，其中生物质原油是主要的目标产物，而部分半焦和气化气一般作为热解的加热热源。目前热解秸秆所得生物油的热值为 15~17MJ/kg，含水率为 20%~30%（质量分数），pH 为 2~4，所得生物油是一种在高温环境下容易变性的两相液体。由于这些不利性质限制了生物油的可用性，因此，提高生物油的品质成为生物质热解液化技术不可回避的问题。现阶段，国内外学者主要从改善生物质热解技术路线和生物油精制两个方面来提高生物油的品质，其中催化热解和混合热解就是通过改善热解技术路线来提高生物油品质的。

1. 催化热解

生物质常规热解液化制备生物油虽然收率较高，但燃料品质较低，限制了其在各种场合的应用。催化热解是指在催化剂的参与下改变生物质热解气成分，以实现生物油高收率和高品质的热解反应过程。根据常规生物油燃料品质需要改善的方面，以及催化热解能够实现工业化应用的要求，成功的催化热解过程需要满足以下六条准则：①能够促进低聚物的二次裂解以形成挥发性产物，从而降低生物油的平均相对分子质量和黏度，并提高生物油的热稳定性；②能够降低醛类产物的含量，从而提高生物油的化学稳定性；③能够降低酸类产物的含量，从而降低生物油的酸性和腐蚀性；④能够尽可能地脱氧，促进烃类产物或其他低氧含量产物的形成，从而提高生物油的热值，但要避免多环芳烃等具有致癌性产物的形成；⑤氧元素尽量以 CO 或 $CO_2$的形式脱除，如以 $H_2O$ 的形式脱除，必须保证水分和催化热解后的有机液体产物能自行分离；⑥催化剂必须具有较长的使用寿命。

针对不同的催化剂，围绕上述六条准则，国内外学者在生物质催化热解方面开展了大量的工作。目前，研究较多的催化剂有固体超强酸、强碱及碱盐、金属氧化物和氯化物、沸石类分子筛（如 HZSM-5 和 HY）、介孔分子筛（如 MCM-41，MFI，SBA-15，MSU）和催化裂解催化剂。但从催化效果来看，它们各有利弊，如催化裂解催化剂能降低生物油中酚类物质的含量，提高生物油的化学稳定性，增加生物油中烃类物质的含量，但另一方面，它会促进水分、焦炭和非冷凝气体的生成，降低生物油的收率。沸石类分子筛具有很好的脱氧效果，其催化后可得到以芳香烃为主的液体烃类产物，但在催化热解过程中它极易失活，且再生困难。介孔分子筛具有较高的脱氧活性，但它的水热稳定性较差且价格昂贵。到目前为止，还未发现哪种催化剂能在生物质热解过程中兼顾上述六条准则，因此，现阶段催化热解的主要工作还在于催化剂的筛选与开发。

2. 混合热解

生物质与其他物料的共热解液化简称为混合热解。由于煤热解液化过程耗氢量大、反应温度高，且需要在催化剂和其他溶剂的参与下进行，使得煤液化成本过高；另一方面，生物质热解液化所得生物油的品质较差，这些不利因素限制了它们的发展。而煤与生物质的混合热解则可在它们的协同作用下降低反应温度，并显著提高液化产物的质量和收率。目前，一般认为生物质和煤的共热解液化反应属于自由基过程，即煤与生物质各自发生热解反应，生成自由基“碎片”，由于这些自由基“碎片”不稳定，它们或与氢结合生成相对分子质量比煤和生物质低很多的初级加氢产物，或彼此结合发生缩聚反应生成高分子焦类产物，在此过程中，部分氢可由生物质提供，从而减少外界的供氢量。木质素和烟煤在400℃下共热解液化产物的特征，其中液体产物中苯可溶物为30%（质量分数），而煤和木质素单独液化得到的苯可溶物大约为10%（质量分数）。

## 二、热解反应器及其热解工艺

### （一）快速热解反应器

快速热解反应器是快速热解系统的核心，热解反应器的类型和加热方式等决定了生物质热解效率及最终产品的分布。生物质快速热解反应器类型较多，主要的快速热解反应器有烧蚀式热解反应器、旋转锥反应器、流化床热解反应器等。各个快速热解反应器设计或选择都应基于提高传热速率、减少停留时间、减少二次裂解、提高产品品质、易放大、处理粒径较广等要求，并通过自燃生物炭或不可冷凝热解气体提供所需热解热量，降低成本，降低能耗。

1. 旋转锥反应器

旋转锥反应器原理如图5-4所示，在旋转锥反应器中，生物质颗粒与惰性热载体一同喂入反应器旋转锥的底部，生物质颗粒会在旋转锥中螺旋上升，过程中生物质被迅速加热、裂解，热解气由导出管进入旋风分离器，分离生物炭后通过冷凝器凝结为生物油，生物炭和热载体进入燃烧室燃烧，提供热解温度。与烧蚀反应器类似，旋转锥反应器不需载气，减少了产物与载气的分离步骤。旋转锥反应器中物料与砂子被喂进反应器中随着旋转锥的转动而螺旋上升直至从锥体上檐排出，因此旋转锥反应器同样存在锥体内表面磨损问题。

旋转锥反应器一般不需要载气，结构紧凑，减少了成本。旋转锥反应器将快速热解副产物焦炭燃烧，提供热源，加热惰性载体，然后惰性载体接触加热生物质，加热效率高，生物质加热速率快，且可以保证固体和热解气在旋转锥内停留时间较短，减少了对热解气的二次催化裂解，提高生物油的得率和品质。但旋转锥反应器要求物料粒径较小，设备复杂，且设备放大较难。

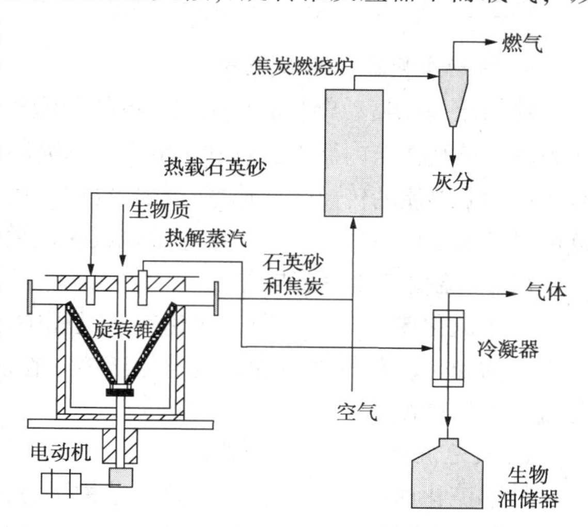

图5-4　旋转锥热解反应器结构图

2. 烧蚀热解反应器

烧蚀反应器的原理是生物质原料与反应器中高温的金属面接触，受到灼烧而发生热解反应。烧蚀反应器与流化床反应器的不同在于烧蚀反应器不用或只用少量的载气，减少了产物与载气分离的步骤，有利于产物的回收。烧蚀反应器是快速热解研究最深入的方法之一。烧蚀热解反应器研究比较著名的有美国可再生资源实验室(NREL)和英国 Aston 大学。烧蚀热解反应器主要技术难点是如何使生物质颗粒和高温壁面在具有一定相对运动速度的情况下紧密接触而不脱离，一般是通过机械力或离心力的作用而实现。NREL 采用离心力的作用，Aston 大学采用机械力。图 5-5 为 NREL 研发的烧蚀涡流热解反应器。氮气或过热蒸汽携带生物质物料进入反应器，在高速离心力的作用下，在高温反应器壁上发生烧蚀和热解。未完全热解的物料经过循环回路重新热解。物料颗粒在外力作用下，高速运动摩擦，物料粒径不断减小，因此烧蚀反应器对物料粒径要求不太高。Aston 大学设计的烧蚀反应器如图 5-6 所示，动力来自机械力，机械力带动物料与高温壁面接触、反应。整个过程不需要气体通入，简化了操作流程，降低了成本。采用机械力的烧蚀反应器可以保证生物炭的快速移除，从而减少了热解气的二次裂解。但整个过程需要保证生物质和高温壁面紧密接触，这是设计和控制的难点。

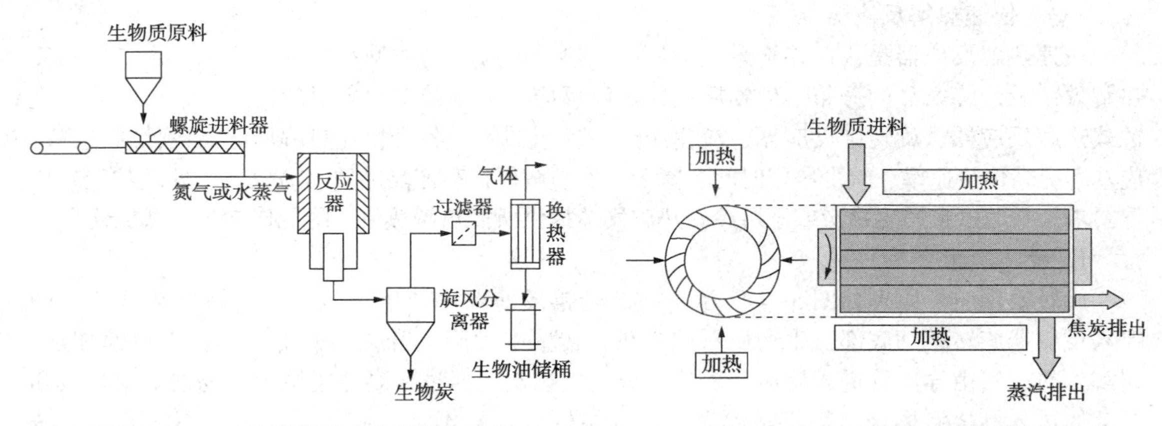


图 5-5　NREL 烧蚀涡流反应器热解流程　　　图 5-6　Asaton 烧蚀反应器示意图

3. 喷动床快速热解反应器

喷动床是集喷动床和流化床为一体的新型流化态反应器该，反应器产物蒸气可连续流出，而固体粒子则在床内循环，直到热解完全。喷动床反应器主要优点是喷动床内的喷动循环可以有效增加生物质的传热传质速率；减少气体停留时间；提高生物油的得率和品质；喷动床反应器可以有效处理不规则颗粒，细小颗粒或黏性颗粒；喷动床反应器容易放大(图 5-7)。

**(二) 流化床热解反应器**

对于流化床热解反应器，快速热解过程中需要足够的流化气体，保证物料的流态化。供热方式为加热流化气体或加热流化床床体，在加热流化床床体时需要预热流化气体，以免引起流化床床内温度下降。

1. 鼓泡流化床热解反应器

鼓泡流化床研究较早，较成熟，结构运行简单，易放大。但鼓泡流化床也有明显缺点，适宜小颗粒热解反应，对颗粒粒径要求高。当物料颗粒较大时，积炭难以被流化气体和热解气带出，引起热解气严重的二次裂解，而密度较小的颗粒会在流化床上部悬浮，并催化裂解

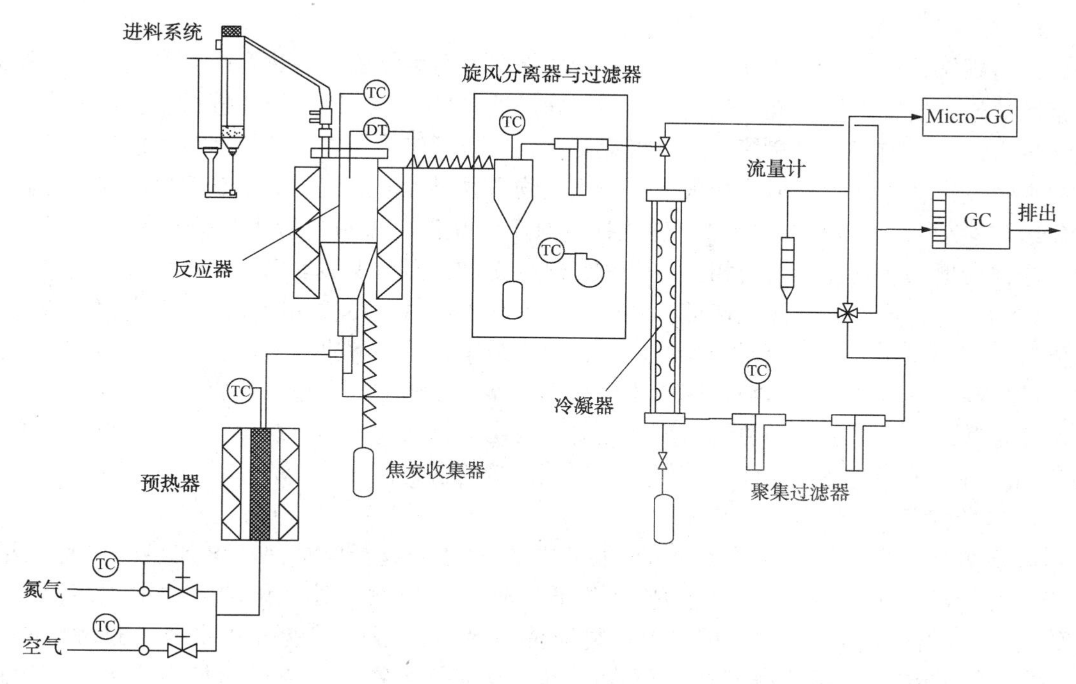


图 5-7　喷动床生物质热解装置

热解气，导致生物油产率下降，品质降低。此外，在设备放大时必须考虑供热方式的选择。电加热方式虽然设计简单，但对大容量系统不可行。在鼓泡流化床快速热解过程中如何解决气固传热效率是研究重点，因此在鼓泡流化床反应器中会加入石英砂，一方面辅助流化，另一方面作为热载体，增强加热速率。

2. 循环热解反应器

这一类热解反应器又可分为循环传输床反应器和循环流化床反应器，其实原理相同。循环传输床中布置了燃烧室，由砂子直接加热生物质，增大加热速率。热载体砂子随着热解副产物生物炭一起被吹出反应器，在旋风分离器中热解气和生物炭砂子分离，生物炭和砂子一起进入燃烧室，生物炭燃烧释放的热量加热砂子，热砂子返回流化床反应器提供热解所需的能量，就构成一个完整的循环过程。循环传输床在生物质热解技术中应用有较大优势，可以增大生物质的处理量。

流化床式反应器的主要优点有传热系数高；不含运动部件；结构较为简单；工作可靠性大；运行寿命长；反应器处理量大；易放大；可以较好地实现自热式(热解副产物生物炭燃烧作为热源；不可冷凝热解气循环作为流化气体)。但是，流化床反应器需要流化气体，进而增加了热解能耗，随着热解装置放大，供能方式和流化气体成本需要重点考虑；循环流化床热解生物质中动力学较复杂；且制备的生物油产品含碳率较高；空气容易从燃烧室进入反应器，引起热解产品得率降低；循环流化床需要的气体流量较大，成本较高。

## 三、大型热解工艺系统

由此可见，随着生物质处理规模的增加，热解装置及其附属装置(进料、供热、冷凝系统)也随之复杂。同时随着处理规模的增加，热解流程中的关键系统包括进料系统、供能系统、热解反应器、快速冷凝系统的选型需要重点考虑。

**（一）进料系统**

进料系统是整个热解装置流程稳定运行的前提。在生物质快速热解中，二级螺旋进料器为常用的进料装置，第一级定量进料，主要确定进料量；第二级为快速进料，主要防止生物质在进入反应器前高温热解软化。一级螺旋进料器也可应用于生物质快速热解进料系统，但需要在螺旋进料器外壳添加冷却水套，防止生物质物料提前加热。对于热解反应器，尤其是流化床和喷动床，进料位置需要合理选择。对于流化床，进料位置大部分选择在分布板之上，这样会增加物料在床内密相区的时间，热解充分；而对于喷动床反应器，进料位置可以选在床的顶部，该区域气体气速低，温度低，有利于进料。在喷动床或流化床内都需要流化气体，内部存在压力，这阻碍物料的进料，一般采用旋转阀解决物料反喷问题。而在反应器内温度较高，螺旋进料器与喷动床或流化床反应器直接相连，会被加热，导致生物质提前热解软化阻塞通道。当选取的热解温度较高时尤为明显，而且高温对螺旋进料器的材质选取也有影响。可以采用绝热连接解决，但需要保证连接的密封性。

**（二）供能系统**

对于实验室小试生物质热解研究，供能方式大部分选择电加热。电加热简单易操作，对于处理量较小实验室和小试生物质热解研究适合，但对于处理量较大的中试甚至工业化研究，电加热成本太高。中试以上生物质热解装置流程的供能方式主要通过燃烧快速热解副产物焦炭，不可冷凝气体中可燃气体、或部分生物质。通过能量衡算表明，生产1kg生物油所需提供的全部热量为2.5MJ，含有50%～80%的总热量，生物炭的热值高于30MJ/kg，不可冷凝的可燃气体燃烧可以提供生物质热解需要能量的75%，因此每千克生物质快速热解的副产物焦炭和燃气的总能量大于其热解所需的热量，而且，生物质热解所需的热量是比较少的，这样为自热式热解装置提供了可能。但是，通过直接燃烧焦炭和可燃气来提供生物质热解热量难以保证快速热解均匀及稳定性，此外，直接提供能量会使副产物中的水分等最终进入生物油中，影响油的品质；燃烧不完全的气体会在快速热解中起催化作用。因此，在中试以上规模的生物质快速热解过程很少将热解高温烟气直接供能热解生物质，而是加热惰性气体、热载体（如砂子和陶瓷球）、金属壁面（烧蚀反应器）间接加热。

**（三）快速冷凝系统**

1. 冷凝气的组成

生物质经过加热分解和气固分离之后可以得到高温有机蒸气（即热解气），其主要由可冷凝气体、不可冷凝气体和少量很难收集的气溶胶颗粒组成，其中部分可冷凝气体经快速冷凝后可获得热解油产物。

（1）可冷凝气体

可冷凝气体由可挥发的有机物和不可挥发的低聚物组成。主要组成为小分子酸、醛、酮、醇、酯、呋喃类产物、烃类产物、环戊酮类产物、糖类产物、苯丙呋喃类产物、吡喃酮类产物以及酚类产物。

（2）不可冷凝气体

热解气相滞留时间和热解反应温度是生成不可凝气体的关键因素。随着气相滞留时间的延长，热解气二次裂解，生成不可冷凝气的可能性就越大。不可冷凝气主要由$CO_2$、CO、$H_2$，以及少量$CH_4$、$C_2H_4$、$C_2H_6$等气体组成。为提高热解油产率，应尽量降低不可冷凝气的比例，例如，可通过降低热解气在反应器热解区的气相滞留时间来降低不可冷凝气体比例。可通过循环利用不可冷凝气作为热解流化载气、进料气源及燃烧等方式，降低能耗的同时避免气体对环境的污染。

2. 快速冷凝工艺

快速冷凝系统是在快速热解制备生物油设备中的关键，高温热解气经过快速冷凝才能得到生物油。快速热解过程中热解气需要快速冷凝以减少二次反应，增加生物油得率，从而提高生物油产率和品质。快速冷凝方法有直接接触冷凝，间接冷凝、混合联用式冷凝、结合联用冷凝、喷雾冷凝和降膜冷凝等方法。

三种类型(表 5-2)的流化床生物质快速热解气体的冷凝技术及对应的工艺和装置，对流化床生物质快速热解技术的发展起到了很大促进作用。其中，直接接触式冷凝方式对应的装置结构简单、易于维护，冷凝液只需最初添加一次即可；间接传热式冷凝方式有着工作稳定、应用范围广、易放大等特点。但二者都有着一定的局限性，故常将二者联用得到混合联用式技术，该技术是现阶段最常用且冷凝效果最好的流化床生物质快速热解气的冷凝技术，其关键在于合理地匹配喷雾冷凝和降膜冷凝过程，获得最佳的冷凝效果，应用前景光明。

**表 5-2　生物质快速热解气的冷凝方式**

| 冷凝方式 | 典型装置 | 优点 | 缺点 | 热解规模 |
|---|---|---|---|---|
| 间接传热式冷凝 | 多级列管式冷凝器 | 工作稳定、应用范围广 | 堵塞结垢、腐蚀穿孔、冷凝效果不理想 | 大型 |
| 直接接触式冷凝 | 鼓泡式二级喷淋冷凝装置 | 装置结构简单、易于维护，冷凝液只需最初添加一次即可 | 充当冷却剂的热解油易老化、对泵的要求高 | 小型 |
| 混合联用式冷凝 | BL-MPS-1 热解设备喷淋式冷凝器 | 降低管理，防止壳程结垢、冷凝效果好 | 腐蚀、泄漏、循环泵工作效果不稳定 | 中小型 |

在直接接触式冷凝方式中(图 5-8)，旋风分离器分离固体颗粒后的热解气从进气管进入冷凝器的上部，与喷雾器喷出的冷凝液(热解油)直接接触后快速冷却，其中可冷凝气体冷凝成为热解油后依靠自身重力降落至冷凝器底部，不可冷凝气体则经过出气管排出冷凝器。随着热解气冷凝的不断进行，冷凝器底部的热解油液从溢流口流出，进入外部的热解油收集装置。收集在冷凝器底部的热解油再通过热交换器冷却后通过油泵输送至冷凝器上部，经喷雾器雾化后作为新的冷却剂。冷凝液只需最初添加一次有机溶剂即可。随着冷却过程的进行，后期通过不断冷凝获得的热解油来完成。直接接触式冷凝技术的关键在于根据所要冷凝的热解气的流量、初始温度和最终温度计算得到雾化喷嘴的流量、足够小的液滴直径和布置形式，保证气液充分接触、高效换热。

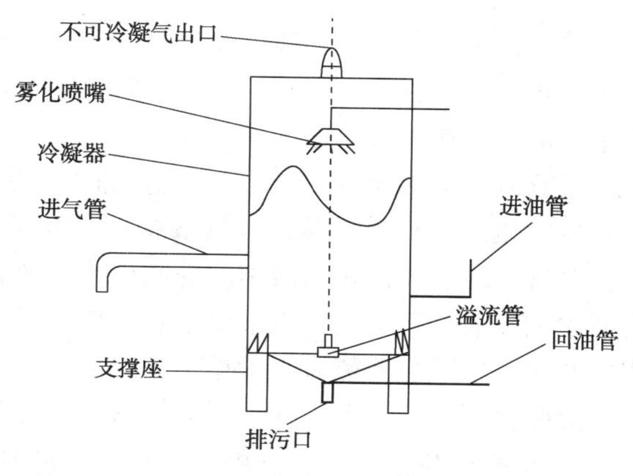

图 5-8　直接接触式冷凝装置

该技术的优点是设备结构简单且易于维护，直接接触式冷凝技术在应用过程也会产生一些问题。例如，热解油较大的黏性及其腐蚀性对油泵的抗腐蚀性和密封性要求较高；循环的热解油在冷却和加热过程中容易发生老化，导致油质降低。所以目前直接接触式冷凝方式主要应用于研究生物质快速热解小型实验。在此基础上，许多学者对直接接触式冷凝装置进行了进一步的研究。鼓泡式二级喷淋冷凝装置，高温热解气与冷凝液通过一次喷淋直接接触进行一次冷却，然后未完全冷凝的热解气在冷凝器出口处进行二次逆喷，进行二次冷却，解决了以往冷凝不彻底、结焦和效率低等问题，实验运行可靠、稳定，热解油产率达 65%以上，可实现连续化生产。

间接冷凝法利用管壳式换热器或板式换热器等的机械热交换来进行。目前应用于大型生物质热解设备的冷凝器多为管壳式换热器，其优点是设计制造工艺成熟、工作稳定和应用范围广，但也存在较多弊端，如热解气在管内冷却时容易发生堵塞、固体杂质使热解油在收集过程中容易堵塞冷凝器下端阀门、除污维修困难、使用过程中易出现结垢和腐蚀穿孔、冷凝效果不理想等。目前，低温分级冷凝技术是较为成熟的间接接触式冷凝技术，这是一种在热解气冷凝过程中利用不同温度区段对热解油进行分级冷凝的方法。利用分级冷凝技术能够将不同用途的热解油组分分别富集，除能用于替代能源物质还可以提取化学平台物质，作为制备酚醛树脂等化工产品的原料。但采用分级式冷凝容易产生热解气携带的炭粉颗粒在某级冷凝器中与焦油混合的现象，导致堵塞问题。可采用两级冷凝器，其中第一级为大管径冷凝管，第二级为小管径冷凝管，热解挥发物先后进入大管径冷凝管和小管径冷凝管，有效地解决了热解挥发物易堵塞的问题。

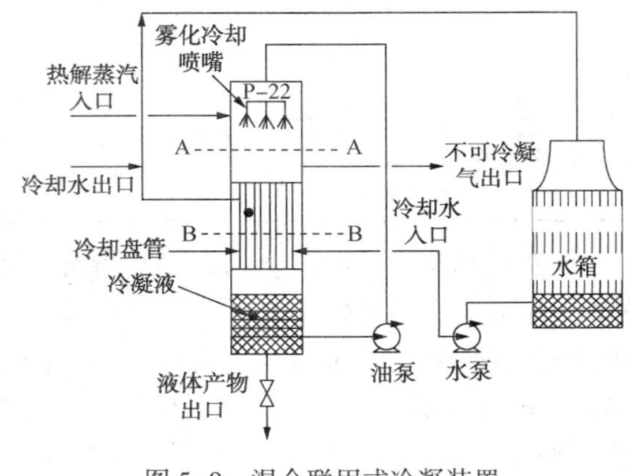

图 5-9　混合联用式冷凝装置

目前，混合联用式冷凝方式在生物质快速热解过程中广泛应用，一种混合联用式冷凝收集装置如图 5-9 所示。

混合联用式技术可以降低管程、防止壳程结垢，但是其出现壳体腐蚀和泄漏失效问题的可能性要远远大于管壳式换热器，特别在泵的使用方面，热解油的弱碱性、高黏性和组分复杂等影响泵的长期正常工作。

结合联用法是综合使用了间接传热式冷凝方式和直接接触式冷凝方式，即雾化喷淋和冷凝器结合使用。首先将冷凝介质(生物油)雾化，喷淋高温热解气，雾化液滴与热解气进行传热传质，热解气迅速降温从而抑制其发生缩合缩聚反应，当热解气中的微小颗粒与液滴相碰后被收集；之后，采用降膜冷凝，一方面使高温的生物油冷却，另一方面使低沸点组分的蒸气在液膜界面进一步冷凝。

喷雾冷凝把冷凝液(常温成品热解油)通过喷嘴变为雾状液滴，喷洒到热解气体中，进行高效换热，因其具有很大的气液接触面积，可以实现快速冷凝。该传热过程分为 4 个模式：对流冷凝、固体表面液膜的沸腾冷凝、液滴对表面的冲击冷凝、临界热流模式。并且在溶液中加入表面添加剂可以减少过热和得到更大的稳定临界热流的温度范围，但是在冷凝过程中产生的冷凝热不能有效地排出冷凝器。

降膜冷凝是让热解气在低温固体壁面上冷凝形成下降液膜的冷凝形式，可以方便地利用冷凝介质在固体壁面的另一侧带走冷凝过程中所产生的冷凝热，使得冷凝过程进行得较为完全，因此，降膜冷凝在冷凝设备中广泛应用。但是由于降膜冷凝气液的接触面积较小，若完全采用降膜冷凝，热解气冷凝速率不能满足快速冷凝的需要。

为了实现热解气的快速冷凝，把冷凝热排出冷凝器，常把喷雾冷凝和降膜冷凝结合起来，即在冷凝的初始阶段，采用喷雾冷凝，达到快速冷凝的效果；随后采用降膜冷凝，把冷凝热排出冷凝器。二者联用可以有效利用冷凝空间，大大缩小冷凝装置的体积，发挥喷雾冷凝快速降温和降膜冷凝完全换热的优势。典型的混合联用式冷凝装置的具体工作流程如下：首先，以常温成品热解油作为冷凝剂，直接喷淋到高温热解气中，微小的液滴直接与热解气接触，热解气迅速降温，从而其聚合与缩聚等二次反应被抑制；其次，热解气降落至冷凝器中的有冷凝水循环流动的换热盘管(器)等并与其接触，进一步冷凝降温，热解气快速液化成为热解油；而后，进行热解油的循环喷淋，其中热解油循环由油泵供能，冷却水循环由水泵供能。

为了提高生物油附加值，可以分品级充分利用生物油产品。根据其组分之间物理化学性质的差异，通过控制冷凝温度，在不同冷凝段对沸点相近的物质进行收集(表 5-3)。

**表 5-3　稻壳热解产物收率分布**

| 喷淋介质 | 固体产物/% | 液体产物/% | | | | 气体产物/% |
|---|---|---|---|---|---|---|
| | | Bio-1 | Bio-2 | Bio-3 | Bio-4 | |
| 甲醇 | 30 | 5 | 10 | 28 | 7 * | 20 |
| Bio-3 | 30 | 5 | 10 | 30 * | 5 | 20 |

注：* 表示对应的冷凝器收集到的生物油扣除喷淋介质后的收率。

一套稻壳热解油分级冷凝中试装置(图 5-10)采用螺旋式热解反应器，冷凝器设计为 4 级，其中第 1 级冷凝器采用喷雾方式进行直接冷却，其余各级均采用列管式换热器进行间接冷却。4 级冷凝器的出口温度分别设置为 220℃、105℃、70℃、20℃时，不同喷淋介质对 1 级、2 级冷凝器生物油收率的影响不大，使用甲醇喷淋时，第 4 级冷凝器生物油收率较高，而 Bio-3(第 3 级冷凝油)喷淋时，第 3 级冷凝器生物油收率较高，且第 2 级生物油和第 4 级生物油的热值升高、黏度增大，同时 N 元素和 S 元素含量也会增大。

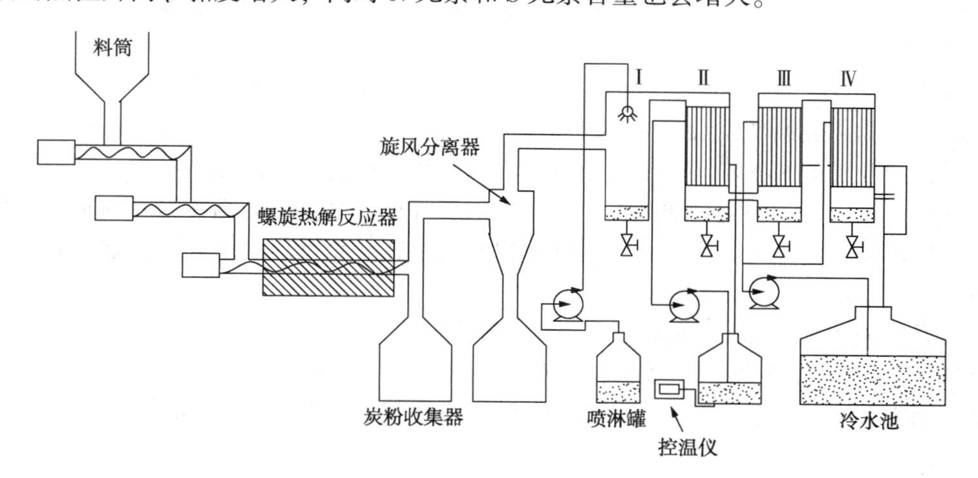


图 5-10　生物质热解分级冷凝装置

生物油成分分析表明，第 1 级冷凝器出口温度控制为 220℃，一是为了冷凝收集热解气中沸点较高的热解木质素、低聚糖等产物；二是尽可能收集热解气中的气溶胶和未分离的炭粉颗粒。第 2 级冷凝器出口温度控制在 105℃，是为了收集酚类等高附加值产品，同时减少生物油中的水分。第 2 级生物油的主要成分为苯酚、间甲酚、4-乙基苯酚、4-甲基愈创木酚等酚类产物，其作为化工原料价值较高。第 3 级冷凝器温度控制为 70℃，是为了收集热解气中的乙酸和水分，同时尽可能较少喷淋用的甲醇含量。第 3 级生物油具有最高含量的水和乙酸，同时含有少量酚类，可能用作木醋液。第 4 级冷凝器的出口温度控制为 20℃，其作用主要是冷凝收集其余的可凝组分。生物油的成分主要为苯、甲苯、苯酚、4-乙基苯酚等高热值组分，同时其热值较高、水分较低、黏度稍大，经过甲醇稀释等降黏处理后可用作液体燃料。在第 4 级冷凝器中可凝性气的分压已降至最低，从而导致其露点很低，凝结困难，可通过静电捕获工艺和在冷凝器内填充金属丝网增强冷凝效果。

第 1 级冷凝器收集到的生物油为黑色黏稠物质，在常温下呈凝固状态。其余 3 级冷凝生物油为 Bio-2、Bio-3、Bio-4。经过理化性质和元素分析，分级冷凝可有效制备多级生物油，高品质油的热值得到提高，C 元素主要富集在 Bio-2 中(表 5-4)。

**表 5-4　两种溶剂喷淋后生物油的物理性质对比**

| 甲醇喷淋时各级生物油的物理性质 | | | | | Bio-3 喷淋时各级生物油的物理性质 | | | | |
|---|---|---|---|---|---|---|---|---|---|
| 样品 | 水分/% | 高位热值/(MJ/kg) | 黏度(40℃)/($mm^2/s$) | pH 值 | 样品 | 水分/% | 高位热值/(MJ/kg) | 黏度(40℃)/($mm^2/s$) | pH 值 |
| Bio-2 | 13.80 | 24.97 | 53.21 | 5.32 | Bio-2 | 11.3 | 25.22 | 60.13 | 5.12 |
| Bio-3 | 51.10 | 9.84 | 1.73 | 3.77 | Bio-3 | 53.8 | 6.54 | 1.11 | 2.68 |
| Bio-4 | 24.40 | 17.74 | 15.36 | 5.72 | Bio-4 | 19.8 | 19.51 | 30.46 | 4.72 |

## 四、生物质快速热裂解的影响因素

生物质热解过程包含分子键断裂、异构化和小分子聚合的反应，其热解产物和产物比例主要受升温速度、停留时间、物料粒径和形状、含水率、催化剂等因素影响。

### (一) 升温速度的影响

反应温度在生物质快速热裂解中起着主导作用。当快速热裂解的主要产物为气体时，整个反应所需的活化能最高；当反应主要产物为炭时，反应所需的活化能最低；而产物主要为生物油时，则介于前两者之间。当热解温度低时，热解产物中炭的比重最大，随着热解温度的不断提高，热解产物中生物质油的比重先增加后降低，这是因为随着温度的不断升高生物油发生二次热解生成不可凝的气体。由此可以看出存在一个反应温度点，在这个温度下快速热裂解的产油率最高。

随着升温速率的增加，热解反应也趋于更加激烈，且热解产物的总量也会增加，但是也有实验表明升温速率增加会造成热滞后现象使得热解区向高温区移动，达到最高热解速率所对应的温度增高，并且在热解过程中热解终温升高对应热解产物中的气体组分会相应增加。

生物质热解工艺包括慢速热解、快速热解和闪速热解，不同的热解工艺对应不同的滞留时间。生物质快速热裂解的物料停留时间一般为 0.5～5.0s，如果停留时间内物料温度没升到预定的热解温度，则热解过程中炭的产率将会增加，生物油的产率降低，物料在低活化能的情况下生成大量的炭；提高升温速率，能减少物料处于低温的时间，降低其发生炭化及其他二次反应的概率，从而提高生物油的产率；但过高的升温速度及过长的气相停留时间会增加二次反应的发生，也会降低生物油产率，而且，升温速率过快，会增大生物质原料内外温差，内部热解受传热滞后影响，导致生物油产率下降。

图 5-11 是一个成型生物质热解试验装置，可以用来测定升温速率对生物质热解的影响过程。实验时取长度为 90mm、质量约为 210g 的成型生物质。将成型生物质吊挂在电子天平下方，电子天平通过数据线与电脑连接，电子天平按照 1s 时间间隔将成型生物质的实时质量数据传输到电脑中保存。试验时通入高纯 $N_2$作为保护气。通入 $N_2$约 30min 后可将立式电阻炉中的空气驱赶出去，此时再打开立式电阻炉电源对成型生物质进行加热，并继续通入 $N_2$使成型生物质在惰性气体中热解。程序设定升温速率、终温和保温时间，将成型生物质在常压和一定的升温速率下进行热解试验。根据实际需要，升温速率分别设定为 5℃/min、7℃/min、10℃/min、15℃/min，由环境温度（25℃）升至 650℃。试验完成后，继续通入 $N_2$，待成型生物质炭冷却至室温取出，进行失重、失重速率、活化能以及工业成分分析。

在热解过程中，成型生物质的外层首先被加热，达到一定温度后开始发生热解，析出挥发性气体，同时生成生物质炭；随着热量从成型生物质外层向内部的传递，热扰动不断地深入到内部的生物质。随着加热的进行，当外层成型生物质已经处于高温的炭化区时，内部的生物质才开始发生热解或仅是温度的升高。整个成型生物质的热解过程如图 5-12 所示，从外到内可分为炭化区、热解区和未反应区。根据该机理的表述，可推测成型生物质热解反应机理是内扩散控制过程，随着生物质热分解的进行，生物质内部结构发生变化，在高温作用下裂解产生挥发分自发填充内部空隙，使生物质孔隙率变小，气相生成物通过内部空隙扩散到外表面的阻力增大，因此成型生物质热分解反应为内扩散控制过程。

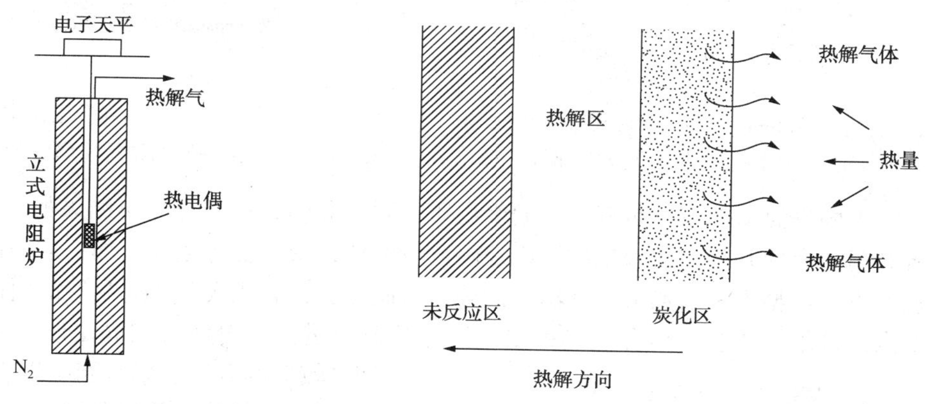


图 5-11　成型生物质热解试验装置示意图

图 5-12　成型生物质热解过程示意图

由表 5-5 动力学计算结果可以看出，当升温速率为 5~7℃/min 时，成型生物质表面发生软化，比表面积减小，削弱了热解反应的程度，活化能有所增加，这是由于成型生物质是由生物质颗粒压缩成型的多孔介质，其结构与组织特征使得挥发分的逸出速度与传热速度大大降低；但随着温度升高，升温速率为 10℃/min 时，成型生物质热解速度较快，析出大量挥发分，产生较多新孔，比表面积有所增加，反应速率有较大提高，而一部分孔隙会由于表面张力增大而减小甚至关闭，同时也伴随着孔的扩大与合并等一系列变化，活化能明显降低；之后随着升温速率的增大，活化能又明显增加，说明升温速率对成型生物质的热解反应有一定的影响，即升温速率的增大使热解反应不易进行。

**表 5-5　不同升温速率下成型生物质热解的动力学参数**

| 升温速率/(℃/min) | 热解温度/℃ | 拟合方程 | 活化能/(kJ/mol) | 前因子/$min^{-1}$ | 相关系数 |
|---|---|---|---|---|---|
| 5 | 311~385 | $y=-26509.5x+27.7081$ | 220.39 | $1.43\times10^{17}$ | 0.9988 |
| 7 | 385~480 | $y=-26881.7x+22.6887$ | 223.49 | $1.34\times10^{15}$ | 0.9983 |
| 10 | 396~502 | $y=-23516.7x+17.1787$ | 195.52 | $6.79\times10^{12}$ | 0.9946 |
| 15 | 480~587 | $y=-27.782.5x+18.7259$ | 230.98 | $5.66\times10^{13}$ | 0.9985 |

由图 5-13 和图 5-14 可以看出，当升温速率为 5℃/min，在温度为 238℃左右时，成型生物质失重变得较明显，这时生物质外表面的半纤维素开始进入分解阶段；成型生物质在温度为 332℃左右时失重速率最大，此时成型生物质中的纤维素分解占主导地位，挥发分大量析出；成型生物质在 427℃左右时失重减缓，原因是当高于这个温度以后，半纤维素和纤维素的热分解基本结束，主要是木质素的分解过程，并且其分解程度较弱。因此，成型生物质热解的 *TG* 和 *DTG* 曲线在 427℃以后趋于平缓。

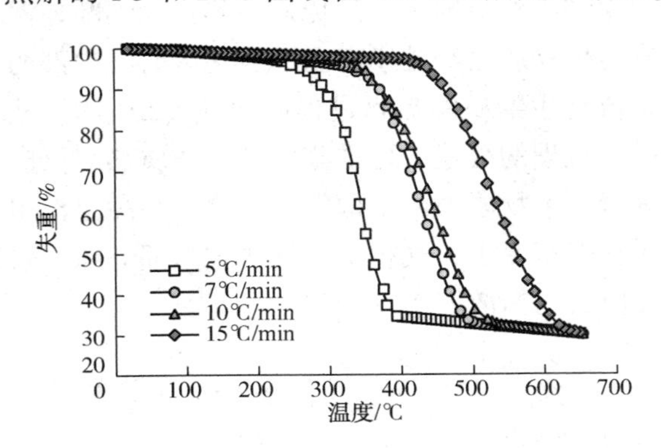


图 5-13　不同升温速率下成型生物质的失重(*TG*)曲线

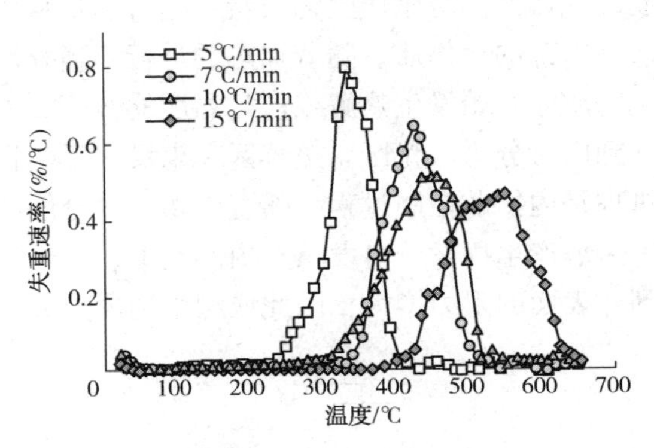


图 5-14　不同升温速率下成型生物质的失重速率(*DTG*)曲线

不同升温速率下，热解后成型生物质不同组分的组成成分分析结果如图 5-15 所示。随着升温速率的升高，成型生物质固定碳含量降低，灰分含量逐渐增加，这是由于在较低升温速率下，成型生物质热解在低温区的停留时间延长，有机大分子有足够的时间在其最薄弱的节点处分解，并重新结合为热稳定性固体而难以进一步分解，故固定碳含量增加。由此可知，较低的升温速率有利于生物质炭的生成。

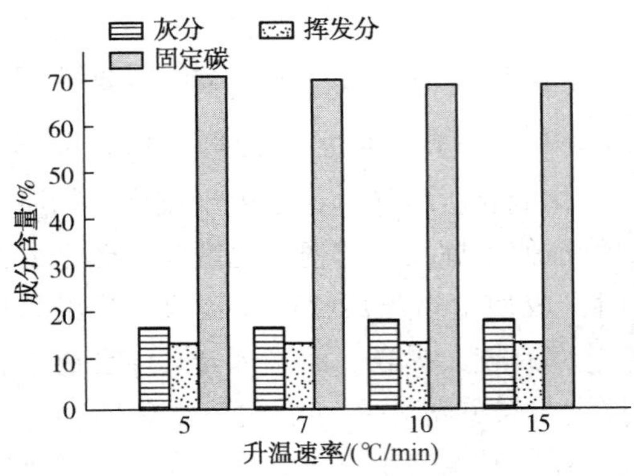


图 5-15　不同升温速度下成型生物质炭的工业成分分析

### (二) 停留时间的影响

停留时间一般指气相停留时间，即由一次反应得到的气相产物在反应器内的停留时间。生物质快速裂解产生的生物油在气相阶段还能进一步裂解生成 $H_2$、CO 和 $CH_4$ 等不可凝气体，如果气相停留时间延长，气相生物油将会进行二次裂解生成不可凝气体，生物油的产率将会大大减小。因此为了获得最大的生物油产率，生物质一次裂解所产生的气相产物应迅速转移出反应器进行冷凝以防止生物油大分子的二次裂解。因此大部分生物油的高温裂解应在 2~3s 内完成。

### （三）生物质原料特性的影响

生物质种类及结构影响热解产物。生物质主要由纤维素、半纤维素和木质素组成，纤维素和半纤维素裂解产物主要为气体，固体残留较少；木质素裂解的主要产物为气体和焦炭。生物质种类不同其各成分含量不同。生物质三大组分的含量和其自身的独特性质对生物油的产率和产物分布有较大的影响。生物质分子结构的桥键链接形式和 C、H、O 的比值会对热解产物的组成产生影响。热解过程中 H、O 元素比 C 元素易于脱除，因此，热解气体中 $H_2$、CO、$CO_2$的含量和生物油组分中极性物成分（酚类）含量较高。将一组去除矿物质的原料与一组未处理的原料在 350℃条件下进行对比试验，发现处理过的原料产油率比未处理原料的产油率要高出 19%。因为生物质原料无机成分会增加生物质的稳定性，不利于生物的热解，尤其是钾。

### （四）生物质含水率的影响

生物质原料的含水率对热解过程和生物油品质有显著影响。研究发现生物质中的水分在一定程度上会促进生物质的热裂解。水分一般在热解过程初期作用，有两种变化：一种是水蒸气充满颗粒孔隙结构之中与挥发分发生蒸汽重整反应［式（5-1）］；另一种是与焦炭发生气化反应［式（5-2）和式（5-3）］。

$$\text{挥发分}(g)+H_2O(g) \longrightarrow CO+H_2 \tag{5-1}$$

$$C+2H_2O \longrightarrow 2H_2+CO_2 \tag{5-2}$$

$$C+H_2O \longrightarrow H_2+CO \tag{5-3}$$

研究发现生物油总产量随着生物质初始含水量的增加而有所提高。高水分含量促进了稻秆的热解，使最后残留的半焦减少。但过高的含水率会使热解所需要的能量增多，从而延迟生物质的热解。高含水率还会使热解得到的生物油的含水率变高，降低生物质油的品质。

### （五）生物质颗粒尺寸和形状的影响

粒径对生物质原料裂解的传质传热有重要作用。当原料粒径较小（≤1mm）时，热解过程主要受内在动力速率所控，颗粒内部传热传质的影响可忽略，当原料粒径较大（>1mm）时，则由传热和传质控制。大颗粒的二次反应主要发生在颗粒内部，小颗粒则主要发生在颗粒外部。大粒径的物料传热能力差，热量由颗粒表面向内部传递时间延长，在一定的反应时间内大颗粒内部处于低温区不能充分裂解，生成固相炭，增加反应时间则会延长气相在反应器内的停留时间，促进气相生物油的二次裂解，减少生物油的产率。

在生物质快速热解中，小粒径的原料可以减少炭的生成和缩短气体的停留时间，从而提高生物油的产率。当生物质原料粒径从 53~66μm 增加到 270~500μm 时，生物油得率从 53%降到 38%。虽然小颗粒可以减少生物质热解气的二次裂解，提高生物油产率，但是细小颗粒的成本也较高，对粉碎机类型及粉碎机的寿命要求较高。

除粒径外，原料颗粒的形状也会影响热量传递所需的时间。粉末状所需时间较短，圆柱状次之，而片状最长。但粉末状颗粒因为粒径过小，若堆积则析出的挥发物在穿过物料层时所遇到的阻力很大，会影响热解效率。因此要获得更多的生物油则要考虑颗粒形状及粒径这两种因素的综合作用。最佳的粉末状颗粒单独热解反应进行得较彻底，产气率高。

### （六）催化剂的影响

通过对生物质热解过程的分析，并结合不同生物质资源自身的特性，选用适当的催化剂可以提高生物质热解过程的效率。生物质热解过程中使用的催化剂种类大致可分为碱金属类、碱土金属类、金属氧化物类及分子筛类。

1. 碱金属类催化剂

针对不同的生物质种类，碱金属类催化剂在热解过程中的作用也略有不同。大部分的研究表明，对秸秆类生物质，$Na_2CO_3$使得半纤维素的主要热解区向低温区移动，终温时转化率略有提高；而对纤维素的作用与对半纤维素的作用正好相反；对木质素的影响最为显著，$Na_2CO_3$催化剂的添加能显著降低反应活化能，使得木质素主要热解区间向低温区移动较大，转化率也有所提高。对木屑类的生物质热解过程，$Na_2CO_3$的作用与对秸秆类生物质的作用相似，同样是促进半纤维素和木质素的热解，而抑制纤维素的热解。但是对纯的纤维素、半纤维素及木质素催化热解进行了研究，发现$Na_2CO_3$催化剂仅对木质素的高温热解有一定的促进作用，对纤维素和半纤维素反而有一定的阻碍作用。在生物质热解气化中$Na_2CO_3$催化剂还能起到调整煤气组分的作用，尤其可使得可燃组分$H_2$、$CH_4$等产物有所增加。KCl和$K_2CO_3$的添加对生物质热解也有一定的促进作用，KCl对热失重初始阶段活性纤维素的生成具有催化效果。$K_2CO_3$可使半纤维素与纤维素的热解温度降低。此外，研究发现碱金属盐的添加对生物质热解焦炭有明显的促进作用。

2. 碱土金属类催化剂

同碱金属类催化剂相似，碱土金属同样普遍存在于生物质资源中，但是其对生物质热解的催化作用与碱金属有所不同。其中的CaO和$CaCO_3$较为广泛地应用在生物质催化气化中，但是因为工艺条件的不同，所以催化剂作用的方式和结果有一定的差异。在内循环锥形流态化气化炉中使用CaO做催化剂使得热解煤气组分中的CO含量略有一定下降；而在流态化气化炉和固定床气化反应器中，CaO做催化剂使得CO含量有所提高。但不管在哪种反应器中，添加CaO做催化剂均可以促进气化产物中$H_2$含量提高，并且使气化产物的热值有大幅提高。在利用$CaCl_2$催化纤维素热裂解动力学研究中发现，$CaCl_2$对焦炭的形成具有强烈的促进效果，$CaCl_2$的存在影响到热失重初始阶段活性纤维素的生成，使热重曲线向低温区移动，并在低温段产生了小的失重速率峰。而在生物质催化热解制备生物油的实验中，使用MgO作为催化剂可以使得油中的氧含量有大幅度的降低，生物油的稳定性得到提高，并且可以通过控制催化剂用量来控制各种产物的相对比例。

3. 金属氧化物类催化剂

在以石油和煤炭为原料的化工生产中，多使用过渡金属及其氧化物作为催化剂。如石油的催化裂解中使用催化剂$CoMoS/Al_2O_3$和$NiMoS/Al_2O_3$，煤炭的水煤气变换反应（WGSR）中催化剂为$Fe_2O_3/Cr_2O_3$、CuO/ZnO及$CoMo-S/\gamma-Al_2O_3$等，故而研究者们同样在生物质催化热解中使用过渡金属氧化物作催化剂，对其催化效果进行研究分析在麦秆气化研究中发现，添加NiO可以使得半焦化反应温度明显减低，并且有利于提高$H_2$得率，促进CO变换反应的进行。此外，利用商业Co-Mo催化剂进行催化热解，可以提高生物油得率，并且控制其组分比例使之更接近于汽油组分。利用镍基对原先的白云石进行改性，再作为催化剂进行生物质气化研究，结果发现镍/改性白云石和镍/改性介孔白云石相对于白云石无论在催化活性、强度和寿命方面都有了很大的提高，是生物质催化气化制氢较好的催化剂。除镍基催化剂外，还有其他金属氧化物。如$Fe_2O_3$、$Al_2O_3$、$Cr_2O_3$等均可作为催化剂对生物质热解产物产生影响。活性$Al_2O_3$催化剂在催化热解巨芒时可以提高生物油的得率，但对产物组分的改变却没有任何作用。水蒸气作用下$Fe_2O_3$可以发挥很高的催化性能，使得产物得率有很大提高，不过 $Fe_2O_3$对生物质热解液化的催化作用却有限。$Cr_2O_3$的添加也会影响气化产物得率，且较其他金属催化剂效果较好。生物质热解可以制备一些化工产品，虽得率较低但其经济价值却很高，所以有些研究工作正是基于此而展开，如木质生物质热解的中间产物轻质芳烃类BTXN(苯B、甲苯T、二甲苯X和萘N)及纤维素热解的副产物LAC(乳糖)等，实验研究表明添加 CoMo-S/$\gamma$-$Al_2O_3$催化剂可以使得BTXN的得率提高，而使用纳米AlTi催化剂可以提高LAC的得率。

4. 分子筛类催化剂

用于生物质催化裂解制备芳烃的催化剂主要是分子筛催化剂。分子筛催化剂具有较强的表面酸性和独特的规则孔径结构，具有其他催化剂所不具备的同时满足断键和择形催化的能力，具有良好的脱氧和芳基化能力，是目前生物质催化裂解研究的重点。

(1) HZSM-5分子筛

HZSM-5沸石微孔分子筛催化剂已经成为生物质催化转化制备芳烃化合物最为有效的催化剂，但由于微孔分子筛孔径较小，大分子难以进入微孔孔道内，阻碍了大分子在孔内发生进一步的催化裂解反应，且扩散阻力较大，在其孔腔内形成的大分子不能快速逸出，很容易结焦而失活，且很难通过改变反应条件来延长催化剂的寿命。介孔分子筛具有较高的脱氧活性，可以弥补微孔分子筛的不足，为大分子反应提供有利的空间构型。虽然介孔分子筛在一定程度上改善结炭，提高了反应物和产物的扩散速度，促进大分子的分解，但它的水热稳定性较差且价格昂贵。

(2) HZSM-5分子筛的金属浸渍负载改性

由于HZSM-5分子筛酸性以及芳烃的产率比较低，结焦率比较高，失活现象严重。为进一步提高催化效果，需要对其改性，引入一定数量的非硅原子，获得一定的酸性中心及合适的孔径，改变其酸碱性及结构，目前，HZSM-5催化剂的改性主要集中在金属浸渍负载改性。浸渍法改性所用的金属有Ni、Co、Mo、Pd、Fe、Ir、Ce、Ga、Zn、Al、Cu、Na、Bi、Ag、La等，研究发现，浸渍改性中，浸渍金属Ni、Co、Zn以及Ga改性的M/H-ZSM-5能够更加有效地降低含氧化合物的浓度，增加芳烃化合物的产率以及选择性。

(3) HZSM-5分子筛的其他改性

① 硅铝比。分子筛催化剂含有易于催化热解的Bronsted酸位，随着硅铝比的降低，其Bronsted酸位增加，酸性增强促进了裂化反应，含氧有机物发生酸催化聚合、脱羰、脱羧和裂化反应，因此，增强了木质素来源的含氧化合物以及芳烃产品的转化。反应物在分子筛酸性位的质子酸作用下，烃类生成碳正离子并进一步放出β-H和生成 $C_2$~$C_6$烯烃，烯烃经过聚合、环化和氢转移反应生成芳烃。

硅铝比值(23、30、80和280)对生物质催化热解的影响结果发现：总酸度取决于硅铝比和多孔结构，总酸度的排列顺序为HZSM-5(23)>HZSM-5(30)>HZSM-5(80)>HZSM-5(280)；而芳烃的选择性则为HZSM-5(80)>HZSM-5(280)>HZSM-5(30)>HZSM-5(23)，其中芳香碳氢化合物包括单环芳烃和多环芳烃，如苯、甲苯、二甲苯、甲基茚和甲基萘。

② 改变孔径。孔径调控HZSM-5分子筛粒径尺寸对烃类芳构化稳定性及产物选择性具有显著影响，通过调整分子筛孔径结构，可以有效地提高其分散性以及改善芳烃的产率。采用不同浓度的NaOH(0.1~0.5mol/L)处理ZSM-5催化剂，制备了一系列的介孔的ZSM-5分

子筛催化剂，介孔的存在改善了ZSM-5分子筛催化剂的扩散特性以及催化活性，产生更多的芳烃(26.2%~30.2%)和更少的焦炭(39.9%~41.2%)，当NaOH浓度为0.3mol/L时，芳烃的产率最高为30.2%，而焦炭的产率最低，因此，脱硅分子筛的有效控制可以明显地提高木质纤维素转化为有高附加值芳烃的产率和减少焦炭的形成，进而提高木质纤维素产品的分布。

水热处理的HZSM-5催化剂可以明显提高苯、甲苯、二甲苯、茚以及多环芳烃等5种芳香族化合物选择性，当热处理温度为550℃，烃类物质的GC含量可高达50.5%。同时发现，由于苯、甲苯、二甲苯的分子结构与水热处理后H-ZSM-5的孔径大致相似，空间的阻力比较小，在分子筛的内部更易于产生和扩散。

③ 改变晶体尺寸。ZSM-5晶体尺寸对生物质催化热解有着重要的影响，ZSM-5是一个具有良好孔隙结构的择形催化剂，ZSM-5的反应是由分子筛内部反应物的扩散率所决定，而不是内部的反应速率，小尺寸的ZSM-5，特别是具有纳米尺度ZSM-5，因其具有较短的扩散路径，较高的开孔密度，因此，纳米ZSM-5可以减少扩散电阻和防止毛孔堵塞，从而提高其催化活性和选择性。不同晶体尺寸的ZSM-5对苯、甲苯、二甲苯的选择性从高到低依次为50nm、2μm、200nm，而对于多环芳烃如萘、芴、蒽以及菲而言，其选择性从高到低依次为200nm、2μm、50nm。

## 第三节　生物质热解炭化设备及工艺

生物炭是在无氧或缺氧条件下，将生物质在相对较低的温度(一般低于700℃)下，通过热解的方式得到的一种含碳率高、孔隙结构丰富、比表面积大、理化性质稳定、可溶性低、熔沸点高、吸附和抗氧化能力强的炭质材料。一般情况下，生物炭为弱碱性，不易被微生物分解，可以做成土壤改良剂，且具有巨大的碳封存潜力。生物炭涵盖了生物质略微炭化到燃烧后黑烟颗粒的炭化物质，包括自然野火或人为烧荒燃烧植物、化石燃料等不完全燃烧形成的含碳物质。广义上，通过热化学方式将生物质转化成的固态含碳产物均为生物炭。

### 一、生物质热解炭化反应过程

根据固体燃料燃烧理论和生物质热解动力学研究，生物质热解炭化过程可分为如下阶段：

#### (一) 干燥阶段

生物质物料在炭化反应器内吸收热量，水分首先蒸发逸出，生物质内部化学组成几乎没变。

#### (二) 挥发热解阶段

生物质继续吸收热量到200℃左右，内部大分子化学键发生断裂与重排，有机质逐渐挥发，材料内部热分解反应开始，挥发分的气态可燃物在缺氧条件下，有少量发生燃烧，且这种燃烧为静态渗透式扩散燃烧，可逐层为物料提供热量支持分解。

#### (三) 全面炭化阶段

这个阶段温度在300~550℃，物料在急剧热分解的同时产生木焦油、乙酸等液体产物、甲烷、乙烯等可燃气体，随着大部分挥发分的分离析出，最终剩下的固体产物就是由碳和灰分所组成的焦炭。

生物质热解炭化是复杂的多反应过程，其工艺特点可概括为以下三点：

① 较小的升温速度，一般在30℃/min以内。实验研究表明：相对于快速加热方式，慢速加热方式可使炭的产率提高5.6%。

② 较低的热解终温。500℃以内的热解终温有利于保证生物质炭的产生和品质。

③ 较长的气体滞留时间。根据原料种类不同，一般要求在15min至几天不等。

## 二、生物质热解炭化设备

针对前述生物质热解炭化反应的特点，要产出质量和活性都符合要求的优质炭，生物质热解炭化反应设备应有如下特点：①温度易控制，炉体本身要起到阻滞升温和延缓降温的作用；②反应是在无氧或缺氧条件下进行，反应器顶部及炉体整体密封条件必须要好；③对原料种类、粒径要求低，无须预处理，原料适应性更强；④反应设备容积相对较小，加工制造方便，故障处理容易、维修费用低。

生物质热解炭化设备主要包括两种类型，即窑式热解炭化炉和固定床式热解炭化反应炉。其中窑式热解炭化炉在传统土窑炭化工艺的基础上已出现大量新的炉型。而固定床式炭化设备按照传热方式的不同又可分为外燃式和内燃式，另外，固定床热解炭化设备还有一种新型再流通气体加热式热解炭化炉型，也很有代表性。

### （一）窑式热解炭化炉

该过程是慢速热解过程，也是产炭率最高的制炭方法，但这种制炭方式存在周期长、炭质量不稳定等问题。

#### 1. 传统窑式炭化炉

烧炭工艺历史悠久，传统的生物质炭化主要采用土窑或砖窑式烧炭工艺。首先将要炭化的生物质原料填入窑中，由窑内燃料燃烧提供炭化过程所需热量，然后将炭化窑封闭，窑顶开有通气孔，炭化原料在缺氧的环境下被闷烧，并在窑内进行缓慢冷却，最终制成炭。窑式炭化炉对燃烧过程中的火力控制要求十分严格，而且窑体多是由红砖砌成，一般容积较大，多用硬质原木进行烧炭，不仅资源浪费严重，而且生产过程劳动条件差、强度大、生产周期长、污染严重，对于农村大量废弃秸秆、稻草等储量丰富的生物质原料无法热解制炭。我国在20世纪60年代以年产炭3000万吨居世界之首，用的就是这种土窑，但使用大量的木材物料却只获得20%~30%的合格木炭，其余的气体和液体产物都被排放到环境中，成为世界制炭行业的最大污染源。

#### 2. 新型生物质热解炭化窑

新型窑式热解炭化系统主要在火力控制和排气管道方面做了较大改变，其主要构造包括密封炉盖、窑式炉膛、底部炉栅、气液冷凝分离及回收装置。在炉体材料方面多用低合金碳钢和耐火材料，机械化程度更高、得炭质量好、适应性更强。在产炭同时可回收热解过程中的气液产物，生产木醋液和木煤气，通过化学方法可将其进一步加工制得乙酸、甲醇、乙酸乙酯、酚类、抗聚剂等化工用品。日本农林水产省森林综合研究所设计了一种具有优良隔热性能的移动式BA-Ⅰ型炭化窑，如图5-16所示。以当地毛竹、桑树作为原料进行制炭。该窑体的四壁面和开闭盖采用具有隔热性能材料的双层密封结构，炭化窑本体和顶盏连接部分的缝隙中用砂土密封(砂封部分结构如图5-17所示)，热量不易泄漏，保温性能良好。因此，炉内温差小，通风量也小，从而防止了由于燃烧而导致木炭损失，木炭得率高。

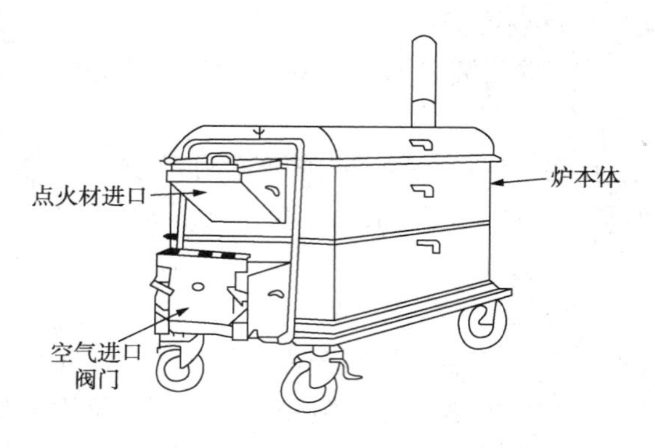


图 5-16　日本 BA-Ⅰ型炭化窑

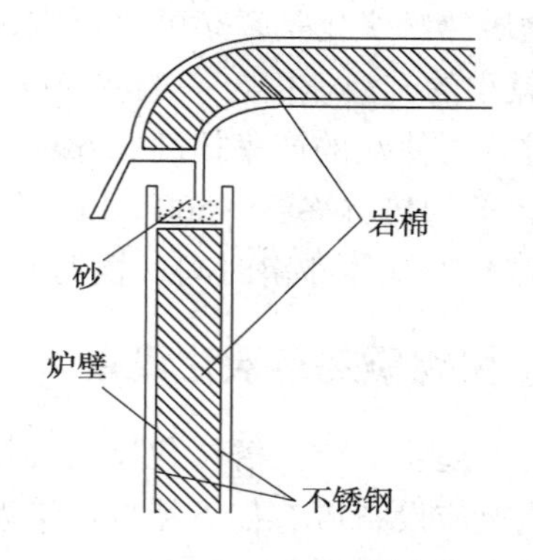


图 5-17　砂封的炉本体和顶盖断面图

目前，国内外对窑式炭化炉体研究主要集中在利用现代化工艺和制造手段改进传统炉体上，已出现很多窑式炭化炉专利。一种自燃闷烧式炉型，又叫敞开式快速热解炭化窑，如图5-18所示。这种炉体采用上点火式内燃控氧炭化工艺，当炉内温度达到190℃时，在自然环境下进行原料断氧，控制火力，火焰能逐渐进入炭化室，使窑内多种生物质原料炭化，同时产生清洁、高热值的可燃气体，该炉型已获国家专利，并在当地得到很好普及。

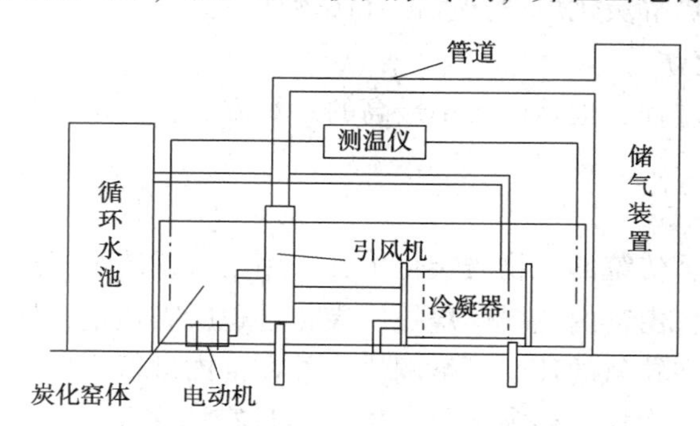


图 5-18　敞开式快速热解炭化窑

浙江大学将生物质废弃物置于一种创新型外加热回转窑内热解炭化，如图 5-19 所示。回转窑筒体长 0.45m，内径 0.205m，筒体转速可在 0.5～10r/min 范围内调节，在整个加热过程中窑壁和窑膛温度可以稳定升高直至热解终温。这种回转式窑体炭化炉的固体炭产率可达 40%以上，已达到较高的水平。

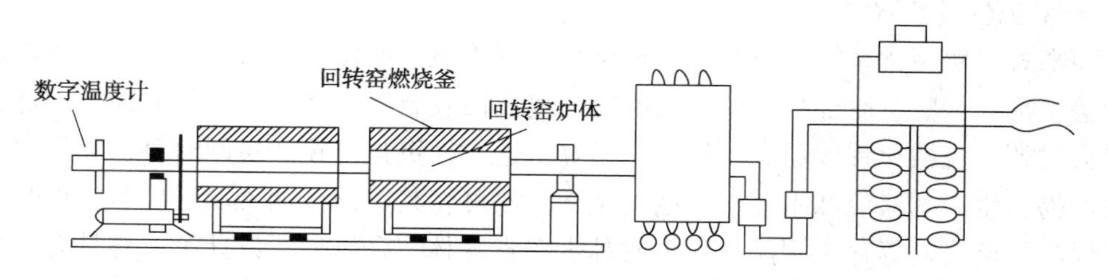


图 5-19　浙江大学回转窑热解炭化系统

一种三段式生物质热解窑，如图 5-20 所示。该窑体由热解釜与加热炉两部分组成，根据不同升温速率对热解产物的影响，将热解釜部分设计 3 个温度段炉膛，分别为低温段

（100~280℃）、中温段（280~500℃）和高温段（500~600℃），所设计的热解釜尺寸为450mm×900mm，热解釜通过管道相互连通，气相也通过料管排出，料管上部焊在装有两个轮子的钢板上，具有高效节能、低污染、通用性好、操作简便等特点。总体来看，经过改造的窑炭化具有原料适应性强、设备容积大、产炭率高等优点，但也具有炭化周期长、炭化过程难以控制、资源浪费严重（油、气等直接排放）等缺点。

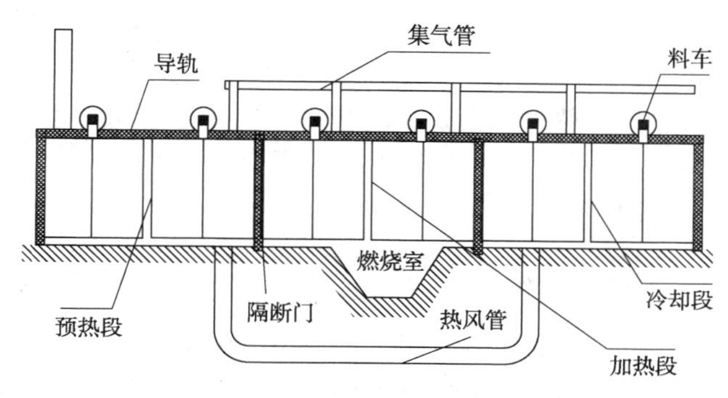


图5-20 三段式生物质热解窑

窑炭化工艺相对成熟，已在有些地区大规模应用。但是，由于污染物排放和制炭工艺不可控等问题，窑炭化工艺正在逐步向固定床炭化转变。现有的固定床炭化主要以窑炭化为原型，进行小型化、轻简化、可控化等改造，衍生出了不同类型的工艺装置，部分产品已经进入市场，成为当前生物质炭化的主要设备。

**（二）固定床式热解炭化炉**

生物质固定床式热解炭化反应设备的优点是运动部件少、制造简单、成本低、操作方便，可通过改变烟道和排烟口位置及处理顶部密封结构来影响气流流动从而达到热解反应稳定、得炭率高的目的，更适合于大规模制炭。按加热方式可以分为外燃式固定床热解炭化炉、内燃式固定床热解炭化炉和再流通气体加热式固定床热解炭化炉等。

1. 外燃式固定床热解炭化炉

外加热式固定床热解炭化系统包含加热炉和热解炉两部分，由外加热炉体向热解炉体提供热解所需能量。加热炉多采用管式炉，其最大优点是温度控制方便、精确，可提高生物质能源利用率，改进热解产品质量，但需消耗其他形式的能源。由于外热式固定床热解炭化炉的热量是由外及里传递，使炉膛温度始终低于炉壁温度，对炉壁耐热材料要求较高，且通过炉壁表面上的热传导不能保证不同形状和粒径的原料受热均匀。

一种外燃加压式热解炭化装置（图5-21）利用背压增压器来实现反应器增压，使生物质热解炭化更加充分。但受限于增压设备的成本，尚未形成工业生产规模。

一种热管式生物质固定床气化炉如图5-22所示。利用高温烟气加热热管蒸发段，通过在不同位置布置不同数量的高温热管，利用热管的等温性、热流密度可变性以调控气化炉床层温度，更好地达到控制制气与制炭的目的。这种新型加热方式在固定床热解气化炉中得到了成功应用，但在炭化中由于温度在热解最佳反应条件下较难实现均匀分布，且由于温度传递的滞后效应，不适用于硬质木料的炭化，可针对粒径较小的生物质进行热解炭化实验研究。

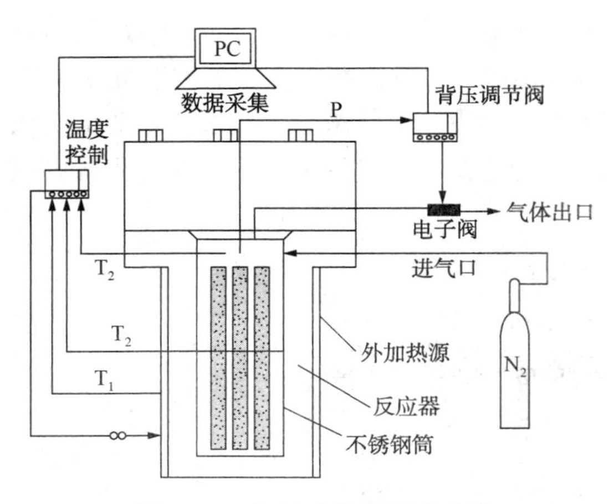


图 5-21　加压式热解反应系统

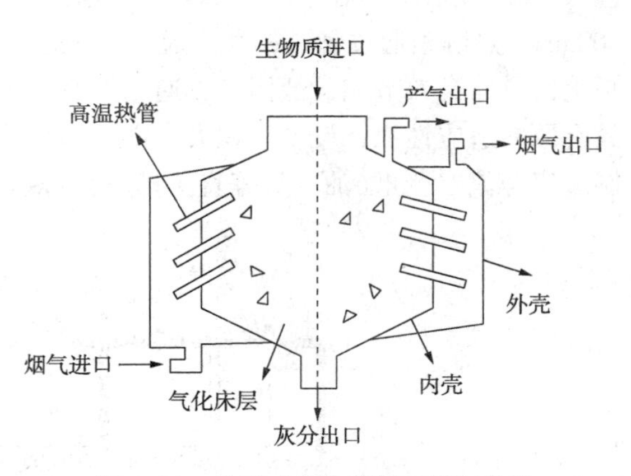


图 5-22　热管式生物质固定床气化炉

微波炭化是指利用微波优良的加热性能，将生物质快速转化为生物炭的一种方法。一种利用单模谐振腔微波设备外加热固定床热解炉型，如图 5-23 所示。研究表明，微波加热速率较慢，蒸汽驻留时间长，其热解得到的炭具有比常规加热更大的比表面积和孔径，经处理可作为活性炭使用。这种创新型热解工艺是以后的一个开拓点，但其原料适应性相对较差、生产成本较高，不适用于用户推广，目前只限于实验室水平研究。

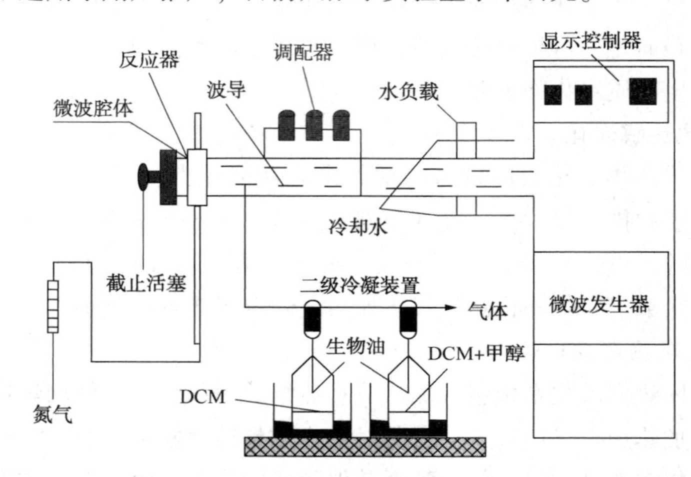


图 5-23　微波热解实验装置

2. 内燃式固定床热解炭化炉

内燃式固定床热解炭化炉的燃烧方式类似于传统的窑式炭化炉，需在炉内点燃生物质燃料，依靠燃料自身燃烧所提供的热量维持热解。内燃式炭化炉与外热式的最大区别是热量传递方式的不同，外热式为热传导，而内燃式炭化炉是热传导、热对流、热辐射 3 种传递方式的组合。因此，内燃式固定床热解炭化炉热解过程不消耗任何外加热量，反应本身和原料干燥均利用生物质自身产热，热效率较高，但生物质物料消耗较大，且为了维持热解的缺氧环境，燃烧不充分，升温速率较缓慢，热解终温不易控制。

一种内燃下吸式生物质热解装置图 5-24 所示。该装置利用炉体顶部的水封装置达到密封且便于拆卸的目的，设置窄口还原区，便于热解区域挥发分向下流动，这既利于热解区部分温度较高时带走热量增加产炭又利于氧化区域增加热量，同时对挥发分后续的冷凝制取生物质油也起到降温作用，从而达到炭、气、油的高效联产。以热解气体为燃料的内燃加热式生物质气化炉(图 5-25)，将生物质气化与焦油催化裂解集于一体，不需为催化裂解提供热源。在废气引风机作用下，产生的燃气经回流燃气风量调节阀、止火器，可持续与空气混合，混合气经点燃后经蛇形管向气化炉内提供热量。烟气回流燃烧既节省能源又减少污染。物料从 45°锥形滑板上下落，可延长物料与挥发分的接触时间，利于热量的传递和炭的质量提高。这种内燃式气化炉体内部蛇形管道和锥形滑板落料器的设计也为炭化炉传热和落料设计提供了依据。但受滑道的限制，这种炉体只适合于粒径较小的物料。

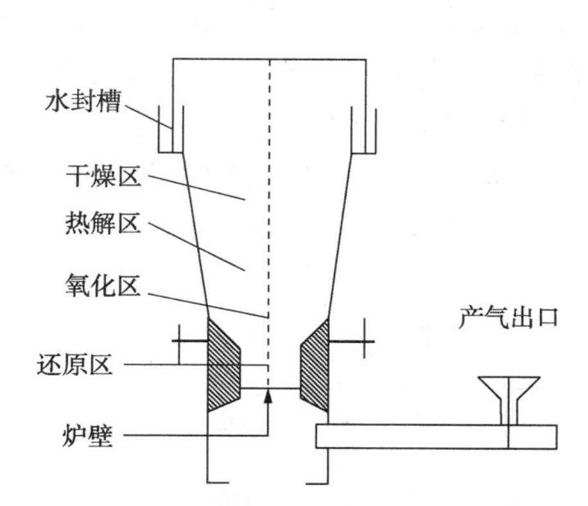


图 5-24　内燃下吸式生物质炉

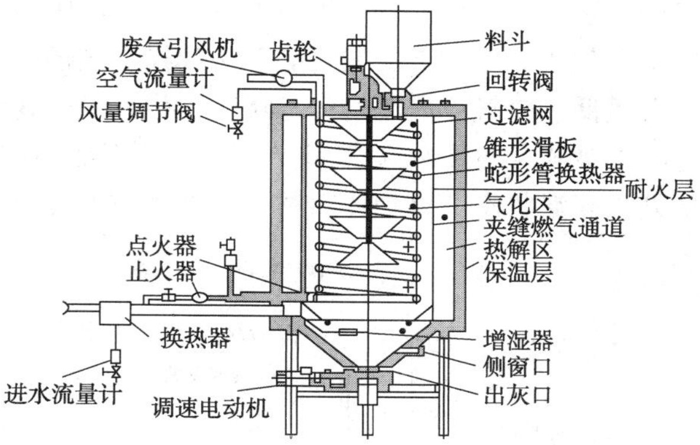

图 5-25　合肥工业大学内燃机加热式生物质气化炉

3. 再流通气体加热式固定床热解炭化炉

再流通气体加热式固定床炭化炉是一种新型热解炭化设备，其突出特点是可以高效利用部分生物质物料本身燃烧而产生的燃料气来干燥、热解、炭化其余生物质。如图 5-26 所示，将实验用木薯根茎在燃烧炉内点燃，用产生的燃料气进一步热解金属炭化炉中的物料，且热解产生的可燃气体还可二次回流利用。实验发现，当将炭化炉以 70°的倾斜角放置时热解温度分布最理想，热解所需时间最短，对于干燥物料热解仅需 95min，在炭化得率方面，鲜木薯根茎经过热解可得到 35.65%的合格木炭。

4. 上吸式固定床炭化炉

即气化炉部分采用上吸式，特点是空气流动方向与物料运动方向相反，向下移动的生物质物料被向上流动的热空气烘干和裂解，可快速、高效利用气化炉内燃料。上吸式气化炉对物料的湿度和粒度要求不高，且由于热量气流向上流动具有自发性，能源消耗相对下吸式固定床更少，经多层物料过滤后产出的供炭化炉使用的高温可燃气体灰分含量也较少，但对炉体顶部密封要求则较高。典型炉型如图 5-27 所示。在干馏炭化室中心部位设置气化反应室，空气管进口设置在气化室底部，采用下点火方式，气化产生的高温缺氧气体通过两个抽吸内燃气管口，向上扩散到干馏炭化室将物料炭化。该上吸式固定床气化炉产生热解气体的炭化炉型除产气灰分含量低外，优点就是炭化

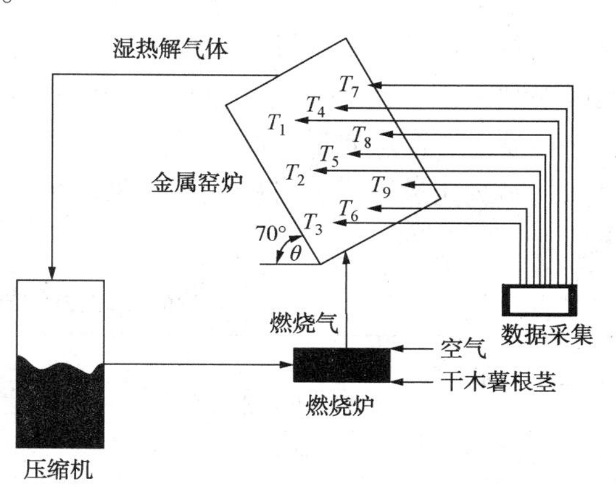


图 5-26　再流通气体加热式固定床炭化炉

室中物料在上部热解时所释放的高发热量挥发分都被吸入到下面料层，有助于热解炭化，也使收集得到的可燃气体热值提高。

5. 下吸式固定床炭化炉

气化炉体部分采用下吸式，与上吸式气化炉相比有三个优点：①物料气化产生的焦油可以在物料氧化区床层上被高温裂解，生成气即炭化所需高温燃气中焦油含量较低；②裂解后的有机蒸汽经过高温氧化区，携带较多热量，所以下吸式气化炉气化室部分排出的气体温度更高；③由于气流流动特点，下吸式气化炉在微负压条件下运行，对密封要求不高。下吸式固定床生物质炭化燃气发生炉(图 5-28)上层为下吸式反火气化室，下层为热解炭化室，在上层反火气化炉腔和下层炭化炉腔中间设炉内防爆管口接头。由于气化产生气体温度较高、焦油含量低、热气流流动均匀等优点，生产的生物质炭和燃气都较为理想。与上吸式固定床相比，下吸式床对原料含水率要求更高，不能超过 30%。因气化室和炭化室间的通气炉栅长期处于高温状态，该炉体对材料性能和成本要求较高。

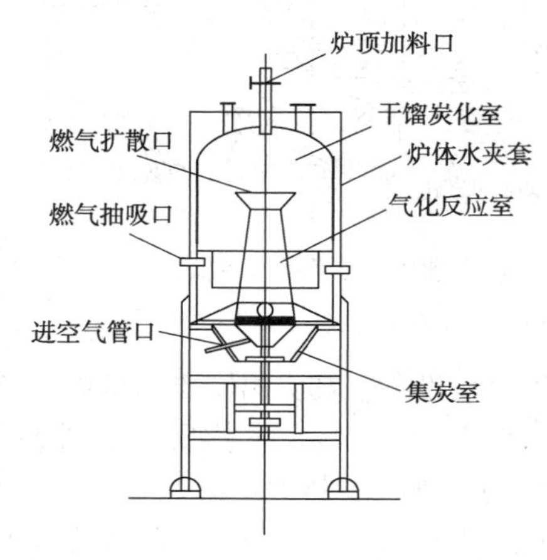

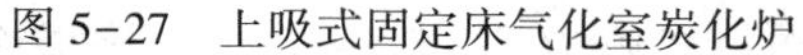

图 5-27　上吸式固定床气化室炭化炉

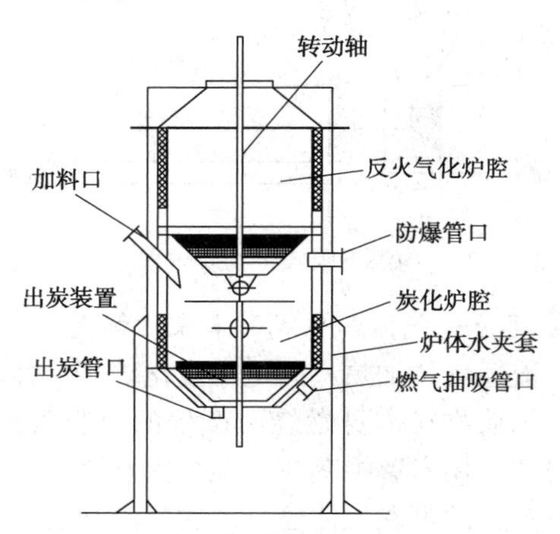


图 5-28　下吸式固定床气化室炭化炉

表 5-6 列举了几例生物质热解炭化反应设备各自的特点。经过对三种生物质热解炭化反应设备的对比，不难发现，传统的窑式生物质热解炭化炉制造容易、成本较低、使用不受地区限制、技术较为成熟，但只能烧制粒径较大的硬质木材，且生产周期长、材料浪费严重、污染大、产炭质量难以保证。新型窑炉和固定床式热解制炭设备生产周期短、可操作性更强、制炭质量较优、对尾气和焦油的处理合理，而相对成本较高，多应用于工业化规模生产。

**表 5-6　几例生物质热解炭化反应设备特点**

| 项目 | 设备种类 | | |
|---|---|---|---|
| | 传统窑式炭化 | 三段式生物质热解窑 | 上吸式固定床炭化炉 |
| 研究者即研究单位 | 中国 | 河南省能源研究所 | 韩璋鑫等 |
| 类型 | 传统窑式炭化 | 新型窑式炭化 | 在流通气体加热上吸式固定床炭化 |
| 生物质原料 | 硬质木材 | 硬木、秸秆、壳类、固化成型材料 | 秸秆、木屑、壳类、固化成型材料 |
| 炉体材料 | 红砖或黏土 | 钢制 | 钢制 |

续表

| 项目 | 设备种类 | | |
|---|---|---|---|
| | 传统窑式炭化 | 三段式生物质热解窑 | 上吸式固定床炭化炉 |
| 炉体组成 | 燃烧窑、热解窑、排烟管 | 热解窑、加热炉、料管、导轨 | 炭化室、气化室、加料口、抽吸口、集炭室等 |
| 升温速率/(℃/min) | 不可控 | 5~30，可控 | 10~30，可控 |
| 热解终温/℃ | 500 | 低温段(100~280)<br>中温段(280~500)<br>高温段(500~600) | 气化室段(600~800)<br>炭化室段(200~500) |
| 得炭率/% | 20 | 30 | 40 |
| 生产周期/h | 120~480 | 30 | 24 |
| 气体排放情况 | 排空 | 净化回收 | 二次利用 |
| 焦油处理 | 不处理 | 分离提纯 | 含量极低，可净化回收 |

### （三）其他类型的生物质炭化设备

流化床炭化是基于流态化燃烧、气化的一种思考，利用原料流态化过程中物料受热均匀、换热强度高、易于放大等优点，使小粒径的生物质原料快速炭化，以达到制炭的目的。理论上，以鼓泡床气化炉或循环流化床气化炉为原型，降低气化炉烟气出口高度，通过烟气回流的方式减少氧气供给量并实现出炭，将成为一种连续的高效炭化方式。当然，目前流化床炭化还处于理论论证阶段，尚未见成熟设备的相关报道。

螺旋炭化最早应用于锯末制碳棒，即将粉碎的锯末烘干到一定程度，进入螺旋制炭装置（由料斗、变螺距挤压制炭机构、出炭口三部分组成），通过电加热和螺旋的挤压成型作用，边炭化边成型，最终生成炭棒，即为机制炭。该工艺具有连续生产的特点，一度成为生物质炭化发展的主要方向，但因其外加热源而受到诸多限制。我国于20世纪50年代从苏联引进了专门用来制造活性炭的斯列普炉，该炉型为后续螺旋炭化装置的设计原型。研究发现，在炭化温度达到450℃，停留时间20min以上的条件下，炭粉质量可以达到国标要求。目前，我国的螺旋炭化装置主要以外热式为主，尚处于实验室研究阶段。

## 三、生物质炭化的影响因素

### （一）原料

从原料的角度来看，一般木本植物生物炭具有较高的含碳量及较低灰分含量，草本植物及禾本科植物生物炭具有较高灰分含量及较低的含碳量。这是因为不同生物质原料，甚至是不同类型土壤中生长的同一物种，其有机成分（纤维素、半纤维素和木质素）之间的构成比例会存在较大的差异，不同生物质原料中的灰分含量也存在着显著的差异，从1%草本植物到15%的农业废弃物。因此，原料性质是影响生物炭产量的首要因素。

### （二）预处理方式不同

预处理方式也会对生物炭的产量产生重要影响，在其他条件一定的情况下，生物炭的产量随着原料块状由大到小而逐渐降低，当然，原料块状越大，炭化过程也越长，炭化程度则相对较低；对生物质进行酸碱处理或添加化学品预处理前后，产生的生物炭特征或性质具有显著的差别。一般来说，一定浓度的酸或碱会破坏生物质内部的纤维素和半纤维素结构，使之与木质素分离，导致炭化产物具有更高的孔隙率。

### （三）工艺参数

工艺参数是影响生物炭品质的主要因素之一。热解温度和加热速率是影响生物炭产量及特性的关键因素，这是因为在热解过程中除了生物炭以外，还会产生生物油和生物气两种副产物，不同的热解温度和加热速率会对这三种产物之间的分配产生很大的影响。在一定范围内，随着炭化温度的升高，碳含量增加，氢和氧含量降低，灰分含量亦有所增加。比较来说，高温热裂解比低温热裂解的生物炭具有更高的 pH 值、灰分含量、生物学稳定性，但高温热裂解保留原生物质中的碳要比低温热裂解少。而生物炭的孔隙度、比表面积、离子交换量是在一定温度范围内热裂解方可获得最大值。

加热速率也会对生物炭产生影响，根据加热速率的快慢，生物质热解可分为慢速热解、中速热解和快速热解，快速热解如果在较高温度下进行又称为闪速热解，几种热解方式的对比见表 5-7。其中，慢速热解的生物炭产率最高，对原料粒度的要求不严格，温度也相对较低，但时间最长；其次是中速热解，各方面都居于中间水平；快速热解的生物炭产率较低，对原料粒度要求严格，但时间极短。

表 5-7　生物炭产率与加热速率的关系

| 方法 | 温度/℃ | 加热速率/$s^{-1}$ | 蒸汽残留时间 | 原料粒度/μm | 生物炭/% | 生物油/% | 气体/% |
| --- | --- | --- | --- | --- | --- | --- | --- |
| 慢速热解 | 400~600 | 0.1~1 | 5~30min | 20~50 | 35 | 30 | 35 |
| 中速热解 | 300~550 | 1~10 | 10~20s | 2~20 | 20 | 50 | 30 |
| 快速热解 | 400~550 | 10~200 | 1~2s | <2 | 12 | 75 | 13 |
| 闪速热解 | 1050~1300 | 1000 | <1s | <0.2 | 10~25 | 50~75 | 10~30 |

# 第四节　生物质快速热解动力学

生物质热解动力学研究中应用最多的有热重分析（thermogravimetry）和等温质量变化分析（isothermal mass-change determination）。热重分析属于慢速热解，是样品在程序升温下分解，同时得到失重变化。热重分析所用样品少，升温速率小于 100℃/min，减少了气固二次反应，而且整个反应可控。然而，热重分析并不适用于高的加热速率。等温质量变化分析属于快速热解，旨在很短的时间内将试样提升到一个比较高的温度，然后保持该恒定的温度，使试样在该温度下发生热解反应。

## 一、动力学分析方法

生物质热解动力学主要研究生物质在热分解反应过程中反应温度、反应时间等参数与物料或者反应产物转化率之间的关系。通过动力学分析，可深入地了解反应的过程或机理，可以预测反应速率以及反应的难易程度，对热解工艺的制定、热解设备的设计都起着决定性作用。

在保持升温速率不变的情况下，非均相体系在非等温条件下的动力学参数可以由 Arrhenius 方程及其质量作用定律来确定，描述固相热解的常用动力学方程可表示为

$$\frac{\mathrm{d}\alpha}{\mathrm{d}t}=A\exp\left(-\frac{E}{RT}\right)f(\alpha) \tag{5-4}$$

$$\beta=\frac{\mathrm{d}T}{\mathrm{d}t} \tag{5-5}$$

$$f(\alpha)=(1-\alpha)^n \tag{5-6}$$

由式(5-4)~式(5-6)可得

$$\frac{d\alpha}{dT}=\frac{A}{\beta}\exp\left(-\frac{E}{RT}\right)(1-\alpha)^n \tag{5-7}$$

$$\alpha=\frac{m_0-m}{m_0-m_\infty} \tag{5-8}$$

式中 $\alpha$——转化率,%；

$t$——时间，min；

$A$——指前因子，$min^{-1}$；

$E$——表观活化能，kJ/mol；

$R$——通用气体常数，8.314J·$mol^{-1}$·$K^{-1}$；

$T$——热力学温度，K；

$f(\alpha)$——反应机理函数；

$n$——反应级数；

$\beta$——升温速率,℃/min；

$m_0$——试样初始质量，mg；

$m$——$T$℃时试样的质量，mg；

$m_\infty$——试样的最终质量，mg。

运用 Coats-Redfern 法，热解反应可视为一级反应，即 $f(\alpha)=(1-\alpha)$，将式(5-7)积分并取近似值可得

$$\ln\left[\frac{\ln(1-\alpha)}{T^2}\right]=\ln\left[\frac{AR}{\beta E}\left(1-\frac{2RT}{E}\right)\right]-\frac{E}{RT} \tag{5-9}$$

对一般的反应温度区间和大部分 $E$ 值而言，$\frac{2RT}{E}<<1$，$\ln\left[\frac{AR}{\beta E}\left(1-\frac{2RT}{E}\right)\right]$可近似为常数。$\ln\left[\frac{\ln(1-\alpha)}{T^2}\right]$对 $T^{-1}$ 作图，可得到直线，求得反应表观活化能 $E$ 和频率因子 $A$，令 $Y=\ln\left[\frac{\ln(1-\alpha)}{T^2}\right]$，$X=T^{-1}$，$a=\ln\left[\frac{AR}{\beta E}\left(1-\frac{2RT}{E}\right)\right]$，$b=-E/R$，可将式(5-7)化为 $Y=a+bX$，可以拟合出一条直线，然后根据直线的斜率和截距就可以得出表观活化能 $E$ 和指前因子 $A$。

基于热重分析数据对生物质热裂解动力学的模拟常采用全局模型，如单组分全局反应模型，这种模型将生物质视为一个单一组分来进行模拟。单组分全局模型中最为简单的是把所研究的热裂解过程视为一个单一的反应过程，采用一个方程进行生物质的热裂解动力学模拟。在模拟过程中，不同的研究者会采用不同的函数形式以使得模型计算值和实验值的差距最小。

然而，生物质是一种成分比较复杂的高聚物，生物质的热裂解过程有时很难用一个反应方程式来表达整个过程的热裂解动力学行为，利用单组分全局模型来模拟生物质的热裂解失重行为时不能精确反映出生物质组分对生物质热裂解失重的影响，因此，多组分全局模型得到了应用。生物质的热解过程看成是组成生物质的纤维素、半纤维素和木质素三种主要组分的热裂解过程。多组分全局模型假设各个组分彼此之间的相互作用对热裂解的影响可忽略不计，该模型将生物质的总体失重过程归结为生物质各个组分热解失重的加权叠加。值得注意的是，多组分全局模型中的组分并不一定专指纤维素、半纤维素和木质素等组成生物质的具体组分，有时可能是某两种特定物质的混合物，甚至可能没有明确含义。

## 二、快速热解反应模型

快速热解动力学的研究不像慢速热解研究那样普遍，其反应模型分为初级裂解和焦油二次裂解两种，初级裂解又分为单组分裂解模型和多组分裂解模型。单组分裂解模型将生物质看作是单个组分，由3个平行方程描述热解过程，3个方程分别对应气液固3种产物。多组分裂解模型是将生物质看作是由3种伪成分组成。每种伪成分的热解都可以用一级反应方程表示。焦油二次裂解反应模型是指在高温、长停留时间下，焦油蒸汽会发生二次裂解反应，反应受两个竞争反应的控制。但是大多数研究忽略竞争反应，而只把焦油裂解看作是一个整体反应。Prakash N对热解模型的分类更为简单，将生物质热解模型分为单步整体反应模型、竞争反应模型、半总体模型和焦油二次裂解模型等。依据Prakash N的分类，对快速热解模型进行介绍。

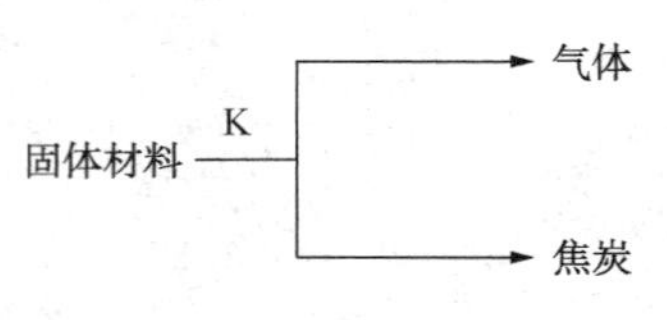


图5-29　单步整体反应模型示意图

### （一）单步整体反应模型

单步整体反应将热解过程看作是单步一级Arrhenius反应，反应机理如图5-29所示。

利用网屏加热器对甘蔗渣等纤维素材料进行了热解规律的研究可认为甘蔗渣的快速热解可以采用单步整体反应模型描述。

### （二）竞争反应模型

竞争反应模型又被称为平行反应模型，如图5-30所示。该模型将生物质看作是单个组分，由3个平行方程描述热解过程，3个方程分别对应气、液、固3种产物。利用辐射加热反应器研究木材颗粒的快速热解时，采用此反应模型描述了快速裂解形成初级热解产物（炭、液体和气体）。$kG$，$kL$和$kC$分别是形成气体、液体和炭反应的速率常数，$k$是木材热解的总反应速率常数。模型如图5-31所示平行反应模式，1反应和2反应级数相同。经过计算并与实验结果比较后，认为反应级数为1时模型能够较好地模拟热解过程。

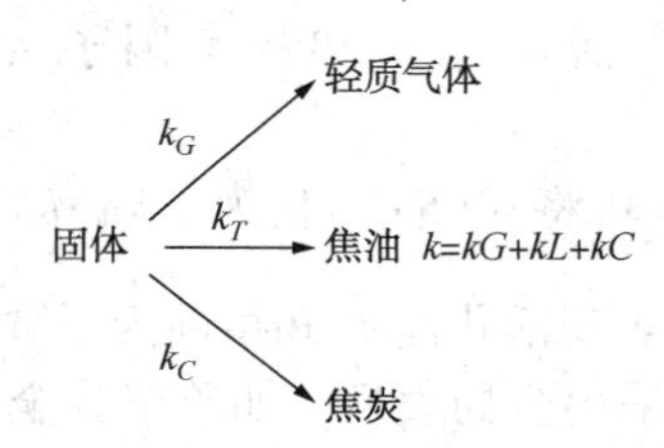


图5-30　三平行反应模型示意图

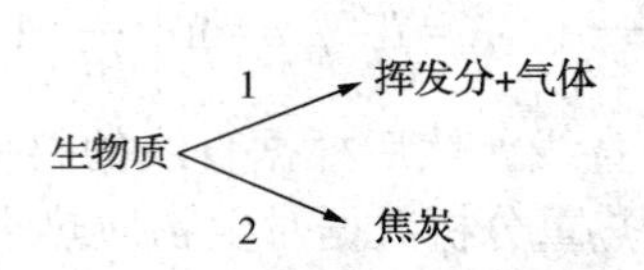


图5-31　平行反应模型示意图

D. Rizzardi在层流炉上研究纤维素的快速热解动力学方程时，考察了单步和多步平行动力学模型。通过比较实验结果与模型预测结果认为，所有的实验结果都可以用带有活化反应的一级或多级平行反应方程描述，其中最合适的是二级平行反应方程。

### （三）半总体模型

人们研究麦秸和稻秆的快速热解时发现，利用TG研究麦秸热解得到的动力学参数并不适用于快速热解，因为二者加热速率相差很大，而慢速热解的动力学参数不能描述快速热解。因此，提出了两步半总体模型，用来描述麦秸和稻秆在快速加热条件下的挥发特性，如图5-32所示。

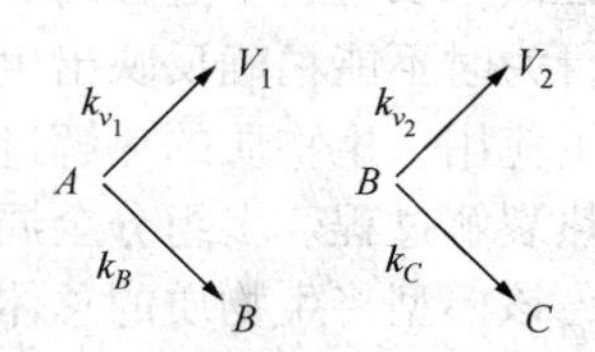


图5-32　两步半总热解模型示意图

$A$ 是麦秸或稻秆，$B$ 是中间固体产物，$V_1$和 $V_2$是两个反应产生的挥发产物，$C$ 是最终形成的固体残炭。其中，$k_1=k_{v_1}+k_B$，$k_2=k_{v_2}+k_C$。如图 5-33 所示。木材的快速热解也可以用半总体热解模型表示。在 $A$ 是木材，$B$ 和 $D$ 是中间固体产物；$V_1$、$V_2$、$V_3$是 3 个反应产生的挥发产物；$C$ 是最终形成的固体残炭。

**（四）焦油裂解二次反应模型**

木材快速热解时也采用焦油二次裂解模型。该模型中，木材在高温下同时发生 3 种反应，分别生产不可凝气体、焦油和残炭，其中，焦油可以进一步发生两种裂解反应分别生成不可凝气和残炭，热解过程如图 5-34 所示。他们同样假设这 5 个热解反应都是一级 Arrhenius 反应。

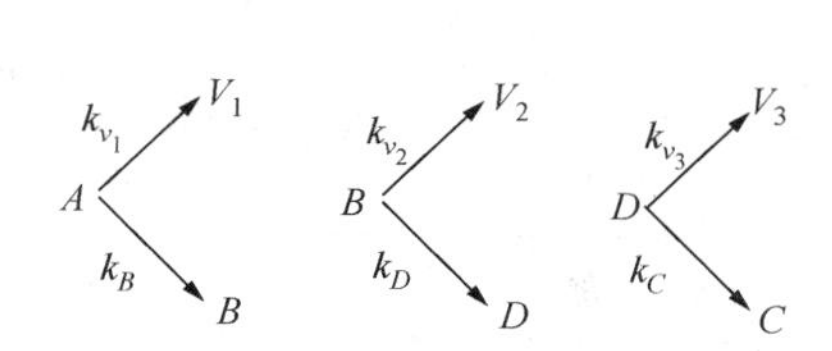


图 5-33　半总体热解模型示意图

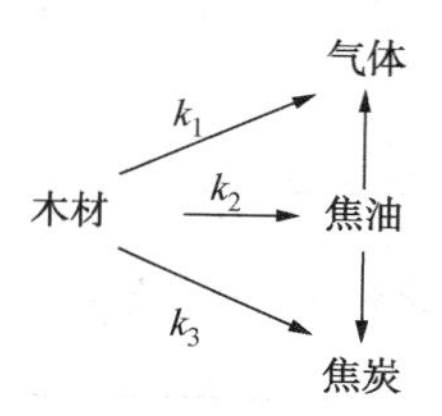


图 5-34　Janse 反应模型

**（五）Diebold 热解模型**

美国可再生能源署用层流炉来研究纤维素快速热解挥发特性，用 Diebold 模型分析实验结果，Diebold 模型描述如图 5-35 所示。根据此模型，计算出各步的频率因子和活化能。模型能够很好地预测纤维素大体热解趋势，但是所得的实验结果并没有验证一系列反应机理，而且模型计算的残炭产量比实际的高。

**（六）B-S 热解模型**

利用 B-S 模型模拟纤维素热解过程，当纤维素粒径为(450±50)m 时，热解模型如图 5-36 所示。当纤维素粒径变大(横截面积为 $2\times10^{-5}m^{-2}$)，在高辐射密度条件下热解纤维素，没有观察到残炭的生成，所以此时忽略 B-S 模型中的“反应 3”，而且反应只针对液体和固体产物。

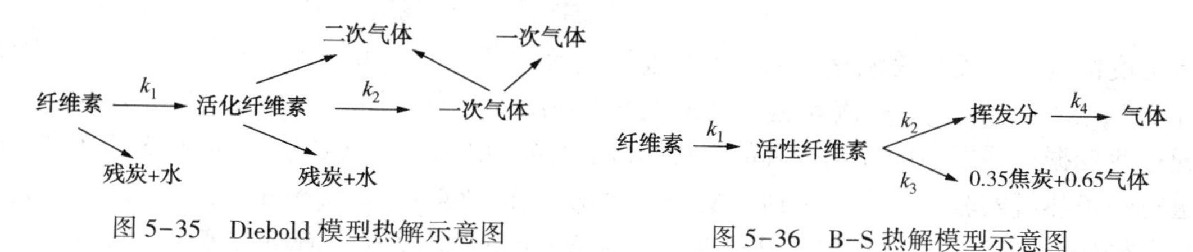


图 5-35　Diebold 模型热解示意图

图 5-36　B-S 热解模型示意图

**（七）Koufopanos 热解模型**

Koufopanos 热解模型(图 5-37)认为生物质的热解速率与其组分有关，是纤维素、半纤维素和木质素的热解速率之和，而且很难确定出中间产物的组成，实验也难测定中间产物的分量。因此，提出了一个不包含中间产物，考虑了二次反应的动力学模型。每个反应都是一个 Arrhenius 方程，$n$ 是反应级数。

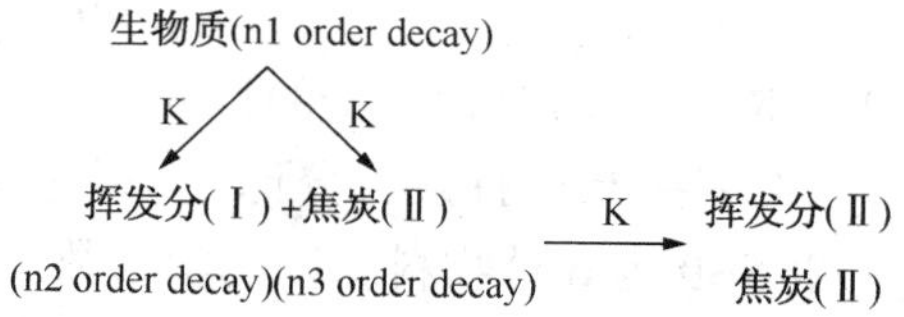

生物质(n1 order decay)
K　K
挥发分(Ⅰ)+焦炭(Ⅱ)　K　挥发分(Ⅱ)
(n2 order decay)(n3 order decay)　焦炭(Ⅱ)

图 5-37　Koufopanos 热解模型示意图

国内的生物质快速动力学研究始于 20 世纪 90

年代，对热解的研究大多是在 TGA 和 DSC 等分析仪器中进行，加热速度很慢，属于慢速热解，而加热速率对热解有很大的影响，因此实验结果工程实际中的快速热解有很大的差别。利用三竞争反应模型在自制的管式炉上研究木材快速热解动力学，得到动力学参数如表 5-8 所示。

**表 5-8　动力学参数计算结果**

| 原料 | 反应温度/℃ | $E$/(kJ/mol) | $A$/$s^{-1}$ |
|---|---|---|---|
| 松木 | 710 | 18.4665 | 5008.23 |
| | 810 | 13.7320 | 117.58 |
| | 900 | 8.4797 | 12.85 |
| 橡胶木 | 700 | 24.3918 | 62948.95 |
| | 800 | 15.9132 | 472.52 |
| | 900 | 11.1386 | 19.54 |

之后，在相同的反应器上研究了生物质的快速催化裂解反应动力学。因为催化剂的作用，动力学模型在三竞争反应的基础上考虑了焦油的裂解，即生物质首先进行 3 个平行的裂解反应，生成气体、焦炭和焦油，焦油再经二次裂解生成气体和焦炭。模型对于锯末、纤维素和木质素的催化裂解适用比较准确，动力学反应级数 $n$ 的数值在 0.66~1.57 之间。

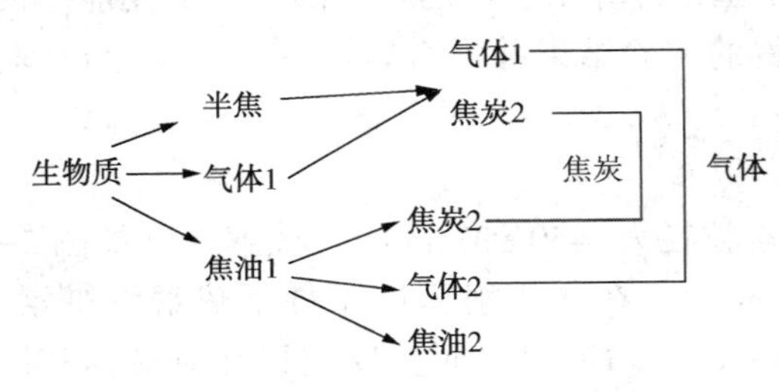

图 5-38　生物质热解综合动力学模型

利用一种快速升降炉装置进行单颗粒或多颗粒生物质热解试验，该装置特点是：单颗粒样品或极少量样品在升降炉中升温很快，升温所需的时间远小于脱挥发分时间，因此可以认为整个热解过程中样品温度等于外部炉温。采用的动力学反应机理如图 5-38 所示。

一套以等离子体为主加热热源，配合管壁保温措施的新型层流炉系统。其不仅可以保证气流温度恒定、温度容易调整，而且能够使得层流炉管壁和工作气体处于同一温度，控温误差在 3℃，满足层流炉只有流动速度分布，不存在温度分布的要求。生物质粉喂入量的调整是通过改变振动喂料器的振幅实现的，可靠性和稳定性均满足实验要求。选取 3 类典型生物质进行快速热解实验：一是玉米秸、麦秸、棉花秆(秸秆类)；二是稻壳、椰子壳(皮壳类)；三是白松(林木类)，共计 6 种。分别采用一级 Arrhenius 反应方程描述生物质热解过程。本实验研究所建立的生物质热解动力学方程式为

$$\frac{\mathrm{d}W}{\mathrm{d}t}=A(W_0-W)\exp\left(-\frac{E}{RT}\right) \tag{5-10}$$

式中　$W$——$t$ 时刻挥发份的百分比；

$W_0$——最终挥发百分比，经实验计算 $W_0=80\%$。

表 5-9 为 6 种物料的动力学参数。从表中可以看出，6 种物料在闪速加热条件下的活化能($E$)在 31~48kJ/mol 之间。按照反应动力学理论，当 $E<40$kJ/mol 时，反应为快速反应，从而印证了实验数据的可靠性。

表 5-9　六种物料的动力学参数

| 反应原料 | $A/s^{-1}$ | $E/(kJ/mol)$ |
| --- | --- | --- |
| 玉米秸 | $1.04\times10^3$ | 33.91 |
| 麦秸 | $1.05\times10^3$ | 31.65 |
| 棉花秸 | $2.44\times10^3$ | 40.84 |
| 稻壳 | $1.19\times10^3$ | 39.30 |
| 椰子壳 | $6.84\times10^3$ | 48.73 |
| 白松 | $1.83\times10^3$ | 37.02 |

# 第六章　生物醇类燃料制备技术

## 第一节　生物醇类燃料概述

生物醇基燃料是以生物质(淀粉基原料、糖质原料、秸秆类木质纤维素、藻类等)为原料，通过生物发酵等技术生产的醇基燃料，其中制备较为容易和应用较为广泛的是生物乙醇燃料和生物丁醇燃料。生物醇基燃料自身含氧，在燃烧过程中有自供氧效应，燃烧彻底，热转换效率高，且尾气主要为二氧化碳和水，燃烧产物不含有害气体，是一种高效环保的清洁能源。醇基燃料属于低热值液体燃料，热值是一些其他高热值燃料热值的60%左右。生物醇基燃料除了本身可以作内燃机的替代燃料外，还可以作汽油的高辛烷值调和剂，其中高碳醇还可以作为甲醇、乙醇与汽油或柴油之间的助溶剂。目前，乙醇汽油经过多年的发展和推广使用，已经成为最成熟、最可行的石油燃料替代品。另外，生物醇基燃料在锅炉燃烧供热及饭店、酒店等供热方面也得到了良好的发展和推广。

### 一、生物醇基燃料主要制备方法

目前，生物质制备醇基燃料的生产技术主要有两种：生物质裂解气法和生物发酵法。生物质裂解气法通过慢速、常规、快速裂解等工艺将生物质裂解出合成气(CO、$H_2$等)，由合成气再制备甲醇、二甲醚等生物燃料。该法具有利用率高，副产品与石化产品接近，综合利用简单等优点，但合成气后续处理麻烦、产物选择性差、操作条件苛刻且成本较高。生物发酵法利用生物发酵技术制备醇基燃料，随着补料分批发酵和两段法发酵等新工艺的不断成熟，生物发酵法生产的醇类占其全球总产量的95%以上。根据发酵原料来源的不同，其生产方式也不尽相同，主要可分为三大类：淀粉类及糖蜜、木质纤维素和藻类。

#### (一) 乙醇制备技术

*1. 以淀粉为原料发酵制备乙醇技术*

淀粉类原料主要包括玉米、小麦、木薯、水稻等，以该类原料生产醇基燃料的技术被称为第一代生物燃料技术。淀粉质原料乙醇发酵是以含淀粉的农副产品为原料，利用α-淀粉酶和糖化酶将淀粉转化为葡萄糖，再利用酵母菌产生的酒化酶等将糖转变为乙醇和$CO_2$的生物化学过程。

淀粉类生物质原料生产乙醇工艺与糖类原料乙醇发酵工艺的主要区别是增加了淀粉糖化的环节。其主要工艺过程为：原料预处理、水热处理、糖化、酵母培养、乙醇发酵、蒸馏精制、副产品利用和废水废渣处理等。

发酵法乙醇的生产工艺有干法和湿法，不同的工艺会产生不同的副产品，其中包括酒糟蛋白饲料(DDGS)、玉米粕、玉米油、$CO_2$、沼气等。吉林$60\times10^4$t/a燃料乙醇项目引进国外技术和关键设备，以玉米为原料，采用改良湿法生产燃料乙醇。如图6-1所示，生产过程包括玉米预处理(粉碎)、脱胚制浆、液化、糖化、发酵、蒸馏、脱水和变性。

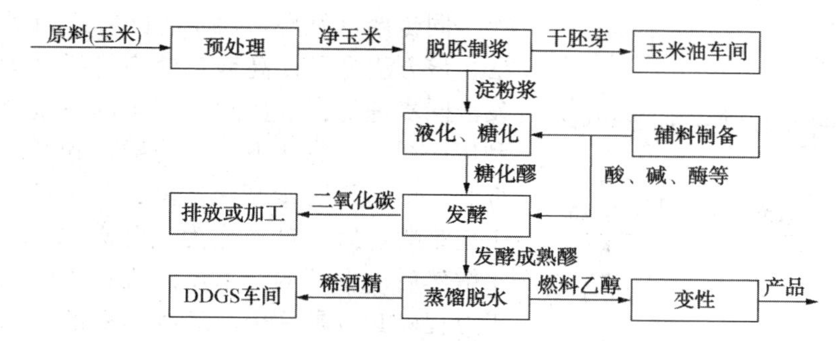


图 6-1　淀粉类生物质原料生产乙醇工艺流程

我国自2001年启动利用玉米、小麦陈化粮发酵生产燃料乙醇项目，已建立多家生物质生产燃料乙醇基地。中国石油吉林燃料乙醇有限公司采用国内首创的“湿法”预处理工艺，大量使用玉米潮粮，在液化、糖化、发酵、蒸馏工艺的基础上引进澳大利亚先进AUGENBUSH技术，形成了低温蒸煮，大罐顶搅拌连续发酵、六塔差压蒸馏、高效耐堵塔盘等多项创新技术，产乙醇$50\times10^4$t/a；以小麦为主要原料，采用“干法”工艺的河南天冠燃料乙醇有限公司，产乙醇$30\times10^4$t/a；以玉米为主要的原料采用“半干法”提胚工艺的黑龙江中粮生化能源有限公司，产乙醇$40\times10^4$t/a。

2. *以糖类为原料发酵制备乙醇技术*

糖类原料主要包括甘蔗、糖蜜、甜菜等。糖类原料生物学产量较高、易降解，是一类清洁高效的能源。

以甘蔗原料为例制备燃料乙醇生产工艺路线图(图 6-2)。甘蔗原料在热水喷淋润湿的条件下，经过多辊压榨得到粗蔗糖汁，经过调酸澄清处理的粗蔗糖汁送入酒精发酵生产单元，甘蔗渣可以作为造纸原料，也可以作为能源制备生产过程中所需的加热蒸汽。酒精发酵通常采用单浓度或双浓度连续发酵，发酵成熟醪通过离心分离回收酵母，部分酵母返回发酵回用，部分干燥后得到酵母饲料。发酵醪清液送入精馏脱水单元，精馏得到的接近共沸组成的酒精和水的气相混合物直接送入分子筛脱水生产单元，脱除共沸水后得到燃料乙醇产品。废液储罐中的废水部分返回压榨生产单元，部分排放用于灌溉甘蔗农田。

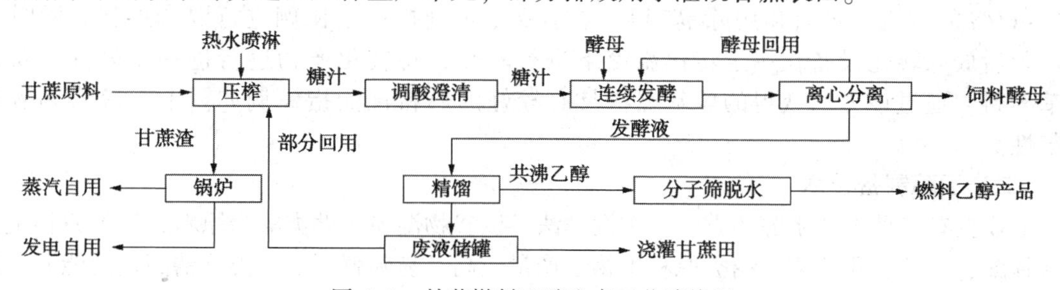


图 6-2　甘蔗燃料乙醇生产工艺路线图

3. *以木质纤维素类为原料发酵制备乙醇技术*

以木质纤维素为原料制备的生物乙醇被称为第二代生物乙醇，其主要原料为非粮作物，秸秆、林木、王草、甘蔗渣、废纸、木屑等废弃物。该类原料生产醇基燃料技术主要包括同步糖化发酵(SSF)、分步糖化发酵(SHF)、联合生物加工(CBP)等。纤维质原料生产乙醇工艺包括预处理、水解糖化、乙醇发酵、分离提取等如图 6-3 所示。

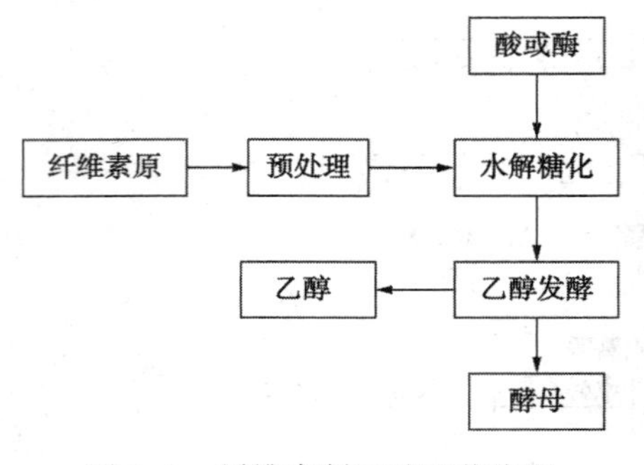

图 6-3　纤维素制乙醇工艺流程

同步糖化发酵(SSF)是目前运用最多的发酵方法，该方法为了提高糖化效率将纤维素酶法水解和发酵同步进行，这样酶解产生的糖就会不断被发酵利用，纤维素酶就不再受葡萄糖和纤维二糖终产物抑制。不同于同步糖化发酵，分步糖化发酵(SHF)工艺是酶解后的糖液作为发酵碳源，先进行纤维素水解然后再发酵的。木质纤维素乙醇的联合生物加工过程(CBP)是一个将纤维素酶的生产和乙醇发酵等组合或部分组合的生物加工过程。

4. 以微藻生物质制备乙醇技术

相对于其他植物，藻类含有较高的可溶性多糖，可以用来生产生物乙醇。微藻由于成长过程中不发生根、茎、叶的分化，容易被粉碎和干燥，预处理成本较低。微藻细胞中所含的纤维素与陆生植物中所含的有所不同，其氢键较弱，更容易被降解，以及相对简单的加工工艺，确立了微藻作为生产燃料乙醇原料的优势。以微藻为原料制备乙醇工艺路线主要包括：①微藻的培养；②微藻发酵生产乙醇等过程。

首先燃料乙醇的原料由工程化培养微藻获得，再利用机械或酶解方法破碎细胞壁得到所需的碳水化合物，最终燃料乙醇经由糖化和发酵制备。糖化过程可采用稀酸或酶法预处理。微藻糖化预处理后，通过酵母等微生物发酵可获得乙醇。根据各微藻生物质成分含量的差别使用不同的发酵菌种。目前酿酒酵母使用最多，运动发酵单胞菌也在近几十年的时间里得到大量研究。发酵方式主要分为水解发酵(SHF)法和同时糖化发酵(SSF)法。两者相比，SHF法乙醇的产率较高，然而SSF法耗时短，SSF法有连续或者半连续的工艺区分，半连续的SSF法酶用量少。

5. 以有机污水制备生物乙醇技术

以污水等作为原料制备生物乙醇是比较新兴的制取技术。这些技术打破原始的以粮食为主体的生产技术，采用的非粮生物质资源使醇基原料制取技术的原料更加的广泛，成本更加的低廉，因此有很大的开发潜力和应用市场。将城市生活有机污水富集成有机组分含量为20%~60%的有机污水后和用除臭剂和/或生物杀虫剂按一定比例进行混合搅拌，同时搅拌均匀后放入转化设备在一定转化温度下进行转化，将转化产物进行进一步处理，获得醇基燃料。通过该方法获得的醇基燃料具有较好的燃料性能指标例如：十六烷值和氧化安定性。

### (二) 丁醇制备技术

工业上有三种生产丁醇的方法：①发酵法。以谷物淀粉或糖类等为原料，糖类原料主要包括甘蔗、糖蜜、甜菜等。糖类原料生物学产量较高、易降解，是一类清洁高效的能源。经过丙酮丁醇梭菌发酵后，经发酵液的分离、提纯等一系列下游技术手段而获得正丁醇。②乙醛缩合法。两个乙醛分子经缩合并脱水后，可制得丁烯醛，丁烯醛再经催化加氢后制得正丁醇。③羰基合成法。丙烯、一氧化碳和氢气在加压加温及催化剂存在条件下羰基合成脂肪醛，再经加氢、分馏分离制得正丁醇，这是工业上生产丁醇的主要方法。

Pasteur 于 1862 年通过实验得出结论，丁醇是厌氧转化乳酸和乳酸钙的直接产物。通过丙酮、丁醇、乙醇发酵法(Acetone-Butanol-Ethanol，ABE)工业生产丁醇和丙酮始于 1912~1916 年，这是已知最早的工业发酵法之一，在生产规模上排名第二，仅次于通过酵母发酵法生产乙醇的规模，而且它是已知的最大型的生物技术工艺流程。如图 6-4 所示的是通过 ABE 发酵法生产丙酮、丁醇、乙醇的工艺流程。

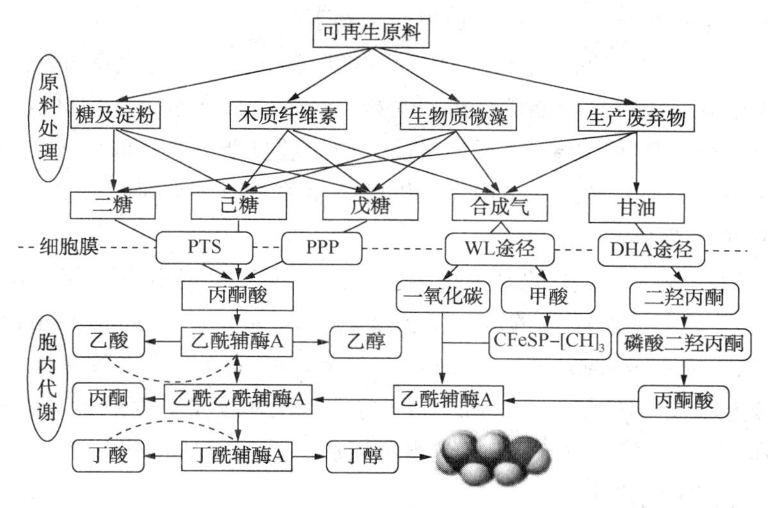

图 6-4　ABE 发酵法生产丙酮、丁醇、乙醇工艺流程

1. 制备生物丁醇原料

传统工业上，蔗糖是用于 ABE 发酵的碳源之一。拜氏梭菌和丙酮丁醇梭菌以蔗糖为原料，通过磷酸烯醇式丙酮酸磷酸转移酶途径发酵生产丁醇，其中蔗糖酶 II 复合物、蔗糖-6-磷酸水解酶和果糖激酶对蔗糖吸收起正调控作用。除了单一碳源发酵，混合糖发酵过程中，所有的糖都会被生产菌种所利用，但利用顺序及速率有差异性。有研究发现，拜氏梭菌 BA101 糖利用的顺序依次是葡萄糖、木糖、阿拉伯糖及甘露糖。尽管梭菌能利用纤维素二塘、半乳糖、甘露糖、阿拉伯糖和木糖，但是葡萄糖仍是其首选的碳源。

（1）淀粉和糖蜜

使用木薯浆和木薯淀粉废水进行丁醇发酵，该淀粉废水经酶解 2h 后作为发酵碳源，若单独使用木薯浆时，丁醇产率极低。糖蜜作为一种由水、总糖(蔗糖、葡萄糖和果糖)、重金属、悬浮胶体、维生素和含氮化合物组成的工业深色糖浆副产品，它也是用于商业生产丁醇的原料之一。除此之外，甜菜、甘蔗也是工业生产的第一批碳源，淀粉原料因其营养丰富、价格低廉、容易获取，发酵过程中不需要添加其他诱导物等特点，是工业发酵丁醇的首选原料。但是目前利用这些原料生产丁醇的效率仍然偏低，因此，加大对此类原料的预处理和优化发酵条件的研究迫在眉睫。

（2）甘油和藻类

甘油作为生物柴油生产中的副产品，也可作为碳源被梭菌利用生产丁醇。以甘油为唯一碳源进行发酵的第一个溶剂生产菌是巴氏梭菌，甘油通过磷酸化和氧化两种途径，部分转化为可用于糖酵解途径的二羟基丙酮磷酸盐(Dihydroxyacetone phosphate，DHAP)。与其他原料相比，藻类以其增长率高，水需求量少，高效二氧化碳减排等优势，可作为一种 ABE 生产的环保型潜在原料。但藻类的生物量是在一种极稀的溶液中产生的，此溶液在分离和下游加工时的成本相对较高，这是利用藻类生产丁醇亟待解决的问题之一。

（3）甜高粱

甜高粱作为粒用高粱的一个变种，它的秸秆含糖量较高，出汁率可达 60%，其中以蔗糖、葡萄糖、果糖为主，还含有少量其他可溶性糖，是良好的发酵用原料。

（4）木质纤维素

发酵原料的可用性和经济可行性，是当前生物丁醇研究的挑战。高效利用低成本木质纤维素废料作为 ABE 发酵的碳源，不仅是实现生物丁醇经济生产的优良方法，而且可从根本上解决温室气体排放，缓解全球能源危机。麦麸、玉米秸秆和木质生物材料为目前常用的纤维素原料。但是，针对某些原料木质素含量高、预处理复杂、酶解糖化成本高以及戊糖发酵转化效率低等问题，仍需要做进一步探究，以解决相关关键技术问题。

2. 制备燃料丁醇菌种

ABE 发酵是生物法生产丁醇的最主要方法，这一方法已经有近百年的历史。工业上用来生产丁醇的菌株主要有丙酮丁醇梭菌（Clostridium acetobutylicum）、拜氏梭菌（C. beijerinckii、C. saccharoperbutylacetonicum 和 C. saccharobutylicum）等菌株，其中对丙酮丁醇梭菌的研究最为深入。1992 年，Mermelstein 等第一次实现了对丙酮丁醇梭菌 ATCC 824 的遗传改造。2001 年，丙酮丁醇梭菌基因组测序完成。此后，通过代谢工程改造丙酮丁醇梭菌生产丁醇取得了巨大的进步。

然而，与其他模式菌株相比，丙酮丁醇梭菌缺乏高效的遗传改造工具。同时，作为革兰氏阳性厌氧菌，丙酮丁醇梭菌的遗传操作更加复杂。近年来，许多研究组在其他模式菌株中成功构建了来源于丙酮丁醇梭菌的丁醇生产菌和其他模式微生物生产丁醇。

（1）利用丙酮丁醇梭菌生产丁醇

丙酮丁醇梭菌是生产丁醇的天然菌株，其丁醇代谢途径已经得到了充分解析。通过糖酵解产生的丙酮酸，在丙酮酸铁氧化还原蛋白的作用下生成 $CO_2$ 和乙酰辅酶 A。2 个乙酰辅酶 A 分子通过硫解酶聚合形成乙酰乙酰辅酶 A，乙酰乙酰辅酶 A 经过还原、脱水、再还原三步催化之后生成丁酰辅酶 A，然后在醇脱氢酶的作用下产生丁醇。这一丁醇生产途径称为梭菌丁醇途径。丙酮丁醇梭菌在产生丁醇的过程中也会产生一些副产物，主要包括乙酸、丁酸、乙醇和丙酮，并且会释放出 $H_2$ 以及 $CO_2$。

（2）利用大肠杆菌生产丁醇

大肠杆菌作为一种典型的模式菌株，其遗传背景、遗传改造工具和遗传改造过程相比于丙酮丁醇梭菌都更加清晰、更加丰富、更加容易。近些年来，利用大肠杆菌生产丁醇取得了巨大的进步。不仅丁醇产量和转化率达到了丙酮丁醇梭菌的水平，而且在代谢途径优化和设计方面也获得许多成功，为微生物生产丁醇提供了新的方向。

## 二、生物醇基燃料的应用

作为新一代清洁燃料，与其他生物燃料物化特性的比较如表 6-1 所示。丁醇具有以下优势：①对管道等的腐蚀性较小，运输和使用更安全；②与其他生物燃料相比，丁醇与汽油具有更好的配伍性，不用对车辆发动机等部件进行任何改装；③丁醇的碳链更长，与汽油更接近，相容性更好；④挥发性较低，便于储存使用；⑤丁醇燃烧产生的能量比乙醇多，可多走 30%的路程，产生的废气同乙醇相差不大，具有较好的燃料经济性；⑥丁醇作燃料可减少国内对燃油进口的依赖，对国际能源危机问题有所缓解。

表 6-1　醇类和石化油的物化特性

| 名称 | 密度/(kg/L) | 沸点/℃ | 闪点/℃ | 辛烷值(RON) | 十六烷值(CN) | 汽化热/(kJ/kg) | 黏度/(mPa·s) |
|---|---|---|---|---|---|---|---|
| 甲醇 | 0.7920 | 64.7 | 11~12 | 106~115 | 3~5 | 1101 | 0.60 |
| 乙醇 | 0.7893 | 78.3 | 13~14 | 100~112 | 8 | 846 | 1.15 |
| 丁醇 | 0.8109 | 117.7 | 35~37 | 95~100 | 25 | 430 | 3.64 |
| 汽油 | 0.72~0.78 | 40~210 | -45~-38 | 80~98 | 5~25 | 310~340 | 0.28~0.59 |
| 柴油 | 0.82~0.86 | 180~370 | 65~88 | 约 20 | 45~65 | 250~300 | 3.00~8.00 |

为了能够让生物醇基燃料更为广泛地推广和投入使用，与汽油、柴油等混合国内外课题组都在尽力提高它的热值和清洁性，使其具有更广泛的使用价值和商业价值。目前生物醇基燃料面临的两大类问题，第一类是成本问题，第二类是市场推广问题。生物醇基燃料虽然生产原料来源广泛，但目前主要是靠粮食发酵。众所周知，我国虽然是农业大国但随着粮食作物价格的上涨，再加上国内生产技术不够成熟，导致成本以及技术问题会成为限制生物醇基燃料发展的主要因素。除此之外，生物醇基燃料目前还只是处于潜在市场的阶段，在技术和成本没有真正解决之前，市场会受到相应的限制。

## 第二节　生物燃料乙醇制备技术

乙醇，俗称酒精。GB 18350—2013《变性燃料乙醇》和 GB 18351—2017《车用乙醇汽油(E10)》规定，燃料乙醇是未加变性剂的、可作为燃料用的无水乙醇。变性燃料乙醇是指加入2%~5%(体积)的变性剂(即车用无铅汽油)后，使其与食用酒精相区别而不能饮用的燃料乙醇。

生物燃料乙醇在燃烧过程中所排放的$CO_2$和含硫气体均低于汽油燃料所产生的对应排放物。作为增氧剂，使燃烧更充分，节能环保，抗爆性能好，可以替代甲基叔丁基醚(MTBE)、乙基叔丁基醚，避免对地下水的污染。更重要的是，用生物质原料生产的乙醇是太阳能的一种表现形式，在自然系统中，可形成无污染的闭路循环，可再生、燃烧后的产物对环境没有危害，是一种新型绿色环保型燃料，因此越来越受到重视。

从生产工艺的角度来看，凡是含有可发酵性糖或可转化为可发酵性糖的物料，都可作为乙醇生产的原料。随着科技的发展，可发酵性糖的范围在不断扩大。目前，常用的乙醇生产原料可分成以下几大类：①淀粉质原料；②糖质原料；③纤维质原料；④微藻原料及有机废弃物等。从可再生生物质资源，通过生物转化发酵乙醇的角度出发，本节讨论淀粉质、纤维质原料和微藻发酵制乙醇。

### 一、淀粉质原料制备燃料乙醇技术

以淀粉及糖类作物为原料发酵制备乙醇是目前世界上应用最多的生物质制备乙醇方法，且大部分为燃料乙醇产品，不同国家根据本国农作物品种结构，采用不同的生产原料，例如美国主要用玉米，巴西主要采用甘蔗，而我国则主要采用玉米、木薯及小麦等淀粉质原料。以玉米为原料制备燃料乙醇工艺如图 6-5 所示。

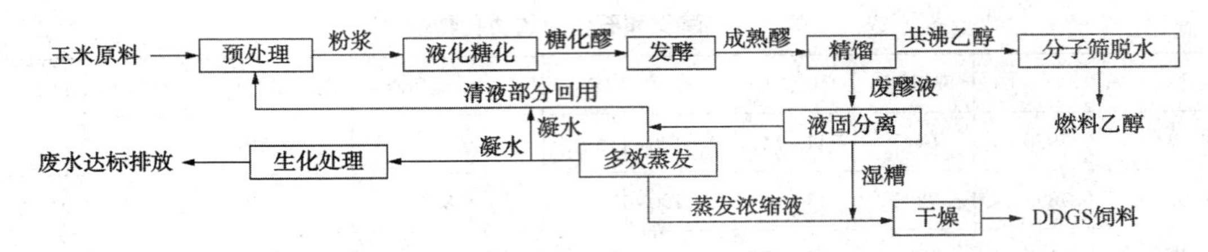


图 6-5　玉米燃料乙醇生产工艺路线图

1. 原料预处理

玉米经过水或者酒糟离心清液在一定温度下进行浸泡，浸泡后的玉米经破碎磨破碎，分离出胚芽并将纤维及淀粉颗粒粉碎到一定的粒度。脱胚后的玉米淀粉浆(含有淀粉、蛋白质和纤维等物质)送入液化工段。

对淀粉原料进行预处理是为了提高淀粉酶的水解糖化效率，其处理方法主要是物理法(机械研磨、超微粉碎等)。预处理是否适当，对水解糖化效果和淀粉转化率会产生直接或间接的影响。原料还可以通过化学、物理等方法处理。但无论采用何种方法，都要达到提高酶的水解率，减少碳水化合物的损失，降低对水解及发酵过程起抑制作用的副产物的过度产生，以及提高工艺流程的性价比等。

2. 液化、糖化和发酵

淀粉在高温下糊化，同时在 α-淀粉酶的作用下降解，物料的黏度降低，这一过程称为“液化”。液化后的醪液称为液化醪。液化前需要加入氢氧化钠和氨水来调节物料的 pH 值和补充部分氮源，同时加入氧化钙用于保持 α-淀粉酶的稳定性。液化醪经稀硫酸调节 pH 值后加入糖化酶进行糖化。糖化的目的是将液化醪中的淀粉及糊精水解成酵母能发酵的糖类(主要是单糖及部分二糖及三糖，如葡萄糖、麦芽糖、蔗糖等)，糖化后的醪液称为“糖化醪”。通过酵母对糖化醪进行连续发酵。在发酵过程中，酵母将糖转化成乙醇和 $CO_2$，同时释放热量。所产生的 $CO_2$ 经水洗回收随之带出的乙醇，排入大气。

3. 蒸馏、脱水、变性

含有乙醇的发酵成熟醪通过蒸馏装置进行蒸馏提纯。所产生的高纯度乙醇蒸气经过两级分子筛的交替吸附作用吸除水分，从分子筛出来的含有少量水分的乙醇气体经冷却后即为燃料乙醇。分子筛即 3A 沸石。该材料上的微孔孔径比水分子大，而小于乙醇分子，因此水分子可以被吸附，而乙醇分子可以从其表面通过，产生高纯度乙醇气体。

## 二、淀粉类质原料制备燃料乙醇发酵工艺

### (一) 发酵菌种

菌种是乙醇工业生产的原动力，菌种优劣不仅直接影响发酵率的高低，而且影响乙醇的产量和质量。因此，菌种选育是实现乙醇工业的关键。理想的乙醇发酵微生物应该具备快速发酵、乙醇耐受性高、副产品少、渗透压和温度耐受力强等特性。虽然利用酵母发酵生产乙醇有些缺点，但比其他已知能生产乙醇的微生物更接近上述的特性，目前引起普遍关注能生产乙醇的微生物是运动发酵单孢菌。运动发酵单孢菌利用葡萄糖生产乙醇的速度比酵母快 3~4 倍，乙醇产量可以达到理论值的 97%，而且生长不需要氧气，能忍耐 40%(质量)葡萄糖溶液，在 13%(体积)乙醇浓度中可以生存。尽管这样，运动发酵单孢菌利用碳水化合物时因代谢存在的问题，如用于细胞生长的能量和副产物等，并没有在工业上取代酵母的生产地位。

### （二）发酵工艺

乙醇发酵工艺有间歇发酵、半连续发酵和连续发酵。

1. 间歇发酵工艺

间歇发酵也称单罐发酵，发酵的全过程在一个发酵罐内完成。按糖化醪液添加方式的不同可分为连续添加法、一次加满法、分次添加法、主发酵醪分割法。

（1）连续添加法

将酒母醪液打入发酵罐，同时连续添加糖化醪液。糖化醪液流加速度一般控制在6～8h内加满一个发酵罐。流加过慢，延长发酵时间，可能造成可发酵物质的损失；流加过快，因醪液中酵母细胞密度小，对杂菌无抑制，可能发生杂菌污染。连续添加法基本消除了发酵的迟缓期，所以总发酵时间相对较短。

（2）一次加满法

此法是将糖化醪冷却到27～30℃后，送入发酵罐一次加满，同时加入10%的酒母醪，经60～72h即得发酵成熟醪，可送去蒸馏车间。此法操作简便，易于管理。缺点是初始酵母密度低，初始醪液中可发酵糖浓度高，对酵母生长繁殖和发酵有抑制作用，发酵迟缓期延长。

（3）分次添加法

此法糖化醪液分三次加入发酵罐，先打入发酵罐总容积1/3的糖化醪，同时加入8%～10%的酒母醪；隔1～3h再加入1/3的糖化醪，再隔1～3h，加满发酵罐。此法优点是：发酵旺盛，迟缓期短，有利于抑制杂菌繁殖。采用分次添加法必须注意从第一次加糖化醪至加满发酵罐总时间不应超过10h。否则，可能造成葡萄糖等可发酵物质不能彻底发酵，导致发酵成熟醪残总糖过高，出酒率下降。

（4）主发酵醪分割法

此方法是将处于主发酵阶段的发酵醪分割出1/3～1/2至第二罐，然后，两罐同时补加新鲜糖化醪至满罐，继续发酵，当第二罐又处于主酵阶段时，再进行分割。此方法要求发酵醪基本不染菌。在使用此方法时，为抑制杂菌生长繁殖，可在分割时加入1ppm（$1ppm = 10^{-6}$）的灭菌灵或50ppm的甲醛。

2. 半连续式发酵工艺

半连续式发酵是主发酵阶段采用连续发酵，后发酵阶段采用间歇发酵的方法。按糖化醪的流加方式不同，半连续式发酵法分为下述两种方法。

（1）将发酵罐连接起来，使前几只发酵罐始终保持连续主发酵状态，从第3只或第4只罐的流出的发酵醪液顺次加满其他发酵罐，完成后发酵。应用此法可省去大量酒母，缩短发酵时间，但是必须注意消毒杀菌，防止杂菌污染。

（2）将若干发酵罐组成一个组，每只罐之间用溢流管相连接，生产时先制备发酵罐体积1/3的酒母，加入第1只发酵罐中，并在保持主发酵状态的前提下流加糖化醪，满罐后醪液通过溢流管流入第2只发酵罐，当充满1/3体积时，糖化醪改为流加第2只发酵罐，满罐后醪液通过溢流管流加到第3只发酵罐，如此下去，直至末罐。发酵成熟醪以首罐至末罐顺次蒸馏。此法可省去大量酒母，缩短发酵时间，但每次新发酵周期开始时要制备新的酒母。

3. 连续式发酵工艺

淀粉质原料乙醇连续发酵采用阶梯式发酵罐组来进行，阶梯式连续发酵法是微生物（酵母）培养和发酵过程在同一组罐内进行，每个罐本身的各种参数基本保持不变，从首罐至末罐，可发酵物浓度逐罐递减，乙醇浓度则逐罐递增。发酵时糖化醪液连续从首罐加入，成熟醪液连续从末罐送去蒸馏。这种工艺有利于提高淀粉的利用率和设备利用率，自动化程度高，极大减轻了劳动强度，提高了生产效率，是乙醇发酵的发展方向。但因设备投资较大，容易产生杂菌污染，目前未能普遍推广应用。

## 三、纤维质原料制备燃料乙醇技术

纤维素是地球上丰富的可再生的资源，每年仅陆生植物就可以产生纤维素约 $500\times10^{8}$t，占地球生物总量的60%~80%。我国的纤维素原料非常丰富，仅农作物秸秆、皮壳一项，每年产量就达7亿多吨，其中玉米秸(35%)、小麦秸(21%)和稻草(19%)是我国三大秸秆，林业副产品、城市垃圾和工业废物数量也很可观。我国大部分地区依靠秸秆和林副产品作燃料，或将秸秆在田间直接焚烧，不仅破坏了生态平衡，污染了环境，而且由于秸秆燃烧能量利用率低，造成资源严重浪费。

木质纤维素类生物质，其主要由纤维素(约占干物质重的30%~50%)、半纤维素(20%~40%)和木质素(10%~25%)三大部分组成。另外，还含有少量的胶体物质。纤维素和半纤维素都以聚糖形式存在，纤维素主要由六碳糖聚合而成，而半纤维素则主要由戊碳糖聚合形成。利用木质纤维素类生物质生产燃料乙醇，通常需要经过预处理以打破其致密结构，再将聚糖水解转化为单糖，最后利用酿酒酵母将单糖发酵转化为乙醇。

### (一) 木质纤维素糖化发酵技术

目前，已有多种纤维素糖化发酵技术先后被提出和应用在乙醇生产过程中，包括直接发酵技术、分步糖化发酵技术(Separate enzymatic hydrolysis and fermentation，SHF)、同步糖化发酵技术(Simultaneous saccharification and fermentation，SSF)、同步糖化共发酵技术(Simultaneous saccharification and Co-fermentation，SSCF)和联合生物加工技术(Consolidated bioprocessing，CBP)。以目前的研究现状及发展趋势，可尝试为木质纤维类生物质高效转化燃料乙醇产业化发展提供新的思路。

#### 1. 直接发酵技术

生物质直接发酵技术，主要基于纤维分解细菌来发酵纤维素。直接发酵技术的优点在于工艺简单，成本低，但是乙醇产率不高，还会产生其他副产物，如有机酸等。热纤梭菌可以分解纤维素，若单独用来发酵纤维素，则乙醇的产率较低，大约为50%，混合菌发酵大大提高了产物乙醇的浓度。直接发酵技术的关键在于高效发酵微生物的筛选。

#### 2. 分步糖化发酵技术(SHF)

SHF法也叫水解发酵二段法，其为传统的纤维乙醇生产方法。SHF过程中纤维底物先经过纤维素酶的糖化，降解为可发酵性单糖，然后再经酵母发酵将单糖转化为乙醇。SHF法主要优点是酶水解和发酵过程分别可以在各自的最适条件下进行，纤维素酶水解最适温度一般在45~50℃，而大多发酵微生物的最适生长温度在30~37℃。SHF法主要缺点是水解主要产物葡萄糖和纤维二糖会反馈抑制纤维素酶，最终导致酶解发酵效率降低。有文献研究报道，当纤维二糖浓度达到6g/L时，纤维素酶的活力会下降60%。产物葡萄糖主要是对β-葡糖苷酶会产生较大的抑制作用。为了克服水解产物的抑制，必须不断将其从发酵罐中移出。此外，因酶解过程温度较高，发酵过程需要对发酵罐进行冷却，因此设备比较复杂，投资较大。

在图6-6所示的SHF-1工艺中，预处理得到的含木糖的溶液和酶水解得到的含葡萄糖的溶液混合后首先进入第一台发酵罐，在该发酵罐内用第一种微生物把混合液中的葡萄糖发酵为乙醇。随后在所得的醪液中蒸出乙醇，留下未转化的木糖进入第二台发酵罐中，在那里木糖被第二种微生物发酵为乙醇，所得醪液再次被蒸馏。这样安排是考虑到在预处理得到的糖液中也有相当量的葡萄糖存在，而任何微生物在同时有葡萄糖和木糖存在时，总是优先利用葡萄糖，但流程中第二种微生物对葡萄糖的发酵效率比较低，故这样安排有利于提高木糖的发酵效率，但增加了设备成本。

在图 6-7 所示的 SHF-2 工艺中，预处理得到的含木糖的溶液和酶水解得到的含葡萄糖的溶液分别在不同的反应器发酵，所得的醪液混合后一起蒸馏。和前一流程相比，它少了一个醪塔，有利于降低成本。当所用微生物发酵木糖和葡萄糖的能力提高后，这样的流程安排比较合理。

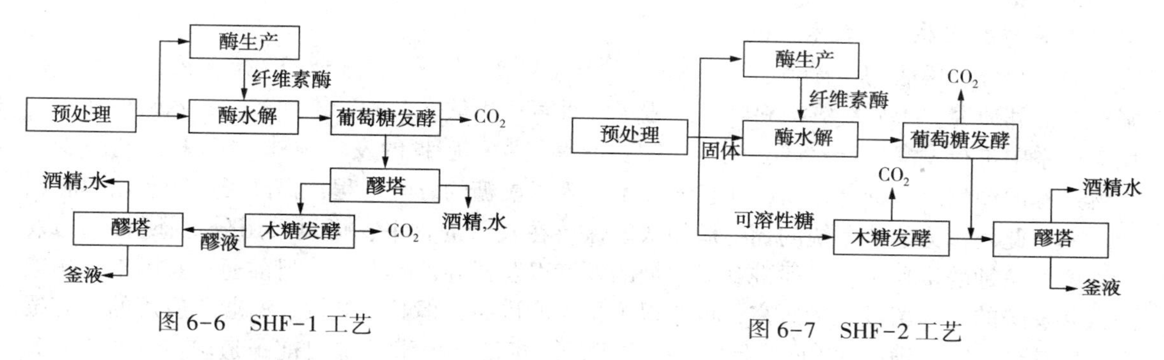


图 6-6　SHF-1 工艺

图 6-7　SHF-2 工艺

3. 同步糖化发酵技术(SSF)

同步糖化发酵技术，即在同一容器中同时进行酶解和发酵过程。即纤维素酶解糖化过程、乙醇转化过程二者同时进行，此方法可以使酶水解得到的葡萄糖立即被发酵微生物利用转化为乙醇，有效降低了酶解过程中葡萄糖对纤维素酶的产物抑制作用，减少了纤维素酶的用量，并且缩短了反应周期，同时反应器数量的减少，降低了投资成本。由于酶解产生的葡萄糖被酿酒酵母及时代谢转化为乙醇，反应体系中葡萄糖浓度维持在较低水平，产物乙醇的存在使发酵过程处于厌氧环境，染菌概率大大减小。因此，提高了乙醇产率。SSF 技术路线，如图 6-8 所示。

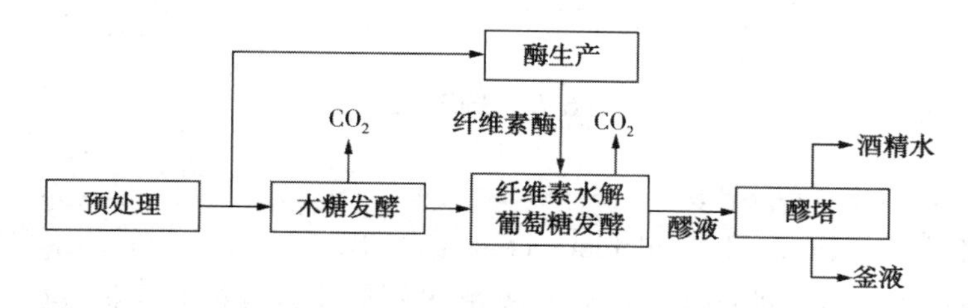


图 6-8　同步糖化发酵技术(SSF)过程示意图

SSF 工艺主要的缺点是酶解糖化与发酵的温度不协调，不能同时满足二者反应的最佳温度条件，使糖化和发酵两步反应分别不能在微生物的最佳状态下进行。为了克服 SSF 技术温度不一致的缺点，研究者们通过改变工艺来强化酶解发酵过程。主要的改进工艺有预酶解同步糖化发酵技术(Delayed simultaneous saccharification and fermentation，DSSF)、循环温度同步糖化发酵(Cycling temperature simultaneous saccharification and fermentation，CTSSF)、变温同步糖化发酵(Temperature-shift simultaneous saccharification and fermentation，TS-SSF)以及同步水解分离发酵(Simultaneous saccharification, filtration and fermentation, SSFF)等，因为以往的SSF技术采用的是等温方式，所以这些改进使得纤维素酶的水解效果明显增强。

预酶解同步糖化发酵，即将纤维原料在高温条件下先酶解一段时间后，再降温进行SSF，其结合了SHF法的优点使纤维素酶先在其最佳温度条件下降解底物，在反应初期起到降低体系黏度的作用。DSSF技术结合了SHF和SSF二者的优点，相对其他技术，操作方便，成本低，是高效SSF法发展的方向。CTSSF与TS-SSF技术利用温度变化可以在一定程度上解决水解和发酵最适温度之间的差异，然而温度变化也会导致水解酶和发酵酵母失活，但是为了最大限度提高乙醇的产量，采用CTSSF和TS-SSF技术也是可取的。SSFF技术最大的特点就是可以实现发酵微生物的循环利用，一定程度上可节约成本，但是又存在过滤膜的成本问题。

4. 同步糖化共发酵技术(SSCF)

为了充分利用底物、提高乙醇产率，己糖与戊糖共发酵工艺(SSCF)技术正得到越来越多的关注和研究。木质纤维原料降解过程半纤维素产生的戊糖和纤维素产生的六碳糖在同一反应体系中进行发酵生产乙醇，此过程需要能够代谢戊碳糖的发酵菌株。SSCF工艺减少了水解过程的产物反馈抑制作用，而且该技术融入了戊糖的发酵过程，提高了底物利用率和乙醇产率。此外，为了使系统的葡萄糖的浓度保持在较低的水平，可以采用分批补料的方式，通过增加菌种的接种量，可促进其对木糖的发酵以及提高乙醇产量。目前通过基因工程构建高效共发酵的工程菌被大量研究，也取得了积极的进展，但其大规模、商业化应用的研究报道还比较少。对于满足SSCF工业化生产要求的木糖乙醇发酵菌株目前报道较少，TMB3400是迄今唯一一株已报道的工业化发酵戊糖的酿酒酵母。

图6-9所示的SSCF流程中，预处理得到的糖液和处理过的纤维素放在同一个反应器中处理，就进一步简化了流程，当然对于发酵的微生物要求也更高了。

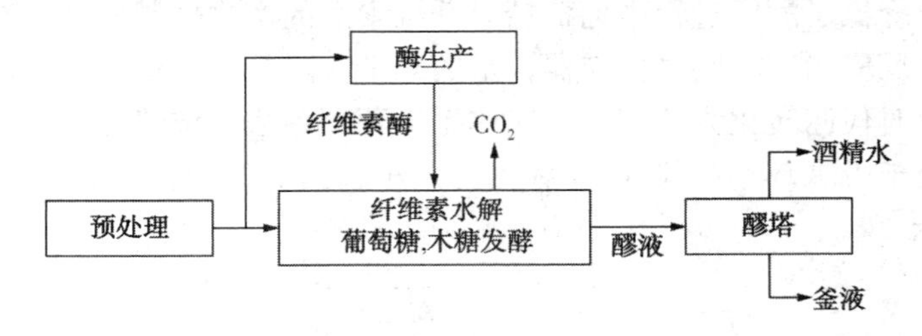


图6-9 SSCF工艺

5. 联合生物加工技术(CBP法)

联合生物加工工艺(Consolidated bioprocessing, CBP)是在单一或组合微生物群体作用下，将纤维素酶和半纤维素酶的生产、纤维素酶水解糖化、戊糖和己糖发酵产乙醇过程整合于单一系统的生物加工过程。该工艺流程简单，操作方便，在微生物高效代谢作用下将底物一步法转化为乙醇，有利于降低整个生物转化过程的成本。

采用联合生物加工技术转化纤维底物生产乙醇，目前发展有两条途径：一是直接发酵技术，即在生产乙醇的过程中，使用双功能的既能产纤维素酶也能发酵葡萄糖产乙醇的单一菌株(如热纤梭菌)，利用其末端产物乙醇代谢途径的改进以使菌株全功能改进提高终产物乙醇得率；二是利用基因工程技术，在能够发酵乙醇的真菌表达系统或细菌表达系统中，向里面导入异源纤维素酶系统，目的是让其能够在预处理后的纤维底物上生长和发酵。目前，发展适合 CBP 的微生物酶系统主要有三个策略，即天然策略、重组策略和共培养策略。

（1）天然策略

是指对一些厌氧微生物改造，目的是能让其适应 CBP 生产的要求。在自然界中存在一些微生物，能直接将生物质转化为乙醇，如念珠菌、梭状芽孢杆菌、尖孢镰刀菌、链孢霉菌等。其原理是这些菌株既能在有氧环境下工作，也能在无氧环境中生存，即有氧条件下的主要活动是产生纤维素酶，来降解纤维素进而生产可溶性糖，而在厌氧条件下进行的是代谢生产活动。目前，一些具有耐高温性质和有着更强的产酶和产乙醇能力的真菌和嗜热微生物，成为近年来研究热点。表 6-2 总结了不同微生物降解纤维底物的情况。

**表 6-2　用于木质纤维素类生物质生产乙醇的微生物**

| 底　　物 | 菌　　种 | 预处理 | 乙醇产量/产率 |
|---|---|---|---|
| Bagasse | C. *thermocellum* ATCC 27405 | Mild alkali pretreated | 21% maximum theoretical(1. 09g/L) |
| Corn stover | C. *phytofermentans* | AFEX | 2. 8g/L |
| Xylose and glucose | T. *aotearoense* | — | 32mmol/L |
| Wheat straw | *Fusarium oxysporum* | Crystallinity reduction | 0. 28g ethanol/g straw |
| Sugarcane bagasse(40g/L) | *Fusarium verticillioides* | Alkali-pretreated | 4. 6g/L |
| Glucose and xylose | *Paecilomyces variotii* | — | close to the theoretical maximum |
| Filter paper, Japanese cedar and Eucalyptus | *Mrakia blollopis* | — | Up to 12. 5g/L |

注："—"未预处理。

热纤梭菌是研究最多的严格厌氧嗜热菌，主要机理是通过胞外纤维素酶复合体快速水解纤维素，野生型菌株乙醇产率可达理论值的 10%~30%。当前，通过热纤梭菌生产乙醇存在的主要问题在于：乙醇的产率较低、产物乙醇对微生物有很大的毒性等。尖孢镰刀菌是一种分布非常广泛的丝状真菌，研究发现尖孢镰刀菌具有完整的纤维素酶和半纤维素酶系统，可以代谢己糖和戊糖来生产乙醇。但是目前对尖孢镰刀菌的研究集中在防止植物枯萎病方面，对其所产纤维素酶方面报道较少。里氏木霉为一种好氧的丝状真菌，其具备完整的降解纤维素的酶系。里氏木霉所分泌的胞外纤维素酶是一种由内切葡聚糖酶、外切葡聚糖酶和 β-葡萄糖苷酶组成的复合纤维素酶，其具有酶活力高、稳定性好、适应性强等优点，是目前应用最为广泛的纤维素酶。另外，使用具备双功能的单一菌种，即能够产纤维素酶又能够发酵乙醇，目前主要研究方向是高活性产酶菌株的筛选及发酵工艺条件的优化，高活力单一菌株的获取是利用 CBP 技术转化生物质原料的关键。

（2）基因重组策略

重组策略是通过基因重组的方法表达一系列的外切葡聚糖酶和内切葡聚糖酶等纤维素酶基因，使微生物能以纤维素为碳源，将来源于纤维素的糖类大部分或完全发酵生产乙醇，其目的是快速改良细胞的表型，改良后的细胞，有三大优势：一是能增强微生物合成活性产物的能力；二是能激活沉默基因的表达，进而产生新的化合物；三是能增强微生物对底物的利用率以及耐受性。目前，用于表达外源纤维素酶和半纤维素酶基因产乙醇的微生物主要包括大肠杆菌、毕赤酵母、酿酒酵母等。近年，重组策略方面的研究取得一定的成果。据报道，不同菌种编码的糖苷水解酶、木聚糖降解酶和阿拉伯糖降解酶的基因已经被导入酿酒酵母，目的是使其能利用纤维素、半纤维素、纤维二糖、木聚糖和阿拉伯糖等碳源，并产生乙醇。

在木质纤维素生物质水解时，也会产生副产物如羟甲基糠醛等，这些副产物会抑制发酵菌株酿酒酵母的生长和代谢、外源基因共表达会对细胞产生毒害、外源基因很难在宿主菌种做到精确与高效的表达及一些分泌蛋白不能正确折叠等。

(3) 共培养策略

纤维素糖化液含有多种糖分，如半乳糖、阿拉伯糖、麦芽糖、乳糖、木糖及葡萄糖等，使用单一的微生物很难使其完全被代谢利用，而利用共培养法能提高底物的利用效率。所谓共培养策略有两层含义：一是指发酵液中存在的不同类型的微生物，利用不同类型的糖类底物，如将仅能利用己糖的热纤维梭菌与能利用戊糖的微生物进行共培养，可避免不同生物间的碳源竞争，实现乙醇产量最大化；二是指存在不同特性的微生物相互协作，加强发酵效果。建立共培养体系需要考虑诸多条件，如培养基，生长条件，以及菌株间的代谢互作关系等，因而共培养体系过程的建立极为复杂，主要问题在于如何协调建立经济高效、完备功能和过程调控的稳定共培养系统。

## (二) 木质纤维素原料生产乙醇工艺流程

木质纤维质原料生产乙醇工艺包括原料预处理、水解糖化、乙醇发酵、分离提取等(图 6-10)。

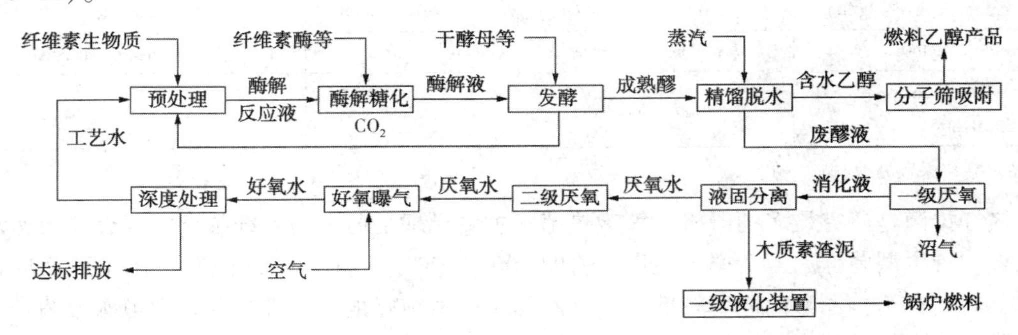


图 6-10 纤维素原料乙醇生产工艺路线图

1. 原料预处理

纤维类生物质原料的预处理主要包括原料的清洗和机械粉碎。其目的是破坏木质纤维原料的网状结构，脱除木质素，释放纤维素和半纤维素，以有利于后续的水解糖化过程。原料的粒度越小，比表面积就越大，越有利于原料与水解催化剂及蒸汽充分接触，从而破坏木质素-纤维素-半纤维素之间形成的结晶结构。不同的水解工艺对原料粉碎粒度的要求不同，粒度大小从 1~3mm 到几厘米不等。一般采用切碎、碾磨两道工序，即先将原料切碎到 10~30mm，再碾磨后原料粒度可达到 0.2~2mm。原料粉碎的最终尺度越小，耗能越高。据报道，在高的粒度要求下，用于原料粉碎的能耗可占到过程总能耗的 1/3。

2. 纤维素原料的糖化工艺

纤维素的糖化有酸法糖化和酶法糖化，其中酸法糖化包括浓酸水解法和稀酸水解法。

浓硫酸法糖化率高，但采用了大量硫酸，需要回收重复利用，且浓酸对水解反应器的易腐蚀。近年来在浓酸水解反应器中利用加衬耐酸的高分子材料或陶瓷材料解决了浓酸对设备的腐蚀问题。利用阴离子交换膜透析回收硫酸，浓缩后重复使用。该法操作稳定，适于大规模生产，但投资大，耗电量高，膜易被污染。生物质制乙醇的浓酸水解工艺仅有 Arkenol 工艺。

稀酸水解工艺较简单，也较为成熟。稀酸水解工艺采用两步法：第一步稀酸水解在较低的温度下进行，半纤维素被水解为五碳糖，第二步酸水解是在较高温度下进行，加酸水解残留固体(主要为纤维素结晶结构)得到葡萄糖。在稀酸水解中添加金属离子可以提高糖化收率，金属离子的作用主要是加快水解速度，减少水解副产物的发生。总的说来，稀酸水解工艺糖化的产率较低，一般为50%左右，而且水解过程中会生成对发酵有害的副产品。

稀酸水解工艺的变化也比较少，为了减少单糖的分解，实际的稀酸水解常分两步进行。第一步是用较低温度分解半纤维素，产物以木糖为主；第二步是用较高温度分解纤维素，产物主要是葡萄糖。图 6-11 为 Cellmol 公司开发的二级稀酸水解工艺。

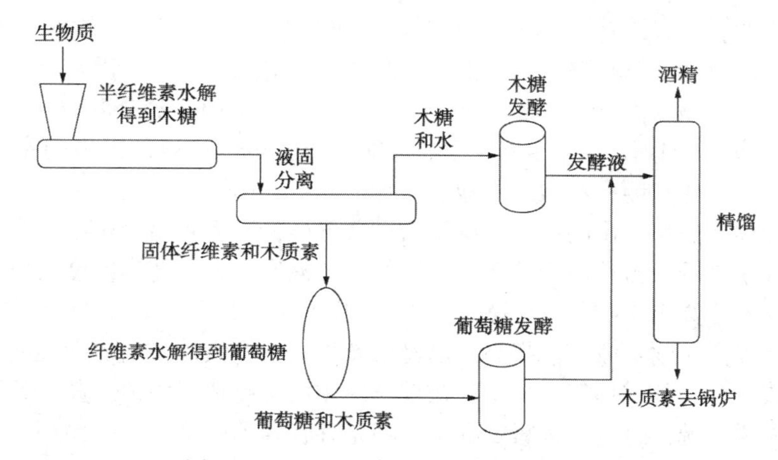


图 6-11　Cellmol 公司二级稀酸水解工艺

纤维素的酶法糖化是利用纤维素酶水解糖化纤维素，纤维素酶是一个由多功能酶组成的酶系，有很多种酶可以催化水解纤维素生成葡萄糖，主要包括内切葡聚糖酶、纤维二糖水解酶和 β-葡萄糖苷酶，这三种酶协同作用催化水解纤维素使其糖化。纤维素分子是具有异体结构的聚合物，酶解速度较淀粉类物质慢，并且对纤维素酶有很强的吸附作用，致使酶解糖化工艺中酶的消耗量大。

3. 纤维素发酵制乙醇工艺

纤维素发酵生成乙醇有直接发酵法、间接发酵法、混合菌种发酵法(CBP)、连续糖化发酵法(SSF)、固定化细胞发酵法等。直接发酵法的特点是基于纤维分解细菌直接发酵纤维素生产乙醇，不需要经过酸解或酶解前处理。该工艺设备简单，成本低廉，但乙醇产率不高，会产生有机酸等副产物。间接发酵法是先用纤维素酶水解纤维素，酶解后的糖液作为发酵碳源，此法中乙醇产物的形成受末端产物、低浓度细胞以及基质的抑制，需要改良生产工艺来减少抑制作用。固定化细胞发酵法能使发酵器内细胞浓度提高，细胞可连续使用，使最终发酵液的乙醇浓度得以提高。固定化细胞发酵法的发展方向是混合固定细胞发酵，如酵母与纤维二糖一起固定化，将纤维二糖基质转化为乙醇，此法是纤维素生产乙醇的重要手段。

## 四、微藻原料制备乙醇技术

生物质微藻相对于众多的陆地生物质原料来说，具有明显的原料优势，主要表现在占地面积小、生长快速且生物量大、生长周期短且易于培养、培养需水量少、可耐受高浓度 $CO_2$ 环境等优点。自 20 世纪 80 年代就开始进行了以微藻为原料生产燃料油的可行性研究。经过优选的微藻因含油量高、易于培养、单位面积产量大，可能成为替代石油基燃料的生物质能源原料。目前的研究主要集中在微藻生产生物柴油上，对于微藻生产燃料乙醇的技术关注度并不高。利用微藻制备燃料乙醇，一般有两种方法：一是间接法，通过微藻培养，微藻预处理，微藻发酵获得乙醇；二是直接法，微藻黑暗厌氧条件下生产乙醇。

### （一）以微藻为原料间接法制备乙醇

间接法通过微藻培养，微藻预处理，微藻发酵后分离获得乙醇。以下将简单描述具体过程。

1. 微藻的培养

微藻的生长所需养分不多，主要是阳光、水和 $CO_2$，可以生长在海洋、河流以及湖泊里，不会与农牧业争地。影响藻类生长的因素分为非生物因素、生物因素及操作因素。其中非生物因素是指如光照、温度、营养成分浓度、$O_2$、$CO_2$、pH、盐分和有毒的化学药品等；生物因素是指如病菌(细菌、真菌和病毒)和其他藻类竞争者；操作因素则指如混合过程产生的剪切力、深度、收获频率和碳酸氢盐的添加。

通过传统培养方法培养出的微藻藻细胞密度普遍较低，而且培养过程中容易出现被其他微生物污染、收获困难及占地面积大等问题。微藻的高密度甚至超高密度培养，使藻细胞密度比普通培养条件下高出 1~2 个数量级，以求在降低培养体积及设施投资、节省成本的基础上，大限度地提高生物量收获、提高产品经济效益。适合大规模培养微藻的方式主要分为开放式和封闭式。在开放式培养微藻中，被广泛应用的是跑道式水池，其培养微藻制备生物质的性能已被美国能源部进行了大量的评估，但是存在培养密度低及一系列后处理问题，因此并不是最理想的培养方式。封闭式培养方式具有培养密度高、条件易于控制、生物质产出效率高等优点，但在反应器设计上技术仍不够成熟，其成本也较高，仍需要改进以适合规模化生产。表 6-3 列出了开放式及封闭式不同生物反应器的优缺点。

**表 6-3　开放式与封闭式光生物反应器对比**

| 光生物反应器 | 优点 | 缺点 |
|---|---|---|
| 跑道池(开放式) | 建设费用、设备维持费用、能源消耗低；易于清洗，应用于工业化生产 | 生产效率低、占地面积及水消耗量大；容易染杂菌，适用藻种数限制大 |
| 管式反应器(封闭式) | 建设费用低，适合户外培养；培养表面积大，生产效率较高 | 粘壁现象严重，占地面积大；有异味，营养分布不均 |
| 平板式反应器(封闭式) | 建设费用低，适合户外培养；透光性好、培养表面积大，生产效率较高；藻液固定性好，易于清洗 | 粘壁现象严重，规模化培养的空间和材料需求量大；不宜控温，水的流动性差 |
| 柱状反应器 | 传质效果好，能源消耗低，良好的混合效果和低剪切力；易于消毒、放大培养及清洗；藻液固定性好，降低光抑制 | 设备费昂贵；加工难度大；培养时受光面积小 |

2. 微藻预处理

微藻通过光合作用可以储存淀粉、纤维素等碳水化合物。首先燃料乙醇的原料由工程培养微藻获得，再利用机械或酶解方法破碎细胞壁得到所需的碳水化合物，最终燃料乙醇经由糖化和发酵制备。糖化过程可采用稀酸，水热预处理和酶法等。

稀酸预处理方法是目前比较常用的方法，针对不同的藻种，对酸的种类、浓度、反应温度及时间等方面进行调整，以达到更好的预处理效果。对水热预处理法处理微藻生物质的研究成为近年的热点。利用水热法处理 Monostromanitidum Wittrock 和 Solieria pacifica，可以提高后续酶解速率 10 倍，纤维素酶解率分别达到 79.9%和 87.8%。通过水热法预处理，其过程抑制物生成少且反应条件温和，后续水解时间缩短，糖回收率有很大提升。也有研究人员对生物法预处理进行了考察，指出同单纯的醇解效果相比，与降解纤维素微生物相结合的生物法醇解效果能耗较低。但在酶处理液中的微生物产生的物质会影响乙醇的产量，且生物法需使用可代谢抑制物或毒性物质的酶或微生物。

3. 微藻生物质发酵

微藻生物质预处理后，通过酵母等微生物发酵可获得乙醇。根据各微藻生物质成分含量的差别使用不同的发酵菌种。目前酿酒酵母使用最多，运动发酵单胞菌也在近几十年的时间里得到大量研究。发酵方式主要为分为分步糖化发酵(SHF)法和同步糖化发酵(SSF)法。两者相比，SHF 法乙醇的产率较高，然而 SSF 法耗时短。SSF 法有连续或者半连续的工艺区分，半连续的 SSF 法酶用量少。

### （二）以微藻为原料直接生产乙醇

利用微藻生物质作为原料生产乙醇的方法比较复杂，近来研究热点开始转移到微藻直接生产乙醇上面。

1. 微藻黑暗厌氧条件下生产乙醇

研究人员发现，当微藻处于黑暗及厌氧环境中，会产生乙醇等代谢产物。影响微藻暗发酵的主要因素有：温度、pH 值和发酵温度。通过添加一些物质或气体会对产物的比例产生影响；另外通过改变发酵条件，如温度也可能会加速胞内淀粉的降解，提高乙醇的产量。然而藻类暗发酵生产燃料乙醇的能量最终来源是通过光合作用吸收的太阳能，在黑暗厌氧条件下生产乙醇的效率在理论上没有直接光合作用固定 $CO_2$ 再转化为燃料乙醇的高。

2. 工程微藻生产乙醇

通过现代基因工程手段，获得具有此能力的藻种有望成为一种可能。在微生物生产乙醇这一途径中，通过异源启动子的控制，可使丙酮酸脱羧酶基因(pdc 基因)和乙醇脱氢酶基因II(adh 基因)高水平表达，从而生产乙醇。但是乙醇产量少，发酵时间长且不稳定。除此之外提高细胞对乙醇的耐受性也是一种可采纳的研究途径。

3. 微藻制备乙醇存在问题及未来发展前景

微藻作为第三代生物燃料具有其独特的优势，虽然目前为止已经对其进行了大量的研究，然而在产业化上依然存在很多问题。与其他工业生产相似，微藻生产燃料乙醇的制备成本是应该首先考虑并解决的问题。建议能源微藻采用户外敞开式直接利用太阳光的低成本培养模式。这就需要解决两个问题，一是探索高效的光生物反应器或微藻培养方法，提高户外培养对阳光的利用率及单位面积微藻生物量的积累量；二是做好敌害生物污染的预防工作。任何杂菌的污染都会导致培养的失败及培养规模的扩大。有效地控制敌害生物污染是扩大培养规模及稳定收获产物必须解决的问题，以及对高效低能耗的微藻收集方法的研究。

从菌种出发，在乙醇制备发酵过程中对高抗逆性的藻株进行筛选。由于发酵生产的乙醇会抑制微藻本身的生长和代谢，引起乙醇大量积累、导致细胞死亡。通过选取高抗逆性的藻株，可以极大缓解上述现象。另外，优化乙醇回收工艺，降低培养基中的乙醇，可以避免抑制，提高乙醇产率。

# 第三节　生物燃料丁醇制备技术

丁醇是一种用途广泛的大宗化工原料，同时具有能量密度大、燃烧值高、蒸气压较低、与汽油配伍性好，能以任意比例和汽油混合等多种优良生物特性，这使得丁醇现已成为仅次于燃料乙醇的新一代可再生能源，目前通过生物发酵生产丁醇已逐渐成为全球研究热点。生物丁醇相对于传统生物燃料和低级醇，具有良好的理化性质及燃烧性能(表6-1)，表现在高热值、低挥发性、强混合性和弱腐蚀性等方面。

但是生物发酵生产丁醇存在原料成本高、发酵菌种产能低、发酵过程产物抑制、ABE发酵产量偏低等问题，限制了其规模化生产及商业应用(图6-12)。

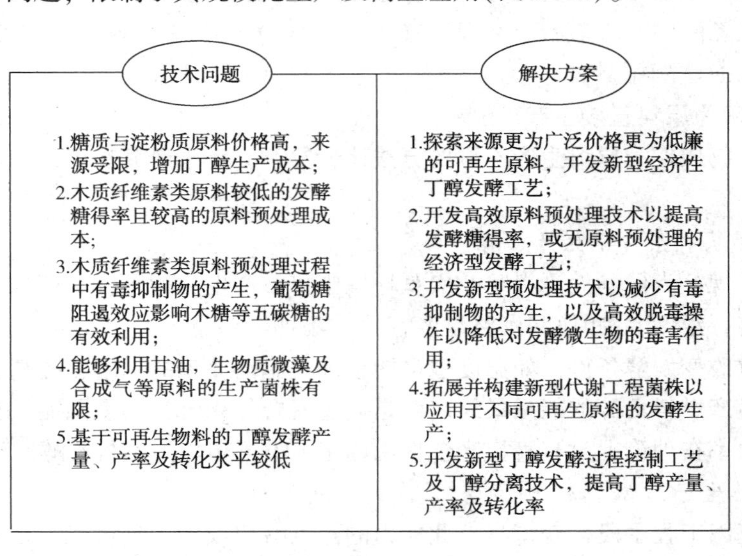


图6-12　基于可再生原料生物丁醇发酵工艺中的技术问题及解决方案

因此，开发新型可再生原料预处理技术以提高发酵糖转化能力，拓展并提高产丁醇梭菌底物利用范围与代谢能力，在此基础上偶联先进丁醇分离技术以进一步获得溶剂高效转化能力，最终构建可再生原料高效生物转化平台以提高原料利用率，是开发更为经济的生物丁醇发酵工艺，解决当前生物丁醇产业发展道路中的瓶颈问题，有效提高生物丁醇发酵效率的关键技术手段。

## 一、产丁醇微生物及其代谢机制

### (一) 利用厌氧梭状芽孢杆菌制备丁醇

厌氧梭状芽孢杆菌(*Clostridium spp*)是目前生物丁醇发酵微生物的唯一来源，其中丙酮丁醇梭菌(*Clostridium acetobutylicum*)与拜氏梭菌(*Clostridium beijerinckii*)是当今生物丁醇科研及工业领域普遍使用的发酵菌株，前者适合淀粉质原料发酵，可同时利用已糖和戊糖；后者同样适用于糖质原料和淀粉质原料发酵，且丁醇耐受能力较强。可再生原料经过处理后获得的生料或者水解液中的发酵糖主要由戊糖(如木糖及阿拉伯糖)、已糖(如葡萄糖及果糖)及二糖(如蔗糖及乳糖)等的单糖或混合糖体系组成，如表6-4所示，产丁醇梭菌能够代谢利用大多数原料底物。此外，生物柴油工业副产物粗甘油、合成气及生物质微藻等原料也可作为丁醇代谢合成的发酵底物。

**表 6-4 产丁醇微生物及其发酵底物**

| 使用原料 | 发酵底物 | 产丁醇微生物 |
|---|---|---|
| 糖及淀粉质 | 木薯 | *C. acetobutylicum* ATCC 824 |
| | 西米淀粉 | *C. saccharoperbutylacetonicum* N1-4 |
| | 芭蕉 | *C. acetobutylicum* CICC 8012 |
| | 菊芋 | *C. acetobutylicum* 1. 7 |
| 木质纤维素 | 玉米纤维 | *C. beijerinckii* BA101 |
| | 木薯渣 | *C. acetobutylicm* JB200 |
| | 稻秆 | *C. sporogenes* |
| | 米糠 | *C. saccharoperbutylacetonicum* N1-4 |
| 生产废弃物 | 粗甘油 | *C. pasteurianum* DSMZ 525 |
| | 合成气 | *C. carboxidivorans* $P7^T$ |
| | 干酪乳清 | *C. acetobutylicum* DSM 792 |
| 生物质微藻 | 石莼莴苣 | *C. beijerinckii* NCIMB 8052 |
| | 预处理微藻 | *C. acetobutylicum* B-1787 |
| | 废水微藻 | *C. saccharoperbutylacetonicum* N1-4 |

可再生原料经过处理后的可发酵糖涉及产丁醇微生物多种生理代谢利用途径，如图 6-13 所示，磷酸烯醇式丙酮酸-磷酸转移酶系统(phosphotransferase system，PTS)是产丁醇梭菌代谢利用蔗糖以及己糖(葡萄糖与果糖等)的主要机制，而磷酸戊糖途径(pentose phosphate pathway，PPP)是针对木糖等戊糖代谢的主要机制，甘油利用(二羟丙酮通路，DHA pathway)及合成气利用(Wood-Ljungdahl 通路，WL pathway)同样可以通过某些产丁醇梭菌生理代谢合成丁醇。

以产丁醇梭菌 *C. acetobutylicum* 与 *C. beijerinckii* 为例，丁醇发酵包括两个时期，即产酸期和产溶剂期(图 6-13)。在产酸阶段，拜氏梭菌将摄入细胞内的葡萄糖途径糖酵解途径(Embden-Meyerholf-Parnas pathway)转变为丙酮酸，而摄入体内的五碳糖则经过磷酸戊糖途径(Pentose-phosphate pathway，PPP)在经过一系列的磷酸化、差向异构化反应后转化为 6-磷酸果糖以及 3-磷酸甘油醛等磷酸化形式的中间代谢产物，然后流向 EMP 途径进一步生成丙酮酸。之后，CoA 和丙酮酸经过丙酮酸-铁氧还蛋白氧化还原酶(pflB)的作用转化成乙酰-CoA。乙酰-CoA 在磷酸转乙酰酶(pta)催化下形成乙酰磷酸，然后进一步在乙酸激酶(ak)作用下转化成乙酸。另一方面，乙酰-CoA 在多种酶(thl、hbd、crt、bcd)的作用下转化为丁酰-CoA，之后在磷酸丁酰转移酶(ptb)的作用下转变为丁酰磷酸盐，最后丁酸激酶(buk)作用于丁酰磷酸盐，经过去磷酸化得到丁酸。在产酸阶段中，产的丁酸比乙酸多，因为形成丁酸可以很好地解决氧化还原平衡的问题：糖酵解途径产生的 NADH 只能在产丁酸途径中得到消耗而产乙酸途径中是不消耗 NADH 的。该阶段积累了大量的 NADH，为乙醇和丁醇的合成提供大量的还原力。在产溶剂阶段，溶剂形成途径中的最重要的酶之一为乙酸/丁酸-CoA 转移酶，其具有广泛的羧酸特异性，能催化乙酸/丁酸的 CoA 发生转移反应。乙酸/丁酸-CoA 转移酶作用于产酸阶段生成的丁酸、乙酸分别形成丁酰-CoA、乙酰-CoA。此后，硫激酶催化乙酰-CoA 转化成乙酰乙酰-CoA，然后乙酰乙酰-CoA 转移酶作用于乙酰乙酰-CoA 得到乙酰乙酸，乙酰乙酸最后经过脱羧作用生成丙酮。另一方面，在丁醛脱氢酶和丁醇脱氢酶作用下，丁酰-CoA 还原生成丁醇。

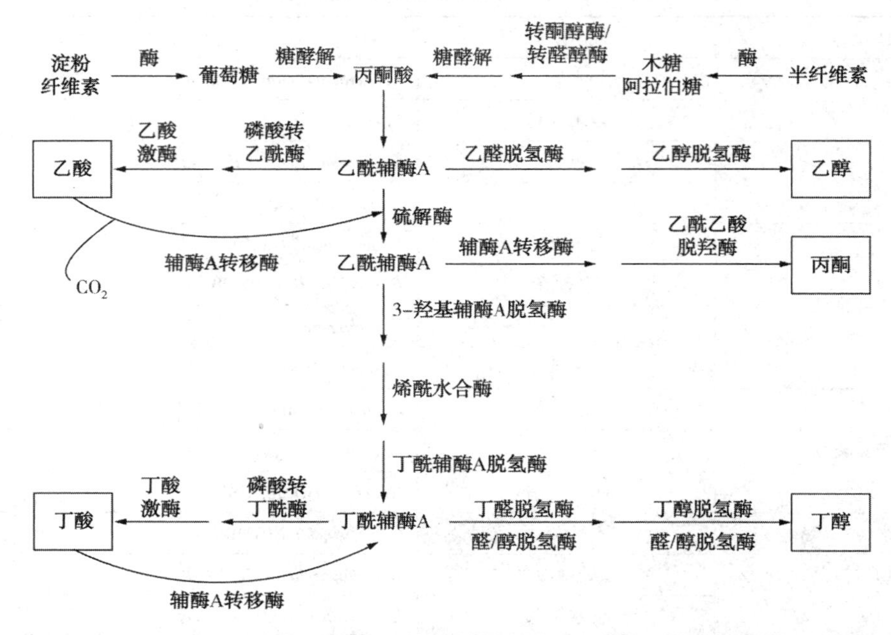


图 6-13　基于可再生原料底物糖利用的产丁醇微生物代谢途径

**（二）利用大肠杆菌制备丁醇**

大肠杆菌作为一种典型的模式菌株，其遗传背景、遗传改造工具和遗传改造过程相比于丙酮丁醇梭菌都更加清晰、更加丰富、更加容易。近些年来，利用大肠杆菌生产丁醇取得了巨大的进步。不仅丁醇产量和转化率达到了丙酮丁醇梭菌的水平，而且在代谢途径优化和设计方面也获得许多成功，为微生物生产丁醇提供了新的方向。丙酮丁醇梭菌产丁醇途径中的 hbd、crt、bcd、etfAB 和 adhE2 基因在大肠杆菌中被成功表达，同时表达大肠杆菌自身的硫解酶基因 atoB，打通了丁醇生物合成通道。进一步敲除了大肠杆菌内部的一些竞争途径的基因，包括：adhE、ldhA、frdBC、fnr、pta。该重组菌株在 M9 培养基中产生了 113mg/L 的丁醇，在丰富培养基 TB 中添加甘油的条件下，该菌株可以生成 552mg/L 的丁醇。

**（三）利用其他模式菌株生产丁醇**

除了在大肠杆菌这种常见的模式微生物中进行丁醇生产外，其他常见模式微生物也被用来生产丁醇。例如，酿酒酵母实现了丁醇的产生。之所以选择酿酒酵母作为改造宿主，是因为酿酒酵母的遗传背景清楚、遗传改造工具成熟、工业化经验丰富而且具有很高的丁醇耐受性。他们组合了来源于不同微生物的酶，来构建优化的梭菌丁醇途径。其中最好的组合是来自酿酒酵母自身的硫解酶 Ergi0、来自丙酮丁醇梭菌的 3 羟基丁酰辅酶 A 脱氢酶 Hbd 和醇脱氢酶 AdhE2 以及来源于山丘链霉菌的丁酰辅酶 A 脱氢酶 Ccr。采用该组合构建的重组酿酒酵母，可产生 2. 5mg/L 的丁醇。假单胞菌和芽孢杆菌是天然的溶剂耐受菌株。对恶臭假单胞菌和枯草芽孢杆菌进行丁醇代谢改造。其中表达了来源于丙酮丁醇梭菌的 thil、hbd、crt、bcd、etfAB 和 adhE1 基因的重组恶臭假单胞菌，在含有甘油的培养基中产生 122mg/L 丁醇。表达 thil、hbd、crt、bcd、etfAB 和 adhE2 基因的重组枯草芽孢杆菌，在含有甘油的培养基中可以产生 24mg/L 丁醇。乳酸菌也是一种常见的模式微生物，该菌的遗传背景清楚，遗传操作成熟而且丁醇耐受性强。其中短乳杆菌底物利用更加广泛，可以同时利用五碳糖和六碳糖。研究者将来源于丙酮丁醇梭菌的 thil、hbd、crt、bcd、etfAB 基因导入短乳杆菌中，利用其自身的醇脱氢酶。重组短乳杆菌可以利用葡萄糖产生 300mg/L 丁醇。除了这些异养微生物被改造产丁醇，自养微生物蓝藻也被代谢改造产丁醇。蓝藻通过光合作用进行生长的同时，固定 $CO_2$产丁醇，理论上具有更低的成本。将优化的梭菌途径(atoB、hbd、crt、ter 和 adhE2)导入集球藻 PCC 7942 中，可生产 14.5mg/L 丁醇。将乙酰辅酶 A 通过乙酰辅酶 A 羧化酶转化为丙二酰辅酶 A，这是一个消耗 ATP 的不可逆反应，然后通过脱羧将丙二酰辅酶 A 与乙酰辅酶 A 聚合为乙酰辅酶 A。再将梭菌途径中依赖 NADH 的脱氢酶替换为依赖 NADPH 的脱氢酶，最终优化的代谢重组蓝藻可以产生 30mg/L 丁醇。

## 二、以生物质为原料发酵法制备燃料丁醇技术

### (一) 淀粉质及糖质原料发酵生产丁醇

木薯作为淀粉质原料，市场价格较玉米、小麦等粮食类原料相对低廉，且对各种恶劣环境抵抗力强，能够在贫瘠的土壤上顽强生长，亩产量高，鲜木薯的淀粉质量分数可达到30%左右。另外，果聚糖是自然界中含量丰富的碳水化合物资源之一，是继蔗糖和淀粉之后的第三大储藏性碳水化合物，因此菊芋、菊苣及大丽花等果糖基非粮作物极具开发潜力。

### (二) 木质纤维素类原料发酵生产丁醇

木质纤维素原料来源主要包括玉米秸秆、玉米芯、稻草秸秆、小麦秸秆及多种农作物残渣，这些原料水解液中的发酵糖成分主要是由戊糖和己糖(葡萄糖、木糖及阿拉伯糖等)组成的混合糖体系，同时也存在有机酸及糠醛等毒性化合物，其对丁醇发酵效率具有重要影响。事实上，随着近年来大量对生物质能源的不断深入研究，木质纤维素类原料彰显出其重要的市场经济价值及能源战略地位，得到国内外生物丁醇研究领域的极大关注。

一般的 ABE 发酵中，丁醇产率较低[<0.5g/(L·h)]，远低于其他化工品的产率[2~40.5g/(L·h)]。如何提高生物丁醇生产的经济性，是生物丁醇研究及其产业化发展的核心问题。长期以来，研究者针对生物丁醇发酵的原料来源、发酵工艺及分离工艺开展了大量的研究工作，取得了一定的进展。以木质纤维素原料生产生物丁醇的过程可以分为原料水解为单糖(上游工艺)、单糖发酵产丁醇(中游工艺)和发酵液中丁醇分离(下游工艺)三步。

#### 1. 上游工艺

上游工艺主要包括预处理、水解和脱毒。原料和发酵工艺的不同，上游处理过程也有不同(图 6-14)。木质纤维素原料以其丰富和可再生的特性，被认为最有潜力的原料来源。木质纤维素原料主要包括 35%~50%的纤维素、25%~35%的半纤维素和 10%~25%的木质素。木质素与纤维素、半纤维素以化学键结合，构成细胞壁的主要成分。木质纤维素原料的酶水解特性与该结构抗化学及酶的水解能力有密切关系。

(1) 预处理

预处理的目的是通过打破木质素的致密结构与降低纤维素的结晶度来促进纤维素酶与纤维素的接触，从而提高纤维素酶水解效率。理想的预处理方法应该满足以下几个特点：①大大提高酶解效率，在小于 10FPU/g 底物条件下，经过 3~5 天酶解处理，纤维素的降解率达到 90%以上；②无明显单糖降解，酶解过程中纤维素和半纤维素的单糖得率接近 100%；③生成尽可能少的抑制物，因为抑制物的生成会影响后续酶解和发酵过程，且增加抑制物脱毒

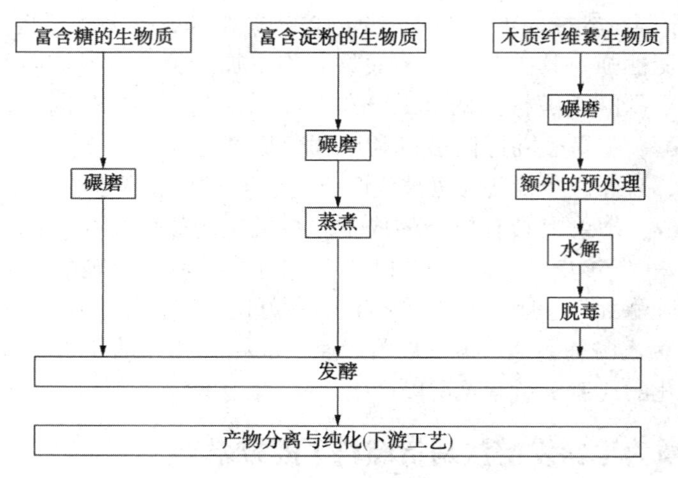

图 6-14　燃料丁醇上游工艺

过程的生产成本；④能耗低，包括减少预处理前的粉碎与提高预处理反应体系中底物浓度等；⑥木质素等不可发酵成分能够高效回收。

不同方法的特点不同，并且对整个工艺的影响也不尽相同(表 6-5)。由于木质纤维素原料的物理化学结构的差异性，不同原料需要选择与之相匹配的预处理方法。

**表 6-5　不同预处理方法优缺点比较**

| 预处理方法 | 优　点 | 缺　点 |
| --- | --- | --- |
| 生物法 | 降解木质素和半纤维素能耗低 | 降解效率低 |
| 磨法 | 降低纤维素结晶度 | 能耗高 |
| 气爆法 | 破坏木质素结构并溶解半纤维素经济性好 | 部分半纤维素降解易生成有毒抑制物 |
| 氨纤维气爆法 | 两步法中葡萄糖与半纤维素转化率高，纤维素酶作用比表面积不易生成抑制物 | 对于富含木质素原料效果不明显，氨成本高 |
| $CO_2$ 气爆法 | 增大纤维素酶作用比表面积不易生成抑制物，经济性好 | 对木质素和半纤维素无影响，需要高压 |
| 臭氧法 | 降低木质素含量不易生成抑制物 | 臭氧成本高 |
| 有机溶剂法 | 促进木质素和半纤维素降解 | 成本高，有机溶剂需回收和循环利用 |
| 浓酸法 | 糖得率高 | 腐蚀设备，生成抑制物 |
| 细算法 | 与浓酸相比腐蚀性小，抑制物生成较少 | 有产物降解，糖浓度低 |

(2) 水解

纤维或者聚合糖链只有在被水解为可发酵糖后才能进行发酵。水解过程一般利用酶、酸或者二者的共同作用。

木质纤维素的酶水解主要利用纤维素酶和半纤维素酶。产纤维素酶微生物主要包括 *Cellulomonas*、*Clostridium* 和 *Streptomyces* 等属的细菌，以及真菌中的 *Aspergillus*、*Humico la*、*Phanerochaet* 和 *Trichoderma* 等。影响酶水解效果的因素主要包括底物浓度、预处理效果、酶的用量、酶活以及酶水解的条件(包括 pH、温度等)。过高的底物浓度会影响酶与纤维素或者半纤维素的接触，从而影响酶解效果。自酶解体系中高效回收酶可以大大降低水解的成本。另外，利用固定化酶或者同步糖化发酵的方法，也可以提高水解过程的经济性。

(3) 脱毒

在木质纤维素原料预处理过程中，会生成一些对后续酶解或者发酵过程有副作用的抑制物，包括呋喃类物质(糠醛、5-羟甲基-糠醛)、脂肪酸(乙酸、甲酸及乙酰丙酸等)以及酚类化合物等。减少抑制物最直接的方法是优化前处理过程，尽量在源头减少抑制物的生成，但是会极大提高处理成本。在生产过程中，特定的脱毒方法往往只是针对某一种或者某一类抑制物有较好的脱除效果。由于脱毒过程同样会增加生产成本，因此对于脱毒工艺和其必要性要进行仔细核算。

传统的抑制物脱除方法主要有生物法、物理法、化学法以及几种方法的组合方法，例如，真空蒸发与过量 $Ca(OH)_2$法；离子交换树脂被认为是一种非常有效和简便的脱除抑制物方法；以过氧化物酶为主的生物脱除法，能够脱除 99%的酚类化合物。

2. 中游工艺

以 *C. acetobutylicum* 为代表的产丁醇梭菌的一个重要特征是可以代谢五碳糖和六碳糖且生产丁醇，这为以木质纤维素原料产丁醇过程的全糖利用奠定了基础。

*C. acetobutylicum* 中的发酵过程可以分为产酸-产溶剂两阶段，细菌在产酸阶段达到对数生长期，期间主要产物为有机酸(主要为乙酸和丁酸)以及 $CO_2$和 $H_2$。同时，伴随大量的有机酸生成，发酵液 pH 逐渐下降到 4.5 左右。发酵液中未解离的丁酸的浓度对于产酸与产溶剂阶段的转化有着重要的影响。在产溶剂阶段，当丙酮与乙醇的浓度分别达到20g/L 时，不会对微生物的生长产生抑制作用。丁醇对微生物的毒害作用，主要是因为丁醇的亲脂性破坏了细胞膜的磷脂组分，从而破坏细胞膜的结构，干扰细胞膜的正常生理功能，由此破坏了细胞内外的 pH 浓度，降低了胞内的 ATP 水平且影响糖的吸收，继而抑制细胞的生长繁殖乃至杀死细胞。

传统的梭菌丁醇发酵一般采用批次发酵模式。针对梭菌两阶段发酵进行的代谢调控研究为发酵工艺的进一步改进提供了可能。在发酵过程中，提高细胞密度或者提高细胞的生产能力可以提高丁醇的容积产率。从理论上讲，连续发酵要比批次发酵的容积产率高，因为与批次发酵相比，连续发酵可以大大节省菌种的延滞期与发酵装置的清洗时间和灭菌时间，但是由于梭菌生长较慢，因此连续发酵需要细胞的循环利用。

3. 下游工艺

丁醇制备通常采用发酵分离耦合的方法，在发酵的同时将丁醇分离出来，一方面可以得到高浓度丁醇，另一方面可以将丁醇从发酵液中移除，减轻丁醇对微生物的毒性，从而提高丁醇产量。为此开发了一些与发酵工艺相耦合的新技术，如气提法、渗透蒸发法、膜分离、液-液萃取、反渗透、吸附法等(表 6-6)。

**表 6-6　不同提取工艺的比较**

| 发酵方式 | 发酵工艺 | 菌株 | 葡萄糖/(g/L) | 总溶剂量/(g/L) | 溶剂得率/% | 生产率/[g/(L·h)] |
|---|---|---|---|---|---|---|
| 分批发酵 | 气提法 | *C. beijinckii* BA101 | 60 | 23.6 | 0.40 | 0.61 |
| | 渗透汽化法 | *C. beijinckii* BA101 | 78 | 32.8 | 0.42 | 0.50 |
| | 液液萃取 | *C. beijinckii* BA101 | 110 | 33.6 | 0.31 | — |
| 补料分批发酵 | 气提法 | *C. beijinckii* BA101 | 500 | 233.0 | 0.47 | 1.16 |
| | 渗透汽化法 | *C. acetobutylicum* | 470 | 155.0 | 0.31~0.35 | 0.13~0.26 |
| | 吸附法 | *C. acetobutylicum* | 190 | 59.8 | 0.32 | 1.33 |
| 连续发酵 | 气提法 | *C. beijinckii* BA101 | 1163 | 463.0 | 0.40 | 0.91 |

(1) 气提法

利用发酵自身产生的气体($H_2$、$CO_2$)或者从外界通入气体($N_2$、CO)，将发酵液内的发酵产物在线移出，并移送到冷凝装置收集，降低了溶剂的浓度，而气体可以重新回流到发酵液内，循环使用。该方法使发酵产物在发酵体系外积累，从而有效降低溶剂浓度过高对细胞造成的毒性，提高丁醇产量。但是通入不同类型的气体会对气提效果有影响，而几种气体的浓度不同也会影响发酵过程(表 6-7)。

**表 6-7　不同气体组成的比较**

| 气体组成 | 丁醇产量/(mmol/L) | ABE 总产量/(mmol/L) | 丁醇在总溶剂中的比例 | 葡萄糖消耗量/(mmol/L) |
|---|---|---|---|---|
| 100% $N_2$和 0%CO | 65.4 | 100.3 | 0.65 | 177.5 |
| 94% $N_2$和 6%CO | 41.7 | 69.6 | 0.60 | 130.4 |
| 85% $N_2$和 15%CO | 105.6 | 156.0 | 0.68 | 180.8 |

(2) 膜分离

在整个分离过程中，发酵液和萃取剂被一层选择性透过膜分在两侧。由于没有直接的接触，就大大降低了萃取剂对细胞的毒性，并形成乳状液和产生分层现象。在膜区域，丁醇就可以优先从水相扩散到有机相，而乙酸、丁酸等溶剂便会继续留在发酵液内。但是扩散的速度取决于分离膜的性能，因此选择高性能的分离膜会提高分离效率。

(3) 吸附法

目前，研究最多的吸附剂有硅藻土、活性炭、聚乙烯吡咯烷酮(PVP)等。硅藻土吸附丁醇浓度的范围较广，PVP 可以显著提高发酵过程的溶剂产量、产率、葡萄糖利用率等。总之，吸附法具有效率高、能耗低、溶剂产率高等特点，但由于吸附剂和溶剂之间有相互作用，并且吸附平衡关系多是线性的，导致试验设计较复杂，工作量也大。

(4) 渗透蒸发法

渗透蒸发法是指利用膜将易挥发的物质选择性地从发酵液中分离出来，通过冷凝器收集的过程。因而目标产物有一个从液相到气相，再变为液相的过程。要使物质被很好的扩散和收集，膜是关键，可分为亲水膜和疏水膜。前者用于丁醇和水混合物的脱水，比传统的共沸精馏效率高，又节能、环保，包括聚乙烯醇(PVA)、聚酰亚胺(PI)、$SiO_2$等；后者与发酵工艺相耦合，在线移出发酵产物，既降低了溶剂的抑制作用，又提高了发酵产率，包括聚二甲基硅氧烷(PDMS)、聚丙烯膜(PP)、聚四氟乙烯膜(PTFE)等。高的渗透通量和选择性是膜的关键，其次还要对膜组件和耦合工艺的参数进行设定、优化，提高膜效率，尽量减少膜污染现象，降低成本。

**(三) 生产废弃物发酵生产丁醇**

近年来，通过厌氧发酵方法将甘油及合成气转化成生物丁醇已成为全球重要的研究热点。其中，甘油是生物柴油工业的副产物，合理开发利用生物柴油副产物粗甘油具有重要的市场经济价值。其他生产废弃物如干酪乳清、酒糟及造纸工业纸浆等都可以作为经济原料用于丁醇制造工艺。

**(四) 生物质微藻发酵生产丁醇**

生物质微藻相对于众多的陆地生物质原料来说，具有明显的原料优势，主要表现在占地面积小、生长快速且生物量大、生长周期短且易于培养、培养需水量少、可耐受高浓度 $CO_2$ 环境等优点，因此，利用生物质微藻类原料发酵生产丁醇极具发展潜力。

## 三、以生物质为原料发酵法制备燃料丁醇工艺

### （一）一步发酵法

传统的一步法发酵是以玉米、木薯等淀粉质农副产品或糖蜜甘蔗、甜菜等糖质产品为原料，经水解得到发酵液，然后在丙酮-丁醇菌作用下，经发酵制得丁醇、丙酮及乙醇的混合物，三者比例因菌种、原料、发酵条件不同而异，通常的比例为 6∶3∶1，糖蜜发酵获得的丁醇比例高。其发酵程序见图 6-15。

原料 —粉碎、蒸煮／冷却→ 发酵罐 —厌氧／37~38℃ 48~60h→ 发酵醪液 —蒸馏→ 丁醇

图 6-15　ABE 一步发酵法发酵过程图

### （二）两步发酵法

在传统的基础上进一步发展了两步法发酵法，第一步，用厌氧梭菌将糖高温发酵得到丁酸；第二步，将第一步得到的丁酸发酵生成丁醇。这一技术使微生物的产酸和产溶剂两个过程分别在两个发酵罐中完成，有效地降低丁醇的毒性，保证发酵稳定连续的进行。

### （三）萃取发酵法

萃取发酵就是将发酵技术和萃取操作结合，把丁醇从醒液中移去，不仅解除了底物抑制，也避免了代谢产物的积累对微生物生长的影响（图 6-16）。

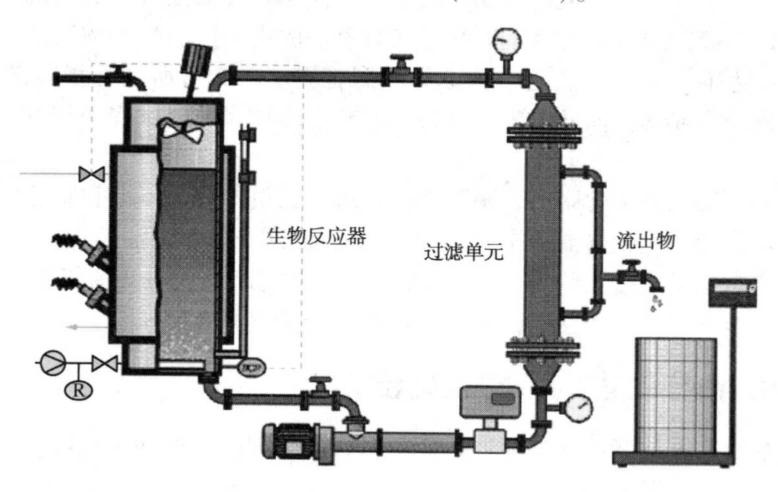


图 6-16　萃取-发酵装置图

### （四）固定化技术

固定化技术是将细胞固定在载体上，利用细胞内酶来实现酶催化反应的、它的本身是多酶体系。将梭菌细胞固定在藻酸钠胶体颗粒上，进行生物化学反应，产物以丁醇为主，丁醇产率至少可保持 1 周不变。与传统发酵法相比，其具有反应速度快，产率高；重复利用性高，粮耗和能耗少；设备投资少，控制方便等优点。

### （五）四步整合法

将生物丁醇生产过程中预处理、水解、发酵和回收 4 个步骤整合，酶和细菌将同时完成各自的任务，使用这种方法，生物丁醇的生产能力将比传统的葡萄糖发酵方法提高 2 倍。

# 第七章 生物柴油制备技术

## 第一节 生物柴油概述

根据1992年美国生物柴油协会(National Biodiesel Board，NBB)的定义，生物柴油(Biodiesel)是指以植物、动物油脂等可再生生物资源生产的可用于压燃式发动机的清洁替代燃油。生物柴油以其较好的燃烧性能、环保以及可再生等优点赢得了世界各国的广泛关注。具体而言，生物柴油是以生物质资源为原料加工而成的一种柴油(液体燃料)，它利用植物油脂如菜籽油、蓖麻油、花生油、大豆油、玉米油、棉籽油等；动物油脂如猪油、鱼油、牛油、羊油等；或者是上述油脂精炼后的下脚料——皂脚或称油泥、油渣；城市地沟油；或者是各种油炸食品后的废油和各种其他废油进行改性处理后，与有关化工原料复合而成。狭义上讲，生物柴油是由动植物油脂或其废油制备的脂肪酸酯；广义上讲，生物柴油是指一切从生物质生产的柴油。生物柴油的制备可采用物理法和化学法。其中直接混合法和微乳液法属于物理法，高温热裂解法和酯交换法属于化学法。使用物理法能够降低动植物油的黏度，但积炭及润滑油污染等问题难以解决；而高温热裂解法的主要产品是生物汽油，生物柴油只是其副产品。相比之下，酯交换法是一种更好的制备方法。本节所述是指狭义上讲的生物柴油，即由动植物油脂或其废油通过酯交换反应(包括某些预处理过程采用的酯化反应)制备的脂肪酸酯。

生物柴油的主要成分为软脂酸、硬脂酸、油酸等长链饱和、不饱和脂肪酸同甲醇或乙醇所形成的酯类化合物。生物柴油分子中含18~22个碳原子，与柴油的16~18基本一致，经酯化作用后，相对分子质量大约为280，与柴油(220)接近，它与柴油相溶性极佳，颜色与柴油一样透明，能够与国标柴油一样混合或者单独用于汽车及机械。

### 一、生物柴油与常规柴油的性能比较

生物柴油性质与普通柴油非常相似，作为可代替柴油的一种环保型燃料油，它具有很多优点：

① 环保特性好。由于生物柴油中硫含量低，使得二氧化硫和硫化物的排放低；生物柴油中不含对环境会造成污染的芳香族烷烃，使用生物柴油可降低90%的空气毒性，降低94%的患癌率，因而生物柴油的废气对人体损害低于柴油。生物柴油含氧量高，使其燃烧时排放黑烟少，CO的排放与柴油相比减少约10%；生物柴油的生物降解性高，且燃烧产生的$CO_2$，供植物吸收成长，并无$CO_2$净值增加，形成密闭型的碳循环。

② 点火与燃料性能佳。生物柴油的十六烷值高，分子中双键位于分子链的末端或均匀分布，增加了抗震性能，易于点燃，燃烧性、抗爆性能好于柴油，燃烧残留物呈微酸性。没有支链的存在，保证充分燃烧，不会产生积碳，使发动机机油的使用寿命加长。

③ 润滑性能好。生物柴油具有较高的运动黏度，容易在汽缸内壁形成一层油膜，因而具有较好的润滑性能，使喷油泵、发动机缸体和连杆的磨损率低，延长使用寿命。

④ 安全性能高。由于生物柴油碳链较长，有比较高的沸点，闪点高约为150℃，生物柴油不属于危险品。因此，在运输、储存、使用方面有比普通柴油高的安全性。

⑤ 具有可再生性能。作为可再生能源，与石油储量不同，其原料供应不会枯竭，可部分缓解目前对石油的依赖。

⑥ 无须改动柴油机，可直接添加使用，同时无须另添设加油设备、储存设备及人员的特殊技术训练。

生物柴油及柴油的一般性能比较见表7-1，其中植物油甲酯即为不同植物油原料制备的生物柴油。

**表7-1　生物柴油的物化性能**

| 植物油甲酯 | 运动黏度/($mm^2/s$) | 十六烷值 | 低热值/(MJ/L) | 浊点/℃ | 闪点/℃ | 密度/(kg/L) | 硫/% |
|---|---|---|---|---|---|---|---|
| 花生油甲酯 | 4.9 | 54 | 33.6 | 5 | 176 | 0.883 | — |
| 大豆油甲酯 | 4.5(37.8℃) | 45 | 33.5 | 1 | 178 | 0.885 | — |
| 大豆油甲酯 | 4.0(40℃) | 45.7~56 | 32.7 | — | — | 0.88(15℃) | — |
| 巴巴酥油 | 3.6(37.8℃) | 63 | 31.8 | 4 | 127 | 0.879 | — |
| 棕榈油甲酯 | 5.7(37.8℃) | 62 | 33.5 | 1 | 164 |  | — |
| 棕榈油甲酯 | 4.3~4.5(37.8℃) | 64.3~70 | 32.4 | — | — | 0.872~0.877(15℃) | — |
| 葵花籽油甲酯 | 4.6(37.8℃) | 49 | 33.5 | 1 | 183 | 0.860 | — |
| 动物油甲酯 | — | — | — | 12 | 96 | — | — |
| 菜籽油甲酯 | 4.2(40℃) | 51~59.7 | 32.8 | — | — | 0.882(15℃) | — |
| 废菜籽油甲酯 | 9.48(30℃) | 53 | 36.7 | — | 192 | 0.895 | 0.002 |
| 废棉籽油甲酯 | 6.23(30℃) | 63.9 | 42.3 | — | 166 | 0.884 | 0.0013 |
| 大豆油甲酯 | 4.75(40℃) | 47 | — | — | 170 | 0.882 | 0.0148 |
| 棉籽油甲酯 | 3.92(40℃) | 46 | — | — | — | 0.880 | 0.0007 |
| 菜籽油甲酯 | 5.41(40℃) | 52 | — | — | 170 | 0.883 | 0.00071 |
| 废食用油甲酯 | 4.5(40℃) | — | — | — | — | 0.878 | — |
| 废菜籽油甲酯 | 5.8(40℃) | 52 | — | — | 170 | 0.878 | 0.0007 |
| 大豆油甲酯 | 4.7(37.8℃) | — | 34.6 | — | 100 | 0.894 | — |
| 柴油 | 12~3.5(40℃) | 51 | 35.5 | — | — | 0.830~0.840 | — |

## 二、生物柴油制备方法

目前，生物柴油主要有四种生产方法：直接混合法、热解法、微乳法和酯交换法，其中研究和应用最广的是酯交换法。图7-1列举了几种生物柴油常规制备方法。

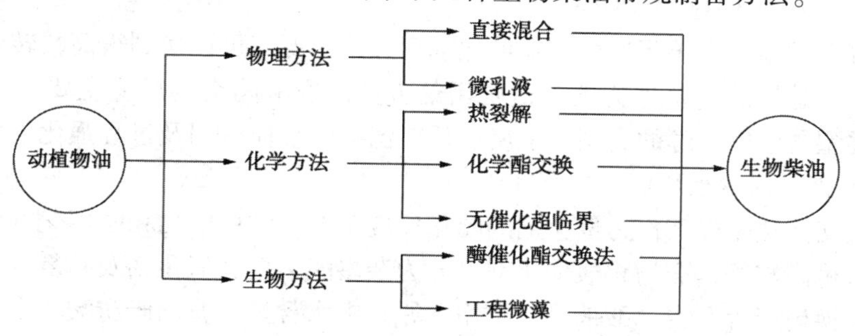


图7-1　生物柴油制备方法

**（一）直接混合法**

直接混合法是将植物油与矿物柴油按不同的比例直接混合后作为发动机燃料，即利用矿物柴油来稀释植物油，降低其密度和黏度，使其基本符合作为燃料使用的要求。将脱胶大豆油与2#柴油以1∶2的比例混合，在直接喷射涡轮发动机上进行了600h的试验，结果表明这种混合油基本可以用作农用机械的替代燃料。然而，植物油的高黏度、所含的酸性组分、游离脂肪酸以及储存和燃烧过程中，因氧化和聚合而形成的凝胶、碳沉积和润滑油黏度增大等都严重影响了发动机的长时间正常运转。

**（二）高温裂解法**

热裂解是在热或催化剂作用下，一种物质转化变成另一种物质的过程。它是在空气或氮气流中由热能引起化学键断裂而产生小分子的过程。该工艺的特点是过程简单，没有任何污染产生，但是裂解程度很难控制，且当裂解混合物中硫、水、沉淀物及铜片腐蚀值在规定范围内时，其灰分、炭渣和浊点就超出了规定值。另外，虽然裂解产品与石油汽油和石油柴油的化学性质相似，但在裂解过程中，因氧的除去而失去了氧饱和燃料对环境的优势。同时，热解工艺复杂，设备庞大，造成产品成本过高，不能达到工业化生产及使用的程度。

**（三）微乳化法**

微乳化是利用乳化即将植物油分散到黏度较低的溶剂中，从而将植物油稀释，降低黏度，满足作为燃料使用的要求。目前主要采用甲醇、乙醇、1-丁醇、2-辛醇和正丁醇等与植物油混合微乳化。由于形成微乳化的机理各不相同，所形成的乳化液的稳定性主要取决于加入的能量和乳化剂的类型和数量。微乳化方法易受到环境条件的限制，环境条件的变化会引起破乳现象的发生，从而使燃料的性质不稳定。同时，严重积炭、不完全燃烧和润滑油黏度增加等问题依然没有办法解决。

**（四）化学酯交换法**

1. 化学酯交换法制备生物柴油反应过程

在研究开发和工业生产中采用最多的是将植物油，动物脂肪，废油以及工程藻类油脂等进行酯交换反应制备生物柴油。酯交换也称为醇解，利用甲醇、乙醇等醇类物质，将甘油三酸酯中的甘油基取代下来，形成长链脂肪酸甲酯或乙酯等，通过酯交换反应，其碳链长度减少为原来的1/3。从而增加流动性和降低黏度，使之适合作为燃料使用。其反应方程如下：

$$\begin{array}{l} CH_2—OOCR_1 \\ | \\ CH—OOCR_2 \\ | \\ CH_2—OOCR_3 \end{array} +3ROH \rightleftharpoons \begin{array}{l} R_1—COOR \\ \\ R_2—COOR \\ \\ R_3—COOR \end{array} + \begin{array}{l} CH_2OH \\ | \\ CH—OH \\ | \\ CH_2OH \end{array}$$

该反应可在常温、常压下进行，在催化剂存在的情况下可以达到很高的转化率，且反应条件易于控制，是目前制备生物柴油最常用的方法。影响酯交换反应主要因素是：原料类型、催化剂类型与浓度、醇的类型及浓度、反应温度、反应时间及过程强化手段等。

2. 化学酯化法制备生物柴油反应过程

酸催化酯交换法是以酸作为催化剂的酯化反应工艺，常用的均相酸催化剂包括硫酸、磷酸、盐酸和有机磺酸等，非均相酸催化剂可分为杂多酸、金属氧化物及其复合物、沸石分子筛和阳离子交换树脂等几类。酸催化法常用于原料中水含量和游离脂肪酸较多的情况，酸催化剂可催化游离脂肪酸与醇的酯化反应，同时也可催化甘油三酯与醇的酯交换反应，但与碱催化法相比反应速度较慢，反应时间长，而且应用范围较小。其反应方程如下：

$$RCOOH+CH_3CH_2OH \xrightleftharpoons{催化剂} H_2O+RCOOCH_2CH_3$$

### （五）生物催化法

酶催化法是近年来被广泛研究和关注的一种生物柴油制备方法，以生物酶作为催化剂，采用动植物油脂和低碳醇（甲醇或乙醇）作为原料进行酯化或者酯交换反应制备生物柴油。目前，酵母脂肪酶、猪胰脂肪酶等是广泛主要采用的生物酶催化剂。和传统的酸碱催化剂相比，脂肪酶具有来源广泛、选择性好、底物与功能团专一、产品易于收集和无污染等优点。目前，商业化的脂肪酶种类繁多，主要包括 Lipase A K，Lipase P S，LipozymeRM IM，Lipase PS-30，Novozym 435 等。脂肪酶的来源不同，反应工艺也往往不同，目前主要是以固定化脂肪酶法、液体脂肪酶法、全细胞法为主。这些方法具有条件温和、成本低廉、环境友好等优点，这些优点也促使人们不断研究寻找更加适宜的生物酶作为生物柴油制备的催化剂。

# 第二节　生物柴油制备催化技术

化学法制备生物柴油有酯化、酯交换法和催化加氢，按照催化剂性质的区分，主要分为均相催化、多相催化、离子液体催化、生物催化和催化加氢等。

## 一、均相催化法

均相催化法主要采用液体酸碱为催化剂催化酯交换反应制备生物柴油。目前，已报道的酸性催化剂包括如硫酸、磷酸、磺酸、盐酸等，其中硫酸应用的最多。碱性催化剂包括 NaOH、KOH、NaOMe 以及有机碱，如有机胺类、胍类化合物及肌类化合物。反应和产率受反应条件比如，醇油摩尔比、酸的种类、酸的用量、反应温度和反应时间等因素的影响。

### （一）均相酸催化技术

酸催化酯交换主要是酸含有的 H 与甘油酯上的碳原子结合形成亲和试剂去进攻醇上的碳原子完成酯化反应的。酸催化酯交换过程产率高，但反应速率慢，分离困难并且产生废水、废气。

均相酸催化过程中，其中硫酸作为催化剂应用得较多。以废油为原料时，酸催化酯化可以免掉去除游离脂肪酸这一步，因而比碱催化酯化在工艺上更可行；而用精炼油作原料时，碱催化酯化比酸催化酯化在工艺上更可行。结果表明：原料油的酯化反应因其组成或性质的不同，适用的酯化反应催化方法也不同。

### （二）均相碱催化技术

碱催化酯交换反应具有催化活性高、反应温度低、反应速率快等优点，应用最为广泛。均相碱催化主要通过调控和优化诸如反应温度、反应时间、催化剂用量和醇油摩尔比等因素，在原料利用率和转化率之间达到最佳平衡，不能在游离酸较高的情况下使用。以碱作催化剂时游离脂肪酸容易与碱反应生成皂，其结果使得反应体系变得更加复杂，皂在反应体系中起到乳化剂的作用，产品甘油可能与脂肪酸甲酯发生乳化而无法分离。含氮类的有机碱作为催化剂进行酯交换，分离简单清洁，不易产生皂化物和乳状液。胺类的存在不仅可以作为催化剂，也可以作为共溶剂，改善油和甲醇之间的互溶状况，使得反应进行得更完全。理论上来说，4-甲基哌啶是最佳的共溶剂兼催化剂。

但是，均相酸碱催化剂的弱点是催化剂不容易与产物分离，合成产物中存在的酸碱催化剂必须在反应后进行中和及水洗，从而产生大量的污水。水常常也是碱催化剂的毒物，水的存在会促使油脂水解而与碱生成皂，因此，以 NaOH、KOH 和 $CH_3OK$ 等作为碱催化剂时，常常要求原料油酸价小于 1，水分低于 0.06%。均相酸碱催化剂随产品馏出，不能重复使用，带来较高的催化剂成本。同时，酸碱催化剂对设备腐蚀也是值得关注的问题。

## 二、多相催化法

由于均相酸碱催化法存在催化剂不容易与产物分离、产物中存在的酸、碱催化剂必须进行中和和水洗，从而产生大量的污水；酸碱催化剂不能重复使用，带来较高的催化剂成本以及酸碱催化剂会腐蚀设备等问题。因此，研究开发绿色环保的生物柴油生产工艺就显得十分必要。由于固体酸、碱催化剂具有催化活性高，选择性好，使用寿命较长，容易分离和对环境污染少等特点，克服了均相反应缺点。固体酸、碱催化剂多相催化反应成了近年来的重要研究方向，有关酯交换反应制备生物柴油的固体催化剂的研究报道已大量涌现，用到的固体催化剂主要有树脂、黏土、分子筛、硫酸盐、碳酸盐、复合氧化物等。

目前的研究表明，普通的固体碱催化制备生物柴油由于是多相催化，催化剂颗粒较大，碱强度较低，比表面积较小，从而导致传质阻力大，反应速率慢。以纳米 $\gamma-Al_2O_3$ 为载体制备了纳米 $K_2CO_3/\gamma-Al_2O_3$、纳米 $KF/\gamma-Al_2O_3$ 酯交换催化剂，用于催化植物油制备生物柴油，取得较好效果。由于纳米固体超强碱催化剂具有比表面大、催化活性高的特点，因而克服了普通的固体催化剂的缺点，已成为当前用于制备生物柴油研究的热点。表 7-2 列举了三种方法的优势和缺陷。

表 7-2　列举了三种方法的优缺点比较

| 比较项目 | 制备方法 | | |
|---|---|---|---|
| | 均相催化法 | 非均相催化法 | 酶催化法 |
| 反应时间 | 0.5~4h | 0.5~3h | 1~8h |
| 反应条件 | 0.1MPa，30~65℃ | 0.1~5MPa，30~200℃ | 0.1MPa，30~40℃ |
| 催化剂 | 酸或碱 | 金属氧化物或碳酸盐 | 固定化脂肪酶 |
| 游离脂肪酸 | 皂化物 | 甲酯 | 甲酯 |
| 产率 | 正常~高 | 正常 | 低~高 |
| 分离纯化 | 甲醇、催化剂、皂化物 | 甲醇 | 甲醇或乙酸甲酯 |
| 废物 | 废水 | 无 | 无 |
| 甘油酯纯度 | 低 | 低~正常 | 正常或副产三乙酰甘油 |
| 工艺性 | 复杂 | 复杂 | 复杂 |

## 三、离子液体催化法

离子液体是在室温及相邻温度下完全由离子组成的有机液体物质。离子液体具有无蒸气压、液态范围广、无可燃性、可设计性、对环境友好等优点，可作为溶剂和催化剂有着广泛的应用。但是，离子液体作为溶剂存在的问题是催化剂容易流失，在多相体系中难回收。近年来，离子液体作为一种性能优良的绿色溶剂被用于生物柴油的生产。它主要应用以下两个方面：①作为催化剂，例如，B 酸离子液体催化棉籽油制生物柴油；②作为催化剂的载体，例如，季磷类离子液体溶载碱。

## 四、生物酶催化法

目前生物柴油的生产企业大多利用化学法酯化及酯交换两步反应工艺间歇生产生物柴油。化学法间歇生产生物柴油有以下缺点：产品质量不稳定、工艺复杂、醇必须过量，后续工艺必须有相应的醇回收装置，能耗高；由于脂肪中不饱和脂肪酸在高温下容易变质，产品色泽深；酯化产物难于回收，成本高；生产过程中有大量废酸碱液排放，污染环境。

用生物酶法生产生物柴油可以解决上述问题。生物酶法生产生物柴油的反应温度在20~40℃；生物酶法生产生物柴油所需的油脂范围比较广，如精炼油脂、未精制的植物油、脂肪酸、酸化油、餐饮废油等；另外生物酶法具有提取简单，反应条件温和、醇用量小、产品回收过程简单、无废物产生及适用范围广等优点。因此，生物酶法是生物柴油工业化生产的发展方向。但脂肪酶价格昂贵、并由于在油脂中存在过多的酶抑制剂，如低碳醇及酸、蛋白质、糖、甾醇以及水等，缩短了酶的使用寿命，使得采用这种生物催化剂生产生物柴油的工业规模受到了很大的限制。为了提高脂肪酶法生产工艺的转化率以及产率，广泛研究了各种方法，如定向变异、蛋白质工程、酶固定化技术等。

## 五、催化加氢法

由于第一代生物柴油在使用过程中的弊端，研究者们通过对第一代生物柴油进行加氢脱氧、异构化等反应得到类似柴油组分的烷烃，形成了第二代生物柴油。第二代生物柴油不含氧和硫，具有较低的密度及黏度，并具有高的十六烷值和更低的浊点，同样质量单位的发热值更高。

### （一）催化加氢制备生物柴油

催化加氢过程是石油化工行业常用的工艺过程，对于提高原油加工深度、合理利用石油资源、改善产品质量、提高轻油收率等具有重要意义。第二代生物柴油利用催化加氢技术对动植物油脂进行加氢处理，从而得到类似柴油组分的烷烃，其制备过程包含了多种化学反应，主要有动植物油中不饱和脂肪酸的加氢饱和、加氢脱氧、加氢脱羧基、加氢脱羰基、临氢异构化反应等。动植物油脂的主要成分是脂肪酸三甘油酯，其中脂肪酸链长度一般为$C_{12}$~$C_{24}$，以$C_{16}$和$C_{18}$居多，油脂中典型的脂肪酸包括饱和酸、一元不饱和酸及多元不饱和酸，其不饱和程度随油脂种类不同而有很大差别。在催化加氢条件下，三甘油酯将首先发生不饱和酸的加氢饱和反应，并进一步裂化生成包括二甘酯、单甘酯及羧酸在内的中间产物，经加氢脱羧基、加氢脱羰基及加氢脱氧反应后，生成正构烷烃反应的最终产物主要是$C_{12}$~$C_{24}$正构烷烃、副产物包括丙烷、水和少量的CO、$CO_2$，其主要的反应式如下：

$$\mathrm{R\overset{\overset{\displaystyle O}{\|}}{C}OCH_2R' + H_2 \longrightarrow R\overset{\overset{\displaystyle OH}{|}}{\underset{\underset{\displaystyle H}{|}}{C}}OCH_2R' \xrightarrow{H_2} R\overset{\overset{\displaystyle OH}{|}}{\underset{\underset{\displaystyle H}{|}}{C}}H_2 + R'CH_2OH}$$

$$\mathrm{RCH_2CH_2OH \underset{}{\overset{H^+}{\rightleftharpoons}} R\overset{\overset{\displaystyle H^+}{|}}{C}HCH_2OH \overset{-H_2O}{\rightleftharpoons} RCH_2\underset{\underset{\displaystyle H}{|}}{C^+} \overset{-H^+}{\rightleftharpoons}}$$

$$\mathrm{RHC{=\!=}CH_2}$$

$$\mathrm{HC{=\!=}CH_2 + H_2 \longrightarrow RCH_2CH_3}$$

油脂加氢制备的生物柴油的十六烷值可达90~100，无硫和氧，不含芳烃，可作为高十六烷值组分与石化柴油以任何比例调和使用。但是由于正构烷烃的熔点较高，使得所制备的生物柴油的浊点偏高，低温流动性差，可以通过临氢异构化反应将部分或全部正构烷烃转化为异构烷烃，从而提高其低温使用性能。

第二代生物柴油的制备过程如图7-2所示，首先发生碳碳双键的加成反应，然后经过β消除、γ-H转移和直接脱氧三种可能的分解路径转变为反应中间体，如甘油二酯、单甘油酯、脂肪酸和蜡状物。随后这些中间体通过脱羧、脱羰和加氢脱氧三种主要的反应路径转化为烃类。脱羧和脱羰反应生成的烃类产物与反应物中相对应的脂肪酸相比，缺少了一个碳原子，而加氢脱氧得到的烃类产物与对应的脂肪酸的碳原子数相同。前两者反应可以减少$H_2$的消耗，而后者反应则可以提高原料中碳原子的利用率。加氢脱氧反应必须在氢气存在的条件下才可发生，而脱羧和脱羰反应可以没有氢气的参与。然而，实际的研究中氢气的参与对后两者反应具有非常显著的促进作用。油脂加氢的三种反应路径主要由催化剂的类型(金属活性位和载体)、实验条件来决定。

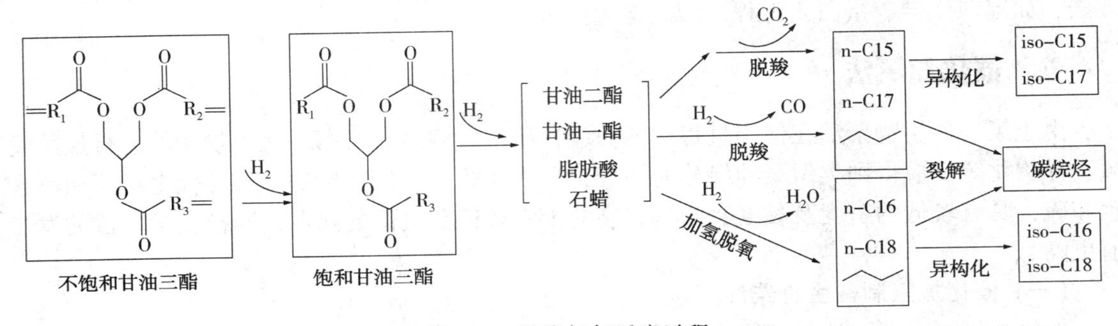


图7-2　油脂加氢反应过程

## （二）主要生产工艺

第二代生物柴油的生产工艺是在催化加氢的基础上发展起来的，目前第二代生物柴油的生产工艺主要有加氢直接脱氧、加氢脱氧异构和柴油掺炼三种工艺。其反应条件及技术特点如表7-3所示。

**表7-3　生物柴油催化加氢生产工艺比较**

| 工艺 | 反应温度/℃ | 反应压力/MPa | 催化剂 | 空速/$h^{-1}$ | 技术特点 |
|---|---|---|---|---|---|
| 加氢直接脱氧 | 240~450 | 4~15 | Co-Mo<br>Ni-Mo | 0.5~5.0 | 高温高压下油脂的深度加氢过程，羧基中的氧原子和氢结合成水分子，而自身还原成烃，此项工艺简单。同时产物具有高的十六烷值，但得到的柴油组分中主要是长链的正构烷烃，使得产品的浊点较高，低温流动性差，在高纬度地区受到抑制，一般只能作为高十六烷值柴油添加组 |
| 加氢脱氧异构 | 300~400 | 2~10 | Co-Mo<br>Ni-Pd<br>Pi分子筛 | 0.5~5.0 | 该工艺包括两个阶段，第一阶段为加氢脱氧阶段与直接加氢脱氧的条件相近，第2阶段为临氢异构阶段即将第一阶段得到的正构烷烃进行异构化，异构化的产品具有较低的密度和温度，发热值更高，不含多环芳烃和硫，具有高的十六烷值和良好的低温流动性，可以在低温环境中与石化柴油以任意比例进行调配，使用范围得到进一步拓宽 |

续表

| 工艺 | 反应温度/℃ | 反应压力/MPa | 催化剂 | 空速/$h^{-1}$ | 技术特点 |
|---|---|---|---|---|---|
| 柴油掺炼 | 340~380 | 5~8 | $Ni-Mo/Al_2O_3$<br>$Co-Mo/Al_2O_3$ | 0.5~2.0 | 掺炼动植物油脂，改善了产品的十六烷值，节省油脂加氢装置的投资，简单而又经济。但由于油脂加氢是强放热反应以及加氢脱氧反应与石化柴油的加氢脱硫反应存在竞争因素，这些可能会影响加氢装置对石化柴油的脱硫精制效果，增加工艺装置操作难度和生产成本 |

由表7-3可以看出三种生产工艺中尤以加氢脱氧再临氢异构工艺在技术和生产成本上最为优化，此工艺生产的生物柴油具有高的十六烷值，与石化柴油相近的黏度和发热值，较低的浊点，可以在高纬度地区使用，并且可以大大减少发动机的结垢，使噪声明显下降，且氮氧化合物及颗粒物的排放量也显著降低，是一种理想的石化柴油替代燃料。

## 六、微生物柴油制备技术

微生物柴油的制备首先需要筛选出高产油脂的微生物菌体作为原料，经过灭菌处理后，可以进行扩大培养、收集，由于油脂存在于微生物菌体细胞内，需要对其进行预处理，以利于油脂的提取，提取后的油脂经脱胶、脱色等方法精炼后，通过酯交换反应后精炼得到精炼微生物柴油。微生物柴油是在充分利用动植物油脂资源、废弃油脂资源之外新的可开发资源，极具战略意义。

### （一）菌体的筛选和培养

在已有菌株的基础上利用细胞融合、诱变育种、基因工程等手段选育出应用于工业化的菌株，需具备：①油脂积累量大，含油量应达50%以上，且油脂转化率不低于15%；②生长速度快，不易污染杂菌，不易产生虫害；③能适应工业化的大规模简单培养，培养条件不宜苛刻。微生物都能合成少量油脂，但只有在适宜条件下可产生并储存的油脂占其生物总量20%以上的才称为产油微生物。目前用于微生物油脂生产的微生物主要为酵母、霉菌、微藻和细菌等，而细菌主要合成特殊脂类和多不饱和脂肪酸，产油率低，所以目前主要集中在酵母、霉菌和微藻上。

*1. 产油酵母*

酵母是一种单细胞真菌，属于兼性厌氧菌，多数分离于富含糖类的环境中。产油酵母中含有的脂肪酸较为单一，多为含$C_{16}$和$C_{18}$脂肪酸。常见的产油酵母主要有假丝酵母、浅白色隐球酵母、弯隐球酵母、斯达氏油脂酵母、胶粘红酵母、产油油脂酵母等，含油量可达菌体质量的30%~70%。中科院大连化物所筛选出4株产油酵母能同时将葡萄糖、木糖和阿拉伯糖转化为油脂，菌体含油量超过其干质量的55%。

*2. 产油霉菌*

霉菌是形成分枝菌丝的真菌的统称，因其油脂含量高，并含有丰富的γ-亚麻酸、花生四烯酸等功能性多不饱和脂肪酸而被深入研究。霉菌种类很多，常见的产油霉菌为土菌霉、深黄被孢霉、高山被孢霉、卷枝毛霉、米曲霉等，其含油量可达菌体干质量的25%~65%。

*3. 产油微藻*

微藻是指能进行光合作用的单细胞藻类或藻群体，广泛分布在海洋、淡水湖泊等水域以及潮湿的土壤和树干等。目前，藻类专家已经测定了几百种富油微藻，常见的产油微藻有绿藻、硅藻和部分蓝藻如小球藻、杜氏盐藻、葡萄藻等。不同微生物的最佳培养条件不同，培养方法、培养基组成、培养温度、pH 值、光照、通气量等均影响菌体产油率。

**（二）微生物预处理**

微生物油脂多包含在菌体胞内，有的甚至与菌体细胞蛋白或糖物质结合，由于细胞壁坚韧，在提取油脂之前要对菌体细胞进行破壁预处理。目前，微生物油脂成本高，寻找适于工业化的高效破壁技术是关键。常见的破壁方法有：研磨法、酸热法、反复冻融法、超声波破碎法、酶解法等，其中研磨法较接近传统植物油脂的预处理，常用于工业化生产油脂，反复冻融、超声波法等适用于实验室小型操作。

*1. 研磨法*

利用研钵、球磨等研磨机械产生的剪切力将细胞破碎，在合适条件下一次操作就可以达到较高的破壁率，操作简单、实用性强，易于工业放大，但料液损失较严重。研磨法对真菌细胞破壁的破壁效果不佳，只有延长研磨时间，但容易使胞内物质变性。

*2. 酸热法*

首先用盐酸对菌体细胞壁进行处理，使原来结构紧密的细胞壁变得疏松，再经沸水浴及速冻处理，使细胞壁进一步被破坏。酸热破壁条件苛刻，容易破坏细胞中的物质或与其反应，且后续的盐酸难以除去，因此很少用于大规模工业生产。

*3. 反复冻融法*

利用冻结-解冻过程中细胞内部的冰晶对细胞壁的机械作用而使其破裂的一种物理方法。它可以避免高温对原料造成的营养损失、风味劣变等，是较温和的破壁方式，且设备简单，能源消耗低，但每次冻融需要消耗大量时间，使得部分酵母细胞自溶而使油脂含量降低。

*4. 超声波破碎法*

超声波是一种弹性机械振动波，当超声波在液体介质中引起空化作用，产生大量空泡，空泡随后爆裂，在此过程中产生冲击波和局部高温，从而使细胞破裂。该法高效、省时、操作简单、料液损失少；但噪声大、散热困难，目前还停留在实验室规模应用。

*5. 酶解法*

基于某种特定的生物酶对菌体细胞进行分解，破坏细胞壁加速胞内油脂的释放。操作时需先调节环境 pH 值至酶活性最大，再加入一定比例的酶液对细胞壁进行处理。酶法破壁适用于多种微生物，其作用条件温和，且破壁过程对内含物不易产生破坏，但溶酶价格昂贵，回收溶酶又会增加额外的分离纯化操作，这限制了它的大规模应用。

**（三）油脂提取**

针对微生物油脂提取工艺中细胞破壁成本高的问题，开发高效低成本的破壁技术，快速释放油脂，采用低成本、快速的油水分离技术，分析研究各种提取工艺的优缺点及适用范围，选用合适方法，并通过进一步改进得到简易快捷的提取方法尤为重要。

*1. 有机溶剂法*

利用油脂能够溶于某些溶剂的特性，通过浸湿渗透、分子扩散等将菌体细胞中的油脂提取出来。常用的有机溶剂如苯、丙酮、己烷、环己烷、乙醚等对微生物油脂的提取效果较好，可以用单一或几种溶剂混合物作为提取剂。该法成本低，操作简单，但溶剂有毒，污染环境，且有机溶剂渗透性较差，测定的总脂含量不准确。

2. 索氏提取法

利用溶剂在索氏提取器中的回流和虹吸，从而使微生物油脂不断被萃取。该法油脂得率高，但耗时长，需要加热消耗能量大，但因其高效准确，可作为筛选菌株和优化培养时使用。

3. 超临界 $CO_2$ 萃取法

当 $CO_2$ 处于临界温度和压力以上时，就使得其具有液体的溶解性和气体的流动性。在临界点附近，$CO_2$ 对油脂溶解度随体系温度和压力连续变化，从而可以从菌体中提取油脂。该法可以避免产物氧化，不破坏提取物，提取速度快，安全无污染，但需要专门的仪器设备，且设备操作费用昂贵。

**（四）微生物柴油的制备**

生物柴油制备较为常用的方法为酯交换法，包括酸催化酯交换法、碱催化酯交换法、酶催化酯交换法、亚临界酯交换法和超临界酯交换法等。

1. 酸催化酯交换法

酸催化剂包括无机液体酸（硫酸、磷酸和盐酸等）、有机磺酸、酸性离子液体、强酸性离子交换树脂和固体酸等。硫酸为较常用的酸性催化剂，价格便宜，但腐蚀设备且不易回收，与碱金属相比，耗用的甲醇多，反应时间长，但当甘油酯中游离脂肪酸和水含量较高时，酸更合适。

2. 碱催化酯交换法

碱催化剂包括 KOH、NaOH、碳酸盐、烷基氧化物（如甲醇钠等）、固体碱（如 CaO 等）和含氮类有机碱等，最常用的碱性催化剂为 KOH 和 NaOH。碱催化酯交换的反应速率很快，是酸催化速率的 4000 倍，但是碱催化对原料中的游离脂肪酸和水更敏感，游离脂肪酸与碱反应易发生皂化反应，生成的皂在反应中起乳化作用，与产品甘油和脂肪酸甲酯发生乳化而无法分离。而水会使产物甲酯水解成脂肪酸，使反应体系变得复杂。

3. 酶催化酯交换法

酶催化法是指以脂肪酶为催化剂，将醇与脂肪酶反应生成脂肪酸酯的过程，其催化工艺通常是多个顺序水解和酯化的过程。该法反应条件温和；收率高；脂肪酶催化剂容易与产品分离、固定化酶可以重复使用；废弃的酶可以被生物降解，不会产生工业废水；反应中不需要过量的甲醇，分离提取简单，耗能少；无酸碱，不会造成皂化反应，生产稳定性好等，因此也受到广大研究者的关注，但由于生产成本高、酯交换时间长，在工业上没有大规模推广。目前存在以下问题：脂肪酶只对长链脂肪醇的酯化或转酯化有效，对短链脂肪醇（甲醇、乙醇等）的转化率只有 40%~60%；甲醇和乙醇对酶有毒，容易导致其失活；副产物甘油和水难以回收，并且反应过程中对脂肪酸酯的生成产生抑制作用。

4. 超临界酯交换法

超临界酯交换法是指在不添加催化剂的条件下，油脂在甲醇的超临界状态下进行的酯交换反应。超临界酯交换法指当温度和压力超过临界点时，物质处于一种气液不分的状态。在超临界状态下，流体具有不同于气体或液体的性质，密度接近于液体，黏度接近于气体，导热率和扩散系数介于气液之间，此时植物油与甲醇相容性提高，反应几乎是在均相中进行，使得反应和提取可以同时进行。

微生物油脂未来的发展可从以下几个方面探索：①探索廉价碳源用于产油脂的微生物发酵，促进微生物油脂产业化，结合工业排放的废气、废液、废料等培养菌株，不仅可以减少温室气体的排放和减少污染，还可以降低生产成本；②进行产油微生物菌种的筛选、改良、培育的研究，对发酵产油脂工艺进行优化；③对野生菌株进行诱变、细胞融合、定向进化和基因改造，以获得高产油菌株；④创制菌株破壁节能、低密度采集与酶法破壁偶联提取胞内微生物油脂技术，以降低生物柴油制取成本；⑤开发生物柴油气液两相法专用介孔催化剂及再生技术，创制油脂气液低压酯化预处理关键技术。

# 第三节　生物柴油生产工艺流程

## 一、废油脂生产生物柴油工艺

废油脂是指餐饮业和食品加工业在生产过程中产生的不能食用的动植物油脂，俗称工业用油、垃圾油、地沟油、潲水油、下脚油等。这种废油脂不仅严重影响市容环境和市民生活，而且还会造成大面积的水体污染。利用废油脂制造生物柴油，可以采用预酯化-酯交换两步法进行。首先将废油脂水化脱胶，用离心机除去磷脂和胶等水化时形成的絮状物，然后将废油脂脱水。原料废油脂加入过量甲醇，在酸性催化剂存在下，进行预甲酯化，使游离酸转变成甲酯。酯化反应式为

$$RCOOH+CH_3OH \longrightarrow RCOOCH_3+H_2O$$

分馏蒸出甲醇和水后，可得到无游离酸的中间产品，酯化后的中和水洗等后处理步骤可以避免催化剂的污染，酯化后游离酸含量可降低到 0.3%。这时油脂即可送到酯交换工序，经预处理的油脂与甲醇一起，在少量 KOH 作催化剂条件下进行酯交换反应，即能生成生物柴油。

江苏某石化公司采用固体酸催化半连续预酯化反应，酯化条件为常压，120℃，甲醇连续进入预酯化反应器中进行预酯化反应，并连续从预酯化反应中蒸馏出来，同时带走反应器中的反应所生成的水分，大大加快预酯化反应速度，游离酸含量可降低到 0.3%左右，这时油脂即可送到酯交换工序，与甲醇进行酯交换反应，采用 KOH 催化剂，反应温度为 60～70℃，反应时间为 2h 左右，反应结束后，蒸馏出多余甲醇，反应产物冷却后，采用离心分离的方法分离出粗生物柴油与粗甘油。粗生物柴油采用蒸馏方式进行精制，得到高质量的浅黄色生物柴油产品。工艺流程图如图 7-3 所示。

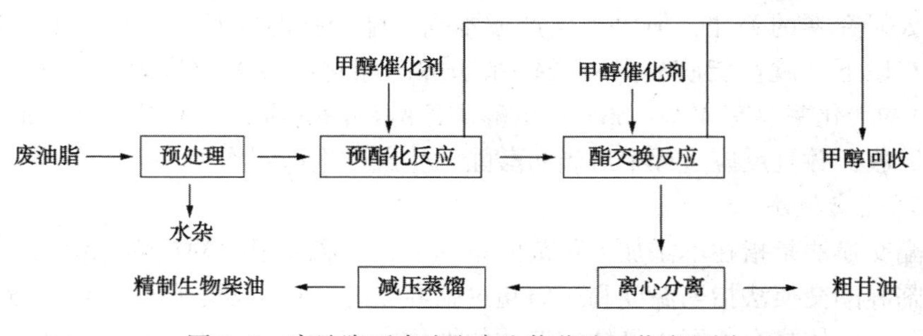


图 7-3　废油脂两步法生产生物柴油工艺流程图

## 二、间歇式酯交换工艺

加压、高温下的酯交换反应，反应速率快，但对设备要求高，为降低设备投资成本，常

采用低温、常压下的反应装置。间歇式酯交换工艺流程图如图 7-4 所示。油脂、甲醇、催化剂(甲醇钠、KOH 等)分批投入反应器中，物料保持沸腾状态，在 70℃下回流 2~3h，使酯交换转化率在 95%以上。如果油脂中游离脂肪酸含量大于 2%，则必须进行碱炼方式把脂肪酸除去，或采用图 7-5 中介绍的两步法工艺，先用甲醇对油脂进行预酯化(常用的催化剂有固体酸、$H_2SO_4$、HCl、对甲苯磺酸、强酸性树脂等)处理，以减少催化剂用量和粗甘油中皂化物的含量。反应物在沉降分层器中静止或采用离心方式，分出粗甘油。粗甘油中的甲醇用甲醇蒸发器蒸出回用，粗甘油送至后加工精制工序。粗生物柴油中少量甘油的回收方法是：先把粗生物柴油加热回收甲醇，然后往粗生物柴油中加水、加稀酸(反应混合物 3%左右)，以洗出粗生物柴油中的甘油和分解甲酯中的皂化物、催化剂。静止分层或离心，粗甘油送至后加工精制工序。

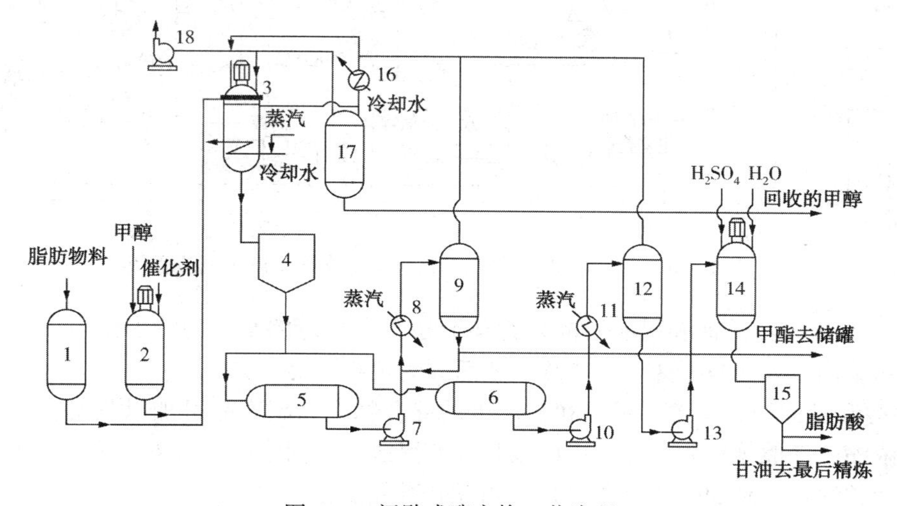


图 7-4 间歇式酯交换工艺流程

1—油脂原料储罐；2—甲醇储罐；3—酯交换反应器；4、15—沉降器；5—生物柴油收集器；6—甘油收集器；7、10、13—输送泵；8、9—甲醇蒸发器；11、12—甲醇闪蒸器；14—皂分解器；16—甲醇冷凝器；17—冷凝甲醇收集器；18—真空泵

## 三、连续酯交换生产工艺

### (一) SKET 公司 CD 生物柴油连续式酯交换生产工艺

SKET 公司 CD 生物柴油连续式酯交换生产工艺流程图见图 7-5。

工艺流程说明如下：

① 酯交换反应与分离。将完全脱胶和脱酸后的油脂过热交换器，在温度达到约 70℃时进入第一酯交换反应塔。在油进入反应塔前将一定比例的甲醇和 KOH 混合物与油混合。在塔底部来自酯交换反应后的甘油-甲醇-KOH 混合物通过特殊设计结构件连续地排出至工艺收集中间罐。反应后的生物柴油混合物由塔上部排出，并进入第一台离心机分离为重相(甘油和甲醇)和轻相(生物柴油)。分出的生物柴油继续进入第二酯交换塔中与 KOH-甲醇进行进一步的反应。反应的混合物由塔顶进入第二台离心机分离成两相。

② 酸洗、水洗及其分离。将所得的轻相生物柴油继续进入两步水洗工段。在水洗工段中也包含两台离心机，生物柴油首先经酸水洗涤以脱皂、催化剂和甲醇。再经下一步的水洗可将生物柴油中的游离甘油含量进一步降低至较低值。

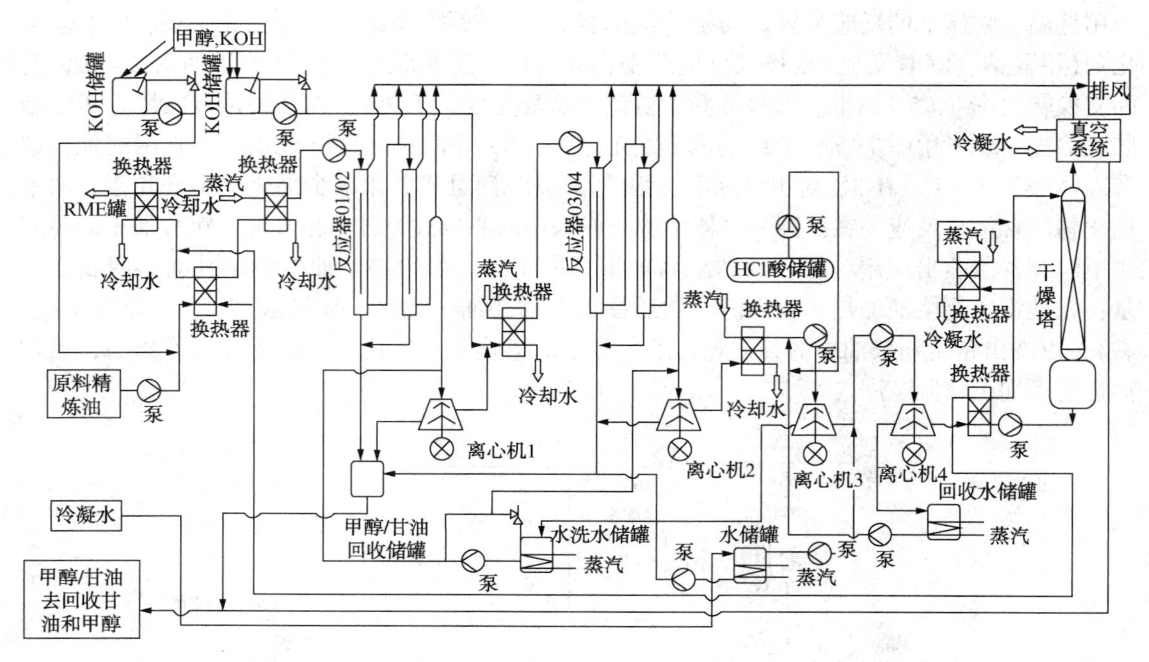


图 7-5 SKET 公司 CD 生物柴油连续式酯交换生产工艺流程图

③ 真空干燥。经洗涤和提纯后的生物柴油还含有少量的水，为除去该残余水分，将处理后的生物柴油泵入真空干燥塔，干燥完成后即为最终产品。

④ 甲醇和甘油回收。含有甲醇和甘油水的混合物作为副产品可加以收集，然后进一步进行蒸发浓缩、蒸馏等精制工序，以回收甘油和甲醇，所回收的甲醇可被重新用于酯交换工序中。蒸馏甘油可达到99%以上的纯度，可用作药用甘油。

⑤ 生产辅料消耗。表 7-4 为该工艺生产 1t 生物柴油的平均消耗指标。

**表 7-4 生产 1t 生物柴油平均消耗指标**

| 原材料 | 消耗指标 | 原材料 | 消耗指标 |
|---|---|---|---|
| 蒸汽(0.4MPa)/kg | 170 | 甲醇/kg | 96 |
| 电耗(380V/50Hz)/(kW·h) | 18 | 氢氧化钾/kg | 30 |
| 冷却水(循环，24℃/32℃)/$m^3$ | 2.2 | 盐酸/kg | 20 |
| 压缩空气/$Nm^3$ | 6 | | |

## （二）中压连续式酯交换工艺

中压油脂连续式酯交换工艺流程图见图 7-6。油脂、无水甲醇、催化剂溶液由多头(容积)计量泵 P1 从 V1、V2、V3 储罐定量地输到第一反应器 E1，并由泵 P2 构成循环回路。在一定的压力(0.3~0.4MPa)、一定的温度(90~110℃)下，完成第一次反应。第一反应系统配有静态混合器 V4。V4 上层的物料回到反应器 E1，下层醇解反应生成的甘油、生物柴油及部分未反应的甘油酯、甲醇，经离心分离机 S1 把甘油分离出来。生物柴油及部分未反应的甘油酯、和由 P1 补充的甲醇、催化剂一起进入第二反应器 E2，在由 P3 构成的循环回路中进一步进行醇解反应。来自第二反应器的物料经闪蒸器 V5 蒸出甲醇，蒸出的甲醇与来自 V7 的甲醇在冷凝器 E3 冷凝后回用。反应物料在分层器 V6 中静止，下层的甘油回到离心分离机 S1。从 S1 分离出的甘油进入闪蒸器 V7，蒸出甲醇后排出，粗甘油纯度可达 70%以上。可以看出，使用离心机，可把第一反应器中生成的甘油基本除尽，有利于第二反应器醇解反应的进行，使酯交换率显著提高，同时也使粗甘油的浓度显著提高。

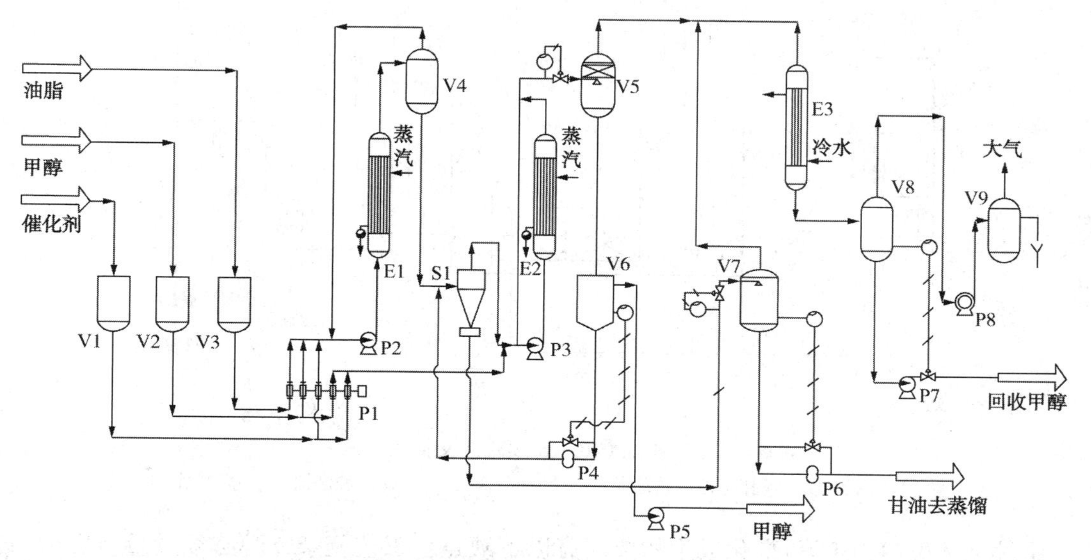


图 7-6　中压油脂连续式酯交换工艺流程图

### （三）高温高压连续式酯交换工艺

除了常压和中压下的酯交换工艺外，Henkel 高压工艺也被广泛地采用。图 7-7 为 Henkel 公司的醇解装置，工艺的主要优点是在 9.0MPa 和 240℃下操作，酸性油中的游离脂肪酸含量达到 20%时也可作为原料使用。

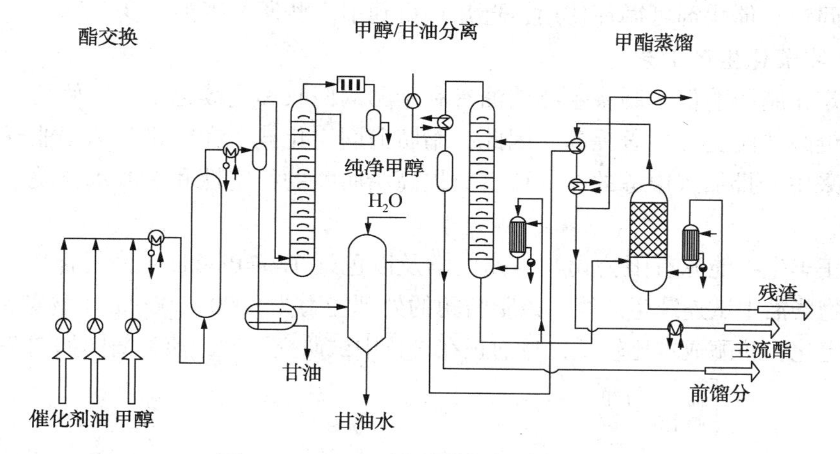


图 7-7　Henkel 高压酯交换工艺流程图

### （四）LURGI 连续式酯交换工艺

LURGI 公司的生物柴油工艺（图 7-8），是在催化剂存在下，在一个二段式搅拌、澄清整理器中进行酯交换反应，生成的甘油和多余的甲醇在一个精馏分离塔中回收，第二阶二段式搅拌、澄清整理器中，轻相部分进入逆流洗涤器，洗出的甘油、甲醇进入精馏分离塔，分离出的甲醇与新鲜甲醇一起进入第一反应器，澄清整理器中分出的重相（包括催化剂、甘油、甲醇)也进入第一反应器参与醇解反应。此装置确保甘油的完全分离，如需要提高甲酯的质量，可进行蒸馏，以除去甲酯中的杂质。

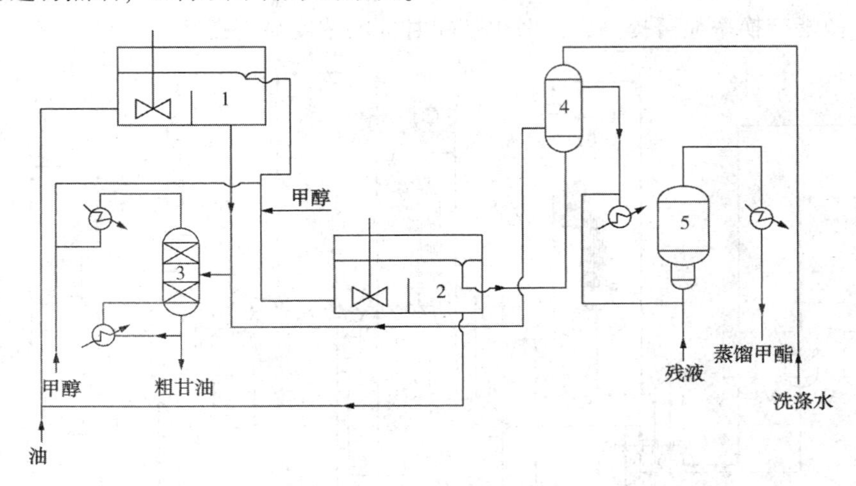


图 7-8　LURGI 连续式酯交换工艺

1、2—二段式搅拌，澄清整理器；3—精馏分离塔；4—逆流洗涤器；5—蒸馏塔

上述液体碱(KOH 等)催化成生物柴油有以下缺点：工艺复杂，醇必须过量，后续工艺必须有相应的醇回收装置，能耗高，色泽深；由于脂肪酸中不饱和脂肪酸在高温下容易变质，酯化产物难于回收，成本高；生产过程中有含油废酸碱液排放。近年来，已逐渐把目光转向用固体催化剂进行非均相催化酯交换反应及脂肪酶、超临界等方法。非均相催化酯交换法，使得产品与催化剂分离容易，副产物甘油的纯度高，不需要大量水洗，避免了大量废液的排放，有效防止了环境污染，是一条绿色的生物柴油生产路线。非均相催化避免了催化剂的后续处理问题，催化剂可循环使用，近几年得到了一些研究者的广泛关注。

**(五) 生物催化生产工艺**

利用固定化脂肪酶催化制备生物柴油有利于酶的回收和连续化生产，使酶的热稳定性及对甲醇等短链醇的耐受性显著提高，因此，脂肪酶固定化技术在生物柴油工业规模生产中极具吸引力。采用分批加入甲醇的方式可有效提高脂肪酶的稳定性和在非水介质中的酶促转酯反应活性。

连云港正丰生物能源有限公司与常州大学及以色列 TransBiodiesel 公司合作，建设 500t/a 脂肪酶法生物柴油中试连续生产线，该脂肪酶的处理能力为 3000~7000kg 生物柴油/kg 固定化脂肪酶，固定化脂肪酶成本比较低，目前正在进行中试研究开发，流程简图如图 7-9 所示。

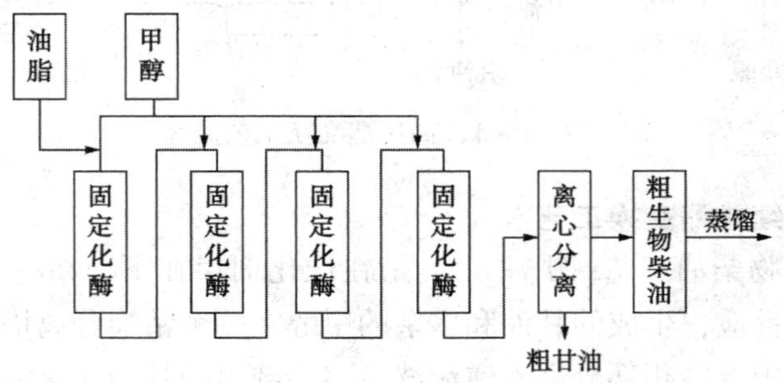


图 7-9　脂肪酶法生物柴油中试连续生产线

目前酶法催化工艺产业化的瓶颈是脂肪酶制品较高的成本和较短的使用寿命，一般不使用有机溶剂就达不到酯交换效率，但反应体系中甲醇达到一定量，会导致脂肪酶失活而失去催化能力，反应时间较长。因此提高脂肪酶活性和防止酶失活是该法能否实现工业化生产的关键。而通过固定化酶和全细胞催化剂与连续化的反应工艺相结合可以降低生物催化剂的成本，提高固定化酶的使用寿命。目前，固定化酶尚未应用于工业化的生物柴油装置中，主要原因是甲醇及酶抑制剂使这些固定化酶失活，寿命低，生产成本太高，无法提供一个用于工业规模转化油脂及废油脂的低廉的生物催化剂。

## 四、生物柴油精制工艺

### （一）真空蒸馏

由于生物柴油粗产品中含有不饱和成分(如油酸甲酯、亚油酸甲酯等)，因此在蒸馏时应尽量缩短升温时间及控制较低蒸馏温度，以防高温下发生聚合反应，影响产品的收率和质量，因此把常压下难于蒸馏的生物柴油粗产品进行真空蒸馏得到生物柴油成品，例如在0.665kPa的压力下收集160~220℃范围内的馏分、在2kPa的压力下收集230~310℃之间的馏分。比一般精馏而言，真空蒸馏操作温度降低、原料受热时间缩短，但温度还是过高，操作时间稍长，在蒸馏过程中甘油分子往往被携带蒸出。

### （二）分子蒸馏

分子蒸馏是在高真空(0.133~1Pa)条件下利用不同种类分子逸出液面后平均自由程不同的性质来实现物质分离的，可在远低于沸点的温度下进行操作，且物料受热时间短和分离程度高，特别适用于高沸点、高热敏性及易氧化物质的分离提取纯化，能解决大量用常规分离技术难于解决的问题。采用分子蒸馏技术处理生物柴油粗产品，不需要水洗及干燥过程，工艺流程简单，不产生废水，节省水处理费用，但分子蒸馏要求过高的真空度，能耗和设备投资均比较高。

### （三）超临界萃取精馏

将生物柴油粗品通过超临界萃取进行精制，可以脱除生物柴油中残留的催化剂、磷脂、甘油、甾醇，同时结合超临界流体精馏吸附技术脱除其他甘油酯，同减压蒸馏技术相比可以降低能耗，而且超临界萃取分离杂质比较彻底；此外，釜底物质可通过分离精制得到植物甾醇等高附加值产品，从而降低生物柴油的生产成本；另外，将生成的脂肪酸酯用一种近临界萃取剂从反应混合物中萃取出来，优选的萃取剂是二氧化碳、丙烷、丁烷、二甲醚、乙酸乙酯或它们的混合物，这样得到的脂肪酸酯产率高且纯度极高。缺点是与真空蒸馏、分子蒸馏等方法相比，超临界萃取精馏生产规模较小，生产成本较高，在相同规模情况下投资较大。所以超临界萃取更适用于高附加值、生产规模较小物质的分离。

### （四）微滤膜分离

微滤膜分离具有操作压力低、高效节能、对环境无污染等优点，已成为现代膜分离领域中应用范围最广泛的一种分离方法。研究表明，磷脂、皂和甘油在生物柴油(脂肪酸甲酯)体系中可以形成胶束，这种胶束表观分子量远大于脂肪酸甲酯，因此当用膜微滤粗生物柴油时，磷脂、皂和甘油被截留，而脂肪酸甲酯透过膜。同传统生物柴油精制方法相比，陶瓷膜微滤法无须水洗步骤，具有工艺简单、能耗低、无二次污染的优势，但目前基本还处于研发阶段。

**（五）离子交换吸附精炼**

在固定柱中填充 Amberlite BD10DRY 型离子交换树脂，然后使原料流经固定柱，利用树脂填料的吸附作用来分离和精炼生物柴油燃料层和甘油层，可从任何原料生产的生物柴油中去除不必要的杂质，并可完全去除微量皂类和催化剂以及残余的甘油，可满足全球任何生物柴油标准，包括 ASTM D-6751-06 和 EN14214。该工艺无须用水，所以能够消除精炼工序中出现的大量废水。固定柱可以作为过滤器使用，无须其他的过滤器及相关附属装置，系统安装面积小，使用温度范围大，可简便地配备于任何生物柴油燃料生产工序，只是固定柱中的填料在使用一定时期后需要再生处理。

# 第四节　过程强化技术在生物柴油制备中的应用

## 一、超临界法制备生物柴油

当某种流体的压力和温度高于它的临界压力和临界温度时，这时该流体就已经处于超临界状态，此时该流体称为超临界流体。图 7-10 是典型的纯物质温度压力关系曲线图。在图中，曲线代表了该物质气体和固体平衡的升华曲线，曲线代表了固体和液体平衡熔融曲线，曲线代表了气体和液体平衡的蒸气压曲线。点是该物质气、液、固的三相点。当该物质沿气液饱和线升温到达点时，气液界面则会消失，而体系性质变得比较均一，这时体相不再分液体和气体状态，即点被称为该物质的临界点。与该点相对应的压力和温度分别称为临界压力和临界温度，高于临界压力和临界温度，图中的矩形区域则属于超临界流体区域。称它为超临界流体态。

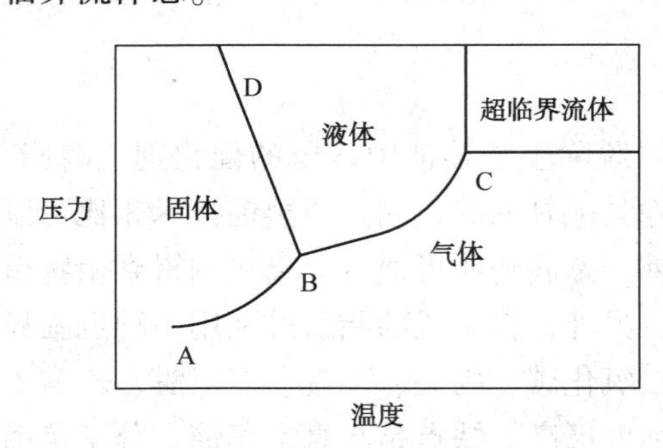

图 7-10　物质的压力温度相变化图

超临界酯交换法是在醇的临界温度、压力以上（如甲醇反应温度>240℃、反应压力>8MPa）时不使用催化剂进行酯交换反应生产生物柴油，优点是产品后处理简单，缺点是醇油比及反应温度与压力都比较高，反应条件苛刻，生产成本高，对反应设备要求很高。传统生物柴油制备方法中，由于甲醇和动植物油脂的互溶性差，反应体系呈两相，酯交换反应只能在两相界面上进行，传质受到限制，因此反应速率低。但在超临界状态下，甲醇和油脂为均相，均相反应的速率常数较大，所以反应时间短；另外由于反应中不使用催化剂，因而使后续工艺较简单，不排放废液。

对此，Saka 等将上述方法进行修正和改进，提出了超临界甲醇二步法制备生物柴油工艺（图 7-11），该工艺使制备生物柴油苛刻的条件（高温、高压等）得到降低。Minami 等对比了 Saka 等提出的两种方法，研究发现二步法中水解生成的脂肪酸具有催化作用，开始油脂水解缓慢，随着脂肪酸含量的增多，反应速率加快，脂肪酸在随后的酯化制备生物柴油中也起着重要作用。

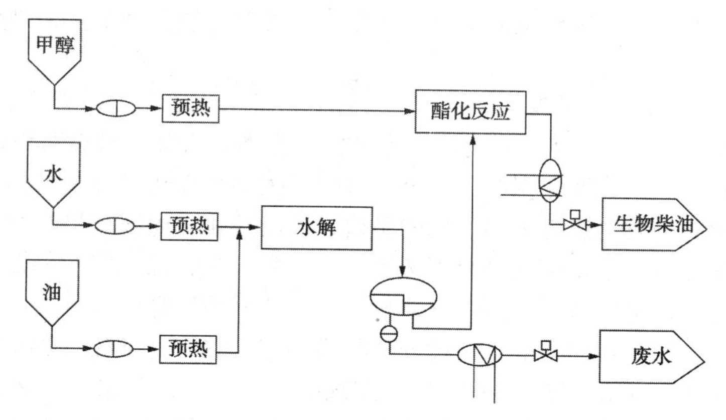


图 7-11 超临界二步法制备生物柴油工艺

鉴于超临界法采用高温高压的方式生产生物柴油，对设备要求高。常州大学采用甲醇临界法制备生物柴油，该工艺的关键是在植物油与超临界甲醇在碱加入量为 0.05%~0.1%的微量碱催化剂下进行酯交换反应，而粗产品生物柴油及甘油呈中性，不需要中和水洗等过程，后处理过程与超临界法相同，而反应温度与压力下降到(245±5)℃及 6.9~7MPa，转化率为 97%~99%，对反应设备的耐温耐压要求得到了降低，有助于工业化过程。超临界法与化学法生产柴油工艺比较见表 7-5。

**表 7-5 超临界法与化学法生产柴油工艺比较表**

| 比较项目 | 化学法 | 超临界法 |
|---|---|---|
| 反应时间 | 1~8h | 120~240s |
| 反应温度 | 30~70℃ | >239℃ |
| 反应压力 | 常压 | >8MPa |
| 催化剂 | 酸或碱 | 无 |
| 原料水分、酸值要求 | 高 | 低 |
| 皂化产物 | 有 | 无 |
| 产品收率 | 一般 | 更高 |
| 分离物 | 甲醇、催化剂、皂化物 | 甲醇 |
| 工艺过程 | 复杂 | 简单 |
| 设备要求 | 低 | 高 |

从表 7-5 可以看出，与传统酯交换方法相比，具有如下优点：①不需要催化剂，对环境污染小；②对原料要求低，水分和游离酸对反应的不利影响较小，不需要进行原料的预处理；③反应速率快，反应时间短；④产物后处理简单；⑤易于实现连续化生产。但是超临界甲醇法制备生物柴油也有其明显的缺点：①反应条件苛刻(高温，高压)，使反应系统设备投资增加；②醇油比太高，甲醇回收循环量大。目前对超临界法的研究仍处于初期，应加强该法连续化的研究，尽快应用于工业化生产。

## 二、微波强化酯交换制备生物柴油

微波技术作为高效的热处理方式，具有加热均匀、温度梯度小、无滞后性、微波能利用率高等特点，而且不会产生其他电离辐射，可以对物质进行选择性加热，是生物质前处理新的热点研究方向。

### （一）微波加热技术工作原理

微波是频率在 300MHz ~ 300GHz 范围的电磁波，穿透力极强。微波对极性分子或者离子作用就会诱导快速加热，微波作用在物质上，可能产生原子极化、分子极化、界面极化和偶极转向极化，其中对物质加热起主要作用的是偶极转向极化。微波加热的方向与传统加热方向相反，传统的加热方向是将热量从材料表面（从一个外部热源）通过对流或者辐射而传导到物质内部。微波加热可以被看作是一种能量转换，穿透力极强的电磁波进入材料内部，向四周辐射能量，同步的转化为热能，使被加热物质均匀受热。这种独特的逆向加热具有很多优点，能提高能量转移效率、减少加热时间（实现一个给定的过程温度，几乎是瞬间加热），有利于加热过程本身的控制，消除了材料表面过热的风险。微波加热对部分相溶的液体体系有着很好的乳化作用，同时被加热体系会产生局部的高温高压，可以促进反应的进行，从而大大降低反应时间。微波辅助酯交换反应具有快速、高效、节能等特点，已引起了国内外的关注和重视。

### （二）微波反应装置

微波反应装置，实验室级反应装置前期主要来源于家用微波炉的改造，随着研究人员的研发和市场需求，现在也出现了专业微波的微波反应装置（图 7-12），大体分为间歇反应装置，和连续反应装置和超声-微波协同的反应装置。

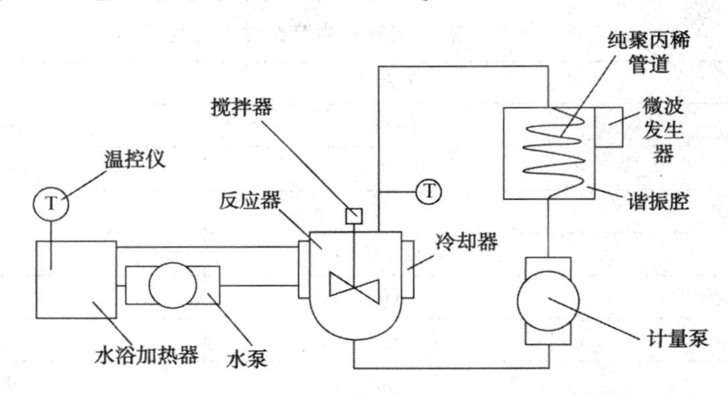


图 7-12　微波循环辐射反应器的原理图

但是，关于微波作用下的酯化反应的研究还存在一些问题，如：研究大多处于实验室阶段，规模较小，放大效应尚不清楚，工业级应用还较少。

## 三、超声强化酯交换制备生物柴油

### （一）超声波作用机制

超声波是一种弹性机械波，其频率范围为 $2\times10^4 \sim 2\times10^{14}$ Hz，描述超声波有关的物理参数有：振幅、频率、周期、速度、声压及能量等。超声波在介质中传播时会引起介质粒子的机械振动，超声振动引起的与介质之间的相互作用，从物理角度出发可归结为热机制、机械（或力学）机制和空化机制。而超声波的空化机制是声化学的主动力，超声波的化学效应几乎都与空化作用有关。超声空化是一个极其复杂的物理过程，它可以看作是聚集声场能量并迅速释放的过程。它是指液体中的微小泡核在超声波作用下被激活，表现为泡核的振荡、生长、收缩及崩溃等一系列动力学过程。空化过程分为稳态空化和瞬态空化两种类型。稳态空化是指寿命较长的气泡核在超声波的膨胀阶段体积慢慢膨胀，而在压缩阶段则慢慢缩小，体积变化呈周期性振荡，同时可围绕平衡点做振动。瞬态空化是指超声膨胀阶段气泡急剧膨胀，而在压缩阶段急剧缩小；气泡被绝热压缩后急剧升温，直至崩溃并形成局部高温、高压、气泡在压缩阶段急剧闭合，在液体中产生强烈的冲击波和微射流。

在液-液非均相体系中如萃取、乳化及醇油脂交换反应体系等并不像气-液体系一样具有稳定的相界面，传质主要是依靠漩涡扩散和分子扩散，并有赖于相界面不断地快速更新。超声空化气泡的振荡及其体积大小呈周期性的变化可在相界面处起到混合和乳化的作用，如图 7-13 所示，尤其是在液-液面处空化核的崩溃闭合产生的湍动效应和微扰效应对混合与乳化起的作用更为显著，过程的运动得到强化，并且超声场的介入有时可改变原有的相界面平衡关系，提高过程的收率。

超声波在化学化工过程中的应用，主要利用了超声空化时产生的机械效应和化学效应（图 7-14），机械效应主要是使非均相反应界面增大，反应界面的持续更新以及涡流效应产生强化了传质和传热过程，化学效应主要是由于在空化气泡崩溃产生的高温高压促使反应介质降解、化学键断裂分解、自由基的产生及相关反应。为一般条件下难以实现或不可能实现的化学反应，提供了一种新的非常特殊的物理环境。

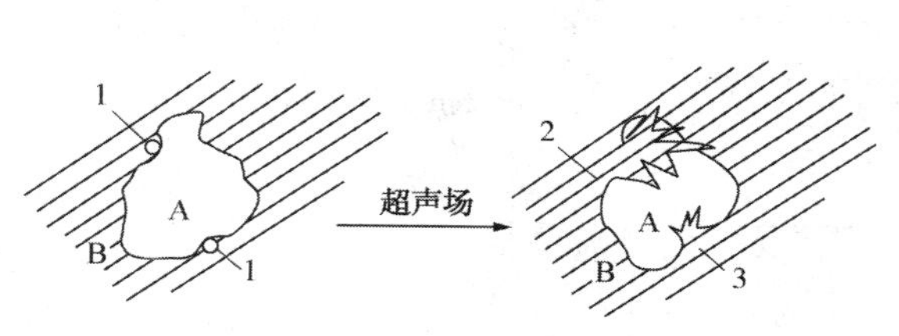


图 7-13 界面微射流模型

1—空化核；2—微射流；3—侵蚀、破碎

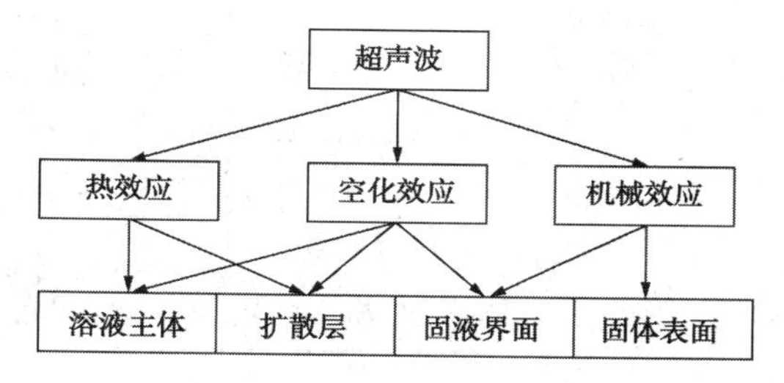


图 7-14 超声波在固液两相中的作用示意图

### （二）超声波强化制备生物柴油技术

1. 超声参数对反应的影响

超声参数主要包括超声频率，超声功率，也包括声压和声强，不同频率和功率的工作模式对反应的强化程度也不尽相同，更多的是需要协调反应装置和超声参数设定的优化。适宜的超声可显著提高有机相中脂肪酶促转酯反应及酯化反应的速度。这些研究展示了超声加速非水介质中酶催化反应的可能性。低频超声波对酯交换反应有强化作用，而高频超声波对酯交换反应没有强化作用。采用低频超声波可以大大缩短酯交换反应达到平衡的时间，在低频范围内，超声频率的改变对酯交换反应没有明显的影响。因此，在能够完全乳化醇油体系的前提下，超声波作用的频率较低效果较好。一般认为，超声波频率升高，空化气泡的存在周期变短，空化作用减弱，从而导致醇油体系乳化不完全。

2. 环境因素对反应的影响

随着对有机相酶催化的研究深入，所知影响有机相酶催化活性因素越来越多，如：反应的时间，反应的温度、物料比、催化剂用量和催化剂类型对于超声强化反应过程也有一定的影响。随着乙醇量、反应温度或溶剂石油醚加入量的增大，生物柴油的产率均先增大后降低，随着酶添加量增大、反应时间的延长，生物柴油产率相应增大。温度的升高对平衡转化率影响较小，但可以缩短达到平衡的时间。且适当升高温度，降低体系黏度，使体系易发生空化比单纯提高空化强度对提高反应速率更为有利。

3. 超声强化生物柴油制备反应装置及工艺

研究表明，换能器的形式、声化学反应器的设计在超声强化制备生物柴油中起着非常重要的作用。目前，已报道的超声反应器有槽式超声反应器、变幅杆浸入式(探头式)超声反应器、连续超声反应器及液哨式声化学反应器(水力空化)等。

(1) 槽式超声反应器

目前，应用于生物柴油制备的槽式超声反应器多以槽式清洗器代替，真正专用于生物柴油制备的槽式超声反应器报道的很少。超声清洗器由超声发生器和换能系统组成。换能系统由一个不锈钢槽和若干固定在槽底部的超声换能器组成，如图 7-15 所示。

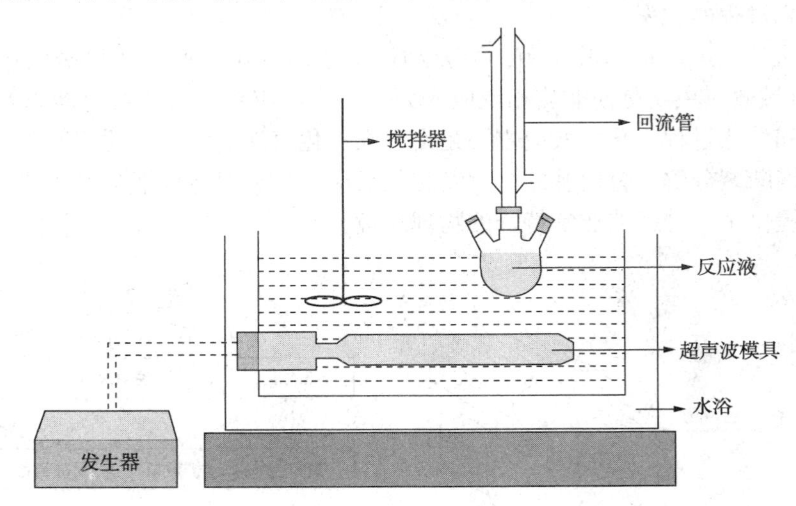


图 7-15　超声辅助酯交换反应实验装置图

采用槽式超声清洗机为反应装置，目前多局限于实验室研究，而真正应用于工业化生产的还未见报道。主要存在的问题是处理量较小，反应体系放大后，由于声学效应衰减，导致超声强化的效果大大下降。只能做到间歇反应，实现连续化操作比较困难。

(2) 变幅杆式超声反应器

应用变幅杆式超声反应器(图 7-16)辅助酯交换反应制备生物柴油报道的较多。变幅杆浸入式超声波作用设备是把发射超声波的“探头”直接浸入被处理溶液中。这里所谓“探头”是由超声波换能器驱动的声变幅杆的发射端，由换能器发射的超声波，经过它的发射端面直接辐射到被处理溶液中，通过调换所使用探头可以控制辐射声强。

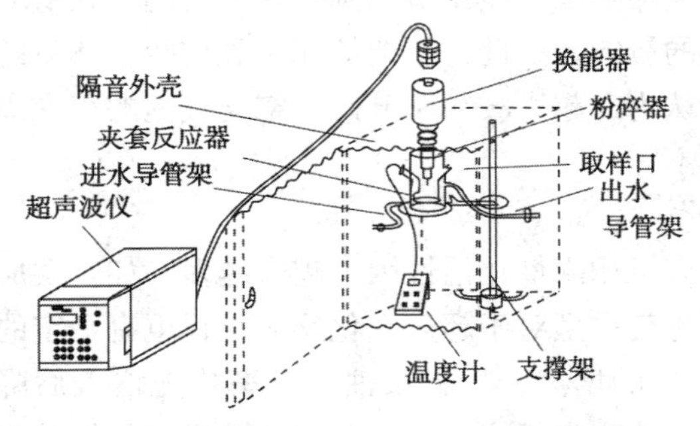


图 7-16　浸入式超声酯交换反应装置图

超声变幅杆不仅可以变幅，即把超声振动的位移振幅或速度振幅增大；而且可以聚能，把超声能量集中在较小的面积上以提高超声强度。这种变幅杆式的功率超声设备，大多数都工作在 20kHz 频率左右，使用各种不同的金属探头，以浸入在反应容器之中。这种超声装置具有以下优缺点：在反应体系的混合液中可以获得较高的声强，探头辐射的声功率容易调到最佳工作状态，但只适用于实验室少量研究之用，且探头表面会受空化腐蚀，影响反应产物的纯度。但目前主要集中在实验使用，对于工业化推广还存在放大设计困难，以及难以长时间连续工作等问题。

(3) 连续超声反应器

超声连续酯交换反应装置如图 7-17 所示。超声频率 45kHz，最大功率 600W。反应温度 38～40℃，通过夹套冷却水控制温度。

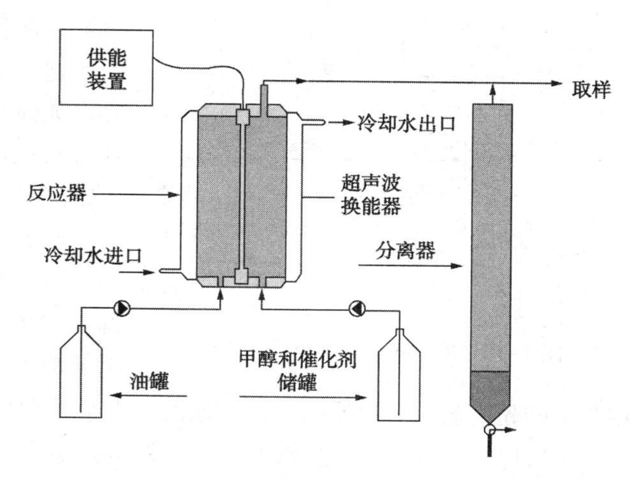


图 7-17　超声连续酯交换反应装置

华南理工大学邹华生团队研发了多频超声反应中试装置(图 7-18)，该装置主要包含预酯化反釜、多频逐级溢流超声反应槽、甘油分离槽、产物洗涤罐、各物料储罐以及流量计等。其中多频逐级溢流超声反应槽由 2 个独立的超声反应槽通过溢流管连接而成，反应槽总容积为 22.5L，每个超声溢流槽分别在其前后两侧偏心安装有 3 组超声换能器，其功率可以自由调节，每个溢流槽前后两侧正对的 2 个换能器为一组，同组的按其尺寸偏心 60～70mm 安装，并且每个超声溢流槽均为扁平几何形，这样设计可有效减少辐射死角，强化不互溶体系传热传质，提高反应速率；4 个独立超声溢流槽上的换能器分别由 4 个独立的开关控制，换能器频率从左往右依次为 15kHz、25kHz、35kHz、40kHz；并在催化剂混合罐、产物洗涤罐、与酯化反应釜中均设有可以调节转速的机械搅拌装置；并在预酯化反应釜、多频超声溢流槽及热水罐中装有热电偶及温度可控的加热装置，以便实时调节反应温度。

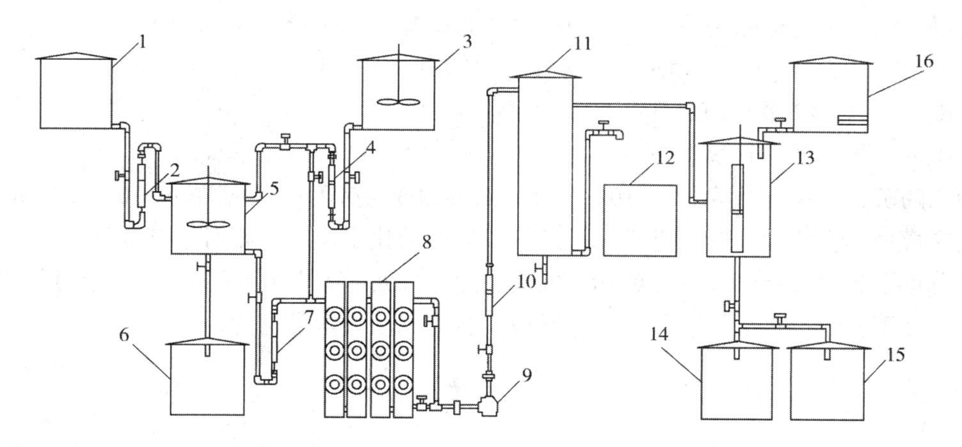


图 7-18　多频超声强化连续式生产生物柴油的中试装置流程图

1—原料油储罐；2，4，7，10—转子流量计；3—短链醇-均相催化剂混合罐；5—预酯化反应釜；6，14—废水罐；8—多频超声溢流槽；9—齿轮泵；11—甘油分离槽；12—甘油罐；13—产物洗涤罐；15—生物柴油粗产品储罐；16—热水罐

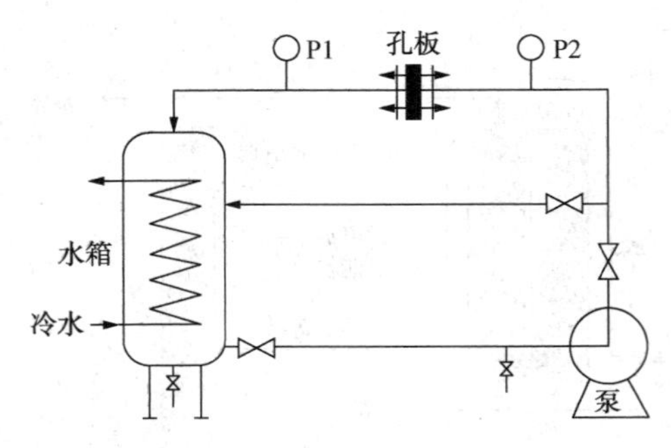

图 7-19　液哨式声化学反应装置图

目前，连续化超声反应器存在的主要问题如上所述，一旦体系放大，超声的效果将会大打折扣。如何克服超声空化效应衰减，研制具有良好效果和相对低能耗的连续化超声反应器仍需进行大量的研究工作。

4. 液哨式声化学反应器（水力空化）

与其他利用机电效应产生超声波的方法不一样，液哨式声化学反应器（图 7-19）是在媒质内由射流冲击簧片产生超声波，而不是从外部把换能器产生的超声波引入媒质内。该方法的优点是效率高，成本低，容易产生理想的乳状液。同时，它可以实现在线处理。液哨式反应器与其他设备相比，它受几何尺寸的影响较小，易于工程放大。因此，它在生物柴油制备中的应用引起了人们的关注。

# 第五节　生物柴油制备反应动力学

化学法制备生物柴油的途径有很多，用甘油三酯为原料来制取生物柴油的方法有：裂解（水解）、酯化（酸催化）、醇解（碱催化）、酯交换（生物催化或超临界法），后三者往往统称为酯交换。酸、醇、酯在一定的反应条件下可相互反应和转化，这给反应动力学的研究提供了一个立脚点，本节总结了几种典型的制备生物柴油工艺的反应动力学，期望有助于生物柴油产业化生产。

## 一、酸催化酯化法反应动力学

前人对酸催化酯化法的反应动学进行了研究，采用的反应原料为葵花籽油和甲醇，利用酯化法以硫酸为催化剂除去葵花籽油中的游离脂肪酸。反应表达式为

$$R_1COOH+R_2OH \rightleftharpoons R_1-COOH-R_2+H_2O$$

式中　$R_1$——11~17 个碳的烃基；

$R_2$——短链醇，这里为甲醇。

加入的硫酸质量分数为 5%~10%，反应温度为 30~60℃，反应时间在 0~120min。

反应模型建立假设：酯化过程为可逆的，异类的化学反应；相对于有催化反应，非催化反应部分可以忽略；化学反应在油相中发生；醇油比足够高使甲醇在整个反应过程中过量。在这个条件下，反应可以被看作准均相反应。相应的动力学模型为

$$\frac{dE}{dt}=K_1\cdot(A_0-E)-K_2\cdot E^2 \tag{7-1}$$

$$\frac{-d[A]}{dt}=K_1\cdot[A]-K_2\cdot[C][D] \tag{7-2}$$

$$K_2\cdot\alpha\cdot t=h\frac{\left[A_0+E\cdot\left(\beta-\frac{1}{2}\right)\right]}{\left[A_0-E\cdot\left(\beta+\frac{1}{2}\right)\right]} \tag{7-3}$$

式中　[$A$]——以酸值表示的脂肪酸浓度；

[$C$]，[$D$]——脂肪酸甲酯浓度和水。

反应刚开始($t=0$)时[$C$]，[$D$]为浓度为0，此时$A=A_0-E$($A_0$为起始脂肪酸浓度，$E$为酸值表示的溶液浓度)，则将上式积分得

$$\alpha=\sqrt{\frac{K^2}{4}+K\cdot A_0} \tag{7-4}$$

$$\beta=\frac{\alpha}{K},\quad K=\frac{K_1}{K_2} \tag{7-5}$$

式中　$K_1$，$K_2$——由反复实验确定；

$\alpha$，$\beta$——实验控制参数。

经拟合和确定的数据代入 Arrhenius 方程得

$$K=A\cdot\exp\left(\frac{-\Delta E}{RT}\right) \tag{7-6}$$

频率因子$A$和活化能$\Delta E$利用Mathcad软件在非线性的曲线中确定。5%硫酸催化的情况下，反应的活化能为50745J/mol，频率因子为$2.869\times10^6$；10%硫酸催化的情况下，反应的活化能为44559J/mol，频率因子为$3.913\times10^6$。在硫酸质量份数占总溶液5%的情况下，醇与油酸摩尔比为60∶1，反应温度60℃，搅拌速率250r/min以上。此时酸值$E$为时间$t$的函数，表达式如下：

$$E=\frac{A_0(e^{2K_2\alpha t}-1)}{\beta(1+e^{2K_2\alpha t})+0.5(e^{2K_2\alpha t}-1)} \tag{7-7}$$

$K_1$、$K_2$由实验得到的$\ln k-1/T$曲线查得。

## 二、碱催化酯化法反应动力学

对碱催化酯交换制取生物柴油的动力学研究最有贡献的研究者有Freedman，Noureddini H，D. Zhu和Mittelbac等。常用的碱催化剂有KOH和NaOH等。在实际生产中，最佳醇油摩尔比为6∶1，加入碱催化剂的量占总反应原料的质量分数在0.5%~1%之间，有些研究者建议在0.35%左右。反应温度应在60℃，温度不同，反应转化的程度也稍有差别，也可以根据目标产物的组分要求，反应温度在25~120℃间变化。根据D. Zhu对大豆油碱催化酯交换制备生物柴油动力学研究，大豆油与甲醇反应生成的最终产物为脂肪酸甲酯与甘油(GL)，甘油二酯与甘油单酯为中间产物。分步反应的表达式如下：

$$TG+CH_3OH \underset{K_2}{\overset{K_1}{\rightleftharpoons}} DG+R_1COOCH_3$$

$$DG+CH_3OH \underset{K_4}{\overset{K_3}{\rightleftharpoons}} MG+R_2COOCH_3$$

$$MG+CH_3OH \underset{K_6}{\overset{K_5}{\rightleftharpoons}} GL+R_3COOCH_3$$

忽略中间产物，总的反应可以写成

$$TG+3CH_3OH \xrightarrow[K_8]{K_7} 3RCOOCH_3+GL$$

用$A$和$E$分别表示醇和生物柴油的浓度，反应动力学模型可以写成

$$\frac{d[TG]}{dt}=-k_1[TG][A]+k_2[DG][A]-k_7[TG][A]^3+k_8[A][GL]^3 \tag{7-8}$$

$$\frac{d[DG]}{dt}=k_1[TG][A]-k_2[DG][E]-k_3[DG][A]+k_4[MG][E] \tag{7-9}$$

$$\frac{d[MG]}{dt}=k_3[DG][A]-k_4[MG][E]-k_5[MG][A]^3+k_6[GL][E] \tag{7-10}$$

$$\frac{d[E]}{dt}=k_1[TG][A]-k_2[DG][E]+k_3[DG][A]-k_4[MG][E]+k_5[MG][A]-k_6[GL][E]+k_7[TG][A]^3-k_8[GL][E]^3 \tag{7-11}$$

$$\frac{d[A]}{dt}=\frac{d[E]}{dt} \tag{7-12}$$

$$\frac{d[GL]}{dt}=k_5[MG][A]-k_6[GL][E]+k_7[TG][A]^3-k_8[GL][E]^3 \tag{7-13}$$

D. Darnoko 继续 D. Zhu 的研究，利用 KOH 作为催化剂根据对反应浓度变化曲线的拟合结果，也得到了碱催化酯交换的反应动力学方程，下角标 0 代替起始时间，则该方程的表述形式如下：

$$\frac{-d[TG]}{dt}=k[TG]^2 \tag{7-14}$$

对上式积分得

$$k_{TG}\cdot t=\frac{1}{TG}-\frac{1}{TG_0} \tag{7-15}$$

同理可得：

$$k_{MG}\cdot t=\frac{1}{MG}-\frac{1}{MG_0} \tag{7-16}$$

$$k_{DG}\cdot t=\frac{1}{TG}-\frac{1}{TG_0} \tag{7-17}$$

不同温度下的反应速率常数 $k$ 可由实验来测定。进一步可由式(7-18)计算反应的活化能：

$$\lg k=-\frac{E_a}{2.303R}\cdot\frac{1}{T}+C \tag{7-18}$$

其中 $\lg k$ 和曲线可由实验确定。

## 三、生物酶催化酯化法反应动力学

通常用来做生物酶催化利用动植物油制取生物柴油的酶为脂肪酶。生物酶催化机理非常复杂，不同的酶催化的机理也不同；同种酶固化后的催化的活性也有不同程度的变化。所以此前探讨生物酶催化机理方面的有关内容很少，具有影响力的就是 King-Altman 研究的生物酶催化的“乒乓”机理。但对于反应动力学来说，作为反应机理宏观表现是可以建立数学模型的。

从事生物酶反应动力学研究的 Sulaiman Al-Zuhair 等通过对脂肪酶催化大豆油与甲醇反应制取生物柴油的反应，建立了相应的数学模型。最初学者对脂肪酶催化反应动力学进行研究，得到脂肪酶催化的“乒乓机制”模型。认为在催化过程中醇对整个反应有一种竞争性抑制作用。遵循的方程如下：

$$V=\frac{V_{max}}{1+\frac{K_A}{[A]}\left[1+\frac{[B]}{K_B}\right]+\frac{K_B}{[B]}\left[1+\frac{[A]}{K_{iA}}\right]} \tag{7-19}$$

式中　$V$——初始反应速率；

$V_{max}$——最大反应速率；

$K_A$，$K_B$——脂肪酸和醇的结合常数；

$K_{iA}$——醇的阻聚常数。

然而关于上式是有争议的，Krishna 和 Karanth 提出一种更为合理化的模型，表达式为

$$v=\frac{V_{max}}{1+\frac{K_A}{[A]}\left[1+\frac{[B]}{K_B}\right]+\frac{K_B}{B}} \tag{7-20}$$

它们提出脂肪酸也是可能有阻聚作用的，只不过当脂肪酸没有阻聚作用时式(7-19)可以简化为式(7-20)，他们并做了实验加以证明；两年后，Yadav 和 Lathi 发表相关论文证实了 Krishna 和 Karanth 的研究结论。Sulaiman 等利用厂家标定活度为 100KLU/mL 的脂肪酸 EC3. 1. 1. 3 作为催化剂，对脂肪酸酶促醇解进行了研究，经过反复的实验与模型修正。得到的反应动力学方程如下：

$$\frac{1}{v}=\frac{1+\frac{K_B}{[B]}}{V_{max}}+\frac{K_A\left[1+\frac{[B]}{K_B}\right]}{V_{max}}\cdot\frac{1}{[A]} \tag{7-21}$$

这样该方程可以简化为线性方程：

$$\frac{1}{v}=C_1+C_2\frac{1}{[A]} \tag{7-22}$$

这里

$$C_1=\frac{[B]+K_B}{[B]V_{max}} \tag{7-23}$$

$$C_2=\frac{K_A}{K_BV_{max}}([B]+K_B) \tag{7-24}$$

最后由反复实验确定的曲线确定了在此实验中的脂肪酶催化的动力学方程为：

$$v=\frac{10.2[A]}{5.6\times10^4+[A]}\pm0.017\mathrm{mol\cdot m^{-3}\cdot s^{-1}} \tag{7-25}$$

## 四、超临界强化酯化反应动力学

日本京都大学的坂志朗教授研究组对甲醇和菜籽油的超临界酯交换反应的动力学进行了研究，假定整个酯化反应为类一级反应，首先假定甘油三酯(TG)的浓度变化率为时间的函数，即

$$v=-\mathrm{d}\frac{[TG]}{\mathrm{d}t} \tag{7-26}$$

用(ME)来表示生成的脂肪酸甲酯，用 uME 来表示甘油三酯，甘油二酯，甘油单酯和未反应的游离脂肪酸(即整个混合物中除了脂肪酸甲酯和甘油的其他组分)。则上式可改写为

$$v=-\frac{[uME]}{\mathrm{d}t} \tag{7-27}$$

即

$$k[uME]=-\mathrm{d}\frac{[uME]}{\mathrm{d}t} \tag{7-28}$$

很显然在初始时间 $t=0$ 时 $uME=0$，随着时间的增加，$uME$ 的数量将不断变小，那么在时间 $t$ 时则有

$$-\int_{uME,\ 0}^{UME,\ t}\frac{\mathrm{d}[uME]}{uME}=k\int_{0}^{t}\mathrm{d}t$$

所以有下式成立：

$$-\ln\frac{uME,\ t}{uME,\ 0}=kt \tag{7-29}$$

或可写成：

$$K=\frac{\ln[uME,\ t]-\ln[uME,\ 0]}{t} \tag{7-30}$$

在酸催化酯化法制备生物柴油的反应过程中，随着酸浓度的提高，反应活化能降低了一定的幅度，反应变得容易进行。碱催化酯交换反应可以看作是由几个分步反应组成，反应温度不同，反应转化的程度也稍有差别，可以根据目标产物的组分要求来控制反应温度。生物酶催化的反应动力学研究难度最大，现在的研究还停留在生物酶催化的宏观表现。生物酶的催化机理复杂，不同的酶，性质差别很大，同一种酶在游离和固化后所表现出的催化能力也有所不同，目前有说服力的研究成果就是脂肪酶催化的“乒乓机制”模型。超临界酯交换制备生物柴油原则上不用催化剂，为了降低反应温度，节约能耗，研究者普遍采用加入二氧化碳、丙烷等共溶剂的方法来降低反应的温度。加入氧化钙粉末也能起到“共溶剂”的作用，但给产物的分离带来一定的难度。

# 第八章　生物质固体燃料成型技术

## 第一节　生物质成型燃料性质

农作物秸秆、林业剩余物等生物质材料存在原始形态水分含量高、结构松散、形态和大小多变、堆积密度较低、分布不集中、热效率低等诸多缺陷。因此，在加工、运输、储藏和利用过程中需消耗较多的劳动力和能源，从而导致了昂贵的物流，尤其当生物质与能源生产的地点较远时，不利于大规模利用。将生物质原始材料加工成致密的颗粒或团块状可以解决这一问题。该过程是将粉碎后具有一定粒度的生物质材料，在一定的成型压力和温度下压制成形状规则、密度较大的颗粒或块状燃料(图 8-1)。生物质成型燃料拥有密度适中、使用方便、含水率低、热值较高、环保等特点，在局部地区或行业可代替煤炭、燃油等，经济效益显著。例如，在禁烧煤炭的地区或行业，使用成型燃料可节约燃料费一半以上。

(a) 颗粒状成型燃料

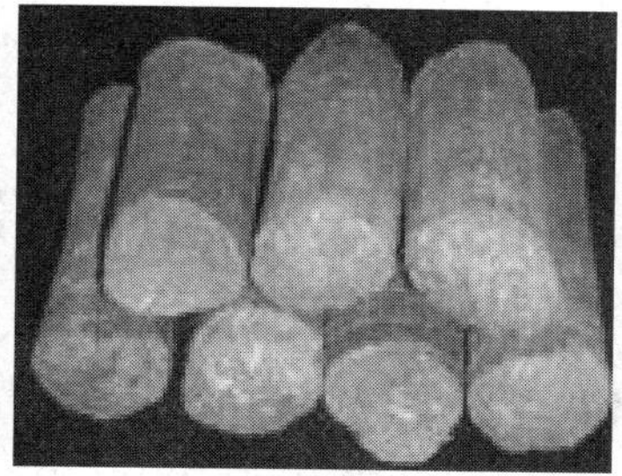
(b) 棒状成型燃料

(c) 炭化成型燃料

图 8-1　生物质成型燃料产品

生物质致密成型燃料是将经过粉碎具有一定粒度的生物质原料在一定的压力和温度下将其挤压制成密度较大、形状规则的成型燃料颗粒。成型后的生物质颗粒具有如下特点(表 8-1)：

① 致密成型后的生物质燃料体积大大缩小，通常被压缩成为圆柱形的生物质固体成型燃料，直径≤25mm，长径比≤4，常见直径尺寸有 6mm、8mm、10mm，密度可达 0.8~1.4g/cm$^3$，同时，体积小、与空气接触面积大、利于燃烧。

② 规格一致，减少了运输和储存成本，便于实现自动化输送和燃烧，可作为工业锅炉、住宅区供暖及炊事、取暖的燃料。

③ 含水率在 12%以下，可增加单位体系的热值(约 16~21MJ/kg)，单位质量能量与中值煤相当。

④ 碳含量为 35%~42%，这使得其热值低于煤；N 含量为 0.5%~3%，S 含量仅为 0.1%~0.5%，燃烧时 $NO_x$ 和 $SO_2$ 的排放量远低于煤，排放的 $CO_2$ 和秸秆光合作用吸收的 $CO_2$ 达到平衡，基本实现零排放。

⑤ 燃料的挥发分含量越高，则点火越容易，燃烧性能越好，而生物质颗粒燃料的挥发成分含量高达 60%~70%，远高于煤，故其点火性能和燃烧性能均优于煤。

⑥ 燃烧特征较成型前明显改善，使用方便、干净卫生，成型燃料挥发物含量高(70%以上)，灰分低(一般小于5%)，燃烧过程几乎没有烟尘及$SO_2$等有害气体排放。

⑦ 与原始状态的生物质资源相比，颗粒燃料燃烧时间更持久。由此可见，生物质颗粒燃料是一种“优质、清洁、高效”的燃料。

**表 8-1　部分生物质的工业分析、元素分析、热值分析结果**

| 项　目 | | 样品 | | |
|---|---|---|---|---|
| | | 玉米秸秆 | 杨树锯末 | 梧桐树叶 |
| 工业分析 | 含水量/% | 7.36 | 7.83 | 9.14 |
| | 挥发分/% | 71.34 | 86.70 | 75.11 |
| | 灰分/% | 6.90 | 1.74 | 10.26 |
| | 固定碳/% | 14.40 | 3.37 | 5.49 |
| 元素分析 | N/% | 0.70 | 0.92 | 0.73 |
| | C/% | 43.57 | 45.83 | 45.00 |
| | TOC/% | 37.86 | 39.41 | 37.33 |
| | H/% | 3.82% | 4.94% | 5.24% |
| | S/% | 0.13 | 0.22 | 0.17 |
| 热值分析/(J/g) | | 16.234 | 19.420 | 18.066 |

# 第二节　生物质成型燃料的制备工艺

## 一、成型燃料品质的评价

成型燃料的物理特性直接决定了成型燃料的使用要求、运输要求和储藏条件。成型燃料的物理品质特性通常用松弛密度和耐久性两个指标进行评价：

### (一) 松弛密度

松弛密度是指生物质成型块在出模后，由于弹性变形和应力松弛，其压缩密度逐渐减小并趋于稳定在某一值时的密度。它是决定成型颗粒物理性能和燃烧性能的一个重要指标。松弛密度要比模内的最终压缩密度小。松弛密度的测量是将成型燃料放置一段时间后，因为吸湿和松弛导致体积膨胀，密度由大变小，逐渐趋于稳定，此时的样品质量 $m$ 与体积 $V$ 的比值就是成型燃料的松弛密度，即

$$\rho=\frac{m}{V} \tag{8-1}$$

对于输送储存要求来说松弛密度越大越好，能量密度高，但是燃烧性能要求松弛密度为 $0.8\sim1.20\text{g/cm}^3$ 即可。通过以下途径可以有效提高成型燃料的松弛密度：一是保持一定的压缩时间，控制成型燃料在模具内压缩时的应力松弛和弹性变形，减缓成型颗粒出模后压缩密度的减少趋势；二是可能减少原料的粉碎粒度，并适当提高生物质压缩成型的压力、温度或添加黏结剂，最大限度降低成型块内部的孔隙率，增强结合力。

对于具有良好松弛密度的成型燃料，它的抗跌碎性和抗渗水性都很强，尤其是 1.5mm 粒径下的三种生物质原料在 25MPa 压力、8%含水率条件下生成的成型燃料，不仅松弛密度

较大，而且抗跌碎性和抗渗水性均很好。也就是说成型燃料的耐久性与松弛密度大小成正比。

**（二）耐久性**

耐久性反映了成型块的黏结性能，主要体现在成型燃料的储存和使用性能上。一般是通过抗跌碎性、抗变形性、抗渗水性和抗吸湿性等几个指标进行评价的。

1. 抗跌碎性

运输或移动过程中成型燃料因跌落会损失一定的质量，损失质量的多少反映了成型燃料的抗跌碎能力大小，以失重率表示，指成型燃料损失块的质量与原成型燃料的质量之比的百分率($\delta$)，即

$$\delta=\frac{m_1-m_2}{m_1} \tag{8-2}$$

失重率$\delta$越大，抗跌碎性就越差。测量时，将预先称重为$m_1$的成型燃料样品从1m高处垂直落至水泥地面，重复5次，再称剩余样品的质量$m_2$，计算失重率。每种样品记录5~8次，取平均值。失重率大于10%的成型燃料不适宜反复搬运及长途运输。

2. 抗变形性

成型燃料堆放要承受一定压力，其承受能力的大小反映成型燃料的抗变形能力的大小，以成型燃料在连续加载受力时变性破裂的最大压力表示，它反映成型燃料的抗变形性及堆放要求。每种样品记录5~8次，取最大值。

3. 抗渗水性

成型燃料的堆放储存要求产品具有一定的抗渗水性，以防止成型燃料渗水开裂，失去原有的物理品质及燃烧特性。测定抗渗水性时，将其在室温条件下浸没于水中，记录样品在水中完全剥落分解的时间，以此表示成型燃料的抗渗水性能。每种样品记录5~8次，取平均值。

4. 吸湿性

由于高温原因，成型过程中原料水分部分散失，成型燃料被挤出压膜后，由于内外水分浓度不同，他还会吸收空气中的水分，一段时间后逐渐趋于稳定，达到动态平衡。测量时，成型燃料被挤压出成型筒后，立即取样品若干块称重，记录为$m_1$，并将其置于室内环境，使其自然吸收空气中的水分2~3周后，测定样品吸收水分后的质量$m_2$，则吸湿性取其差值，每种样品测量5~8次，取平均值。

## 二、生物质固化成型机理

生物质的基本组织是纤维素(33%~48%)、半纤维素(12%~27%)和木质素(14%~25%)，它们有一个共同的特点，是在适当的温度下(200~350℃)下会软化，此时如施加一定的压力，使其紧密黏结，冷却后即固化成型。生物质固体成型燃料就是利用生物质的这种特性，将经过干燥和粉碎过的松散生物质废料在超高压(0.5~1t/cm$^2$)条件下，靠机械与生物质废料之间相互之间摩擦产生的热量或者通过外部加热，使纤维素、木质素软化，经挤压成型后而得到的具有一定形状和规格的新型燃料。

纤维素在水分存在时可以结合成团状，当含水率在30%左右时，较小的力即可使纤维素形成一定的形状；当含水率在10%左右时，需对其施加较大的压力才能消除应力和张力使其成型，但成型后结构牢固不反弹。木质素是具有芳香族特性的结构单体，为苯丙烷型，

具有网状结构的无定形高分子化合物，在植物细胞中有增强细胞壁、黏合纤维素的作用，在植物中含量约为15%~30%。当温度达到70~100℃时，木质素开始软化，并有一定的黏度；当温度达到200~300℃时，呈熔融状，黏度变高。此时若施加一定的外力，可使它与纤维素紧密黏结，使植物体积大大缩小、密度显著增加，取消外力后，由于非弹性的纤维分子间的相互缠绕，其仍能保持给定形状，冷却后强度进一步增加。生物质原料经挤压成型后，体积缩小，密度为0.7~1.4t/m$^3$，含水率在20%以下。总之，生物质在固化成型的过程中，物质的微观结构具有以下的结构特征：

### (一) 供料区

自然晾晒后的棉花秸秆经粉碎后颜色呈黄色，形态以粉末、颗粒、细长的纤维为主。供料区的生物质原料密度为0.3g/cm$^3$左右，在供料区物料保持切碎后的自然形态，物料颗粒度均匀，自由散落分布，细长纤维间夹杂着大颗粒与细小颗粒。当原料进入临界攫取角时，压辊先拉动细长纤维，小颗粒物料在压辊的摩擦力与物料相互缠绕的作用下，开始被压辊攫取受压，此时临界攫取角处物料沿攫取方向被压入，方向变化比较明显。通过对自然状态下经粉碎的棉花秸秆进行制样观察[图8-2(a)]，原料的微观组织少许被破坏、细长纤维上黏附着细小的颗粒、原料之间为无序排列、间隙比较大、周围掺杂微小颗粒充当成型时的填充物。

### (二) 压紧区

压紧区的生物质受到攫取挤压，散乱分布的原料沿压辊转动方向被攫取，即生物质原料的横向。此阶段，松散的物料被大幅度压缩，较大纤维间的空隙被细小的颗粒填充，松散堆积的固体颗粒排列结构开始改变，生物质内部孔隙率减小。压紧区主要发生的是弹性形变，原料可以基本恢复原来的形貌。此时秸秆密度为0.5~0.8g/cm$^3$，不能成型、易散。对该区域内原料进行微观观察[图8-2(b)]，经初始攫取后原料之间的空隙变小，较大纤维和颗粒充当“骨架”沿攫取方向横向排列。

### (三) 压实区

压实区内挤压力急剧增大，颗粒间进一步靠紧和镶嵌，接触面积增大，联结增强，大颗粒原料在压辊的压力作用下破裂，变成更细小的粒子，发生变形或者塑性流动，粒子开始填充细小空隙，紧密接触，结合得比较牢固。此时生物质原料结构已固定，在纵向上排列整齐，物料间紧密胶合，横向上颗粒之间填充至无缝隙，结合得更加紧密，密度达到0.8~1.2g/cm$^3$，在压辊与平模间隙的原料呈扁平状态，待进入成型孔。对该区域内原料进行微观观察[图8-2(c)和图8-2(d)]，在纵向图中，在进入成型孔前，压辊与平模间隙的压缩原料有下凹特征，出现分层现象，颗粒间掺杂细小颗粒，在压辊与平模间隙的原料层层排列，纵横方向确定；进入成型孔中，由于与成型孔壁摩擦力增大，接触面的生物质原料形貌发生严重改变，成型颗粒中心明显下凹。

### (四) 成型区

成型区内的生物质已完全成型，粒子间齿合更加紧密，残余应力贮存在成型颗粒中，使粒子间结合得更加牢固，密度达到1.2g/cm$^3$左右。由于入料时压缩产生的热量及成型颗粒与成型孔之间巨大的摩擦作用导致表面温度升高，产生的瞬间高温高压环境导致表面层炭化析出焦油，成型颗粒四周为黑色、表面光滑、外壳坚硬。如图8-2(e)和图8-2(f)所示，通过观察成型颗粒三面微观结构，发现横向排列整齐，方向性一致；纵向分层明显，层与层间缝隙狭小，方向性一致；纤维端口分布均匀，错乱组织结构大幅减小，颗粒四周微观组织方向性较乱。在压实区和成型区，由于生物质存在具有黏结性质的木质素，因此在经过高压与高温压缩后，成型颗粒不会发生很大的变形，原料的横向方向轮廓基本不变，颗粒方向性比较一致，这有利于后期原料的压缩成型。

(a) 供料区散乱原料微观图　(b) 压紧区横向原料微观区　(c) 压实区原料纵观微观图

(d) 压实区原料横向微观图　(e) 成型区原料横向微观区图　(f) 成型区原料纵向微观图

图 8-2　生物质压缩成型机制图示

## 三、生物质固化成型技术

预处理是指在固化成型之前先对秸秆进行除杂、粉碎、干燥等处理，使后续成型能够顺利进行。经过预处理之后的秸秆才能够进入成型机成型。

1. 除杂

田间秸秆收获时经常会混入泥土、砂石甚至于塑料薄膜等杂质，这些不仅会使秸秆难以成型，还会加快成型机的磨损，降低成型机的使用寿命。因而除杂是秸秆固化成型过程中所需要进行的最基础的一步，除杂完成后，秸秆将进入下一工序。

2. 干燥

与粉碎同时匹配的工序是干燥，对于不同的情况，可先干燥后粉碎，也可干燥与粉碎相结合。农作物收获时，秸秆中含有大量的水分，由于我国一年两熟、两年三熟区赶农时现象广泛，大量秸秆无法在地里自然晾干。而对于成型加工基地来讲，若单纯地采用自然晾晒的方法，一则含水率未必能够达标，二则大量的秸秆堆积需要占据极大的储存空间和晾晒场地，因此不适宜单纯采用自然晾干方式。若单纯施用人工方式进行烘干，将 1t 秸秆的含水率从 50%降到 15%，至少要消耗 100kg 标煤，这种能源和经费的投入会影响秸秆成型加工企业的规模化建设。针对这种情况，最有效的方式就是采用自然晾晒与人工干燥相结合的方法来完成秸秆干燥工序。对于一年两熟区和两年三熟区，如秸秆能有较多时间自然晾晒，可以等自然晾晒一段时间后再行收购，在粉碎前或粉碎后进行人工干燥使其达到固化成型所需要的适宜含水率。而对于农民无法自行进行自然晾晒的秸秆，可在收购后集中存储，利用自身厂房或租用空旷的土地进行一段时间的自然晾晒。在某些地区，秸秆收获后正值多雨季节，对这一类秸秆可进行完全人工干燥，但要尽可能在满足固化成型要求下减少能源消耗。对于雨季较多和空气湿度大的地区，应该考虑增建太阳能干燥房和自动抽湿设备，必要时还需要配备干燥设备。

3. 粉碎

秸秆固化成型工艺中对秸秆的颗粒度以及含水率都有着较为严格的要求。适宜的颗粒度和含水率对成型效果至关重要。颗粒度的大小要与成型孔的孔径大小相适配，过大或过小的颗粒度均不适宜成型。若颗粒度过大，接近甚至大于孔径，在挤压成型的过程中将会使所需的挤压力以及造成的摩擦力增大、从而增大成型难度、加剧成型部件的磨损、降低成型机使用寿命；反之，当颗粒度过小，几近于粉的时候，挤压过程中易造成胶连、堵塞成型孔。

生物质原料的粉碎是通过粉碎机的作用力使生物质压缩变形，造成内部应力集中，当应力达到生物质颗粒在某一轴向的应力极限时，颗粒就会沿该轴向断裂，达到粉碎的效果。粉碎方式可分为压碎、劈碎、折断、磨碎等。

(1) 粉碎机的类型

根据粉碎机的粒度大小，当前常用的生物质原料粉碎设备可分为切碎机，揉搓粉碎机和颗粒粉碎机。

切碎机以劈裂、剪切为主，采用切碎或铡断的方式粉碎原料，切断长度可根据需求调节，当粉碎粒度的截面较大，粉碎后的原料主要用于生物质压块成型机和棒状成型机。揉搓粉碎机以劈裂、折断揉搓秸秆为主，采用压碎、挤压及揉搓的方式粉碎秸秆，切段长度较大，粉碎颗粒的截面较小，粉碎后的原料主要用于生物质打捆机或生物质压块成型机。颗粒粉碎机以劈裂、压碎及磨碎秸秆为主，采用压碎、打击及挤压的方式粉碎秸秆，粉碎的粒度和颗粒面积都比较小，粉碎后的原料主要用于生物质颗粒成型机。

(2) 粉碎机的结构和工作过程

如图 8-3 所示为一种滚筒式切碎机结构示意图。下面以滚筒式秸秆切碎机为例介绍粉碎机的结构和工作过程。

滚筒式物料粉碎机包括支架、旋转电机台、旋转架、转轴、传动带、粉碎电机、万向轮及粉碎电机台。其中，支架为两根，一侧支架中间位置焊接固定旋转电机台，旋转电机台上固定连接有旋转电机；在一侧支架靠近上端的位置设置有旋转架。旋转架一端穿过支架上部靠近端头位置，穿过支架的旋转架端头位置设置有旋转螺纹，旋转螺纹与旋转电机输出轴啮合连接；旋转架另一端分为两根平行的钢柱结构。粉碎箱中间部位设置有粉碎蛟龙；在另一侧支架下部焊接固定有粉碎电机台，粉碎电机台上固定连接有粉碎电机，粉碎电机输出轴与转轴之间套接传动带传动连接。

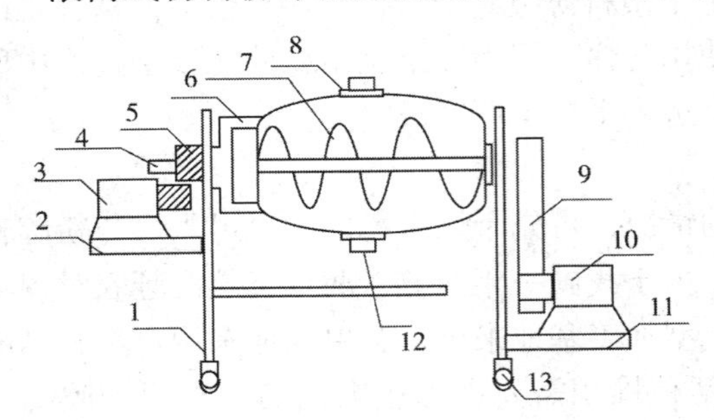

图 8-3　滚筒式粉碎机结构示意图

1—支架；2—旋转电机台；3—旋转电机；4—转轴；5—旋转螺纹；6—旋转架；7—粉碎蛟龙；8—粉碎筒；9—传送带；10—粉碎电机；11—粉碎电机台；12—出料门

通过粉碎箱顶部的箱盖，将粉碎机的物料由外部倒入粉碎箱内部，合上箱盖。同时开启粉碎机和旋转电机开关，使传动带带动转轴转动，继而使粉碎箱内部的粉碎蛟龙转动，搅动并粉碎物料原料。旋转电机转动，使旋转电机输出轴上的螺纹与旋转架前端的螺纹啮合，使旋转架转动，继而带动粉碎箱以转轴为圆心旋转，对箱内粉碎的物料起到翻抛预混合的目的。

## 四、生物质固化成型工艺

作为固化成型原料的生物质能材料都是由纤维素、半纤维素和木质素构成。挤压过程中的高温使得木质素熔融成胶黏剂，纤维素等充当骨架从而使原本稀松的生物质材料被压缩成致密的生物质能燃料，这就是固化成型的本质原理。生物质固化成型技术的工艺根据其成型的原理不同划分为热压成型、湿压成型、冷压成型、炭化成型四种。其成型原理依次为：原料在170~220℃高温及高压下压缩成625kg/m$^3$的高密度成型燃料；原料在常温及高压下压缩，通过生物质纤维结构互相镶嵌包裹而形成高密度成型燃料；原料干燥后在缺氧条件下闷烧，挤压得到机制木炭成型燃料。

### （一）热压成型

生物质热压成型工艺主要是利用生物质本身含有的物质作为“天然黏结剂”，这些大分子在一定的温度和湿度条件下可以被软化发挥黏结作用。这些“天然黏结剂”就是植物细胞壁上的非晶态聚合物如：木质素、纤维素和半纤维素组成。从木材中提取纤维素进行软化，发现其含水率与玻璃化转变温度密切相关。生物质原料成型的最佳含水率在8%~20%之间不等，而相对应的木质素的玻璃化转变温度范围为500~950℃。在植物体内木质素与生物质其他大分子等一起构成木质素超分子体系作为纤维素的黏合剂，其在加工过程中当温度达到200~300℃时黏结性极高，此时加以一定的压力，散装生物质原料便可以紧密的黏结在一起，这样得到的生物质成型密度和强度均可以得到提高。在木质原料热挤压成型过程中，木质素、纤维素表面的氢键连接是主要黏结方式，纤维素间的黏结主要依靠的是共价键的形成。在各种黏结中，共价键的结合最强，氢键其次，范德华力最弱。

### （二）湿压成型

湿压成型就是先对生物质能原料进行一定程度的腐化，即增加原料的熟化程度，然后挤压成型，其成型性能会有一定的改善，但存在有能量损失、成型燃料密度低、成型模具磨损较快等缺陷，并且成型产品还要经过干燥才能存放，致使成本升高。

### （三）冷压成型

冷压成型是近年来研究利用的一种生物质成型工艺，成型时原料和机器部件之间的摩擦作用能使原料加热到100℃左右，也能起到软化木质素的作用，并且在一定程度上解决了以往成型设备对含水率和加热温度要求的限制，但其成型所需压力偏高，达几十个兆帕，也存在耗能大和设备损耗严重的问题。压缩成型时，黏结剂的使用有非常重要的作用，不仅可以减少成型压力和能耗，还可以增加成型燃料的耐久性，有时还可以增加燃料的热值。将淀粉作为黏结剂加入玉米芯和稻壳中，成型燃料的强度增加但松弛密度减少。粗甘油作为黏结剂与麦秆压缩成型时，随着粗甘油含量的增加，生物质成型颗粒的强度、热值和能量密度增加。与未添加黏结剂的生物质颗粒相比，添加膨润土与木质素磺酸盐后，成型颗粒的密度与强度增加，但热值和能耗降低。木质素磺酸盐与杨树锯末压缩成型，降低电场强度和模具内温度，提高成型颗粒的耐久性和密度。

环保是生物质碳的主要特点之一，所以在黏结剂选取上也应遵循这一标准，目前常用的生物炭化成型黏结剂(例如木质素黏结剂、淀粉黏结剂、植物蛋白黏结剂等)都是环保可再生的黏结剂，并且价格低廉来源广泛，但是淀粉黏结剂生物质炭成品热稳定性及机械强度较差，且回潮性较高。所以黏结剂的种类选择与用量决定了生物质成型炭的性能，至今很多研究者都将对生物质炭的研究重心放在了黏结剂的研究开发与改性上。从表 8-2 可以看出，生物质炭化成型的黏结剂种类繁多，且原料以木炭粉和秸秆炭粉居多。

**表 8-2　黏结剂在冷压成型和炭化成型制备工艺中的应用**

| 黏结剂 | 原料 | 制备工艺 | 黏结剂 | 原料 | 制备工艺 |
|---|---|---|---|---|---|
| 淀粉、硝酸钾、高锰酸钾 | 松树皮 | 冷压 | 松脂、木炭 | 木炭粉 | 炭化 |
| 脲醛树脂 | 树皮 | 冷压 | 玉米淀粉、聚乙烯醇 | 木炭粉 | 炭化 |
| 高钙粉煤灰、苛化木质复合物 | 玉米秸秆 | 冷压 | 废纸、彩土 | 玉米秸秆炭粉 | 炭化 |
| 油脂、生石灰、氯化钾 | 锯末、秸秆 | 冷压 | 生物质焦油、氧化镁、松节油 | 玉米秸秆炭粉 | 炭化 |
| 木质素磺酸钙、膨润土 | 秸秆 | 冷压 | 硅藻土、硝酸钾 | 木炭粉 | 炭化 |
| 石灰石 | 苜蓿草 | 冷压 | 海泡石 | 混合木炭粉 | 炭化 |

在生物质常温(冷压)成型过程中，添加理想的黏结剂应具备的特点有：能均匀浸润生物质颗粒表面，且具有良好的黏结性；较低的无机成分含量；高耐磨性和热稳定性；具有一定的防潮、防湿功效；原料来源广泛，环境友好，且廉价易得。为了兼顾以上特点生产出性能更加优异的生物质固化燃料，往往会选用由两种或者两种以上的黏结剂组成的复合黏结剂。对于黏结剂来说，其主要功效是提高生物质成型燃料的机械强度，机械强度的提高对生物质成型燃料在生产、运输、储存方面均有极其重要的作用。因此，生物质成型燃料黏结剂的种类和用量对于生物质成型燃料的机械强度有很大的影响(图 8-4、图 8-5)，一味地提高黏结剂含量并不总是能提升生物质成型燃料的机械强度，所以恰当地选择黏结剂种类和添加含量对于提升生物质成型燃料的机械强度有重要意义。

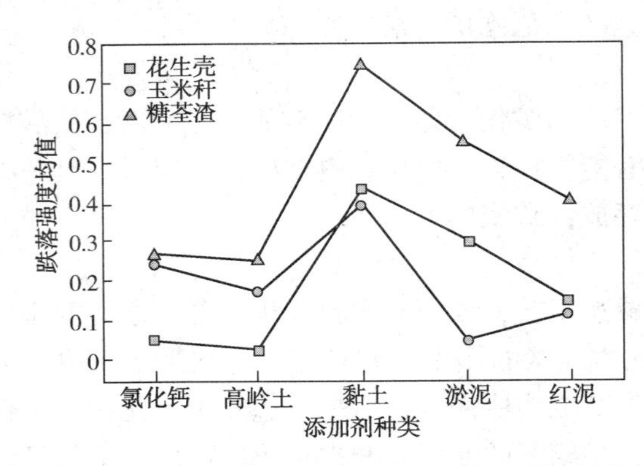


图 8-4　添加剂种类对成型燃料机械强度的影响

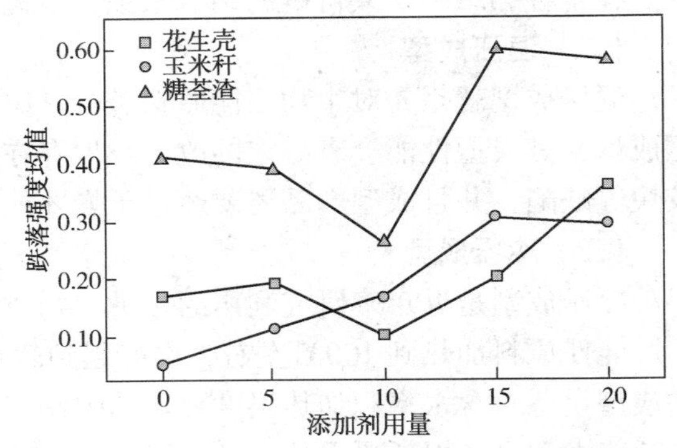


图 8-5　添加剂用量对成型燃料机械强度的影响

### (四) 碳化成型

生物质炭化成型工艺是指将生物质炭化至粉状后添加一定的黏结剂并挤压至一定形状。生物质在炭化的过程中纤维素遭到破坏，生物质高分子组分裂解为炭，所以粉体成型主要依靠黏结剂，且其成型机理类似于常温(冷压)成型工艺。从热力学观点来看，炭粒成型过程是体系熵减小的非自发过程，必须有外界做功才能促使炭粒成型。从表面化学观点来看，体系表面能在炭粒破碎的过程中不断增大，而黏结剂在炭粒成型中的作用正是分子充分润湿颗粒表面，降低体系的表面能。普遍认为，炭粒成型存在挤压阶段和松弛阶段。挤压阶段，黏结剂在炭粒表面分布并逐步进入颗粒之间狭窄的空隙，在一定温度和压力的作用下，形成许多连接周围离子表面的黏结剂液桥(liquid bridge)。在松弛阶段，颗粒与黏结剂之间的距离扩大，部分黏结剂退回原位置，但此时仍有部分黏结剂液桥连接。

## 五、生物质固化成型设备和常见机型

秸秆成型燃料主要有两种形式，块状或颗粒状。其密度可达 0.8~1.35g/cm³，体积压缩比 7~10 倍，成型燃料便于储存、处理和运输；燃烧特性明显改善；黑烟少干净卫生，可替代煤炭用于多个领域。根据秸秆压缩成型机工作原理的不同，可将秸秆固化成型技术分为三大类，即螺旋挤压成型、活塞冲压成型和环模滚压技术。

### (一) 螺旋挤压成型机

螺旋挤压成型机是早期的热成型机器之一，其成型部件为套筒和螺杆。套筒外缠绕着电阻丝用于加热以实现热成型所需要的温度，温度维持在 150~300℃。工作时，物料填入套筒，在加热条件下物料中的木质素，纤维素等开始软化，螺杆旋转压缩物料后从末端挤出成型(图 8-6)。该机以运行平稳、成型效果好、生产连续等特性在市场中一直占据着主导地位。但主要有四个问题制约其发展：一是成型部件，尤其是螺杆磨损严重，使用寿命短，其使用寿命最多不超过 500h；二是需要在加工之前对生物质物料进行加温预热，单位产品能耗高，也难以降低成本，因而无法满足大批量生产的要求和推广使用；三是生产率相对较低，不能满足实际生产的需要；四是成型过程对物料含水率，颗粒大小等有严格要求，因此成型工艺不好掌握。

### (二) 活塞冲压式成型机

与螺旋挤压式成型机相比，活塞冲压成型机是利用活塞的往复运动，在压缩过程中，通过摩擦作用或外部加热的方式，将物料在模具中冲压成型，成型温度为 140~200℃，该成型机主要用于生产实心的块状或棒状燃料。允许原料含水率高达 20%左右，粒度范围也相对较广。它极大地改善了螺旋挤压成型设备中对物料要求严格、主要零部件磨损严重的问题，使其使用寿命有所提高，并且降低了能耗。但是活塞冲压成型机结构复杂、占地大；存在较大的振动负荷，所以造成机器运行稳定性差、噪声较大；还存在润滑油污染，这些问题使得活塞冲压成型机也难以广泛推广使用。

根据驱动力类型不同，活塞冲压式成型机(图 8-7)又可以划分为机械式与液压式两种。机械式主要是通过飞轮储存的能量，利用曲柄连杆机构来推动活塞对生物质物料压缩成型；液压驱动式则主要通过液压缸驱动活塞代替曲柄连杆机构带动冲杆，其运行稳定性有了极大的改善，产生噪声相应降低了很多。

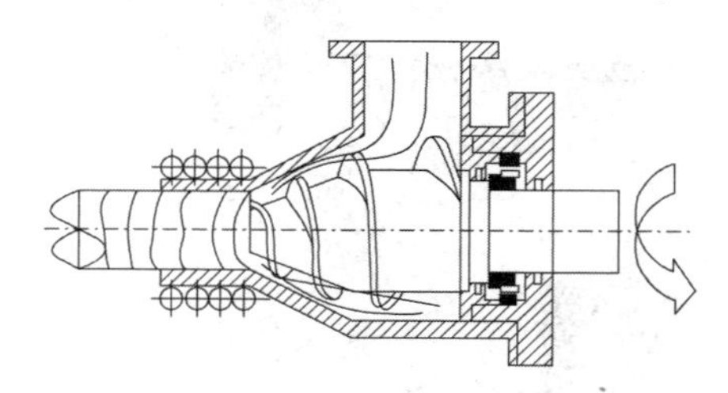

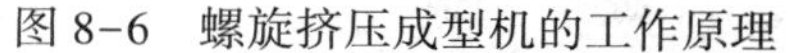

图 8-6 螺旋挤压成型机的工作原理

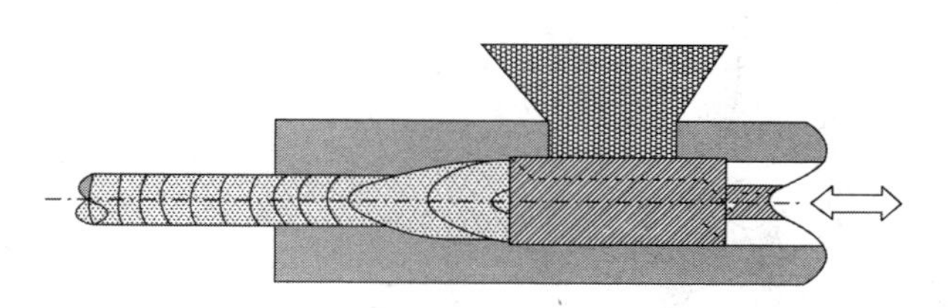

图 8-7 活塞冲压式成型机的工作原理

活塞冲压式成型机通常用于生产实心燃料棒或燃料块，其密度介于 0.8~1.1g/cm³之间，成型密度稍低、容易松散。活塞冲压式成型机明显改善了成型部件磨损严重的现象，其使用寿命 200h 以上，而且单位产品能耗也有较大幅度的下降。活塞的往复驱动力国际上有三种形式：机械、油压和水压。这三种形式相比，机械式推广面较大，但近几年液压式发展很快。

机械驱动活塞成型机一般采用发动机或电动机带动飞轮，利用飞轮储存能量通过曲柄连杆机构带动活塞做高速往复运动，产生冲压力将生物质压缩成型。曲柄连杆机构活塞式成型机结构简单，生产能力大，每分钟可以冲压 270 次。但振动负荷较大，造成机器运行稳定性差，噪声较大，还存在润滑油污染较严重等问题。

液压驱动活塞成型机是油泵在电机的带动下，把电能转化成液体的压力能，驱动活塞冲压生物质原料通过成型套筒制成生物质致密成型燃料。由于液压动力本身的特点，使其在一个成型周期内(预压紧→塑性变形→保型→停歇换向)，各段所需的压强实现“按需增能”，从而可使成型燃料单位产品能耗大大降低。液压驱动活塞成型机的优点是容易应用、维护简单、运行稳定性得到极大的改善、产生的噪声非常小、改善了操作环境。不足之处是成型密度偏低、成品机械性能偏低，这是由于活塞的运动速度较机械式低很多，所以，其生产率要受到一定程度的影响。目前，液压驱动活塞成型机的研究方向是分析不同生物质原料的成型机理和如何提高其成品的密度和机械性能。

**(三) 辊压式颗粒成型机**

压辊式成型机主要用于生产颗粒状成型燃料，基本工作部件由压辊和压模组成，与饲料工业中的制粒原理相同。根据压模形状的不同，压辊式成型机可分为环模成型机、平模成型机和对辊式成型机。

1. 环模成型机

环模成型机分为立式和卧式两种。虽然结构有区别，但基本工作原理类似，都是利用挤压力和摩擦力来完成成型。环模滚压成型的模具直径较小，通常小于 30mm，并且每一个压膜盘片上有很多成型孔，主要用于生产颗粒成型燃料。环模颗粒成型机主要工作部件是压力室的压辊和压模圈。压模圈的周围钻有许多成型孔，在压模圈内装有压辊，压辊外圈加工有齿或槽，用于压紧原料不打滑。压辊装在一个不动的支架上，压辊能跟随压模圈的转动而自转，压辊与压模圈保持很小的间隙。工作时压模圈由驱动轴驱动作等速顺时针回转，进入压模圈的生物质原料被转动着的压模圈带入压辊和压模圈之间，生物质原料被两个相对旋转件逐渐挤压通过压模孔向外挤出，再由固定不动的切刀将其切成短圆柱状颗粒，如图 8-8~图 8-10所示。

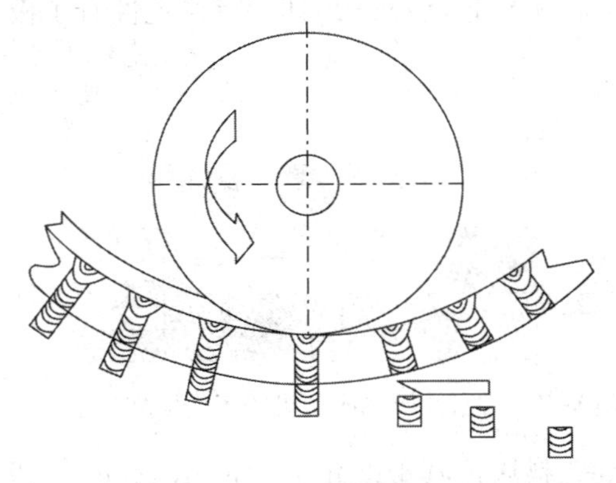

图 8-8　环模成型机的工作原理图

图 8-9　生物质环模颗粒成型机结构示意图

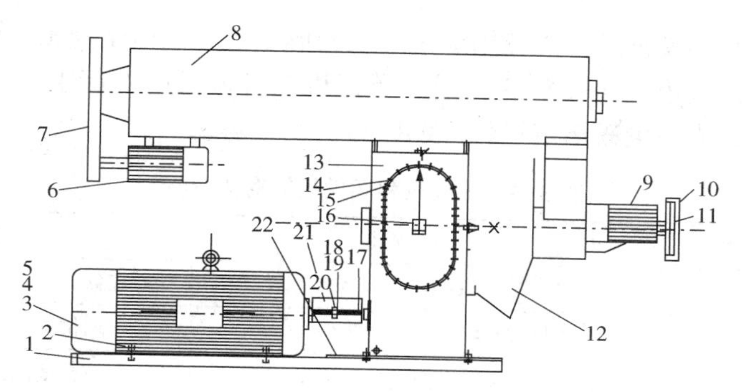


图 8-10　生物质环模颗粒成型机

1—托架；2、14、18、22—螺栓；3—螺母；4、19—垫圈；5—主电机；6—搅龙电机；7—传动罩；8—喂料搅龙；9—喂料电机；10—传动罩；11—喂料皮带轮；12—成型室；13—减速箱；15—弹簧垫圈；16—观察窗；17—键；20—联轴器；21—联轴器罩

2. 平模成型机

平模颗粒成型机的压模为一水平固定圆盘，在圆盘与压辊接触的圆周上开有成型孔，送料器把原料均匀地散布于固定压模表面，然后旋转的压辊将原料挤入平模模孔，压出圆柱状的生物质成型燃料，再被与主轴同步旋转的切刀切断成要求的颗粒长度，如图 8-11 所示。由于压辊和压模之间在工作过程中存在相对滑动，可起到原料磨碎作用，所以允许使用粒径稍大的原料，特别适用于压制纤维性原料。其具有结构简单，制造简单，造价低廉等特点。平模方式很难产生 40MPa 以上的压力，所以只用于生产密度较低的颗粒燃料(图 8-12、图 8-13)。

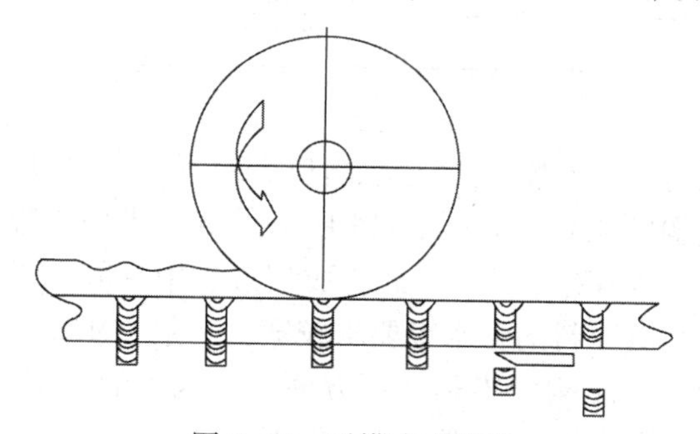

图 8-11　平模式成型机

图 8-12　生物质平模颗粒成型机结构示意图

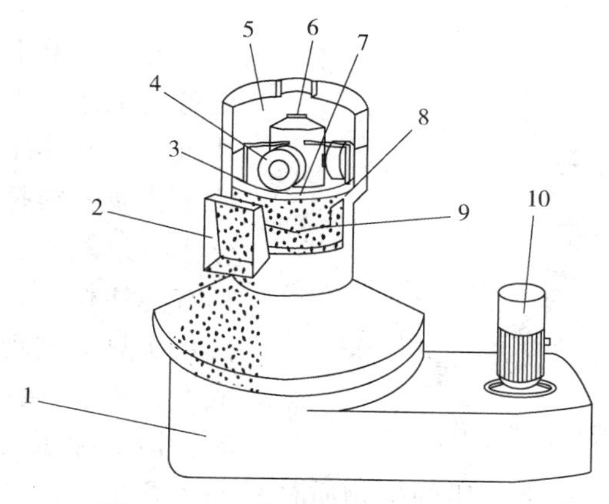


图 8-13　生物质平模颗粒成型机

1—传动箱；2—出料口；3—均料板；4—压辊；5—喂料室；6—主轴；7—平模；8—切刀；9—扫料板；10—电动机

总之，平模机和环模机是目前使用最为广泛的成型机，但由于其工作模式的差别造成了各个性能指标的较大差距，如表 8-3 所示，环模机在各方面的性能上更适合于大规模化的生产。所以，环模式成型机逐渐市场化(表 8-4)。

**表 8-3　平模机和环模机的对比分析**

| 项　　目 | 环模颗粒机 | 平模颗粒机 |
| --- | --- | --- |
| 功耗/(kW·h/t) | 功耗高，60~110 | 功耗较低，30~100 |
| 产量/(t/h) | 产量相对较高，1.0~2.0 | 产量普遍偏低，<0.5 |
| 颗粒密度/(kg/m³) | 生产颗粒密度高，1.0~1.3 | 生产颗粒密度低，0.8~1.0 |
| 磨损 | 压辊和环磨损均衡 | 压辊和平模的磨损不均衡 |
| 维护 | 拆装容易，维护简单 | 配件拆装繁琐，维护麻烦 |
| 适用情况 | 适于大规模化生产 | 适于农村小规模使用 |

**表 8-4　环模成型机生产商及相关参数**

| 型　　号 | 产量/(t/h) | 功率/kW | 产品规格/mm | 成品密度/(g/cm³) |
| --- | --- | --- | --- | --- |
| 9SYX-IVB(压块机) | 0.95-1.5 | 45 | 32×32 | 0.6~1.1 |
| SZLH678JG(颗粒机) | 3~3.5 | 200 | 6、8、10 | 0.8~1.4 |
| 9JPH-1500(压块机) | 1.2~1.5 | 45 | 32×32 | 0.6~1.1 |
| MUZL600X | 1.5~3.5 | 55×2 | — | — |
| MZLH508JG | 2.0~2.5 | 132 | — | — |
| 生物质制粒设备 | 1.0~1.5 | 90~110 | — | — |

3. 对辊成型机

对辊颗粒成型机是利用相互滚压的两中空滚筒成线速度差速运动，两滚筒之间形成挤压腔，将原料挤压通过筒壁的成型模腔制成生物质颗粒燃料，如图 8-14 所示。由于成型过程中原料和机器部件之间的摩擦作用可将原料加热到 100℃左右，因此，成型过程中一般不需要外部加热，可根据原料状况添加少量黏结剂，其对原料的含水率要求较宽，一般在 10%~40%之间均能很好的成型；这种机型具有构造简单、结构紧凑和使用方便、占地小的优点，适合连续工作，但压辊式成型机存在噪声大、易堵塞、振动大等一些结构上的缺陷，在实际使用中仍存在较大问题。

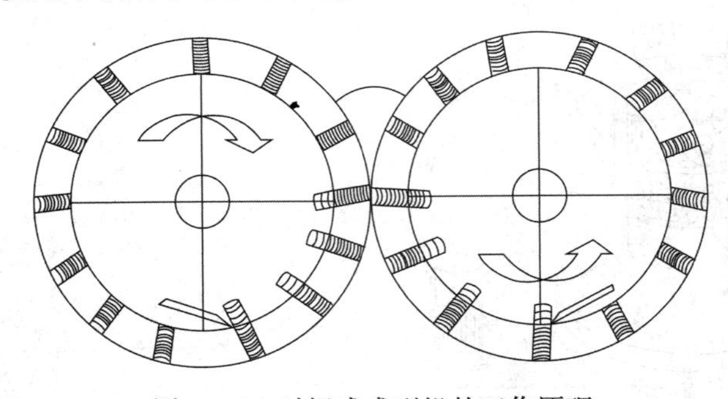
图 8-14　对辊式成型机的工作原理

另外，由于各类型生物质固化成型设备的工作原理不同，都存在不同的优缺点，活塞冲压式成型机只对成型孔内的生物质物料挤压，因其挤压能耗大部分为有效能耗，所以活塞冲压式成型机具有能耗相对较低的优点。但是，由于其每次只能实现 1 次生物质物料的挤压成型，故又存在生产率较低的问题。同时，活塞冲压式成型机成型模腔容易磨损，一般 100h 要修一次，如果所用的生物质材料 $SiO_2$ 含量少，可维持 300h。与前两种成型机不同的是，模辊式成型机在环模内表面或外表面上均设置了很多成型孔，压辊可以同时对多个成型孔里面的生物质物料进行挤压，因此，生产率较前两种成型机有较大提升。但由于传统的模辊式成型机均是利用环模和压辊的外曲面进行挤压，因此，环模未开孔处的生物质物料也受到不必要的挤压，从而产生额外的能耗损失，使模辊式成型机能耗增加。

总的来说，成型机都存在磨损严重的情况（表 8-5），生产能力高的成型机能耗也高。如何克服各类型生物质固化成型设备的不足将成为未来亟待解决的问题。发展一种低能耗、高生产率、关键零部件耐久性较强的生物质固化成型设备将成为未来的发展方向和目标。

**表 8-5　生物质固化成型机生产性能比较**

| 设备类型 | 生产性能比较 | | |
|---|---|---|---|
| | 生产率 | 能耗 | 磨损 |
| 螺旋挤压式成型机 | 低 | 高 | 严重 |
| 活塞冲压式成型机 | 低 | 低 | 严重 |
| 辊式成型机 | 高 | 高 | 严重 |

## 六、生物质固化成型影响因素

影响生物质固化成型的因素主要有原料因素、模辊因素和其他因素。其中，原料因素包括原料的种类、原料的含水率和原料的颗粒度；模辊因素包括模辊间隙、模辊直径比、成型模具的结构尺寸和内表面粗糙度；其他因素包括转速、成型压力、成型温度。

### （一）原料因素

1. 原料种类

不同种类原料的微观结构、纤维素和木质素的含量均不相同，从而导致其压缩成型的特性也存在很大差异。原料种类不仅对成型燃料的品质，如成型燃料的密度、机械耐久性、燃烧效果等有一定影响，而且还不同程度地影响着成型机的产量、成型机的能耗以及成型机的使用寿命。木质素含量相对较高的原料不易在常温成型。在加热的情况下，原料中的木质素可以软化，起到黏结剂的作用，从而更加易于成型。原因是木质素为光合作用形成的天然聚合体，属于非晶体，没有熔点但有软化点，当温度升高至 70~110℃时开始软化，具有一定的黏结力；温度升高至 200~300℃呈现熔融状，黏度较高，施加一定的力可使相邻生物质颗粒紧密结合。水稻秸秆和小麦秸秆之所以难压缩成型，主要是由于其内部含有大量的纤维素，在常温条件下，较难压缩成型。所以，压缩生物质燃料时，应合理选择原料种类以及成型方式。当原料中的木质素含量较低时，可以考虑在原料中添加少量的黏结剂或采取加热成型的方式。

2. 原料含水率

水分在压缩成型的过程中起到了润滑剂、黏结剂的作用。原料中的水分是一种非常重要的自由基，它流动在原料的颗粒之间，在外力的作用下，其与糖分或果胶质混合形成胶体，从而起到黏结剂的作用。与此同时，原料中适量的自由水和结合水的存在，使得粒子相互之间的内摩擦力缩小，流动性显著增强，进而促进了粒子在外力作用下的滑动和嵌合。因此，水分又起到了润滑剂的作用。

原料的含水率过低，粒子将得不到充分的延展，导致粒子间不能够紧密结合，从而不利于成型。相对来说，含水率过低的原料不利于木质素的软化和热量传递，增加了颗粒之间的摩擦力，不利于滑动嵌合，生产出来的生物质成型燃料更加容易吸收周围环境中的水分，使生物质成型燃料发生松弛、胀裂和变形。

原料的含水率较高时，在垂直于最大主应力方向上，尽管粒子能够得到充分的延展，粒子之间能够相互嵌合，但是当较多的水分被挤出后，这些水分将分布在粒子层间，导致粒子层和粒子层之间不能够紧密贴合，因此不能成型，加热时易于产生蒸汽，体积膨胀，在成型套筒的纵向形成很大的蒸汽压力，轻者使产品开裂，重则产生“放炮”现象，危及人身安全。但提高含水率可以降低模内的温度和降低压缩成型时的能耗。

3. 原料颗粒度

原料颗粒度的大小也对成型机的能耗和成型燃料的品质存在一定的影响。通常情况下，原料颗粒度越小，粒子间的延伸率就会越大，从而更加容易压缩成型；原料颗粒度过大，不仅会降低成型燃料的质量，而且会对成型机的产量和能耗产生很大影响。如表 8-6 中，将不同粒度大小的三种生物质压缩时，发现粒度大的生物质压缩后松弛密度大，耐久性好，抗渗水时间也相应延长，但燃料表面会变得粗糙，中间会出现裂缝而松弛密度降低，不利成型。

**表 8-6　不同粒径下三种生物质成型燃料的松弛密度**

| 粒径/mm | 玉米秸秆松弛密度/(g/cm³) | 杨树锯末松弛密度/(g/cm³) | 梧桐树叶松弛密度/(g/cm³) |
|---|---|---|---|
| 0.5 | 0.46 | 0.58 | 0.46 |
| 1.5 | 0.59 | 0.58 | 0.62 |
| 10 | 0.74 | 0.53 | 0.74 |

### （二）模辊因素

1. 模辊间隙

环模与压辊间的间隙过大，会导致挤压成型区物料层的厚度过大，由此将导致压缩成型过程中的挤压力和能耗增加；环模与压辊所受到的转动阻力也会随之增大，从而导致物料发生“打滑”现象；同时使得成型机的振动幅度变大，产生较大的噪声，情况严重时可能会出现“挤不出”的现象。环模与压辊间的间隙太小时，两者很容易发生直接接触，由此导致磨损增加，环模模孔进料口处变形严重，由此将会阻碍进料或导致物料的分布不均匀，从而使得成型机的产量显著下降，情况极为严重时，会导致成型机报废。

2. 模辊直径比

模辊直径比越大，原料高度就越大，但两者之间并不是线性关系。模辊直径比增加的速度越快，原料高度增加的速度也越快。因此，在一定的范围内应尽可能地提高模辊直径比，从而增加成型机生产率。但当模辊直径比达到一定数值后，即使模辊直径比再增加，成型机生产率也不会提高。所以，模辊式成型机开发过程中，模辊直径比不能超越该临界值。

3. 成型模具

(1) 开口锥度

原料的攫取与成型均受到成型模具开口锥度的影响。研究表明：成型模具开口锥度过大，作用在其锥面上的压力也将变大，从而导致原料与成型模具间摩擦力的增加，使得原料的挤出过程较为困难；成型模具开口锥度过小，原料与其锥面间的摩擦力虽然减小，但是在压力的作用下，原料很容易被堵塞在成型模具锥口，只能通过增加压力使原料向下移动，从而导致成型机能耗的增加。

(2) 长径比

成型模具的长径比被定义为成型模具孔的有效长度与其直径的比值。成型模具长径比同生物质颗粒燃料的品质密切相关。成型模具长径比越大，挤压过程中的阻力也就越大，生产的生物质成型颗粒密度也越大，其表面硬度随之增加，但此时的成型能耗变大，产量变小；当成型模具长径比太大时，挤压过程容易发生"堵机"现象。当原料进入成型模具之后，原料在成型模具孔内需要经过弹塑性变形后才能够被挤压成型，因此，在成型颗粒内部会有部分应力的残留。所以，原料必须在成型模具内滞留一定的时间，从而得以保型。通常来说，成型模具的长径比的取值为(4∶1)~(10∶1)。

(3) 内表面粗糙度

同样的成型模具长径比，成型模具内表面越粗糙，成型燃料挤压过程中的阻力也就越大，出料变得越困难。根据国家标准，成型模具内表面的粗糙度应不大于1.6。通常来说，抛光工艺为成型模具加工的最后一道工艺。针对内表面粗糙度不同的成型模具，各大厂家所采取的处理工艺也不尽相同，主要有合金钻头抛光砂棒、铰刀研磨、含砂油料研磨等。其中，铰刀研磨和合金钻头抛光砂棒所需要的设备比较简单，能够得到较为光滑的成型模具孔内表面，因此得到了广泛应用。通常来说，成型模具内表面的粗糙度与其长径比是相对的，长径比越大，成型模具内表面加工就越为困难，成型模具出料也会变得愈加困难。

**(三) 其他因素**

1. 转速

压辊转速对原料的攫取和压缩以及通过成型模具的成型时间有重要影响，从而影响成型颗粒的质量和产量。随着压辊转速升高，在原料进料量较为恒定的情况下，单次攫取的原料量将增加，与此同时，原料在成型模具中所受到的挤压时间缩短，由此导致成型颗粒的保型时间变短，成型燃料在挤出成型模具时密度变小，甚至发生严重的回弹现象。反之，成型燃料的保压时间变长，成型燃料质量虽然显著提高，但是相应的产量也会较低。

2. 成型压力

只有保证一定的成型压力，生物质原料才能被压缩成型，因此，成型压力是生物质原料能够压缩成型的最基本条件。在成型压力的作用下，松散的生物质原料变得致密匀实，从而提高了成型燃料的强度。相关试验表明，当成型压力不足时，成型燃料的密度达不到标准，表面粗糙，燃料与模具之间的摩擦力增大，成型困难；当成型压力较小时，成型燃料的密度随着成型压力的增加而显著增大，但是当成型压力增大到一定数值以后，成型燃料密度的增加则会变得较为缓慢；当压力较大时，原料容易克服阻力挤压成形，形成表面光滑且密度较高的燃料；当压力过大时，成型较快，原料内部受力不均匀，燃料没有压实，内部密度、强度和热值不达标。

成型压力是生物质压缩成型的最基本条件，衡量成型块物理品质特性的两个重要指标松弛密度和耐久性都随成型压力增大而增大(表8-7)。常温下的生物质成型工艺存在最低成型压力，在10MPa左右，压力在25MPa以上成型效果比较好，但成型压力过大，成型燃料物过于紧实，反而能耗会迅速增大，不利燃烧。

**表 8-7 不同成型压力下生物质成型燃料的成型效果**

| 原料种类 | 成型压力/MPa | 松弛密度/($g/cm^3$) | 抗跌性/% | 抗渗水性/h | 成型效果描述 |
| --- | --- | --- | --- | --- | --- |
| 玉米秸秆 | 10 | 0.44 | 55.34 | — | 成型效果好，表面有细小裂纹，密实，硬度较小 |
| | 25 | 0.59 | 87.45 | 7 | 成型效果好，表面光滑，密实，硬度大 |
| | 50 | 0.71 | 95.16 | 10 | 成型效果好，表面光滑，密实，硬度较大 |
| 杨树锯末 | 10 | 0.47 | 50.36 | — | 基本成型，有裂缝，松散，硬度较小 |
| | 25 | 0.58 | 85.67 | 6 | 成型效果好，表面光滑，密实，硬度大 |
| | 50 | 0.65 | 94.32 | 10 | 成型效果好，表面光滑，密实，硬度较大 |
| 梧桐树叶 | 10 | 0.46 | 60.15 | — | 成型效果好，表面较松散，较密实，硬度适中 |
| | 25 | 0.62 | 83.20 | — | 成型效果好，表面光滑，密实，硬度大 |
| | 50 | 0.74 | 94.78 | 10 | 成型效果好，表面光滑，非常密实，硬度大 |

3. 成型温度

温度对生物质成型燃料的密度和机械强度影响很大。当原料的含水率一定时，温度越高，成型时所需的压力就越小；相反温度越低，所需压力就越大。高温会减弱燃料的机械强度，因为生物质原料中的木质素在 70~100℃ 时开始变软，黏结力增强，当温度升值 160℃ 时，木质素将会熔融成胶体物质，在适当的压力作用下可与纤维素紧密黏结，生物质颗粒开始重新排列位置关系，内部相邻颗粒相互胶接，排解出分子结构中的空气，并发生机械变性和塑型流变，外部析出焦油或产生焦化现象。推出压膜冷却后即可固化成型而不会散开，并具有一定的形状和强度，也提高了成型燃料的耐久性。而木质素含量多的生物质原料易于成型，并能提高成型燃料的耐久性和松弛密度；而纤维素含量多和水分含量过低的生物质不易成型需要加入少量黏结剂。

但是，并不是成型温度越高越有利于颗粒成型，温度越高会使含生物质含水率下降，木质素的软化温度升高，不利于生物质颗粒成型，黏结困难。通常情况下，在含水率相同的生物质温度在 200℃ 以下时几乎不能成型，而且能耗增加；温度在 210~220℃ 时，成型燃料表面光滑程度降低，出膜困难；加热温度在 230℃ 以上时，成型燃料表面光滑程度较好，成型燃料出模顺利，成型燃料为灰褐色；温度在 240~260℃ 时，成型燃料为灰黑色。但是温度过高也不利于生物质成型，270℃ 以上时，成型燃料表面呈焦黑色，而且出模后，燃料的膨胀率较大，表面出现了裂纹，裂纹的大小随成型温度的升高而增大。另外，过高的温度会缩短加热圈的使用寿命，生物质原料中的水分将产生高压水蒸气，发生“放气”或“放炮”现象。

4. 预热温度

预热温度对成型功耗和成型燃料品质有明显影响，对物料进行预热可改善物料内部组分的物理性能，促进成型，从而减小成型功耗，提升成型燃料品质。实际生产中，通过工业废热、余热等对物料进行一定程度预热，可大大减小设备启动阻力、减轻设备磨损。根据生产实际确定预热温度因子水平为 27℃（常温）、70℃、100℃ 和 130℃。

5. 挤压速度

挤压速度不仅影响生产效率，还直接影响成型燃料的产品质量。挤压速度过快，原料经过挤压成型后，其内部残存较大的内应力，挤压过程中没能将内应力消除，在出口处发生膨胀，降低成型燃料的密度。挤压速度过慢，成型燃料密度增大，但是成型能耗增加，产量降低，生产成本增大。因此，在成型时应保持合适的挤压速度，以得到合适的停留时间，保证成型燃料的质量和生产效率。

## 七、生物质固化成型机现存的问题

### （一）核心部件磨损严重

所有生物质成型机都存在不同程度的磨损。其中，最适合生长推广的模辊碾压式成型机由于其工作原理是利用摩擦力挤压成型，因此其主要工作部件模辊面临的第一问题就是磨损严重。尤以主要部件压辊和环模的磨损最为严重。环模不同磨损位置起主导作用的磨损机制也不尽相同，环模孔壁磨损十分严重，是以微切削作用为主的磨粒磨损和疲劳磨损的交互作用；环模孔入口处以磨粒磨损为主，出口处则以疲劳磨损为主，从环模孔入口处到出口处的磨损量以指数形式递减，磨损则由以磨粒磨损为主向以疲劳磨损为主过渡。

在平模成型机中，由于辊转动时两端速度的不同，造成两端磨损不同，即发生错位磨损效应，以致进一步加剧了平模和辊之间的摩擦。工作环境的恶劣是加剧压辊磨损的主要原因：①压辊在环模内高速旋转时与喂入物料摩擦生热，温度可达200℃以上，导致压辊材料变脆；②秸秆收集过程中带入的砂石、玻璃碴和铁屑等硬质颗粒物易造成压辊表面的硬磨料磨损；③除了物料中含有的杂质、硅酸盐成分和水分等，容易加速摩擦、磨损和腐蚀的物质之外，由于物料的不均匀分布，使得压辊进料侧压面相比其他位置的表面磨损多出近40%；④压辊和环模的线速度基本相等，而直径却仅为环模内径的40%左右，故其外表面的磨损率约为环模内表面的2.5倍。

为了减少磨损效应，可以在成型机的设计上做出适当的改进，如：平模与辊的接触点位于模辊接触线的中点，为了将磨损效应减至最小，可将圆柱辊改成圆锥辊。环模锥角在4°~10°的范围内，锥角越大，最大磨损量越大。因此，在保证秸秆固化成型的产量和质量条件下，为了增大环模的使用寿命，在环模设计中，应尽量使环模的磨损量降低，应该选用锥孔锥角为4°的环模。除此设计上的改动，在机器材料选用上也应当为模辊选用更耐磨的材料。

### （二）能耗较大

降低生物质环模颗粒成型机的成型能耗已经成为国内外热点研究问题之一。对于生物质成型燃料加工系统来说，能耗是一个非常重要的性能指标，能耗是指在单位时间内生产成型燃料所消耗的能量与该时间内生产的成型燃料质量的比值。压缩成型的能耗主要包括三部分：原料喂入所消耗的能量；物料与成型部件内壁摩擦所消耗的能量；克服物料弹性变形所需的能量。

影响生物质环模颗粒成型机成型能耗的因素繁多，如颗粒的大小、含水率、添加剂、环模尺寸、模孔大小、环模转速、环模直径、转速以及模辊长径比等制粒机相关参数。环模的直径越大、转速越高，对设备的产能和能耗的影响也就越明显；辊模直径比对设备的产能影响比对设备能耗影响大，当辊模直径比越大，设备单位产能能耗越低；生物质环模颗粒成型机的挤压能耗是真正有效的做功部分。不管是物料在环模孔内的挤压过程还是辊压过程，其挤压力产生的根本原因是物料与环模、压辊之间存在摩擦，所以说挤压力是由摩擦力间接引起的。也正是如此，物料在环模孔内的摩擦以及在辊压过程的摩擦产生的挤压能量耗损其实是不可以避免的。虽然部分物料经过强高压之后能够挤出环模孔外，但是环模与压辊之间仍有部分物料处于强高压状态而未被挤出环模孔外，这部分物料严重地消耗着生物质环模颗粒成型机的能耗。

### （三）模孔堵塞严重

发生模孔堵塞，与物料本身特性、调质质量、输送速度和模辊间隙等有关。模孔堵塞不但影响正常生产，降低生产率，还会影响成型颗粒质量，降低环模寿命。但是，目前如何很好地预防和及时处理模孔堵塞的问题还未得到解决。

### （四）自动化程度低

由于我国的秸秆固化成型设备有小型化的趋势，很多机器都只具有单纯的固化成型作用，而不是完整的自动化一条龙流水线。当成型机单机工作时，其进料的连续性难以保证，进料的量与速度也多数由人依照经验判断供给，无法实现精准流水作业，难以发挥出产品设计的最大生产力。针对此问题，有条件的可以建立干燥粉碎运料成型一体生产线，或单纯增加供料装置，先行通过人工喂料测试出最佳喂料量和喂料速度，而后利用传送带等装置进行投喂，这样既减轻了人的劳累度，又能使机器在最佳工作状态下运行。

### （五）成型机适应性差

多数成型机设计时的模辊转速和压力无法调节或调节范围过小，这就使得成型机在使用过程中只对一种或少数几种秸秆原料成型效果好，只对某一狭小区间的颗粒度和含水率的原料成型效果好。这造成了成型机对原料的种类、颗粒度、含水率要求苛刻，当原料无法达到要求时，则成型效果差甚至无法成型。这种低适应性机器只适用单一作物种植区，无法满足对不同秸秆的成型要求，极大地限制了秸秆固化成型技术的推广。当下，生物质能燃料处在供不应求的状态，由于成型机的缺点而不能大批量的生产应是其中重要的原因。

### （六）无相关配套设备标准

和成型机配套的相关辅助设备没有统一标准，如粉碎设备的粉碎粒度规格不统一，造成成型机成型的难易程度不同，从而导致成型燃料质量及成型率不同，影响生产率，且易造成设备运行不稳定、生产线故障率高等问题。

# 第三节　生物质成型燃料的燃烧

压缩成型前，生物质燃烧分三个过程：水分损失、挥发分的释放及燃烧、剩余炭的燃烧。成型前，原料体积大、密度小，挥发分含量比较高（农作物秸秆的挥发分一般在76%～86%之间），着火点比较低。当直接燃烧提供的空气不足时，则形成两部分未燃尽的挥发分，一部分随空气流出，形成黑烟；另一部分未能充分燃烧而产生了 $H_2$、CO 和 $CH_4$ 等中间产物，造成大量的热损失和环境污染。压缩成型后，燃料致密均匀，限制了挥发分的溢出速度，延长了燃烧时间，使燃烧速度均匀适中，缓解了空气供给不足的矛盾。

## 一、生物质的燃烧过程

生物质燃烧过程是复杂的化学过程，也伴随着传热、传质过程。燃烧过程可分为四个阶段：干燥阶段、挥发分的析出与燃烧、焦炭的燃烧、灰烬的形成。

### （一）干燥阶段

新鲜生物质中的水分高达50%～60%，自然风干后，一般为8%～20%，属于燃料中不可燃部分。当燃料被送入燃烧室后，随着温度的升高，生物质内的水分逐渐汽化，生物质的含水率下降，这一阶段称为生物质的干燥阶段。

### （二）挥发分的析出与燃烧

挥发分并不是生物质固有的成分，而是燃烧过程中有机物热解过程中析出的气态物质，如一氧化碳、氢气、甲烷、焦油等。挥发分随环境的温度变化形成气态和凝结的大分子烃类。随着燃烧的进行，挥发分会燃尽，气相火焰熄灭，燃烧的剩余物为输送的焦炭。

### （三）焦炭的燃烧

当挥发分的燃烧接近终点时，燃料中的木质素已经完全炭化，形成焦炭，此时焦炭周围温度很高，当与周围空气接触时，焦炭开始燃烧，生成炙热的火焰，表面燃烧反应速度加快，并出现第二次反应速度峰值，不断产生灰烬，形成灰壳，然后燃烧速度变慢，表面炙热火焰由红变暗，逐渐消失。而此时由于空气较难渗透到中心碳位置，阻碍了焦炭的燃烧，形成灰烬中有残余炭。

### （四）灰烬的形成

燃烧后期燃烧速度减慢，灰壳内部的碳继续放出能量，直至完全变成蓬松的灰烬，温度继续降低。

综上所知，整个燃烧过程只能有两个阶段出现火焰：挥发分的析出燃烧，时间占整个燃烧过程时间 10%；焦炭的燃烧，时间占整个燃烧过程的 90%。从能量比重看，焦炭的燃烧提供了整个过程的绝大部分能量。

## 二、生物质成型燃料的燃烧特性

### （一）点火特性

燃料的点火特性主要是测定燃料的点火时间，利用秒表记录自燃烧器启动开始至点火成功的时间。点火成功时燃料的形态没有显著转变。挥发分与点火时间呈线性关系，含水率与点火时间呈指数关系，挥发分越高，点火时间越短；而含水率越高，则点火时间越长。

点火温度依赖于挥发分的释放和挥发分快速燃烧过程中热的释放，C/H 比越高，点火温度越高，也越难燃尽。生物质颗粒燃料挥发分含量高、固定碳含量少的组分结构决定了其具有独特的点火和燃尽特性。通常，温度达 220℃左右便开始热解释放挥发分，燃烧过程中最高温度可达到 1000℃以上。生物质颗粒燃料的点火温度在 300℃左右，且燃烧迅速，燃尽温度一般不会超过 500℃。

### （二）烟尘的排放及衡量

生物质燃烧也会因挥发分产生一定的环境问题，特别是含碳颗粒的烟气及氮氧化物。与化石燃料相比，生物质燃料燃烧过程中氮氧化物、硫氧化物的排放较少。粉末状的生物质原料结构松散，如果燃烧不充分，挥发物会随空气的流动而损失，烟尘颗粒的排放与压缩成型后的燃料相比较高，烟尘颗粒的排放通常采用烟尘指数衡量。

### （三）热值

粉状生物质颗粒，结构松散，小颗粒单位体积的比表面积比较大，在燃烧过程中燃烧所需的氧气比较多，一旦颗粒之间不能够充分连续燃烧，未充分燃烧的颗粒随着空气流入大气中，造成热量损失。成型后，生物质颗粒结构密实，热传导率和产热率比热损失率大，能够充分燃烧，单位体积热值比较高。

### （四）灰分组成及灰分熔点

生物质成型燃料中除了碳、氢和氧等有机物之外，还含有一定数量的无机矿物质。在生物质热化学转化利用过程中，这些无机物难以转化为热，残留的无机物质称为灰分。灰分含量越高，燃烧热值与温度越低。灰分的成分复杂，不同无机矿物质含量变化大。灰分有两种来源：一种是燃料本身固有的，即形成于植物生长过程中，灰分相对均匀分布在燃料中；另一种是燃料加工处理过程中带入的，如砂石、土壤颗粒，后者常常是秸秆燃料灰分的主要来源。灰分中的无机物主要包括 Si、K、Na、S、Cl、P、Ca、Mg、Fe 成分，它们对结渣、污垢、腐蚀及污染物的形成有不同程度的影响。

在灰分熔融过程中，熔融温度不是一个固定值，而是一个范围。灰分熔融性的测定通常用变形温度(DT)、软化温度(ST)、半球温度(HT)和流动温度(FT)四个特征熔融温度来表征。

1. 碱金属(K、Na)

碱金属中钾、钠在灰分中形成低熔点组分在高温时容易随气流沉积在受热面和床料面上发生化学腐蚀作用。碱金属与石英砂等床料反应时，就会引起床料的聚团甚至烧结，其原因是碱金属氧化物和盐类可以与 $SiO_2$ 发生以下反应，生成低温共熔体的熔融温度分别为 874℃和 764℃，从而造成严重的烧结现象。

$$2SiO_2+Na_2CO_3 = Na_2O \cdot 2SiO_2+CO_2 \tag{8-3}$$

$$2SiO_2+K_2CO_3 = K_2O \cdot 2SiO_2+CO_2 \tag{8-4}$$

2. 氯元素(Cl)

氯在生物质中属于微量元素，但含量甚高，在燃料中含量可达 1.79%~10%。氯在燃烧过程中起着传输作用，将碱金属从燃料中带出，氯会优先与钾、钠等构成稳定且易挥发的碱金属氯化物，这是氯在灰分中存在的最主要形式。与此同时氯元素也与碱金属硅酸盐反应生成气态碱金属氯化物，这些氯化物蒸汽是稳定的可挥发物质，与那些非氯化物的碱金属蒸汽相比，它们更趋向于沉积在燃烧设备的下游。氯元素增加了碱金属的流动性，经验表明，决定碱金属蒸汽总量的限制因素不是碱金属，而是氯元素。

生物质燃料锅炉发生高温氯腐蚀的原因主要是生物质中的氯在燃烧过程中以 HCl 形式挥发出来，与锅炉的金属壁面发生反应，并且，只要 HCl 和 $Cl_2$ 不断补充，腐蚀反应就会一直进行，Fe 的氯化物熔点很低，较易挥发对保护膜的破坏较为严重。氯于锅炉的金属壁面发生的系列化学反应有：

$$Fe+2HCl = FeCl_2+H_2$$

$$2Fe+6HCl = 2FeCl_3+3H_2$$

$$2FeCl_2+Cl_2 = 2FeCl_3$$

$$4FeCl_3+3O_2 = 2Fe_2O_3+6Cl_2$$

$$4FeCl_2+3O_2 = 2Fe_2O_3+4Cl_2$$

$$Fe_2O_3+6HCl = 2FeCl_3+3H_2O$$

$$4FeCl_2+O_2 = 2FeCl_3+2FeOCl$$

$$4FeOCl+O_2 = 2Fe_2O_3+2Cl_2$$

$$2Fe+3Cl_2 = 2FeCl_3$$

除了对 Fe、$Fe_2O_3$ 的侵蚀外，氯与氯化物还可在一定条件下对 $Cr_2O_3$ 保护膜构成腐蚀：

$$2Cr_2O_3+4Cl_2+O_2 = 4CrO_2Cl_2$$

$$Cr_2O_3+4HCl+H_2 = 2CrCl_2+3H_2O$$

$$2Cr_2O_3+8NaCl+5O_2 = 4Na_2CrO_4+4Cl_2$$

$$4CrCl_2+3O_2 = 2Cr_2O_3+4Cl_2$$

当氯、硫化合物共存时加快了高温腐蚀过程。除了以上高温气体腐蚀和熔融盐腐蚀之外，HCl 气体还易在烟道出口处形成露点腐蚀。

$$2MCl+SO_3^{2-}+H_2O = M_2SO_4+2HCl$$

$$2MCl+SO_2+O_2 = M_2SO_4+Cl_2$$

针对高温氯腐蚀，可以以下防腐措施：加入钙基吸收剂脱氯；过热器材料选耐腐蚀的不锈钢；容易腐蚀区加保护套管；在管壁采用高温喷涂；各部分过热器布置有效吹灰器，加强吹灰。

3. 硅元素(Si)

硅在生物质内存在的形式主要是水化无定形二氧化硅、石英，其次是硅酸和胶状硅胶。生物质的硅含量变化很大，禾本科植物的硅含量较高(10%～15%)，而豆科植物的含量小于0.5%。在燃烧过程中硅易于和碱金属形成低熔点共晶体。其中，在760～1000℃下的流化床中含有32% $K_2O$ 与68% $SiO_2$形成的共熔晶体的渣块。

**(五)结渣，积灰和聚团特性**

生物质成型燃料含有较多碱金属等矿物质成分，这些矿物成分的灰颗粒在高温下成熔融状态，然后遇冷凝结在受热面上形成沉积物。沉积物在高温下与受热面金属发生化学反应和化学腐蚀破坏受热面。根据形成条件，沉积可以分为结渣和积灰两类。

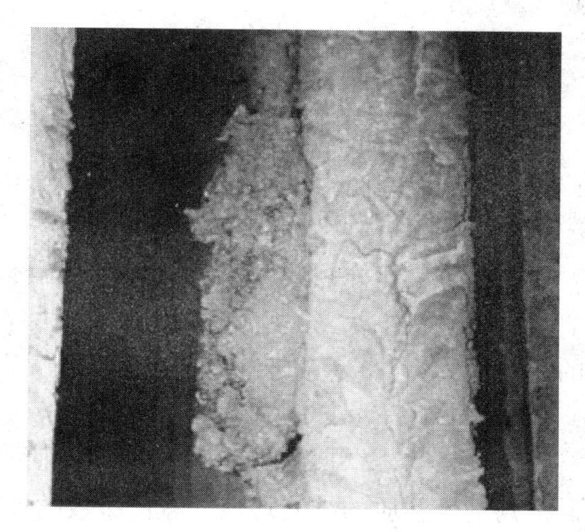

图 8-15　锅炉辐射面结渣

结渣(图 8-15)是指高温下软化或者熔融状态的灰颗粒黏结在受热面上并不断生长、积累，形成覆盖层。这种沉积一般发生在过热器等辐射受热面，由于经历过熔融和烧结，这种沉积很难区分颗粒的形状和边界；积灰是由碱金属等易挥发物质在高温下进入气相并携带飞灰颗粒在对流受热面处凝结、黏附。这些部位受烟气冲刷，而且温度低于碱金属的熔化温度。积灰与结渣的不同在于颗粒之间有清晰的界限。

聚团(图 8-16、图 8-17)是指生物质原料中的碱金属在流化床床料中一定高温条件下反应形成低熔点共晶化合物而引起颗粒聚团，妨碍流化，甚至造成流化失败。

图 8-16　流化床料聚团形态

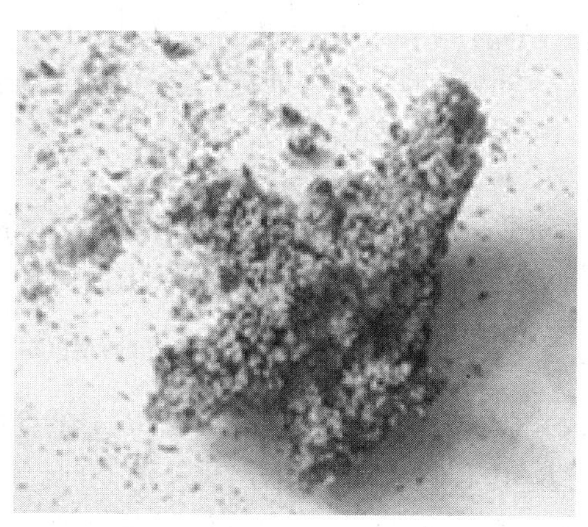

图 8-17　床料中大块聚团样

高温时易产生灰渣现象，且结渣特性与生物质种类有关，尤其与生物质中 Cl、S、K、Si、Al 的含量显著相关。结渣率与燃料的灰熔融性质及碱土金属含量有很大关系，生物质中 Cl、$K_2O$、$Na_2O$ 含量越高，$SiO_2$、$Al_2O_3$含量越低，越易结渣。因为碱性氧化物 $K_2O$ 和 $Na_2O$ 具有降低灰熔点的作用，故生物质中其含量越高，越易结渣。目前主要采用硅比、钙比，碱性指数、碱酸比的方法评价生物质积灰结渣的特性，各方法中的金属氧化物含量表示其在灰分中的百分含量。

1. 硅比(G)

$$G=\frac{SiO_2\times100}{SiO_2+CaO+MgO+Fe_2O_3} \tag{8-5}$$

其中，$Fe_2O_3 = Fe_2O_3+1.1FeO+1.43Fe$

硅比分母中多为助熔剂，$SiO_2$较高意味着灰渣的黏度和熔点较高，因而硅比越大，结渣倾向就越小。

若 $G>78.8$，轻微结渣；$G=66.1\sim78.8$，中等结渣；$G<66.1$，严重结渣。

2. 硅铝比

硅铝比也可的大致判别结渣界限：($SiO_2/Al_2O_3$)<1.87 时属轻微结渣；($SiO_2/Al_2O_3$)在 1.87~2.65 之间属中等结渣；($SiO_2/Al_2O_3$)>2.65 属严重结渣。

3. 铁钙比

铁钙比可作为判断煤烟型灰结渣的指标之一，推荐的界限值为：$Fe_2O_3/CaO<0.3$，不结渣；$Fe_2O_3/CaO=0.3\sim3$，中等或严重结渣；$Fe_2O_3/CaO>3.0$，不结渣。玉米秸秆成型燃料的铁钙比约为 0.9，属于中等或严重结渣。

4. 碱性指数(AI)

碱性指数是根据生物质燃料单位发热量中的碱金属($K_2O+Na_2O$)质量含量(kg/GJ)的高低来判别生物质的结渣特性，碱性指数的计算式为

$$AI=\frac{1}{Q}Y_f(Y_{K_2O}+Y_{Na_2O}) \tag{8-6}$$

式中　$Q$——燃料自干燥基和定容条件下的高位发热量，GJ/kg；

$Y_f$——燃料中的灰分百分含量,%；

$Y_{K_2O}$、$Y_{Na_2O}$——灰分中的碱性氧化物($K_2O$、$Na_2O$)的百分含量,%。

式(8-6)的判别标准是：当 $AI<0.17$，结渣可能性极小；$AI=0.17\sim0.34$，结渣可能性增加；$AI>0.34$，发生结渣。

5. 碱酸比(B/A)

碱酸比也是判别生物质结渣特性的一种方法。酸性氧化物一般具有较高的熔点，碱性氧化物构成的矿物质多属于低熔点化合物，故这两种氧化物的比值可反映燃料的熔点高低。

$$\frac{B}{A}=(Fe_2O_3+CaO+MgO+Na_2O+K_2O)/(SiO_2+Al_2O_3+TiO_2) \tag{8-7}$$

式(8-7)的判别标准是，当 $B/A<0.5$ 时为低结渣倾向；$B/A=0.5\sim1.0$ 时为中等结渣倾向；$B/A>1.0\sim1.75$ 时为严重结渣倾向。但是，酸碱比指标没有考虑各种碱性氧化物助熔特性的差异，以及碱酸成分间的相互作用，由碱酸比判别法得到的结果与碱性指数法相比存在一些差异，用碱酸比判别法判别结渣特性有待进一步研究。

从表8-8中可以看出，综合各指标，稻秸和花生壳的结渣倾向严重，木屑次之，谷壳相对轻微。

**表8-8　生物质的结渣指标计算值**

| 生物质试样 | 碱酸比/(w/w) | 硅比/(w×100/w) | 硅铝比/(w/w) | 碱金属含量/%(w/w) | 碱性指数 |
|---|---|---|---|---|---|
| 木屑 | 0.723 | 68.99 | 95.84 | 11.943 | >>0.34 |
| 花生壳 | 0.758 | 69.52 | 76.11 | 18.552 | >>0.34 |
| 谷壳 | 0.098 | 94.55 | 65.68 | 3.545 | >>0.34 |
| 稻秸 | 0.532 | 75.62 | 75.95 | 16.982 | >>0.34 |

生物质能源具有许多优点，但结渣问题却阻碍了其推广与发展。生物质的结渣率通常随软化温度的升高而降低，随碱土金属含量的增大而增大，如果添加适当的添加剂(如CaO、$Al_2O_3$、MgO、白云石和高岭土等)可提高飞灰的熔化温度，减少结渣现象；对流化床，寻找适宜的惰性床料，可以选择富含抑制聚团烧结元素的床料，提高烧结发生的温度，以保证正常流化；通过煤与生物质共燃，可以大大降低燃料中碱金属所占比例，从而可以缓解由于生物质高碱金属含量带来的熔渣和灰污问题；另外，也可通过燃烧过程中及时排渣、降低燃烧温度、减少灰分熔点低容易逃逸的问题。

**(六)燃烧过程中排放的污染气体**

生物质颗粒燃料直接燃烧产生的污染物主要分为未燃尽污染物和燃尽污染物两类。由于燃烧技术的进步，未燃尽污染物的问题并不明显。所以，污染物的排放问题主要来自完全燃烧产生的污染物，如$NO_x$、$SO_2$、颗粒物、酸性气体(如HCl)、多环芳烃、二噁英等，污染物性质及排放量与燃料种类密切相关。

1. 氮氧化物($NO_x$)

生物质燃烧过程中$NO_x$的释放峰值有两个，分别出现在挥发分的析出燃烧阶段和焦炭燃烧阶段，且第一个峰值大于第二个。燃料燃烧过程中$NO_x$的生成有三种途径，即热力型$NO_x$、瞬态型$NO_x$和燃料型$NO_x$。生物质燃烧温度很难达到1300℃以上，基本不产生热力型$NO_x$，80%的$NO_x$来自燃料中N的氧化(燃料型$NO_x$)，也有少量是在特定条件下由空气中的N转化而成(瞬态型$NO_x$)。$NO_x$的排放量主要与生物质颗粒燃料中N的含量有关。通常，燃料中N含量越高、O/N比值越大，$NO_x$排放量越高。但是燃料中N的含量高，N转化成$NO_x$的转化率越低，例如，稻草颗粒(N占0.87%)燃烧后$NO_x$排放量约为315mg/m$^3$，而木质颗粒(N占0.05%)为67mg/m$^3$，稻草颗粒中含N量是木质颗粒的17.4倍，而$NO_x$排放量只有木质颗粒的4.7倍。另外，S/N比也影响$NO_x$的排放，一般情况下$SO_2$的排放量较高，则$NO_x$的排放量就较低。

燃烧温度、空气流量等因素也会影响$NO_x$释放量。研究发现，700~900℃的温度范围内，随温度升高，反应过程中中间产物HCN的生成率增加，$NO_x$释放量随之增大；继续升高温度，反应速率大幅增加，$O_2$浓度下降，主燃烧区呈现强还原性气氛，部分NO被还原，使得$NO_x$释放量反而呈现下降趋势。另外，随着空气流量的增加，燃烧会更充分，$NO_x$排放更稳定。

由于生物质颗粒燃料中氮元素含量较低，故燃烧产生的$NO_x$比煤要少很多，稻草和木材燃烧释放的$NO_x$量分别占煤燃烧$NO_x$释放量的1/3和1/2。虽然生物质颗粒燃料燃烧排放的

$NO_x$远低于燃煤，但仍可通过燃料分级、低氧燃烧、空气分级和烟气再循环等方法来进一步削减 $NO_x$的产生，将其对环境的影响降到最低。

2. 二氧化硫

硫是植物生长的主要营养元素之一，在新陈代谢中发挥着重要的作用。生物质中的硫主要是机体结构中的有机硫和以硫酸盐形式存在的无机硫，燃烧时主要以 $SO_2$和碱金属、碱土金属硫酸盐的形式存在，其中硫酸盐沉积在设备表面或存在于灰渣中，$SO_2$则在燃料挥发分的析出及燃烧阶段释放出来，且燃料中 80%～100%的 S 转化成了 $SO_2$。绝大多数的生物质颗粒燃料中硫含量都很低，所以燃烧后排放的 $SO_2$浓度也比较低，在富氧等充分燃烧条件下，某些生物质燃料燃烧的烟气中甚至检测不到 $SO_2$。

3. 颗粒物

燃料燃烧排放的颗粒物(尤其是细颗粒物)对人体健康具有潜在危害，应该引起关注。生物质中的钾等金属元素通过燃烧释放出来，大部分以无机盐形式凝结成渣，但也有一小部分以气溶胶形式进入环境，这是颗粒物形成的一个重要途径。生物质颗粒燃料燃烧产生的烟尘成分复杂，包括含 C 的烟灰、挥发性有机物(VOC)、多环芳烃及由复杂有机和无机组分组成的气溶胶等，其中 $PM_{2.5}$所占比重较大，并且颗粒物气溶胶的主要成分是 $K_2SO_4$，主要元素有 K、S、Cl、Zn、Na、Pb。生物质燃料燃烧排放的颗粒物远少于煤，如松木和玉米秸秆燃烧后排放的颗粒物比传统煤燃料减少 70%。虽然生物质颗粒燃料燃烧产生的颗粒物低于煤，但必须采取有效治理措施，才能达到排放标准。可通过一种先进的陶瓷过滤技术，烟气通过内联风机过滤器时，颗粒物被截留，过滤后的清洁气体通过陶瓷管排出，$PM_{2.5}$和 $PM_{10}$去除率高达 96%，这是颗粒物去除的一个有效方法。

4. 一氧化碳

在生物质燃烧的整个过程中，CO 是燃料不完全燃烧的产物，通常将其作为燃烧效率指示气体，一般产生在燃烧器启动、预运行及停止阶段。由于进气量小、温度低等原因使得 CO 浓度较高；而在正常运行过程中，CO 产生量明显降低。以落叶松和麦秆为例，启动过程中 CO 排放量分别为 630mg/m³ 和 2125mg/m³；而正常运行时，CO 排放量明显降低，分别为 29.18mg/m³ 和 555.37mg/m³。保证充分燃烧及较强供氧能力基本就可以将 CO 排放量维持在正常水平。

5. 氯化物

生物质中含氯 0.2%～2%，稻草类生物质中氯含量相对较高。生物质中氯多以无机态存在，燃烧产物多为 HCl，可与 K、Na 等金属反应，在冷却过程中形成蒸气，继而变成气溶胶沉积，腐蚀设备。通常，热解阶段发生 R—COOH+KCl 反应，氯以 HCl 形式释放；当温度高于 700℃时，析出的氯主要来自半焦燃烧时 KCl 气化挥发。降低燃烧温度、缩短燃烧时间、减弱氧化性气氛、增加颗粒直径等措施均可抑制 HCl 分解和析出。此外，在生物质中加入一定量 CaO 也可以减轻氯逸出。

6. 二噁英

生物质燃料燃烧排放的二噁英主要来源于原材料释放及二噁英合成两个方面，500～700℃时二噁英大量生成；温度高于 850℃时，98%的二噁英便会分解，但当温度在 250～450℃时，会进行再合成。燃料中 Cl、Cu、S 等元素的存在会影响二噁英的产生量，例如 Cl、Cu 会促进二噁英产生，而 S 则会抑制二噁英的产生。通过木屑与稻草混合燃烧实验，证明生物质燃烧过程中无机氯可转化为二噁英，测得 700℃和 850℃工况下排放的烟气中二噁英的排放量(以2，3，7，8-四氯二苯并-p-二噁英的量计)分别为2.77ng/m³ 和1.57ng/m³。2014年我国开始实施《生活垃圾焚烧污染控制标准》(GB 18485—2014)，新标准将二噁英类排放限值由2001年的1ng/m³收紧至0.1ng/m³。而此类生物质颗粒燃料燃烧排放的二噁英量远高于国家标准，因此，在生物质颗粒燃料燃烧时有必要考虑二噁英排放问题。通过将燃烧后烟气温度迅速降至200℃以下等措施控制二噁英在烟道中再合成。

7. *多环芳烃类污染物*

多环芳烃(PAHs)是由于部分有机物不完全燃烧而产生的一类环境污染物，大部分有致癌作用。PAHs的主要代谢产物是含有羟基的酚类化合物，其亲电代谢物可与活性氧相互作用而破坏人体蛋白质、酯类及DNA，致使人体氧化损伤。生物质颗粒燃料不完全燃烧会产生少量的PAHs，其在气相中多以小分子质量化合物的形态存在，颗粒物中则以大分子质量的化合物为主。另外，不同生物质产生的PAHs种类和含量也有所不同，一种木质生物质燃料燃烧设备中可检测到16种多环芳烃类化合物；水稻、小麦、玉米秸秆燃烧后气相和颗粒物中分别检测到14种和16种、11种和10种、11种和11种多环芳烃类化合物。此外，燃料种类不同，总PAHs排放量也有很大差别，木质颗粒燃料总PAHs排放量约469.4μg/kg，荞麦壳约1657.9μg/kg，两者差距很大。虽然生物质燃烧后总PAHs排放量远低于煤($0\sim250\times10^3$μg/kg)，但仍不可忽视。除生物质自身性质外，优化燃烧条件、提高燃烧效率、改进燃烧设备等方法均可有效减少PAHs的产生量。此外，在生物质燃料中添加硫酸铵溶液或者直接加入元素硫也会显著降低PAHs的排放浓度。

总之，生物质颗粒燃料燃烧过程中$NO_x$和$SO_2$排放量均较燃煤显著降低，但其排放规律仍需深入研究。建立燃烧及污染物排放规律的数值模型，并通过实验进行修正，使其更接近实际，优化污染物减排方案，获得最佳环境效益；生物质燃料不完全燃烧会生成少量HCl、KCl，对设备腐蚀较大，要进一步研究氯的赋存形态，进行氯析出动力学研究，研发耐高温的新型高效固氯剂；二噁英和PAHs对人的健康影响很大，深入研究其生成机理及排放特性，改善燃烧条件，有效控制其在工程应用中的排放。

## 三、生物质成型燃料有效燃烧的影响因素

### (一) 孔隙率

生物质成型颗粒的孔隙率普遍采用相对孔隙率来评价，即由成型燃料的基准体密度和实际密度的比值。相对孔隙率的变化对成型燃料的燃烧特性影响很大，相对孔隙率大的比相对孔隙率小的易燃烧，具有更好的燃烧性能。以小麦秸秆为例，压力对相对孔隙率有不同的影响。当压力大于28MPa之后，相对孔隙率没有什么变化，并且燃烧性能非常不好；当压力在20~28MPa时，燃料燃烧困难但燃料成型性能稳定；而压力在10~20MPa时，燃料的燃烧性能很好并且成型性能也很稳定，当压力在5~10MPa时，燃料燃烧性能也很好，但其成型性能总是不太稳定，最终压力消失后，燃料非常容易反弹。综上所述可知，当压力在10~20MPa时，小麦秸秆成型燃料最符合生物质成型燃料的使用条件。

### (二) 压缩密度

随着成型块压缩密度的增加，会导致排烟过量空气系数和排渣可燃物含量降低，排渣温度升高。但是当压缩密度超过某一限值时，就会导致排渣可燃物含量和排烟可燃气体含量迅速增加。有实验表明燃煤链条锅炉燃烧的秸秆致密成型块，其压缩密度不应超过950kg/m³。有以下两种途径可提高工业化生产的燃料密度：一是将生物质原料尽可能粉碎以减少粒度，

最大限度降低成型块内部的空隙率，从而增强整体结合力，这也符合原料粒径越小燃料密度越大的理论；二是调整好含水率。而原料含水率相对于燃料的密度影响显著。

## 四、生物质成型燃料在工业锅炉中的应用

生物质颗粒燃烧的锅炉型式主要为流化床锅炉和层燃锅炉。流化床生物质锅炉受热面容易磨损，且运行成本较高；而采用层燃技术开发的生物质颗粒锅炉，结构简单，操作方便，投资和运行费用都相对较低，因而受到很多小企业的青睐。最近，国内许多研究单位根据所使用的生物质燃料的特性，开发出了各种类型生物质层燃炉(图 8-18、图 8-19)。近年来随着环保要求的不断提高，燃煤工业锅炉改造生物质颗粒层燃工业锅炉的例子在一些地方日益增多，以生物质颗粒为燃料的层燃锅炉在未来开发利用空间巨大。

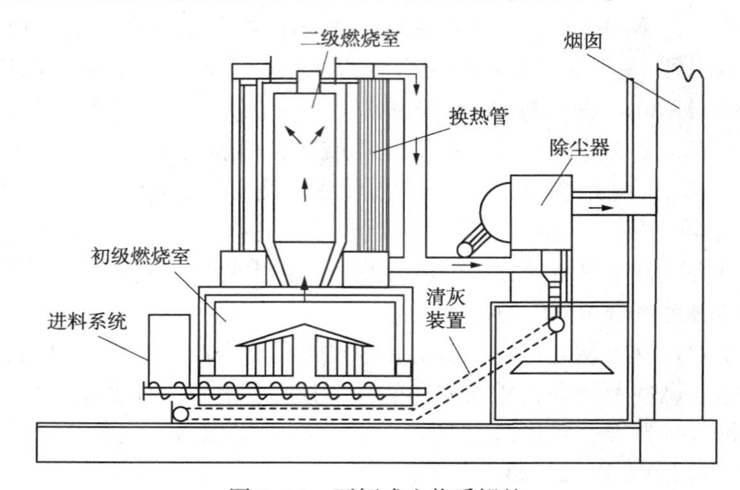


图 8-18　下饲式生物质锅炉

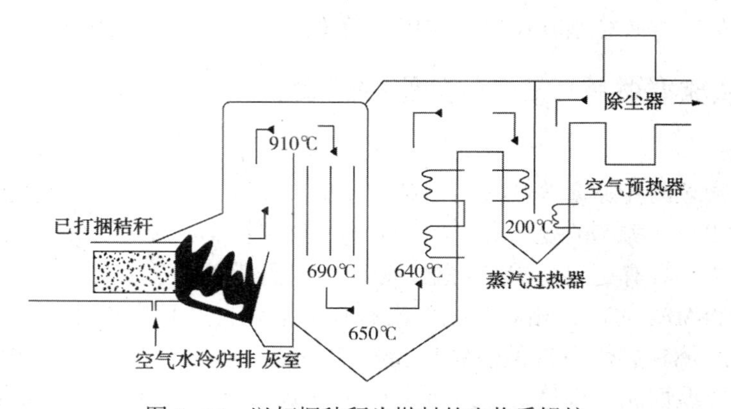


图 8-15　以打捆秸秆为燃料的生物质锅炉

以生物质颗粒为燃料的常见层燃工业锅炉系统包括给料系统、燃烧系统、吹灰系统、烟风系统和自控系统。

给料系统由料仓、振动给料器、螺旋给料机等部件组成。生物质颗粒燃料通过皮带运输机转存到料仓中，然后通过螺旋给料机由螺旋给料管输送到炉膛燃烧。

燃烧系统由燃烧器、风机、点火器等部件组成。生物质颗粒燃料含有较高的挥发分，当炉膛内温度达到其挥发分的析出温度时，在给风的条件下启动点火器燃料就能够迅速着火燃

烧，可通过给料量的调整来进行调整和控制锅炉负荷。燃烧后的烟气通过炉膛进入对流烟道进行换热，然后进入除尘器进行净化处理，最后排出完成整个燃烧和传热过程。

锅炉配有全自动吹灰装置，可以定时对炉膛和烟管进行吹扫，保证烟管表面不出现积灰，从而实现锅炉的安全高效运行。锅炉送风系统与燃烧器一体化布置，空气经鼓风机通过燃烧器送至炉膛，来达到输送燃料及助燃的作用。

控制系统以 PLC 控制系统为中央控制单元，实现锅炉全自动操作运行。

生物质物颗料层燃锅炉最常采用炉排层状燃烧，由于炉排面积较大，炉排运行速度可调整，且炉膛有足够悬浮空间，能延长生物质在炉内的停留时间，有利于生物质颗粒的完全燃烧。颗粒经给料系统首先进入往复炉排预热区，由于受高温烟气的辐射作用，在进入主炉排前，料层温度已接近引燃值，大大提前了引燃位置，在一次配风扰动下，逐步地进行干燥、热解、燃烧及燃烬过程，随后在炉排的末端经过一段落差掉入碎渣机，然后经螺旋冷渣机排出炉外。

# 第四节　生物质成型燃料的应用场景

## 一、生物质型煤

### （一）生物质型煤的概述

生物质型煤(图 8-20、图 8-21)的应用能够实现煤炭资源的清洁利用，减少环境污染、改善大气质量、提高劣质煤燃烧性能和煤炭利用率。大力发展生物质型煤技术，减少煤炭资源等不可再生资源的使用。主要的研究重点应放在以下几个方面。

① 针对我国生物质种类多样的特点，因地制宜地开发适合当地居民和工厂使用的型煤技术，实现生物质资源的就近利用。

② 开发低成本、固硫率高和防潮抗水型的生物质型煤技术，以满足绿色可持续发展战略。同时研究复合黏结剂，以增加生物质型煤的抗压强度、机械强度、热稳定性和防水性。

③ 应用先进的人工智能技术和神经网络等先进技术优化设计生物质型煤的配比，以得到燃烧性能最好、成本最低的生物质型煤生产技术。

图 8-20　球状生物质型煤

图 8-21　杆状生物质型煤

### （二）生物质煤成型工艺

1. 冷压成型

生物质型煤冷压成型工艺流程见图 8-22，成型过程是指将原煤和生物质原料分别破碎、烘干，然后将两者进行充分混合，将混合物放入成型机，在室温高压下成型。利用冷压成型技术制备出的工业型煤强度较高，燃烧性能好。并且冷压成型工艺较为成熟，在工业上易于实现，但缺点是所制备的型煤仍然具有较强的吸水性。

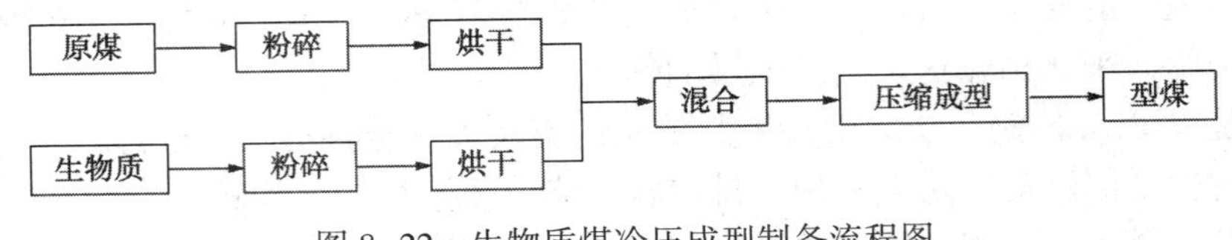


图 8-22　生物质煤冷压成型制备流程图

2. 热压成型

热压成型是指煤样与生物质原料分别经过破碎筛分、调整水分含量，然后将两者充分混合均匀后，放入成型模具中加热，控制加热温度和恒温时间，同时加压成型，工艺流程如图 8-23 所示。从热压成型的角度上讲，生物质中含有较多的氧，其中的一部分氧以羟基和羧基的形式存在，这些基团和煤中的活性基团(如含氧官能团)通过原子间的共用电子对形成共价键或氢键。木质素发生塑性流变后会渗透到煤的微孔结构中，升高温度会促使共价键的形成，使生物质与煤两者之间产生啮合力，从而和煤炭颗粒紧密胶合在一起，冷却后即可固化成型为致密的固体燃料。通过热压成型所制备出的型煤强度高，防水性能好，但在加热的过程中需要消耗一定的能量。

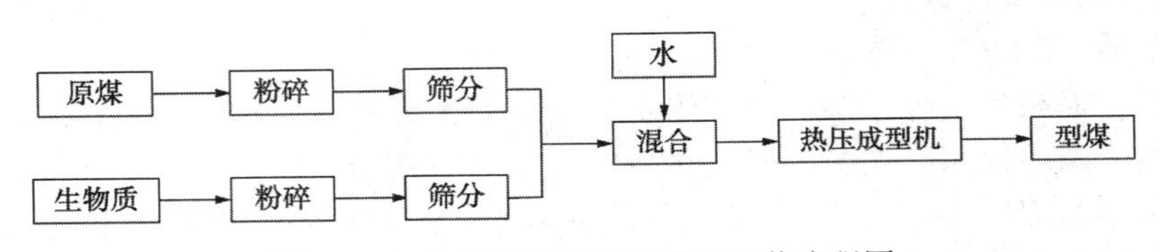


图 8-23　生物质型煤热压成型工艺流程图

3. 黏结剂成型

黏结剂在型煤的成型过程中起着“桥梁”作用，将煤粒黏结，改善型煤强度(图 8-24)。常用的型煤黏结剂主要分为无机、有机和复合黏结剂三类。无机黏结剂主要以石灰、水泥和黏土为主，此类黏结剂所制备出的型煤固硫效果较好，但制备出的型煤存在灰分高、含碳量低、易结垢等问题而没有被广泛使用。有机黏结剂的研究主要有腐殖酸、焦油、沥青等。利用有机黏结剂制备出的型煤黏结性能和耐水性能较好，但热稳定性较差，故而没有被广泛使用。复合黏结剂以有机和无机黏结剂复配为主，弥补无机黏结剂制备出的型煤灰分高、含碳量低等缺点，增加了型煤的强度，但生产工艺复杂，成本较高，添加量不易掌控。生物质废弃物作黏结剂主要是利用生物质本身所含有的大分子物质，如纤维素、木质素、淀粉、脂肪等，在一定的温度和湿度条件下，这些物质可以被软化作黏结剂。以生物质作黏结剂制备的型煤燃烧率高、污染小、着火点低，且在较低温度下可实现完全燃烧，从而减少了污染

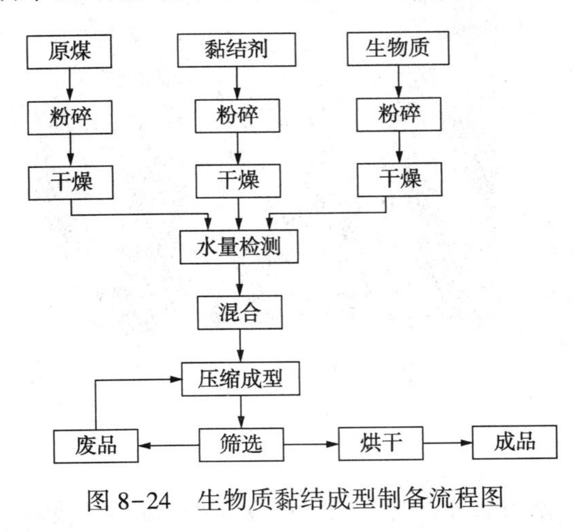


图 8-24　生物质黏结成型制备流程图

物，特别是氮氧化物的排放。淀粉作黏结剂主要是依靠糊化反应发生黏结，生物质在压缩成型过程中受到挤压，导致原料破碎，糊化反应速率加快，蛋白质在水解等复合反应的作用下，发挥其黏结性。由于生物质和工农业废料来源广泛且具有良好的黏结性和对环境污染小的特性，而引起广泛的关注，是型煤黏结剂的发展方向。

### （三）生物质煤成型影响因素

生物质型煤成型过程主要由烘干、粉碎、混合、高压成型四步组成。生物质原料与粉煤的配比、原料粒径、成型压力、成型温度等均对生物质型煤的性能有非常重要的影响。

#### 1. 原料配比量

煤与煤之间的作用力要比其与生物质之间的大，当所含的生物质比例较低时，型煤成型率会下降。生物炭与煤沥青按一定质量比混合均匀后，在一定压力下压缩成型，然后以质量分数添加至煤原料可以制得机械强度较好的焦炭，满足高炉炼铁的要求，并且减少 $CO_2$、$SO_2$和 $NO_x$等空气污染物的排放。

#### 2. 原料粒径

一般而言，粒径小的原料容易压缩，粒径大的原料较难压缩。在相同的压力下，原料粒径越小，其变形程度越大，但原料的粒径不是越小越好。有研究结果表明，粗细搭配的粒径能达到比较好的成型效果，所制备的型煤强度较高。煤粒度<1mm 和煤粒度<3mm 的原料煤，以 1：3 的配比混合制备出的型煤冷态强度最高。在相同的成型压力下，粒级配比不同的型煤抗压强度也会不同。

#### 3. 成型压力

无论是热压成型还是冷压成型，成型压力是型煤成型过程中的关键因素之一，只有施加足够的压力，煤才能被压缩成型。随着成型压力的增加，型煤抗压强度也随之增大。究其原因，在一定的压力范围内，生物质纤维在型煤的成型过程中可以形成一个网状骨架，随着成型压力的增大，物料颗粒间距减少，分子间作用力和氢键作用增强，型煤机械强度也随之提高。但成型压力也不能过大。当压力过大时，生物质中较长的纤维素结构会被破坏，生物质之间的交联作用将会减弱，所制备出的生物质型煤抗压能力和机械强度降低。另外，压力过大也会造成能量的过大消耗。

#### 4. 成型温度

在热压成型中，成型温度在型煤的成型过程中起着十分重要的作用。生物质中含有纤维素、半纤维素和木质素均属于高分子化合物，其中木质素是非晶体，但有软化点，当达到一定温度时，木质素就会发生软化，黏合力就会增加，达到 200~300℃时，软化程度将进一步增加，发生液化。此时，如果施加一定的压力，木质素与煤炭颗粒互相黏结，重新排列位置，发生机械变形和塑性流变，提高型煤的机械强度。当原料加热到一定温度时，可以增强生物质的黏结性，提高型煤的松弛密度和耐久性，同时温度也增强了物料的塑性和流动性。在成型条件相同时，利用热压成型制备的型煤强度明显高于冷压型煤，热压型煤的强度随成型温度的升高，达到最大强度所需时间减少，制备出的型煤抗压强度最大。

### （四）生物质型煤的燃烧特性和影响因素

生物质型煤的主要利用方式是燃烧，以提高生物质资源和粉煤的利用率。生物质型煤的燃烧属于层状燃烧，燃烧机理实质上是静态渗透式扩散燃烧。燃烧主要分为两个阶段，第一阶段是挥发分的析出和燃烧，第二阶段是固定碳的燃烧。

生物质型煤中生物质的加入对型煤的燃烧有多种有利因素。首先，生物质中的挥发分析出温度远低于煤中挥发分的析出温度，所以生物质加入可降低型煤的着火温度，提高燃烧速率，促进煤的充分燃烧。生物质添加量越多，燃烧气中的 $H_2$、$CH_4$、$H_2O$ 和 CO 含量越多，促使型煤的快速升温。其次，生物质加入可降低型煤燃烧污染物的排放。一方面，是由于生物质中的挥发分很高，在燃烧初期，生物质挥发分会首先燃烧而形成贫氧区，限制燃料的中间产物向 $NO_x$和 $SO_x$等空气污染物的转换；另一方面，生物质中的木质素和腐殖酸对 $SO_2$具有较强的吸附能力，延缓了 $O_2$的析出速度及向 $SO_2$的转化，而且，由于生物质释放出的挥发分中含有一定量的 $NH_3$，$NH_3$受热分解产生 $NH_2$和 NH，而 $NH_2$和 NH 又能够将 NO 还原成 $N_2$，从而降低 $NO_x$的排放。

## 二、生物质炭成型燃料

### （一）生物质炭成型燃料的概述

生物质炭是由富含碳的生物质，如秸秆、木材和稻壳等在无氧或缺氧条件下经过高温裂解生成的具有高度芳香化、富含碳元素的多孔固体物质。先将生物质原料粉碎热解制成炭，再与一定比例的黏结剂捏合成型，获得具有一定强度、直径为 6~8cm、长度为其直径 5 倍左右的块状燃料，具有热值高、燃烧无烟无味、粉炭加工成无粉尘、燃烧时无 $SO_2$等有害气体产生且灰分低等优良特性，属于可再生清洁能源，可替代煤、石油等石化燃料广泛应用于工业生产和烧烤、餐饮等生活使用。

### （二）生物质炭成型燃料的制备工艺

生物质炭成型过程是通过致密设备在一定压力下，将具有一定松散度和一定湿度的生物质炭颗粒及其添加剂的混合物挤压或者压缩成为具有一定机械强度的成型燃料，制备工艺流程如图 8-25 所示。将生物质粉碎、制备生物质炭、球磨、过筛，选取具有一定粒径的炭粉与胶黏剂及助剂混合，根据炭粉、胶黏剂、助剂以及产品的性能要求选取合适的成型工艺制备成品，主要是胶黏剂的选择和成型工艺（设备）的选择。目前，成型工艺已经相对成熟，而胶黏剂的种类繁多，黏结机理复杂，对成型炭的性能影响大，更多的科学工作者将研究方向集中在胶黏剂的选择上。

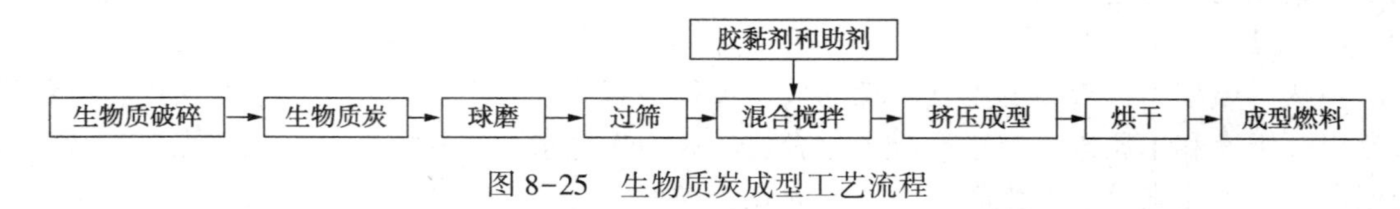


图 8-25 生物质炭成型工艺流程

1. 炭化

利用如图 8-26 所示的炭化装置将生物质破碎后加入石英管反应器。将气体管路连接好后通入 $N_2$（流量 200mL/min），保证出气无氧后开始炭化实验。实验中升温速率为 10℃/min，升至 600℃（此温度前挥发分未完全释放，在此温度下制得的半焦热值最高且综合燃烧性能最佳），然后恒温 30min，在 $N_2$保护下冷却至室温。炭化完成后，将制成的半焦置于 105℃的干燥箱中用于后续成型。

2. 胶黏成型

生物质炭在成型过程中，主要分为三个阶段：第一阶段，生物质炭颗粒在较低的压力下，位置重新排列，由蓬松的状态形成一个较为致密的压实体，炭粉颗粒基本保持原有的形状和特征；第二阶段，在较高的压力下，原炭粉颗粒发生弹性和塑性形变，与胶黏剂和水充分接触，颗粒间距离减小，接触面增大，范德华力增大，从而让颗粒黏结在一起；第三阶段，经过冷却、干燥后，颗粒间的黏结物固化，在颗粒间形成坚固的固相桥联，形成具有一定机械强度的成型燃料。对成型机理的研究，有助于提高成型燃料的品质、降低成本以及优化成型工艺。生物质炭具有多孔结构，炭粉成型燃料的胶合主要发生在炭粉颗粒的表面和孔道之间。不同的胶黏剂，由于成分不同，炭粉成型时内部黏结力也不尽相同，所以胶黏剂的选择和成型方式都会对成型燃料的性能产生影响。

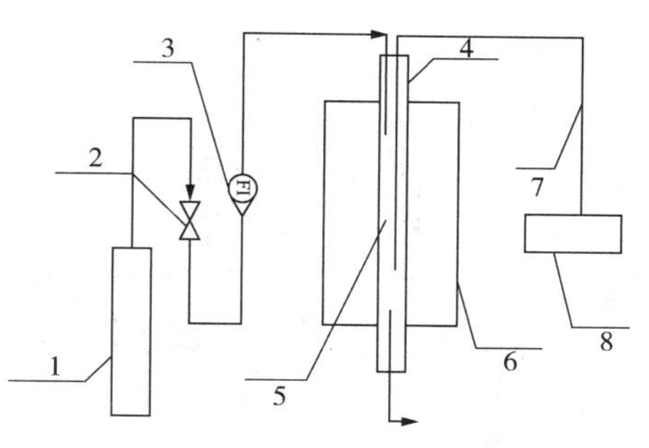

图 8-26　生物质炭化装置

1—气瓶；2—减压阀；3—转子流量计；4—石英管反应器；5—物料；6—管式炉；7—温控仪；8—热电偶

## 三、生物质成型燃料发电技术

生物质成型燃料发电技术是生物质成型燃料技术和生物质发电技术的重要结合，是我国《可再生能源法》鼓励发展的方向，也是科技部可再生能源与新能源国际科技合作计划的优先领域。生物质成型燃料可应用于生物质直燃发电、混烧发电和气化发电。生物质成型燃料应用于发电技术，可形成一套集生物质干燥、粉碎及成型于一体的自动化、工业化的生物质成型燃料供应系统，保证成套设备运行的稳定性、可靠性和经济性。系统可使生产生物质成型燃料的密度、粒度及燃烧特性指标接近煤，对锅炉等燃烧设备、气化炉等气化设备具有较好的适应性；同时，通过建立健全生物质原料的收集、存储及加工体系，形成一套持续稳定的成型燃料生产运作模式，保证生物质发电燃料稳定供应。

### （一）生物质成型燃料直燃发电技术

生物质成型燃料直燃发电(图 8-27)是指把生物质原料送入适合生物质燃烧的特定蒸汽锅炉中，生物质与过量的空气在锅炉中燃烧，产生高温高压蒸汽驱动蒸汽机轮机，带动发电机发电，实现了生物质的高效清洁利用。

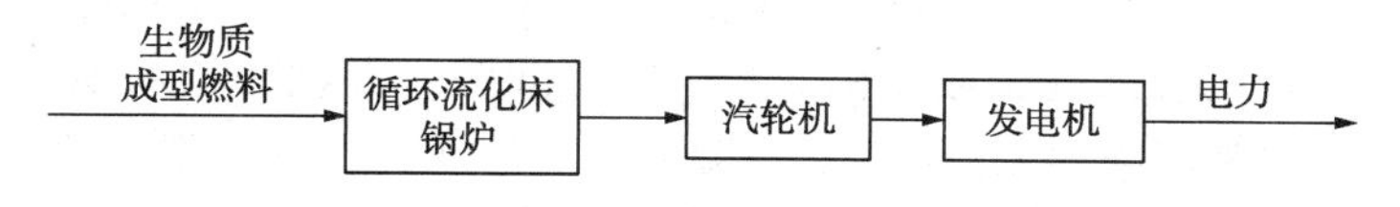

图 8-27　生物质成型燃料直燃发电流程图

循环流化床燃烧发电是用的比较广泛的一类直燃发电机，如图 8-28 所示，采用生物质成型燃料成型技术及设备，根据生物质成型燃料燃烧特性，在现有小火电厂基础上，对循环流化床锅炉进行技术改造，利用生物质成型燃料替代煤炭燃烧发电。根据生物质成型燃料的燃烧及流化特性，选取适宜的流化床锅炉运行工艺参数，对流化床锅炉进行改造，解决生物质在燃烧时的结渣与碱金属对换热器的腐蚀问题，合理进行一次风与二次风的进风量比例的调整。利用现有燃煤火力发电厂的燃煤发电机组，建设成能利用生物质成型颗粒燃烧系统，并使该技术工程化、产业化。生物质成型燃料直燃方面主要涉及碱金属腐蚀问题，应加强模仿创新，吸收和消化国外先进技术，开发减少氯、钾、钠等成分引起的炉膛结渣和结焦等现象的关键技术和形成具有自主知识产权的直燃发电成套设备。

### （二）生物质成型燃料混燃发电技术

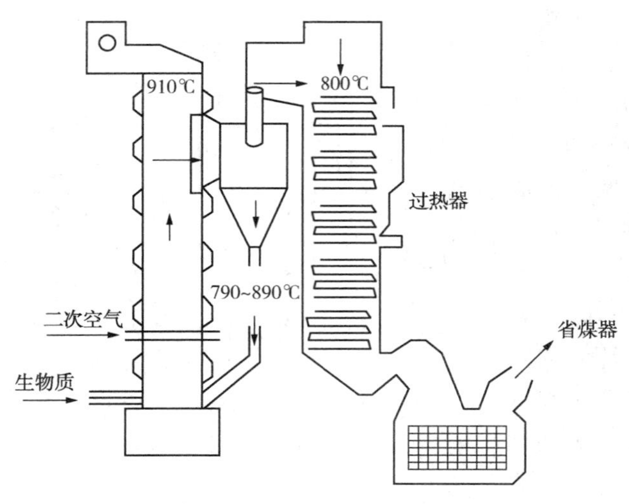

图 8-28　循环流化床锅炉的工作原理

生物质成型燃料与煤进行混烧发电是合理利用生物质资源、减少煤燃烧带来污染的有机结合，生物质成型燃料的掺混比例理论上可达到 80%。且生物质与煤混合燃烧发电（图 8-29）既解决了常规能源的不可再生及短缺问题，又克服了生物质资源季节性变化导致电厂运行不稳定的难题，而且，生物质和煤混合燃烧发电技术经济性较好，规模灵活，可充分利用燃煤电厂的原有设施和系统。所以，根据生物质资源的丰富程度，调整混烧生物质的比例，减少原料供应风险，保证电厂顺利运行，具有较好的发展前景。该技术可用于电厂、工业锅炉等各种利用循环流化床锅炉的行业，与低热值的煤混烧时，锅炉的热利用率与烧煤相比，热利用率可提高 10%左右，$SO_2$的排放量减少 50%以上，氮的氧化物的排放量减少 30%以上。在生物质和煤混烧发电方面，研发适合生物质和煤混合的黏结剂；开发出生物质与煤混烧时生物质的计量检测方法；型煤工艺条件对燃烧特性的影响规律；提高燃烧效率，降低污染排放是当前需要解决的技术瓶颈。

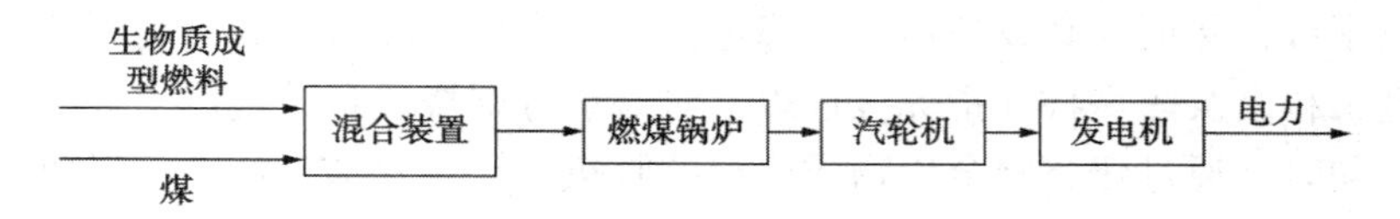

图 8-29　生物质成型燃料混烧发电流程图

生物质固体燃料在原来燃煤电站中的应用方案主要有两种，即直接混燃和并联混燃，在直接混燃方案中煤与生物质在同一台锅炉中混合燃烧。其优点为可利用燃煤锅炉的现有烟气净化设备，可减少燃煤量、$SO_2$和 $NO_x$等污染物及 $CO_2$的排放量。此方案不需新建一台燃用生物质的锅炉，所以投资少。其缺点为燃用生物质的量较少，生物质加入混燃的比例一般 <10%（按热值比），否则会出现受热面积灰和腐蚀等问题。混燃后的灰不能像单独燃煤的灰可用于水泥行业（因为含钾等元素）或像单独烧生物质的灰可用作农肥。在并联混燃方案中，生物质在专用的生物质锅炉中燃烧，产生的蒸汽与燃煤锅炉产生的蒸汽合在一起供汽轮发电机组发电。其优点为生物质燃用不影响其他燃煤锅炉的运行，两种锅炉产生的灰均可利用。生物质燃料在电站中的混燃比例（热值比）可达 80%以上。其缺点为需建专用的生物质锅炉，增大了初投资费。

### （三）生物质成型燃料气化发电技术

针对生物质成型发电和混烧发电过程中存在的结焦问题，研发技术灵活、环保洁净和经济实用的生物质成型燃料气化发电成为生物质能利用的一个重要发展方向。高效率的生物质成型燃料气化发电采用生物质气化—燃气内燃机发电—余热蒸汽轮机发电的联合循环工艺路线（图 8-30），避开了要求很高的气体高温净化过程，可显著降低生物质整体气化联合循环系统的技术难度和造价；以较低的代价解决焦油问题和二次污染的难题；并实现废水的循环使用；低热值生物质气化产出气能够满足内燃式燃气发电机的运行要求；生物质气化发电系统的尾气排放能够满足环保的要求。但气化发电机与生物质气化机组间需要具有良好的匹配性；而且在能够实现的最大输出功率方面受到限制。在气化发电后续研究方面，应研发大型生物质气化、新型燃气净化系统、焦油污水处理和大型低热值燃气内燃机等关键技术；研制与小型发电系统匹配的系列低焦油生物质气化装置和小型高效低热值燃气内燃机。

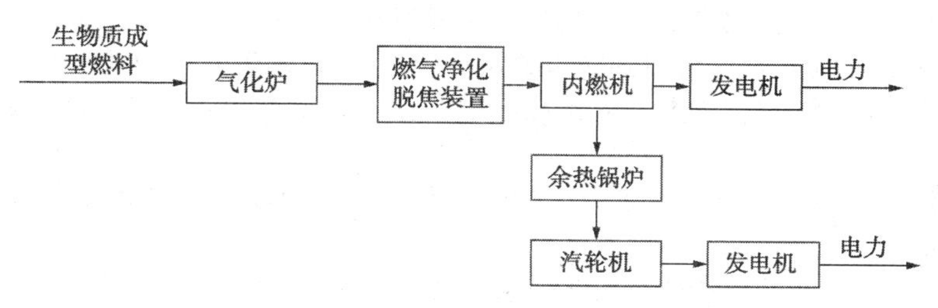


图 8-30　生物质成型燃料气化发电流程图

生物质整体气化联合循环发电技术(BIGCC)(图 8-31)作为先进的生物质气化发电技术，通过采用两级燃烧方式，利用两种工质将勃雷登循环和朗肯循环叠加在一起，具有较高的发电效率和较大的发电规模。该系统采用内燃机系统，降低了对燃气杂质的要求和系统成本。该系统适合发展分散独立的生物质能源利用系统。该系统包括生物质原料处理系统、加料系统、流化床气化炉、燃气净化系统、燃气轮机、蒸汽轮机、余热锅炉等部分。

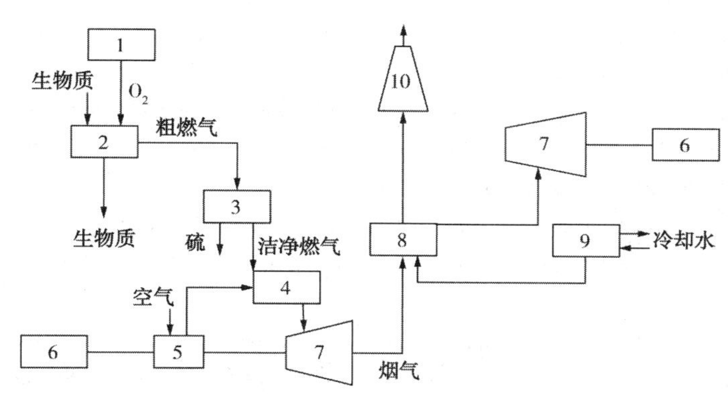


图 8-31　生物质气化联合循环工艺流程

1—制氧装置；2—气化炉；3—净化装置；4—燃烧器；5—压缩机；
6—发电机；7—汽轮机；8—余热锅炉；9—冷凝器；10—烟囱

原料的预处理包括干燥和粉碎两个过程。进料系统通常使用密闭的螺旋进料器，增压流化床气化炉的进料系统还包括带有密闭阀的上、下料斗。气化炉是 BIGCC 系统的关键部分，目前应用的主要是循环流化床气化炉。循环流化床气化炉原料适应性强，炉内运行温度通常为 850~1050℃，产气成分稳定。根据炉内运行压力，气化炉可分为常压气化炉和增压气化炉。常压气化炉技术成熟，运行稳定性和操作性良好，目前商业运行的 BIGCC 电厂大都采用常压气化炉。增压流化床气化炉的进料、进气装置和出灰装置较复杂，但炉内气化反应在加压条件下进行，强化了燃烧和传质。燃气净化系统包括常温湿法净化和高温干法净化系两大类。常温湿法净化系统的一般流程：燃气经过旋风分离器和布袋除尘后，在水洗塔内彻底清除焦油和其他污染物。高温干法净化系统的一般流程：经过两级旋风分离器除尘后，在高温管式过滤器中除去细尘和焦油(不包括苯和轻焦油)。高温干法净化可以有效利用燃气显热(350~400℃)，减少水分含量，有利于提高燃气轮机的效率和燃烧的稳定性。

# 参 考 文 献

[1] 何荣玉，宋玲玲，孟凡茂．德国典型沼气发电技术及其借鉴[J]．可再生能源，2010，28(1)：150-152.

[2] 刘荣厚．生物质能工程[M]．北京：化学工业出版社，2009.

[3] 李景明，李冰峰，许文勇．中国沼气产业发展的政策影响分析[J]．中国沼气，2018，36(5)：3-10.

[4] 穆献中，余漱石，徐鹏．农村生物质能源化利用研究综述[J]．现代化工，2018，38(3)：9-15.

[5] 童晶晶，刘蕊，张明顺．关于生物质能利用现状及政策启示[J]．环境与可持续发展，2015，40(4)：127-129.

[6] 谭芙蓉，吴波，代立春，等．纤维素类草本能源植物的研究现状[J]．应用与环境生物学报，2014，20：162-168.

[7] 王雅鹏．中国生物质能开发利用探索性研究[M]．北京：科学出版社，2010.

[8] 王亚鹏．生物质洁净能源[M]．北京．科学出版社，2010.

[9] 谢光辉，段增强，张宝贵，等．中国适宜非能源植物生产的土地概念、分类和发展战略[J]．中国农业大学学报，2014，19(2)：1-8.

[10] 袁振宏．生物质能高效利用技术[M]．北京：化学工业出版社，2015.

[11] 闫金定．我国生物质能源发展状况与战略思考[J]．林产化学与工业，2014，34(4)：151-158.

[12] 张百良．生物能源技术与工程化[M]．北京：科学出版社，2009.

[13] 张求慧．生物质液化技术及应用[M]．北京：化学工业出版社，2013.

[14] Angelidaki I, Treu L, Tsapekos P, et al. Biogas upgrading and utilization: Current status and perspectives [J]. Biotechnology Advances, 2018, 36(2): 452-466.

[15] Chen H, Wan J, Chen K, et al. Biogas production from hydrothermal liquefaction wastewater(HTLWW): Focusing on the microbial communities as revealed by high-throughput sequencing of full-length 16S rRNA genes [J]. Water Research, 2016, 106: 98-107.

[16] Gao D-W, Hu Q, Yao C, et al. Treatment of domestic wastewater by an integrated anaerobic fluidized-bed membrane bioreactor under moderate to low temperature conditions [J]. Bioresource Technology, 2014, 159: 193-198.

[17] Jain S, Jain S, Wolf I T, et al. A comprehensive review on operating parameters and different pretreatment methodologies for anaerobic digestion of municipal solid waste [J]. Renewable and Sustainable Energy Reviews, 2015, 52: 142-154.

[18] Jiang D, Ge X, Zhang Q, et al. Comparison of liquid hot water and alkaline pretreatments of giant reed for improved enzymatic digestibility and biogas energy production [J]. Bioresource Technology, 2016, 216: 60-68.

[19] Krishania M, Kumar V, Vijay V K, et al. Analysis of different techniques used for improvement of biomethanation process: a review [J]. Fuel, 2013, 106: 1-9.

[20] Kundu K, Sharma S, Sreekrishnan T. Influence of process parameters on anaerobic digestion microbiome in bioenergy production: towards an improved understanding [J]. BioEnergy Research, 2017, 10(1): 288-303.

[21] 唐颢，唐劲驰，刘奋安，等．新型茶园专用有机肥改良土壤酸化的综合效果[J]．广东农业科学，2013，40(12)：57-59.

[22] Ullah Khan I, Hafiz Dzarfan Othman M, Hashim H, et al. Biogas as a renewable energy fuel-A review of biogas upgrading, utilisation and storage [J]. Energy Conversion and Management, 2017, 150: 277-294.

[23] Young D, Dollhofer V, Callaghan T M, et al. Isolation, identification and characterization of lignocellulolytic aerobic and anaerobic fungi in one-and two-phase biogas plants [J]. Bioresource Technology, 2018, 268: 470-479.

[24] Zhao Z, Zhang Y, Woodard T, et al. Enhancing syntrophic metabolism in up-flow anaerobic sludge blanket reactors with conductive carbon materials [J]. Bioresource Technology, 2015, 191: 140-145.

[25] 常圣强，李望良，张晓宇，等．生物质气化发电技术研究进展[J]．化工学报，2018，69(8)：3318-3330.
[26] 常轩，齐永锋，张冬冬，等．生物质气化技术研究现状及其发展[J]．现代化工，2013，33(6)：36-40.
[27] 刘玉环，朱普琪，王允圃，等．生物质气化焦油处理技术的最新研究进展[J]．现代化工，2013，33(11)：24-29.
[28] 李九如，李想，陈巨辉，等．生物质气化技术进展[J]．哈尔滨理工大学学报，2017，22(3)：137-140.
[29] 李季，孙佳伟，郭利，等．生物质气化新技术研究进展[J]．热力发电，2016，45(4)：1-6.
[30] 马隆龙．生物质气化技术及其应用[M]．北京：化学工业出版社，2003.
[31] 马中青，张齐生，周建斌，等．下吸式生物质固定床气化炉研究进展[J]．南京林业大学学报(自然科学版)，2013，37(5)：139-145.
[32] 孟凡彬，刘建坤，王贵路，等．生物质流化床气化技术应用研究现状[J]．可再生能源，2011，29(2)：92-95.
[33] 孙友谊，赵永亮，李艳洁，等．户用型上吸式秸秆气化炉的试验研究[J]．甘肃农业大学学报，2015，50(2)：177-180.
[34] 王晓明，肖显斌，刘吉，等．双流化床生物质气化炉研究进展[J]．化工进展，2015，34(1)：26-31.
[35] 王笑，高宁博．生物质气化重整技术的研究进展[J]．生物质化学工程，2017，51(2)：48-51.
[36] 王海荣，李欣欣，黄模志．生物气化及其燃气的可替代性研究[J]．可再生能源，2016，34(12)：1859-1863.
[37] 武宏香，赵增立，王小波，等．生物质气化制备合成天然气技术的研究进展[J]．化工进展，2013，32(1)：83-113.
[38] 武卫荣，崔淑贞，高文超．生物质气化技术的研究进展[J]．化工新型材料，2012，40(12)：22-24.
[39] 谢庆龙，孔丝纺，刘阳生，等．生物质气化制合成气技术研究进展[J]．现代化工，2011，31(7)：16-20.
[40] 于杰，董玉平，常加富，等．玉米秸秆循环流化床气化中试试验[J]．化工进展，2018，37(8)：2970-2975.
[41] 张科达，梁大明，王鹏，等．生物质气流床气化技术的研究[J]．洁净煤技术，2009，15(1)：51-54.
[42] 郑欢欢．合成气一步法制备二甲醚的分离工艺流程模拟与优化[D]．中国海洋大学，2013.
[43] 周建斌，周秉亮，马欢欢，等．生物质气化多联产技术的集成创新与应用[J]．林业工程学报，2016，1(2)：1-8.
[44] 赵小玲．生物质气化技术及产业化应用[J]．中国造纸，2015，34(12)：63-65.
[45] 张卫杰，孙荣峰，伊晓路，等．生物质循环流化床气化系统返料研究[J]．可再生能源，32(1)：100-103.
[46] 藏云浩，刘运权，王夺．两级下吸式生物质气化炉气化特性的研究[J]．可再生能源，2014，32(6)：836-842.
[47] 白勇，司慧，王霄，等．流化床生物质快速热解气组成及冷凝技术的研究进展[J]．中国农业科技导报，2017，19(8)：77-83.
[48] 高新源，徐庆，李占勇，等．生物质快速热解装置研究进展[J]．化工进展，2016，35(10)：3032-3041.
[49] 黄睿，胡建杭，王华，等．升温速率对成型生物质热解过程的影响[J]．西北农林科技大学学报(自然科学版)，2014，42 (12)：97-110.
[50] 简弃非，魏炫坤．生物质成型燃料热解气化在锅炉中应用研究[J]．江西师范大学学报(自然科学版)，2017，41(5)：441-446.

[51] 江龙，胡松，宋尧，等．生物质快速热解特性研究[J]．太阳能学报，2011，32(12)：1735-1740.
[52] 李艳，谭厚章，王学斌，等．生物质高温热解气、液、固三相产物及碳烟生成特性[J]．西安交通大学学报，2018，52(1)：61-68.
[53] 李贤斌，姚宗路，赵立欣，等．生物质炭化生成焦油催化裂解的研究进展[J]．现代化工，2017，37(2)：46-50.
[54] 李志合，易维明，高巧春，等．固体热载体加热生物质的闪速热解特性[J]．农业机械学报，2012，43(8)：116-120.
[55] 刘洪阳，孙蒙蒙，毛安，等．酸预处理对生物质快速热裂解产物的影响[J]．可再生能源，2017，35(9)：1284-1289.
[56] 刘状，廖传华，李亚丽．生物质快速热解制取生物油的研究进展[J]．湖北农业科学，2017，56(21)：4001-4005.
[57] 马善为，张一鸣，丁浩植，等．生物质热解分级冷凝制备多品级生物油[J]．太阳能学报，2018，39(5)：1367-1372.
[58] 孟凡彬，孟军．生物质炭化技术研究进展[J]．生物质化学工程，2016，50(6)：61-66.
[59] 彭锦星，刘新媛，鲍振博．生物质的微波热解技术研究进展[J]．应用化工，2018，47(7)：1499-1508.
[60] 桑会英，杨伟，朱有健，等．生物质成型燃料热解过程无机组分的析出特性[J]．中国电机工程学报，2018，38(9)：2687-2692.
[61] 孙俊，周臻，田红，等．热解过程中生物质内部碱金属的析出规律[J]．应用化工，2018，47(5)：905-911.
[62] 石海波，孙姣，陈文义，等．生物质热解炭化反应设备研究进展[J]．化工进展，2012，31(10)：2130-2166.
[63] 王琦，骆仲泱，王树荣，等．生物质快速热裂解制取高品位液体燃料[J]．浙江大学学报(工学版)2010，44(5)：988-1008.
[64] 王高恩，孙培勤，孙绍辉，等．生物质快速热解制生物油的工艺分析[J]．可再生能源，2015，33(4)：637-642.
[65] 王允圃，吴秋浩，曾子鸿，等．微波快速催化热解生物质制备富烃燃油的研究进展[J]．现代化工，2018，38(3)：23-27.
[66] 吴丹焱，辛善治，刘标，等．基于木质素部分脱除及其含量对生物质热解特性的影响[J]．农业工程学报，2018，34(1)：193-197.
[67] 姚宗路，仉利，赵立欣，等．生物质热解气燃烧装置设计与燃烧特性试验[J]．农业机械学报，2017，48(12)：299-305.
[68] 朱锡锋，李明．生物质快速热解液化技术研究进展[J]．石油化工，2013，42(8)：833-837.
[69] 郑云武，杨晓琴，王霏，等．生物质催化裂解制备芳烃化合物的研究进展[J]．林产化学与工艺，2015，35(5)：149-158.
[70] 赵岩，刘银．HZSM-5 分子筛催化热裂解生物质制备芳烃化合物[J]．化工新型材料，2017，45(2)：145-147.
[71] 高越，郭晓鹏，杨阳．生物丁醇发酵研究进展生物技术通报[J]. 2018，34(8)：27-34.
[72] Gabriel CL, CawfbrdFKl. Devdcpment of the buty Ucacmc Smtatig hdustty[J]. Ind Eng Chem. 1930，22：1163-1165.
[73] Gabriel C L. Butanal feanentation process[J]. Ind Eng Cbem，1928. 20：1063-1067.
[74] 李全林．新能源与可再生能源[M]．南京：东南大学出版社，2008.
[75] 李为民．现代能源化工技术[M]．北京：化学工业出版社，2011.
[76] 李智斌．生物丁醇提取技术研究进展[J]．广州化学，2015，43(17)：38-40.
[77] 时锋，张佳，王智，等．多种原料路线的乙醇生产工艺[J]．酿酒科技，2019(4)：48-54.

[78] 唐家发，陈俊杰，庄文豪，等．发酵法制备生物丁醇的研究进展[J]．广州化工，2015，43(23)：15-17.
[79] 王革华．新能源概论[M]．北京：化学工业出版社，2006.
[80] 王鹏翔，廖莎，师文静，等．微藻生物质生产燃料乙醇技术进展[J]．当代化工，2019，48(8)：1842-1845.
[81] 吴又多，齐高相，陈丽杰，等．可再生原料发酵生产生物丁醇的研究进展[J]．现代化工，2014，34(2)：44-48.
[82] 朱卫霞，李婷，章亚东，等．生物醇基燃料国内外技术进展[J]．当代化工，2020，49(3)：651-654.
[83] 张杰，王明钰，张晓东，等．以木质纤维素原料生产生物丁醇的研究进展[J]．生物产业技术，2014，4：59-64.
[84] 陈维枢．超临界流体萃取的原理和应用[M]．北京：化学工业出版社，1998.
[85] 冯若，李化茂．声化学及其应用[M]．合肥：安徽科技出版社，1992，11-23.
[86] 胡爱军，郑捷．超声波辐射对酶法制备生物柴油的影响[J]．天津科技大学学报，2007，22(1)：29-32.
[87] 金付强，李岩，王建梅，等。生物柴油绿色生产工艺研究进展[J]．山东科学，2011，24(2)：61-64.
[88] 李小英，聂小安，陈洁，等．微生物油脂制备生物柴油技术研究现状及发展趋势[J]．生物质化学工程．2011，49(6)：38-44.
[89] 李世超．谷糠油的超临界萃取及精炼[D]．石家庄：河北科技大学，2010.
[90] 任庆功．超声强化酯交换制备生物柴油[D]．广州：华南理工大学，2009.
[91] 商辉，丁禹，张文慧．微波法制备生物柴油研究进展[J]．化工学报，2019，70(S1)：15-22.
[92] 孙俊，邓红，仇农学．文冠果油超声波辅助合成脂肪酸甲酯工艺的优化[J]．中国油脂，2008，33(4)：50-53.
[93] 谭天伟，王芳，邓利．生物柴油的生产和应用[J]．现代化工，2002，22(2))：4-6.
[94] 王革华．新能源概论[M]．北京：化学工业出版社，2006.
[95] 王霏，徐俊明，蒋剑春，等．油脂加氢制备生物柴油用催化剂的研究进展[J]．材料导报A，2018，32(3)：765-771.
[96] 宗敏华，刘耘，尹顺义，等．脂肪酶促棕榈油酯交换反应生产代可可脂．[J]．华南理工大学学报(自然科学版)，1995，23(5)：104-109.
[97] 陈德民，柳锋，杨晴．生物质直燃系统的能耗分析和温室气体排放[J]．太阳能学报，2016，37(3)：553-558.
[98] 候宝鑫，张守玉，茆青，等．生物质炭化成型燃料燃烧性能的试验研究[J]．太阳能学报，38(4)：885-891.
[99] 黄睿，胡建杭，王华，等．升温速率对成型生物质热解过程的影响[J]．西北农林科技大学学报(自然科学版)：2014，42 (12)：91-110.
[100] 霍丽丽，田宜水，孟海波，等．生物质固体成型燃料全生命周期评价[J]．太阳能学报，2011，32(12)：1875-1880.
[101] 简弃非，魏炫坤．生物质成型燃料热解气化在锅炉中的应用研究[J]．江西师范大学学报(自然科学版)，2017，41(5)：441-446.
[102] 李源，郭无双，周昊．基于图像处理的生物质颗粒燃烧特性研究[J]．工程热物理学报，2017，38(2)：447-451.
[103] 李伟振，姜洋，王功亮，等．生物质压缩成型机理研究进展[J]．可再生能源，2016，34(10)：1525-1532.
[104] 刘婷洁，胡乃涛，李俊涛，等．生物质颗粒燃料燃烧污染物排放特性[J]．可再生能源，2016，34(12)：1877-1885.

[105] 马培勇，薛腾，邢献军，等．粒径对氯、碱及碱土金属在生物质燃烧中析出的影响[J]．太阳能学报，2018，39(6)：1704-1710.
[106] 宁廷州，刘鹏，侯书林．生物质成型设备及其成型影响因素分析[J]．可再生能源，2017，35(1)：135-140.
[107] 廷州，马阿娟，俞洋，等．生物质环模颗粒成型存在的问题及对策分析[J]．中国农机化学报，2016，37(1)：272-276.
[108] 欧阳双平，侯书林，赵立欣，等．生物质固体成型燃料环模成型技术研究进展[J]．可再生能源，2011，29(1)：14-22.
[109] 任珊珊，葛正浩，张正均，等．生物质燃料的成型工艺及微观成型机理研究[J]．可再生能源，2018，36(2)：185-194.
[110] 宋姣，杨波．生物质颗粒燃料燃烧特性及其污染物排放情况综述[J]．生物质化学工程，2016，50(4)：60-64.
[111] 寿恩广，李诗媛，任强强，等．生物质与煤富氧混合燃烧特性研究[J]．可再生能源，2014，32(10)：1551-1558.
[112] 陶雷，郑加强，管珣，等．生物质固化燃料成型技术与关键设备分析[J]．西北林业学院学报，2014，29(2)：173-177.
[113] 田宜水，赵立欣，孟海波，等．中国生物质固体成型燃料标准体系的研究[J]．可再生能源，2010，28(1)：1-5.
[114] 吴昌达，张春林，白莉，等．生物质成型燃料锅炉挥发性有机物排放特性[J]．环境科学，2017，38(6)：2238-2245.
[115] 吴云玉，董玉平，吴云荣．生物质固化成型的微观机理[J]．太阳能学报，2011，32(2)：268-271.
[116] 邢献军，李涛，马培勇，等．生物质固体成型燃料热压成型实验研究[J]．太阳能学报，2016，37(10)：2660-2667.
[117] 张啸天，李诗媛，李伟．生物质与煤混合富氧燃烧过程中 NO 和 $N_2O$ 的排放特性研究[J]．可再生能源，35(2)：159-165.
[118] 赵青玲．生物质成型燃料的燃烧技术[M]．北京：中国电力出版社，2016.